21世纪高等教育建筑环境与能源应用工程系列规划教材

燃 气 气 源

崔永章　史永征　陈彬剑　编著
刘　蓉　刘　燕　　　　　主审

机 械 工 业 出 版 社

本书是高等工科院校建筑环境与能源应用工程、新能源科学与工程专业教材。

全书分为8章，内容包括：燃气性质与分类、天然气、压缩天然气、液化天然气、干馏煤气、气化煤气、液化石油气、其他燃气。

本书重点介绍天然气开采、净化、压缩、液化等生产工艺，并介绍了页岩气、可燃冰、生物质气等新兴气源。

本书还可供从事城市或工业企业燃气、天然气、液化石油气和农村沼气工程的设计、科研和运行管理的工程技术人员参考。

本书配有PPT电子课件，免费提供给选用本书的授课教师。需要者请登录机械工业出版社教育服务网（www.cmpedu.com）注册下载。

图书在版编目（CIP）数据

燃气气源/崔永章，史永征，陈彬剑编著. —北京：机械工业出版社，2013.7（2024.9重印）
21世纪高等教育建筑环境与能源应用工程系列规划教材
ISBN 978-7-111-43022-3

Ⅰ.①燃… Ⅱ.①崔…②史…③陈… Ⅲ.①燃气气源—高等学校—教材 Ⅳ.①TH138.23

中国版本图书馆CIP数据核字（2013）第136302号

机械工业出版社（北京市百万庄大街22号 邮政编码100037）
策划编辑：刘 涛 责任编辑：刘 涛 孙 阳
版式设计：常天培 责任校对：申春香
封面设计：路恩中 责任印制：张 博
北京雁林吉兆印刷有限公司印刷
2024年9月第1版第4次印刷
184mm×260mm · 18.5印张 · 457千字
标准书号：ISBN 978-7-111-43022-3
定价：42.00元

凡购本书，如有缺页、倒页、脱页，由本社发行部调换
电话服务
服务咨询热线：010-88379833
读者购书热线：010-88379649
网络服务
机 工 官 网：www.cmpbook.com
机 工 官 博：weibo.com/cmp1952
教育服务网：www.cmpedu.com
金 书 网：www.golden-book.com

前言

本书是根据建筑环境与能源应用工程、新能源科学与工程专业的“城市燃气气源”的教学基本要求编写的，使用学时为48（供参考）。

本书主要内容包括燃气性质与分类，天然气、压缩天然气、液化天然气、干馏煤气、气化煤气、液化石油气及其他燃气的来源、性质、工艺及设备等。考虑到城市燃气已经基本转向天然气和液化石油气，尤其是天然气事业取得飞速发展，作者在总结多年教学和科研经验的基础上，在书中着重介绍了天然气开采、净化、压缩、液化等生产工艺，以及页岩气、可燃冰、生物质气等新兴气源。

参加本书编写的有：山东建筑大学崔永章、陈彬剑，北京建筑大学史永征。其中，第一章、第七章由陈彬剑编写，第二章、第三章、第四章、第八章由崔永章编写，第五章、第六章由史永征编写。全书由崔永章统稿，北京建筑大学刘蓉、北京市燃气集团刘燕担任主审。

本书引用了许多资料（数据、图表、例题等），在此谨向有关文献的作者表示衷心的感谢！

由于编者水平所限，书中错误和不妥之处，敬请专家和读者批评指正，编者不胜感激。

编　者

目录

第一章

燃气性质与分类

第一节　燃气物理性质

一、燃气组成及其表示方法

燃气是指可以作为燃料的气体。城镇燃气是指符合一定质量要求，供给居民生活、商业（公共建筑）和工业企业生产作燃料用的公用性质的气体。

燃气通常为多组分的混合物，具有易燃、易爆的特性。

燃气中可燃组分包括氢气、一氧化碳、甲烷及碳氢化合物等，不可燃组分包括二氧化碳、氮气等惰性气体，部分燃气中还含有氧气、水、少量杂质及有毒物质。

单一气体在标准状态下的主要特性列于附录 A 中。

1. 体积分数

体积分数是指同温同压条件下，燃气中单一组分的体积与燃气的总体积之比，即

$$r_i = V_i/V \tag{1-1}$$

式中　r_i——燃气中 i 组分的体积分数,%；

V_i——燃气中 i 组分的分体积，m^3；

V——燃气的总体积，m^3。

燃气的总体积等于各单一组分的分体积之和，即 $V = V_1 + V_2 + \cdots + V_n$，因此

$$r_1 + r_2 + \cdots + r_n = \sum r_i = 1 \tag{1-2}$$

2. 质量分数

质量分数是指燃气中单一组分的质量与燃气的总质量之比，即

$$g_i = G_i/G \tag{1-3}$$

式中　g_i——燃气中 i 组分的质量分数,%；

G_i——燃气中 i 组分的质量，kg；

G——燃气的总质量，kg。

燃气的总质量等于各组分的质量之和，即 $G = G_1 + G_2 + \cdots + G_n$，因此

$$g_1 + g_2 + \cdots + g_n = \sum g_i = 1 \tag{1-4}$$

3. 摩尔分数

摩尔分数是指燃气中单一组分的物质的量与燃气的总物质的量之比，即

$$n_i = N_i/N \tag{1-5}$$

式中 n_i——燃气中 i 组分的摩尔分数，%；

N_i——燃气中 i 组分的物质的量，mol；

N——燃气的总物质的量，mol。

燃气的总物质的量等于各组分的物质的量之和，即 $N = N_1 + N_2 + \cdots + N_n$，因此

$$n_1 + n_2 + \cdots + n_n = \sum n_i = 1 \tag{1-6}$$

由于在同温同压下，1mol 任何气体的体积相等，因此，气体的摩尔分数等于其体积分数，即

$$n_i = r_i \tag{1-7}$$

二、燃气平均相对分子质量

燃气是多组分的混合物，不能用一个分子式来表示。通常将燃气的总质量与燃气的总物质的量之比称为燃气的平均相对分子质量，即

$$M = \frac{G}{N} = \frac{\sum M_i N_i}{\sum N_i} \tag{1-8}$$

式中 M——燃气的平均相对分子质量；

M_i——燃气中 i 组分的相对分子质量；

N_i——燃气中 i 组分的物质的量，mol。

（1）燃气的平均相对分子质量可按下式计算

$$M = M_1 n_1 + M_2 n_2 + \cdots + M_n n_n \approx M_1 r_1 + M_2 r_2 + \cdots + M_n r_n = \sum M_i r_i \tag{1-9}$$

（2）液态燃气的平均相对分子质量可按下式计算

$$M = M_1 x_1 + M_2 x_2 + \cdots + M_n x_n = \sum M_i x_i \tag{1-10}$$

式中 x_i——液态燃气中 i 组分的摩尔分数。

三、燃气密度和相对密度

1. 燃气密度

单位体积的燃气所具有的质量，称为燃气的平均密度（简称燃气密度），单位是 kg/m^3。

$$\rho = \frac{G}{V} = \frac{\sum G_i}{V} = \frac{\sum \rho_i V_i}{V} = \sum \rho_i r_i \tag{1-11}$$

式中 ρ——燃气的平均密度，kg/m^3；

ρ_i——燃气中 i 组分的密度，kg/m^3。

气体的密度随温度和压力的变化而改变。温度不变的情况下，压力升高，体积减小，密度增大；压力不变的情况下，温度升高，体积增大，密度减小。

2. 相对密度

燃气的相对密度是指燃气的平均密度与相同状态下空气平均密度的比值，通常用标准状况下的参数进行计算。标准状况下，空气的密度为 $1.293kg/m^3$，因此

$$s = \frac{\rho}{1.293} \tag{1-12}$$

式中　s——燃气的相对密度。

表1-1列出了典型燃气的密度和相对密度的变化范围。从表1-1中可以看出，天然气、焦炉煤气都比空气轻，而气态液化石油气比空气约重1倍。如果发生泄漏，天然气、焦炉煤气会向上空逸散，应保证空气的流通以利泄漏燃气的逸散稀释。而泄漏的液化石油气，由于它比空气重，则会沉积于地面附近，一般情况是，使用喷雾水枪驱散、稀释沉积飘浮的气体，而使用喷雾水枪托住下沉气体，往上驱散，使之在一定高度飘散。

表1-1　典型燃气的密度与相对密度（0℃，101325Pa）

燃气种类	密度/(kg/m^3)	相对密度
焦炉煤气	0.4～0.5	0.3～0.4
天然气	0.75～0.80	0.58～0.62
液化石油气（气）	1.9～2.5	1.5～2.0

液态燃气的相对密度是指液态燃气的密度与4℃时水的密度的比值，4℃时水的密度是1kg/L。常温下，液态液化石油气的平均密度是0.5～0.6kg/L，其相对密度为0.5～0.6，约为水的一半。

四、临界参数

每种物质都有一个特定的温度，在这个温度以下，可以通过对气体加压使其液化，而在该温度以上，则无论施加多大压力都不能使之液化，这个特定温度就是该物质的临界温度。临界温度下，气体的各项参数称为临界参数。临界参数是气体的重要物性指标。

几种可燃气体的气-液平衡曲线如图1-1所示，图中曲线是蒸气和液体的分界线。对应曲线的左侧为液态，右侧为气态。气体温度越低于临界温度，则液化所需压力越小。例如，20℃时使丙烷液化的绝对压力需要0.85MPa，而当温度降为-20℃时，在0.25MPa的绝对压力下即可将其液化。

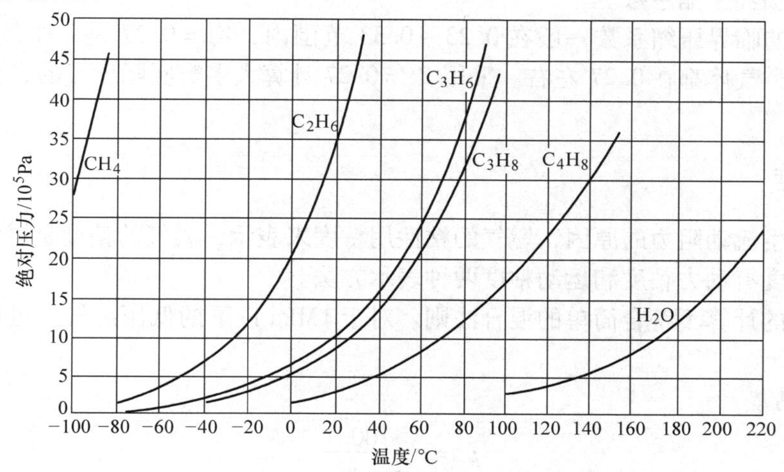

图1-1　几种可燃气体的气-液平衡曲线

降温和加压，是气体液化的常用手段。气体的临界温度越高，越容易液化。例如，液化石油气中的丙烷、丙烯的临界温度较高，只需在常温下加压即可使其液化，而天然气的主要成分甲烷的临界温度低，难以加压液化。通常，需将天然气温度降至 -162℃以下，才能使其在常压下液化。

五、实际气体状态方程

常温下，压力低于 1MPa 的燃气在工程上可以近似地当作理想气体处理，压力太高或温度较低时，则不能视为理想气体。此时，应考虑气体分子本身占有的容积和分子之间的引力，对理想气体状态方程进行修正。修正理想气体状态方程最简单的方法是定义压缩因子，实际气体状态方程可表示为

$$pv = ZRT \tag{1-13}$$

式中 p——气体的绝对压力，Pa；

v——气体的比体积，m^3/kg；

Z——压缩因子，随气体的温度和压力而变化；

R——气体常数，J/(kg·K)；

T——气体的热力学温度，K。

Z 值偏离 1 的大小可以表示该气体偏离理想气体的程度。Z 值可根据对比态定律求得。对比参数是气体实际参数与该气体临界参数的比值，如

$$p_r = \frac{p}{p_c};\ T_r = \frac{T}{T_c};\ v_r = \frac{v}{v_c}$$

式中 p_r、T_r、v_r——气体的对比压力、对比温度和对比比体积；

p、T、v——气体的工作压力、工作温度和工作比体积；

p_c、T_c、v_c——气体的临界压力、临界温度和临界比体积。

根据对比态定律，有

$$Z = Z_c \frac{p_r v_r}{T_r} \tag{1-14}$$

式中 Z_c——临界压缩系数。

实际气体的临界压缩系数一般在 0.23 ~ 0.33 范围内，$Z_c = 0.27$ 是一个较好的平均值，60% 以上的烃类气体都在 0.27 左右。采用 $Z_c = 0.27$ 计算大多数实际燃气的 Z 值，误差一般小于 5%。

六、粘度

粘性是产生流动阻力的原因，燃气的粘性用粘度来表示，燃气的粘度是燃气流动计算的重要参数。粘度有动力粘度和运动粘度两种表示方法。

燃气粘度的计算不符合简单的混合法则。对于 1MPa 以下的低压燃气，可以近似地按下式计算。

1. 动力粘度

$$\mu = \frac{100}{\sum \left(\frac{g_i}{\mu_i}\right)} \tag{1-15}$$

式中　μ——燃气的动力粘度，Pa·s；

μ_i——燃气中 i 组分的动力粘度，Pa·s。

2. 运动粘度

$$\nu = \frac{\mu}{\rho} \tag{1-16}$$

式中　ν——流体的运动粘度，m^2/s。

一般情况下，燃气的粘度随温度的升高而增加，液体的粘度随温度的升高而降低。高压燃气动力粘度的计算比较复杂，可参照相应经验公式进行。

七、饱和蒸气压和相平衡常数

1. 饱和蒸气压

（1）单一液体的蒸气压　液态烃的饱和蒸气压，简称为蒸气压，是指在一定温度下，密闭容器中的液体及其蒸气处于相平衡时蒸气的绝对压力。

饱和蒸气压与容器的大小及其中的液量多少无关，仅取决于物质的种类及温度。液态烃的饱和蒸气压随温度的升高而增大。一些低碳烃在不同温度下的蒸气压列于表1-2中。

表1-2　某些常见低碳烃的蒸气压与温度的关系

温度/℃	蒸气压（10^5Pa）							
	乙烷	乙烯	丙烷	丙烯	异丁烷	正丁烷	1-丁烯	正戊烷
分子式	C_2H_6	C_2H_4	C_3H_8	C_3H_6	C_4H_{10}	C_4H_{10}	C_4H_8	C_5H_{12}
-30	10.50	19.12	1.64	2.16	—	—	—	—
-25	12.15	21.92	1.97	2.59	—	—	—	—
-20	14.00	24.98	2.36	3.08	—	—	—	—
-15	16.04	28.33	2.85	3.62	0.88	0.56	0.70	—
-10	18.31	31.99	3.38	4.23	1.07	0.68	0.86	—
-5	20.81	35.96	3.99	4.97	1.28	0.84	1.05	—
0	23.55	40.25	4.66	5.75	1.53	1.02	1.27	0.24
5	25.55	44.88	5.43	6.65	1.82	1.23	1.52	0.30
10	29.82	50.00	6.29	7.65	2.15	1.46	1.82	0.37
15	33.36	—	7.25	8.74	2.52	1.74	2.15	0.46
20	37.21	—	8.33	9.92	2.94	2.05	2.52	0.58
25	41.37	—	9.51	11.32	3.41	2.40	2.95	0.67
30	45.85	—	10.80	12.80	3.94	2.80	3.43	0.81
35	48.89	—	12.26	14.44	4.52	3.24	3.96	0.96
40	—	—	13.82	16.23	5.13	3.74	4.56	1.14

（2）混合液体的蒸气压　在一定温度下，当密闭容器中的混合液体及其蒸气处于相平衡时，气相符合道尔顿分压定律，混合气体的蒸气压等于各组分蒸气分压之和。如果液体为理想液体，则符合拉乌尔定律，即各组分蒸气分压等于此纯组分在该温度下的蒸气压乘以其在混合液体中的摩尔分数。

$$p = \sum p_i = \sum x_i p'_i \tag{1-17}$$

式中 p——混合液体的蒸气压，Pa；

p_i——混合液体中 i 组分的蒸气分压，Pa；

x_i——混合液体中 i 组分的分子成分,%；

p'_i——混合液体中 i 组分在同温度下的蒸气压，Pa。

根据混合气体分压定律，各组分的蒸气分压为

$$p_i = y_i p \tag{1-18}$$

式中 y_i——混合液体中 i 组分在气相中的摩尔分数（等于其体积分数）。

由丙烷和丁烷组成的液化石油气，当温度一定时，其蒸气压取决于丙烷和丁烷体积分数之比，如图1-2所示。液化石油气的使用过程中，总是先蒸发出较多的丙烷，而剩余的液体中丙烷的体积分数逐渐减少。因此，即使温度不变，容器中的蒸气压也会逐渐降低。

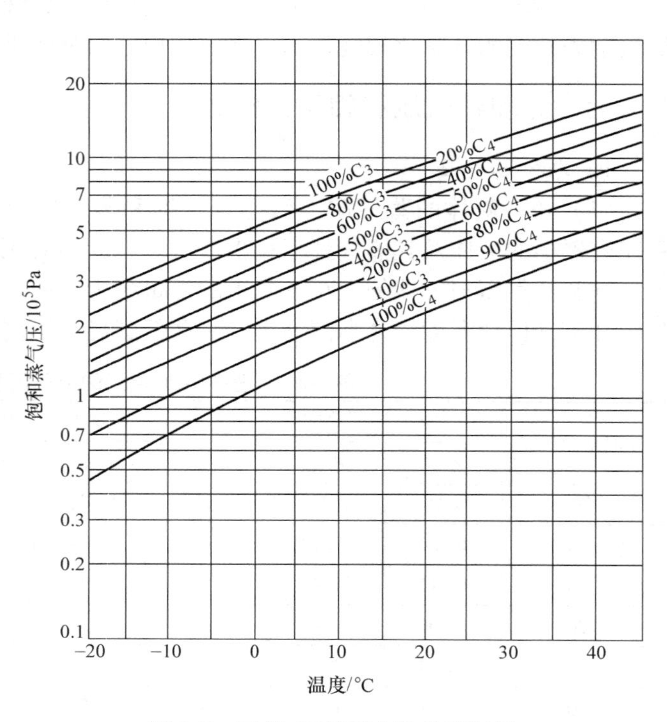

图 1-2 丙烷–丁烷混合物的蒸气压

2. 相平衡常数

在一定温度下，一定组成的气液平衡系统中，某一组分在该温度下的蒸气压 p'_i 与混合液体蒸气压 p 的比值是一个常数 k_i。该组分在气相中的分子成分 y_i 与其在液相中的分子成分 x_i 的比值，同样是这一常数 k_i，该常数称为相平衡常数，即

$$\frac{p'_i}{p} = \frac{y_i}{x_i} = k_i \tag{1-19}$$

式中 k_i——燃气中 i 组分相平衡常数。

工程上，常利用相平衡常数 k_i 计算液化石油气的气相组成或液相组成。k_i 值可由图 1-3 查得。使用该图时，先连接温度和碳氢化合物两点之间的直线，并向右延长与基准线相交。然后把此交点同反映系统压力的点相连，在此连接线与相平衡常数线相交的地方，即可求得 k_i 值。

【例 1-1】 已知液化石油气的气相分子组分为 $y_{C_3H_8} = 0.90$，$y_{C_4H_{10}} = 0.10$，求 $t = 30℃$ 时的平衡液相成分。

【解】 根据表 1-2 查得丙烷和正丁烷的蒸气压。系统的压力 p 为

$$p = \frac{1}{\sum \frac{y_i}{p_i}} = \frac{1}{\frac{0.9}{1.08} + \frac{0.1}{0.28}} \text{Pa} = 0.84 \times 10^6 \text{Pa}$$

平衡液相组分的分子成分

$$x_{C_3H_8}=\frac{y_{C_3H_8}p}{p'_{C_3H_8}}=\frac{0.9\times0.84}{1.08}=0.7;\ x_{C_4H_{10}}=\frac{y_{C_4H_{10}}p}{p'_{C_4H_{10}}}=\frac{0.1\times0.84}{0.28}=0.3$$

也可用相平衡常数计算。由图 1-3 查得 $k_{C_3H_8}=1.29$，$k_{C_4H_{10}}=0.33$，平衡液相成分为

$$x_{C_3H_8}=\frac{y_{C_3H_8}}{k_{C_3H_8}}=\frac{0.9}{1.29}=0.7;\ x_{C_4H_{10}}=\frac{y_{C_4H_{10}}}{k_{C_4H_{10}}}=\frac{0.1}{0.33}=0.3$$

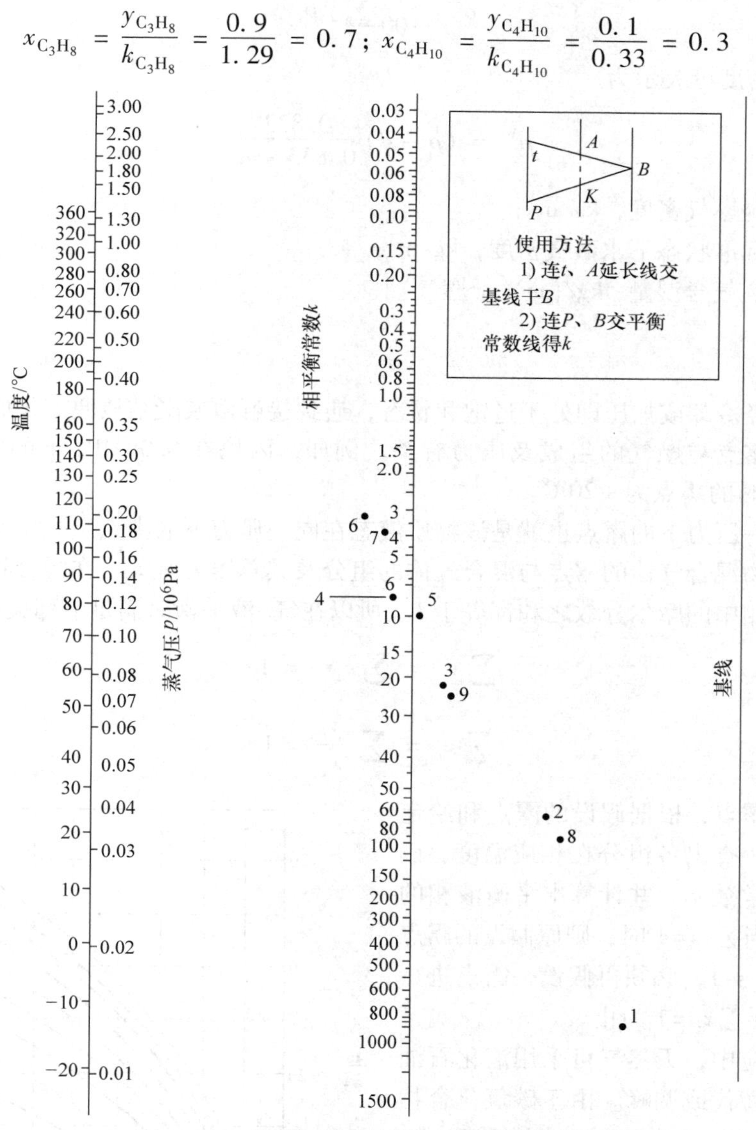

图 1-3　一些碳氢化合物的相平衡常数计算图

1—甲烷　2—乙烷　3—丙烷　4—正丁烷　5—异丁烷　6—正戊烷　7—异戊烷　8—乙烯　9—丙烯

八、干燃气和湿燃气

通常，燃气中会含有一定量水蒸气，工程应用中也有干燃气与湿燃气之分。所谓 $1m^3$ 湿燃气是指燃气的总体积为 $1m^3$，其中包含水蒸气所占体积（实际的燃气成分小于 $1m^3$）。

$1m^3$ 干燃气则是指燃气成分的体积是 $1m^3$，而与其共存的还有若干水蒸气，因此 $1m^3$ 干燃气的实际体积是大于 $1m^3$ 的。

单位体积的燃气所具有的质量称为燃气的平均密度，kg/m^3。

混合气体的平均密度为

$$\rho = \frac{1}{100}\sum y_i\rho_i \tag{1-20a}$$

湿燃气的密度可表示为

$$\rho^{W} = (\rho + d)\frac{0.833}{0.833 + d} \tag{1-20b}$$

式中 ρ^W——湿燃气密度，kg/m^3；

0.833——标准状态下水蒸气密度，kg/m^3；

d——燃气含湿量，kg/[m^3(干燃气)]。

九、露点

饱和蒸气经冷却或加压即处于过饱和状态，遇到接触面或凝结核便液化成露，这时的温度称为露点。露点与燃气的组成及压力有关。例如，丙烷在 0.35MPa 下的露点为 -10℃，而在 0.85MPa 时的露点为 +20℃。

气体在某一压力下的露点也就是该物质液态在同一压力下的沸点。

碳氢化合物混合气体的露点与混合气体的组分及其总压力有关。在混合物中，由于各组分在气相或液相中的摩尔分数之和都等于 1，所以在气-液平衡时满足下列关系

$$\sum y_i = \sum k_i x_i = 1 \tag{1-21}$$

$$\sum x_i = \sum \frac{y_i}{x_i} = 1 \tag{1-22}$$

先假设一露点，根据假设的露点和给定压力，由图 1-3 查出各组分在相应温度、压力下的相平衡常数 k_i，并计算出平衡液相的摩尔分数 x_i。当 $\sum x_i = 1$ 时，则原假设的露点正确，如果 $\sum x_i \neq 1$，必须再假设一露点进行计算，直到满足 $\sum x_i = 1$ 为止。

在燃气供应中，天然气可采用液化石油气混空气进行替代或调峰。由于碳氢化合物蒸气分压力降低，因而露点也降低了。丙烷、正丁烷、异丁烷和空气混合气的露点，分别如图 1-4、图 1-5 和图 1-6 所示。可见，露点随混合气体的压力及各组分的体积分数而变化，混合气体的压力增加，露点升高。

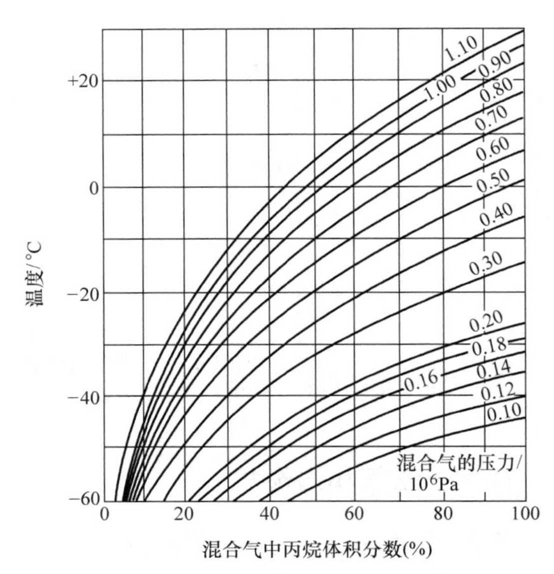

图 1-4 丙烷-空气混合气的露点

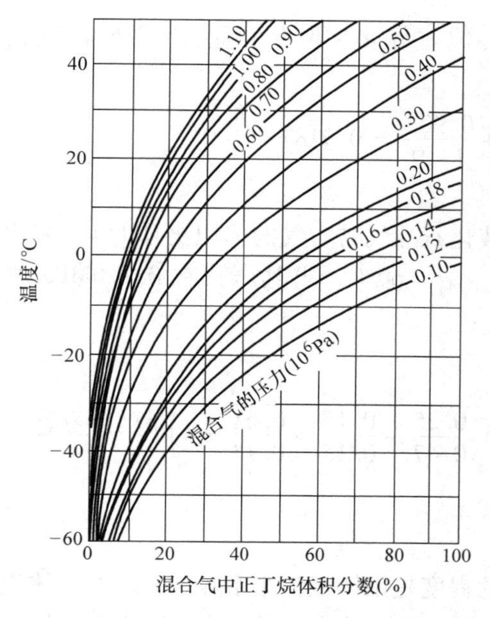

图 1-5　正丁烷-空气混合气的露点

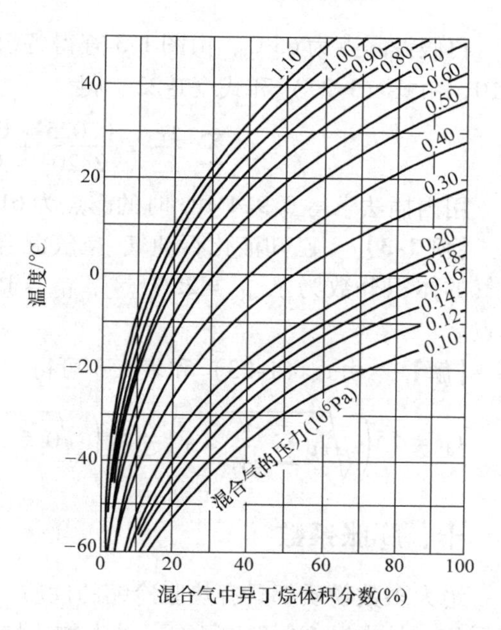

图 1-6　异丁烷-空气混合气的露点

当管道输送气体碳氢化合物时，必须保持其温度在露点以上，以防凝结，阻碍输气。液化石油气管道供气的工程中气态液化石油气或液化石油气-空气混合气一般处于压力为 0.1～0.3MPa 的范围内，必须对露点进行校核计算。可采用下式直接计算

$$t_{\mathrm{d}} = 55\left(\sqrt{cp\sum\frac{y_i}{\alpha_i}} - 1\right) \qquad (1\text{-}23)$$

式中　t_{d}——气态液化石油气或液化石油气-空气混合气的露点，℃；

p——气态液化石油气或液化石油气-空气混合气的压力，MPa；

c——液化石油气-空气混合气中液化石油气组分的体积组分，对气态液化石油气 $c=1.0$；

y_i——液化石油气中 i 组分的体积分数；

α_i——液化石油气中 i 组分的特性系数，见表 1-3。

表 1-3　液化石油气组分的特性系数

组分	乙烷	乙烯	丙烷	丙烯	异丁烷	正丁烷	1-丁烯	异丁烯	异戊烷	正戊烷
系数 α_i	2.4	4.18	0.47	0.59	0.15	0.10	0.126	0.129	0.035	0.026

【例 1-2】　已知液化石油气的体积分数为 $y_{C_3H_8}=2.5\%$，$y_{nC_4H_8}=7.1\%$，$y_{iC_4H_8}=90.4\%$，求液化石油气压力为 0.914MPa 时的露点。

【解】　假定露点温度为 55℃，根据露点和压力，由图 1-3 查得各组分的 k_i 值为 $k_{C_3H_8}=1.82$，$k_{nC_4H_8}=0.65$，$k_{iC_4H_8}=0.88$，由式（1-21）和式（1-22）得

$$\sum\frac{y_i}{k_i} = \frac{0.025}{1.82} + \frac{0.071}{0.65} + \frac{0.904}{0.88} = 1.1502$$

再假设露点为65℃，由图1-3查得各组分的k_i值为$k_{C_3H_8}=2020$，$k_{nC_4H_8}=0.83$，$k_{iC_4H_8}=1.10$，由式（1-21）和式（1-22）得

$$\sum \frac{y_i}{k_i}=\frac{0.025}{2.20}+\frac{0.071}{0.83}+\frac{0.904}{1.10}=0.9187$$

用内插法求得0.914MPa时的露点为61.5℃。

【例1-3】 已知液化石油气-空气混合气，液化石油气与空气的体积比是1∶1，液化石油气的体积分数为$y_{C_3H_8}=25\%$，$y_{iC_4H_8}=15\%$，$y_{nC_4H_8}=60\%$，求其压力在0.196MPa时的露点。

【解】 由式（1-23）和表1-3可得

$$t_d=55\left(\sqrt{cp\sum\frac{y_i}{\alpha_i}}-1\right)=55\left(\sqrt{0.5\times0.196\left(\frac{0.25}{0.47}+\frac{0.15}{0.15}+\frac{0.6}{0.1}\right)}-1\right)℃=7.7℃$$

十、膨胀系数

绝大多数物质都具有热胀冷缩的性质，膨胀的程度是用体积膨胀系数来表示的。体积膨胀系数，是指温度每升高1℃，液态物质增加的体积与原体积的比值。液态液化石油气的体积膨胀系数，约比水大16倍。在灌装容器时必须考虑由温度变化引起的体积增大，留出相应的气相空间容积。

液态液化石油气各组分及水的体积膨胀系数见表1-4。

表1-4 液态液化石油气组分及水的体积膨胀系数 （单位：1/℃）

温度/℃	丙烷	丙烯	正丁烷	异丁烷	1-丁烯	水
0~10	0.00265	0.00283	0.00181	0.00233	0.00198	0.0000299
10~20	0.00258	0.00313	0.00237	0.00171	0.00206	0.00014
20~30	0.00352	0.00329	0.00173	0.00297	0.00214	0.00026
30~40	0.00340	0.00354	0.00227	0.00217	0.00227	0.00035
40~50	0.00422	0.00389	0.00222	0.00266	0.00244	0.00042

液态液化石油气的体积膨胀可按下式计算

$$V_2=V_1[1+\alpha(t_2-t_1)] \tag{1-24}$$

式中 V_1——温度为t_1时的液体体积，m^3；

V_2——温度为t_2时的液体体积，m^3；

α——$t_1\sim t_2$温度范围内的体积膨胀系数平均值，1/℃。

对于满液的容器，当温度升高时液体的体积膨胀，而受到容器的限制，液体将会受到压缩。体积压缩系数是指压力每升高1MPa时液体体积的减缩量。液化石油气（65%丙烷+35%异丁烷）的体积压缩系数见表1-5。

由表1-5可以看出，体积膨胀系数和体积压缩系数的比值一般为1.8以上，这说明如果不考虑容器本身由于温度和压力的升高而产生的体积增量，则容器在满液情况下，温度的升高会引起容器内压力急剧升高。

表 1-5　液化石油气体积膨胀系数、体积压缩系数及其比值

温度/℃	体积膨胀系数/(1/℃)	体积压缩系数/(1/MPa)	比值/(MPa/℃)
0	0.00215	0.00107	2.01
10	0.00228	0.00116	1.97
20	0.00246	0.00126	1.95
30	0.00266	0.00138	1.93
40	0.00292	0.00151	1.93
50	0.00326	0.00168	1.84
60	0.00313	0.00187	1.99

第二节　燃气热力性质

一、汽化热

常压下，单位质量的物质由液态变成与之处于平衡状态的蒸气所要吸收的热量称为该物质的汽化热。反之，由蒸气变成与之处于平衡状态的液体时所放出的热量称为该物质的凝结热。同一物质，在同一状态时汽化热与凝结热是同一数值，其实质为饱和蒸气与饱和液体的焓差。

水的汽化热是所有物质中最大的，标准大气压下、沸点100℃时的汽化热为2257kJ/kg。标准大气压下，甲烷在其沸点－162℃的汽化热为511kJ/kg。丙烷在其沸点－42℃时的汽化热为423kJ/kg。

不同液体汽化热也不同，相同液体的汽化热也随沸点上升而减少，在临界温度时汽化热为零。

混合液体汽化热可按下式计算

$$r = \sum g_i r_i = g_1 r_1 + g_2 r_2 + \cdots + g_n r_n \tag{1-25}$$

式中　r——混合液体汽化热，kJ/kg；

g_1、$g_2 \cdots g_n$——混合液体各组分的质量分数，%；

r_1、$r_2 \cdots r_n$——相应各组分的汽化热，kJ/kg。

汽化热因气化时的压力和温度而异，汽化热与温度的关系可用下式表示

$$r_1 = r_2 \left(\frac{t_c - t_1}{t_c - t_2} \right)^{0.38} \tag{1-26}$$

式中　r_1——温度为t_1℃时汽化热，kJ/kg；

r_2——温度为t_2℃时的汽化热，kJ/kg；

t_c——临界温度，℃。

某些碳氢化合物的汽化热随温度的变化值见图1-7。

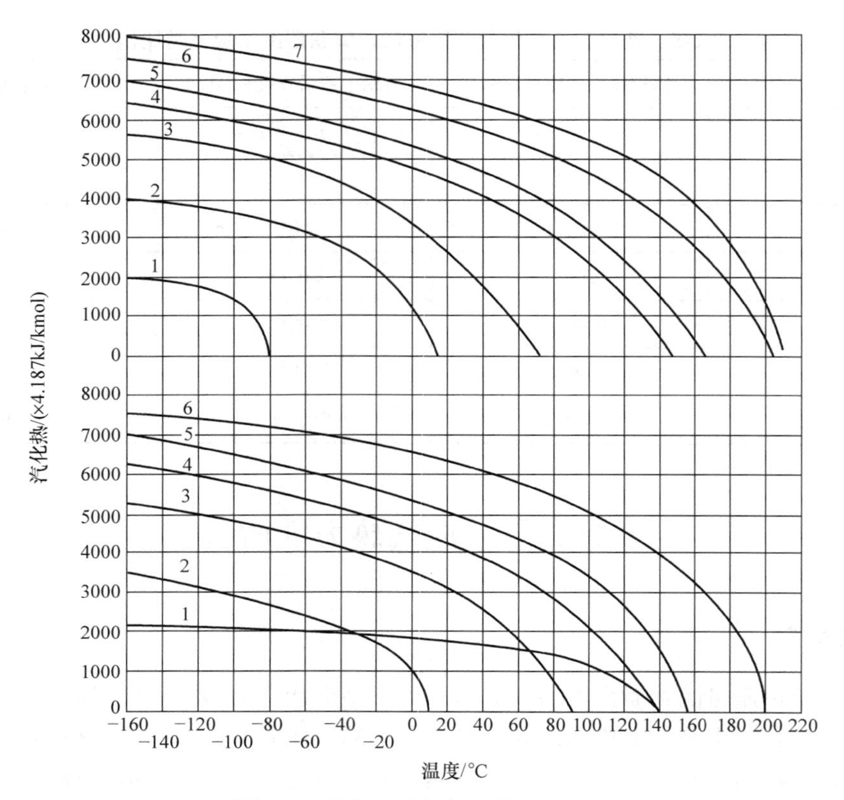

图 1-7 液化石油气各组分的汽化热

（上）1—甲烷 2—乙烷 3—丙烷 4—异丁烷 5—正丁烷 6—异戊烷 7—正戊烷

（下）1—异丁烯 2—乙烯 3—丙烯 4—丁烯 5—顺丁烯 6—戊烯

【例 1-4】 已知液态液化石油气的质量分数为：丙烷 60%，丙烯 15%，异丁烷 25%，求 5℃时液化石油气的汽化热。

【解】 由图 1-7 查得液化石油气各组分在沸点时的汽化热，按式（1-26）计算液化石油气各组分在 5℃的汽化热：

$$丙烷：r_1 = r_2\left(\frac{t_c - t_1}{t_c - t_2}\right)^{0.38} = 422.9\left(\frac{369.8 - 278}{369.9 - 230.9}\right)^{0.38}\text{kJ/kg} = 361.4\text{kJ/kg}$$

$$丙烯：r_1 = r_2\left(\frac{t_c - t_1}{t_c - t_2}\right)^{0.38} = 439.6\left(\frac{365.1 - 278}{365.1 - 226}\right)^{0.38}\text{kJ/kg} = 368.0\text{kJ/kg}$$

$$异丁烷：r_1 = r_2\left(\frac{t_c - t_1}{t_c - t_2}\right)^{0.38} = 366.3\left(\frac{408.1 - 278}{408.1 - 262.8}\right)^{0.38}\text{kJ/kg} = 351.2\text{kJ/kg}$$

按式（1-25）计算液化石油气在 5℃时的汽化热为

$$r = \sum g_i r_i = (0.6 \times 361.4 + 0.15 \times 368.0 + 0.25 \times 351.2)\text{kJ/kg} = 359.8\text{kJ/kg}$$

二、燃气热值

1m^3 燃气完全燃烧后，其烟气被冷却至初始温度，所释放出的总热量称为该燃气的热值，单位为 kJ/m^3。对于液化石油气，热值单位也可用 kJ/kg。

由于碳氢化合物 C_mH_n 中含 H，所以燃气燃烧有 H_2O 产生。根据燃烧烟气中 H_2O 的排出状态不同，热值分为高热值和低热值。当 H_2O 以气体状态排出时，燃烧所放出的热量称为低热值。当 H_2O 以凝结水状态排出时，蒸气中所含的凝结热得以释放，此种状态下所放出的总热量称为高热值。显然，燃气的高热值在数值上大于其低热值，差值为水的汽化热。

某些单一可燃气体在标准状况下的热值见表 1-6。

表 1-6 单一可燃气体在标准状况下的热值 （单位：kJ/m^3）

	H_2	CO	CH_4	C_3H_8	C_4H_{10}	C_3H_6	nC_4H_{10}	iC_4H_{10}
低热值	10794	12644	35906	87667	93244	117695	123649	122857
高热值	12753	12644	39842	93671	101270	125847	133885	133048

实际燃气通常是含有多种可燃组分的混合气体。燃气的热值可以用实验法（水流式热量计）直接测定，也可以由各单一气体的热值根据混合法则按下式进行计算

$$H = H_1r_1 + H_2r_2 + \cdots H_nr_n \tag{1-27}$$

式中 H——燃气（混合气体）的高热值或低热值，kJ/m^3；

H_1、H_2、$\cdots H_n$——燃气中各可燃组分的高热值或低热值，kJ/m^3；

r_1、r_2、$\cdots r_n$——燃气中各可燃组分的体积分数，%。

一般焦炉煤气的低热值大约为 16～17MJ/m^3，天然气大约为 36～46MJ/m^3，液化石油气大约为 88～120MJ/m^3。

在燃烧设备中，烟气中的水蒸气通常是以气体状态排出的，因此实际工程中经常用到的是燃气的低热值。有时为了进一步利用烟气中的热量，会把烟气冷却至其露点以下，使水蒸气冷凝放热，只有这时才用到燃气的高热值。国外多以燃气高热值作为热效率计算基准。

三、比热容

单位质量的物体，温度升高或降低 1℃所吸收或放出的热量称为比热容。根据单位的不同，有质量比热容、体积比热容和摩尔比热容。

比热容不仅取决于物质的性质，还与气体的热力过程及所处状态有关。根据热力过程不同分为比定容热容 c_V 和比定压热容 c_p。由于气体体积膨胀要对外做功，显然 $c_p > c_V$。工程上用得较多的是燃气的比定压热容 c_p。

比热容是温度的函数，随温度的升高而增大。

在工程计算中，比热容分为真实比热容和平均比热容。相应于某温度下的比热容称为真实比热容，而实际应用时多采用某个温度范围内的平均值，称为平均比热容。

气态碳氢化合物在 101325Pa 压力下，0～100℃范围内的真实比热容及平均比热容见表 1-7。

四、华白数和燃烧势

（1）华白数　华白数是反映燃气质量的一个特性参数，是判定燃气互换性的重要依据之一。华白数定义为

$$W = H/\sqrt{s} \tag{1-28}$$

式中 W——华白数；

H——燃气热值，kJ/m³，按照各国习惯，有的取高热值，有的取低热值；

s——燃气相对密度。

如果燃气置换后喷嘴前压力有变化，则可使用广义的华白数 W_1

$$W_1 = W\sqrt{p} = H\sqrt{p/s} \tag{1-29}$$

式中 W_1——广义华白数；

p——喷嘴前压力，Pa。

华白数 W、广义华白数 W_1 均与燃具热负荷 Q 成正比。热负荷 Q 又称为热负荷指数

$$Q = kW = k_1W_1 \tag{1-30}$$

式中 k、k_1——比例常数。

表 1-7 常见烃类的真实比热容及平均比热容

气体	温度/℃	摩尔定压热容 $c_{p,m}$/[kJ/(kmol·℃)]		摩尔定容热容 $c_{V,m}$/[kJ/(kmol·℃)]		比定压热容 c_p/[kJ/(kg·℃)]		比定容热容 c_V/[kJ/(m³·℃)]	
		真实比热容	平均比热容	真实比热容	平均比热容	真实比热容	平均比热容	真实比热容	平均比热容
甲烷	0	34.74	34.74	26.42	26.42	2.17	2.17	1.55	1.55
	100	39.28	36.80	30.97	28.49	2.45	2.29	1.75	1.64
乙烷	0	49.58	49.53	41.21	41.21	1.65	1.65	2.21	2.21
	100	68.17	55.92	53.85	47.60	2.07	1.86	2.77	2.50
丙烷	0	68.33	68.33	60.00	60.00	1.55	1.55	3.05	3.05
	100	88.93	78.67	80.60	70.34	2.02	1.78	3.97	3.51
正丁烷	0	92.53	92.53	84.20	84.20	1.59	1.59	4.13	4.13
	100	117.82	105.47	109.48	97.13	2.03	1.81	5.26	4.70
正戊烷	0	114.93	114.93	105.60	105.60	1.59	1.59	5.13	5.13
	100	146.08	130.80	137.75	132.46	2.02	1.81	6.52	5.84
乙烯	0	40.95	40.95	32.62	32.62	1.46	1.46	1.83	1.83
	100	51.25	48.22	42.91	37.89	1.83	1.65	2.29	2.06
丙烯	0	60.0	60.0	51.57	51.57	1.43	1.43	1.23	2.68
	100	75.74	68.33	67.41	60.0	1.80	1.62	1.43	3.38
丁烯	0	83.23	83.23	74.90	74.90	1.48	1.48	3.71	3.72
	100	106.81	95.29	98.47	86.96	1.90	1.70	4.74	4.25

（2）燃烧势（CP） 燃烧势即燃烧速度指数，是反映燃烧稳定状态的参数。

五、着火温度

着火温度是指可燃混合气体逐渐升温至开始自燃的最低温度。实际上，着火温度不是一个固定的数值，它与可燃气体在空气中的含量、与空气的混合程度、燃气压力、燃烧空间的形状及大小等许多因素有关。不同气体的着火温度是不同的。一般可燃气体在空气中的着火温度比在纯氧中的着火温度高 50～100℃。

六、爆炸极限

爆炸是火焰传播的一种特殊形式。可燃气体与空气的混合气遇明火能引起爆炸的可燃气体含量范围称为爆炸极限。在可燃气体和空气的混合气中，可燃气体的含量少到使燃烧不能进行，即不能形成爆炸性混合气的可燃气体最低含量，称为爆炸下限。当可燃气体的含量增加，由于缺氧而无法燃烧，以至于不能形成爆炸性混合气的可燃气体最高含量称为其爆炸上限。

不同性质燃气的爆炸极限差别可能很大。如，常温常压下甲烷的爆炸极限为5%～15%（体积分数），而氢气则达到4%～76%。为了防止爆炸带来的危害，GB50028—2006《城镇燃气设计规范》强制规定：无毒燃气泄漏到空气中，达到爆炸下限的20%时，应能察觉；液化石油气与空气的混合气作为主气源时，液化石油气的体积分数应高于其爆炸上限的2倍。

爆炸下限越低的燃气，爆炸危险性越大。表1-8列出了三类燃气的爆炸极限，就爆炸极限而言，液化石油气的爆炸危险性最大。

表1-8 三类燃气的爆炸极限 （体积分数,%）

燃气种类		人工燃气					天然气			液化石油气	
		焦炉煤气	直立炉煤气	加压气化煤气	发生炉煤气	水煤气	四川天然气	西气东输天然气	大庆石油伴生气	北京	大庆
爆炸极限	上限	35.8	40.9	50.5	67.5	70	15	15.1	14.2	9.7	10
	下限	4.5	4.9	9.3	21.5	6.2	5	5	4.2	1.7	2

（1）对于不含氧及惰性气体的燃气，其爆炸极限可按下式计算

$$L=\frac{100}{\sum\frac{y_i}{L_i}} \tag{1-31}$$

式中 L_i——燃气中 i 组分的爆炸极限,%；

L——不含氧及惰性气体的燃气爆炸极限,%；

y_i——燃气中 i 组分的体积分数,%。

（2）含有惰性气体的燃气，其爆炸极限可按下式估算

$$L_1=L\frac{\left(1+\frac{B_i}{1-B_i}\right)\times 100}{100+L\left(\frac{B_i}{1-B_i}\right)}\times 100\% \tag{1-32}$$

式中 L_1——含有惰性气体的燃气爆炸极限，%；

L——不含惰性气体的燃气爆炸极限，%；

B_i——燃气中惰性气体的体积分数，%。

【例1-5】 试计算天然气爆炸极限，天然气体积分数为：甲烷96.2%，乙烷0.2%，氮1.5%，二氧化碳2.1%。

【解】 该天然气中含有惰性气体，将氮和二氧化碳去掉后，燃气的体积分数为：甲烷

99.8%，乙烷0.2%。查附录A可知，甲烷的爆炸极限为5%和15%，乙烷的爆炸极限为2.9%和13%。

对于不含氧和惰性气体的爆炸极限

$$L_1 = \frac{100}{\sum \frac{y_i}{L_i}} = \frac{100}{\frac{99.8}{5} + \frac{0.2}{2.9}} = 4.993$$

$$L_H = \frac{100}{\sum \frac{y_i}{L_i}} = \frac{100}{\frac{99.8}{15} + \frac{0.2}{13}} = 14.995$$

故含有惰性气体的爆炸极限

$$L_1 = L\frac{\left(1 + \frac{B_i}{1 - B_i}\right) \times 100}{100 + L\left(\frac{B_i}{1 - B_i}\right)} \times 100\% = 4.993\frac{\left(1 + \frac{0.036}{1 - 0.036}\right) \times 100}{100 + 4.993\left(\frac{0.036}{1 - 0.036}\right)} = 5.4\%$$

$$L_H = L\frac{\left(1 + \frac{B_i}{1 - B_i}\right) \times 100}{100 + L\left(\frac{B_i}{1 - B_i}\right)} \times 100\% = 14.995\frac{\left(1 + \frac{0.036}{1 - 0.036}\right) \times 100}{100 + 14.995\left(\frac{0.036}{1 - 0.036}\right)} = 16.0\%$$

第三节 燃气分类

GB/T 13611—2006《城镇燃气分类和基本特性》规定了城镇燃气分类原则和分类方法。城镇燃气应按燃气类别及其燃烧特性指标（华白数 W 和燃烧势 CP）分类，并应控制其波动范围。一般包括天然气、液化石油气和人工燃气。具体的分类标准见表1-9。

燃气也可按来源或生产方式进行分类，大致分为四大类：天然气、人工燃气、液化石油气和生物气，其中天然气、液化石油气和人工燃气可作为城镇燃气气源，生物气主要作为农村能源。另外，随着城市化进程及对清洁能源的需求，新型替代燃料会不断进入城镇能源系统，如二甲醚、轻烃混空气等燃料已逐渐纳入我国城镇燃气的范畴。

一、天然气

广义天然气是指埋藏于地层中自然形成的气体，通用的天然气是指天然蕴藏于地层中的烃类和非烃类气体的混合气，即以甲烷为主的气态化石燃料。

天然气主要存在于油田和气田中，也有储集在煤层和页岩中。

天然气是一种混合气体，主要成分是低分子烷烃，也含有少量的二氧化碳、硫化物和氮气等。

天然气从地下开采出来时压力较高，有利于远距离输送，达到用户仍能保持较高压力。天然气热值高，容易燃烧且燃烧效率高，是优质、经济的自然资源。天然气用途广泛，可作为燃料，也可作为化工原料。

开采天然气的工程具有投资少、建设工期短、见效快的特点。据有关资料，天然气生产成本是油的25%，是煤炭的5%～15%。

通常，天然气是按照矿藏特点或气体组成进行分类的，采集的天然气随产地、矿藏结构、开采季节等因素有所不同。

1. 天然气根据矿藏特点的分类

根据矿藏特点，天然气可以分为气田气、石油伴生气和凝析气田气。

（1）气田气　气田气，主要成分是甲烷，其体积分数为80%～98%，乙烷及丁烷的含量不大，还含有少量的二氧化碳、硫化氢、氮和微量的氩、氖、氦等气体，热值约为36MJ/m³（标态）。

表1-9　城镇燃气的类别及特性指标（15℃，101.325kPa，干）

类别		华白数 W/(MJ/m³)		燃烧势 CP	
		标准	范围	标准	范围
人工燃气	3R	13.71	12.62～14.66	77.7	46.5～85.5
	4R	17.78	16.38～19.03	107.9	64.7～118.7
	5R	21.57	19.81～23.17	93.9	54.4～95.6
	6R	25.69	23.85～27.95	108.3	63.1～111.4
	7R	31.00	28.57～33.12	120.9	71.5～129.0
天然气	3T	13.28	12.22～14.35	22.0	21.0～50.6
	4T	17.13	15.75～18.54	24.9	24.0～57.3
	6T	23.35	21.76～25.01	18.5	17.3～42.7
	10T	41.52	39.06～44.84	33.0	31.0～34.3
	12T	50.73	45.67～54.78	40.3	36.3～69.3
液化石油气	19Y	76.84	72.86～76.84	48.2	48.2～49.4
	22Y	87.53	81.83～87.53	41.6	41.6～44.9
	20Y	79.64	72.86～87.53	46.3	41.6～49.4

注：1. 3T、4T为矿井气，6T为沼气，其燃烧特性接近天然气。
2. 22Y华白数W的下限值81.83MJ/m³和CP的上限值44.9，为体积分数（%）$C_3H_8=55$，$C_4H_{10}=45$时的计算值。

（2）石油伴生气　石油伴生气是指与石油共生的、伴随石油开采一起出来的天然气，分为气顶气和溶解气两类。气顶气是不溶于石油的气体，为保持石油开采过程中一定的井压，一般不随便开采。溶解气是指溶解在石油中，伴随石油开采而得到的气体。石油伴生气主要成分是甲烷、乙烷、丙烷、丁烷，还有少量的戊烷和重烃。石油伴生气热值一般为48MJ/m³（标态）。

（3）凝析气田气　凝析气田气是指含有少量石油轻质馏分（如汽油、煤油成分）的天然气。凝析气田气开采出来后，一般经减压降温，分为气液两相，分别进行输送、分配和使用。凝析气田气中甲烷体积分数约为75%。

2. 天然气按烃类组分分类

按天然气中烃类组分分类可分为干气与湿气、贫气与富气。对于从气井井口采出的或由油、气田矿场分离器分离出的天然气而言，其划分方法如下：

1）干气：每立方米气中，戊烷以上（C_5）烃类按液态计小于10mL的天然气。

2）湿气：每立方米气中，戊烷以上（C_5）烃类按液态计大于10mL的天然气。

3）贫气：每立方米气中，丙烷以上（C_3）烃类按液态计小于100mL的天然气。

4）富气：每立方米气中，丙烷以上（C_3）烃类按液态计大于100mL的天然气。

酸性气体是指含有较多硫化氢和二氧化碳等酸性气体的天然气。

洁气是指硫化氢和二氧化碳含量很少，不需要进行净化处理的天然气。

二、人工燃气

人工燃气是指以固体或液体燃料为原料，经过各种热加工制得的可燃气体，一般将以煤或焦炭为原料制得的气体燃料称为煤制气（简称煤气）。以石油及其副产品为原料制取的气体燃料称为油制气。

根据原料、生产加工方法和设备的不同，人工燃气分为干馏煤气、气化煤气、油制气三大类。

1. 干馏煤气

以煤为原料，利用焦炉或直立炭化炉等进行干馏而制取的可燃气体，称为干馏煤气，主要包括焦炉煤气和直立炭化炉煤气。

焦炉煤气是以氢为主（其体积分数约为60%），有相当数量甲烷（其体积分数为20%以上）和少量一氧化碳（其体积分数为8%左右），其低热值为17 MJ/m^3（标态）。

直立炭化炉煤气是干馏煤气与部分水煤气形成的混合气体，其组成以氢为主（其体积分数为55%左右），有相当数量的一氧化碳和甲烷（体积分数都占17%～18%），其低热值为15MJ/m^3（标态）。

2. 气化煤气

气化煤气是以固体燃料为原料，在气化炉中通入气化剂，在高温条件下经气化反应而制得的可燃气体，通常由发生炉煤气、水煤气和蒸气-氧气煤气组成。

煤在常压下，以空气及水蒸气作为气化剂，经气化所得的燃气为发生炉煤气，其组成中氮气的体积分数在50%以上，其次是一氧化碳和氢气，其低热值约5.4 MJ/m^3（标态）。

煤在常压下，以水蒸气为气化剂经气化所得的燃气为水煤气，其组成中氢的体积分数约为50%，一氧化碳的体积分数约为30%以上，其低热值为10 MJ/m^3（标态）。

以煤为原料，在2.0～3.0MPa压力下，用纯氧和水蒸气作为气化剂而制得的气化煤气，称为蒸气-氧气煤气。其组成中氢的体积分数超过70%，并含有相当数量的甲烷（其体积分数为15%以上），其低热值约为15.4MJ/m^3（标态）。

3. 油制气

以石脑油或重油为原料，经热加工制取的可燃气体称为油制气。

将原料油喷入充满水蒸气的蓄热反应器中，使油受热裂解而制得的燃气为热裂解油制气，其组成以氢和甲烷为主，并含有相当数量的乙烯，其低热值约为35MJ/m^3（标态）。

在有催化剂的条件下，将原料油进行催化裂解反应而制得的燃气称为催化裂解油制气，其组成以氢为主，并含有相当数量的甲烷和一氧化碳，其低热值约为17MJ/m^3（标态）。

将原料油、蒸汽和氧气混合在较高温度下发生部分氧化反应而制得的燃气称为部分氧化油制气，其组成以氢和一氧化碳为主，低热值约为10MJ/m^3（标态）。

三、液化石油气

以凝析气田气、石油伴生气或炼厂气为原料，经加工而制得的可燃物为液化石油气，其主要成分是丙烷、丙烯、丁烷和丁烯。此外，尚有少量戊烷及其他杂质。

四、生物气

各种有机物质在隔绝空气条件下发酵，在微生物作用下经生化作用产生的可燃气体，称为生物气，也称为沼气。其主要成分是甲烷和二氧化碳，还有少量的氮气和一氧化碳，热值约为22MJ/m^3（标态）。

第四节　燃气质量要求

城镇燃气是供给城镇居民生活、商业、工业生产、采暖空调等作燃料用的。在燃气的输配、储存和应用过程中，为了保证城镇燃气系统和用户的安全，减少腐蚀、堵塞和损失，减少对环境污染和保障系统的经济合理性，要求城镇燃气具有一定质量指标并保持其质量的稳定性。根据燃气的来源不同，提出了各类燃气的质量控制指标。

一、天然气质量要求

天然气是以气体状态存在于地下岩层中的可燃气体，它按照不同的来源分为气田气、石油伴生气、凝析气田气与煤层气等。GB 17820—2012《天然气》规定的质量技术指标见表1-10。其中一、二类天然气主要用作民用燃料，三类天然气主要用作工业原料或燃料。

表1-10　天然气的技术指标

项目	一类	二类	三类
高位发热量①/(MJ/m^3)≥	36.0	31.4	31.4
总硫(以硫计)①/(mg/m^3)≤	60	200	350
硫化氢①/(mg/m^3)≤	6	20	350
二氧化碳(%)≤	2.0	3.0	—
水露点②,③/℃	在交接点压力下，水露点应比输送条件下最低环境温度低5℃		

① 标准中气体体积的标准参比条件是101.325kPa，20℃。
② 在输送条件下，当管道管顶埋地温度为0℃时，水露点应不高于-5℃。
③ 进入输气管道的天然气，水露点的压力应是最高输送压力。

二、液化石油气质量要求

液化石油气是在开采和炼制原油过程中作为副产品而获得的以C_3、C_4成分为主的碳氢化合物。GB11174—2011《液化石油气》规定的液化石油气的技术要求和试验方法见表1-11。

表 1-11 液化石油气的技术要求和试验方法

项目		质量指标			试验方法
		商品丙烷	商品丙丁烷混合气	商品丁烷	
密度[①](15℃)/(kg/m³)		报告			SH/T 0221
蒸气压(37.8℃)/kPa	不大于	1 430	1 380	485	GB/T 12576
组分					SH/T 0230
C_3 烃类组分(体积分数%)	不小于	95	—	—	
C_4 及 C_4 以上烃类组分(体积分数%)	不大于	2.5	—	—	
(C_3+C_4)烃类组分(体积分数%)	不小于	—	95	95	
C_5 及 C_5 以上烃类组分(体积分数%)	不小于	—	3.0	2.0	
残留物					
蒸发残留物/[mL/(100mL)]	不大于	0.05			SY/T 7509
油渍观察		通过			
铜片腐蚀(40℃,1h)/级	不大于	1			SH/T 0232
总硫含量[②]/(mg/m³)	不大于	343			SH/T 0222
硫化氢(需满足下列要求之一):					
乙酸铅法		无			SH/T 0125
层析法[②]/(mg/m³)	不大于	10			SH/T 0231
游离水		无			目测

注:GB/T 12576《液化石油气蒸气压和相对密度及辛烷值计算法》
SH/T 0125《液化石油气硫化氢试验法(乙酸铅法)(SH/T 0125—1992, eqv ISO 8819—1987)》
SH/T 0221《液化石油气密度或相对密度测定法(压力密度计法)(SH/T 0221—1992, eqv ISO 3993—1984)》
SH/T 0222《液化石油气总硫含量测定法(电量法)》
SH/T 0230《液化石油气组成测定法(色谱法)》
SH/T 0231《液化石油气中硫化氢含量测定法(层析法)》
SH/T 0232《液化石油气铜片腐蚀试验法(SH/T 0232—1992, eqv ISO 6251:1982)》
SY/T 7509《液化石油气残留物测定法》
① 气体体积的标准参比条件是 101.325kPa。
② 气体体积的标准参比条件是 101.325kPa,20℃。

三、人工燃气质量要求

人工燃气是由煤炭或石油通过一定化学工艺人工制得的。有的是焦炭生产的副产品(焦炉煤气),有的是钢铁冶炼的副产品(高炉煤气),也有以制取燃气为目的的气化煤气。GB/T 13612—2006《人工煤气》适用于以煤或油或液化石油气、天然气等为原料转化制取的可燃气体,经城镇燃气管网输送至用户,作为居民生活、工业企业生产的燃料。标准规定的人工燃气技术要求见表 1-12。

表 1-12 人工燃气的技术要求

项目	质量指标	试验方法
低热值/(MJ/m³)		GB/T 12206—2006《城镇燃气热值和相对密度测定方法》
一类气	>14	
二类气	>10	
燃烧特性指数波动范围应符合	GN/T13611	

（续）

项目	质量指标	试验方法
杂质		GB/T 12208—2008《人工煤气组分与杂质含量测定方法》
焦油和灰尘/（mg/m^3）	<10	
硫化氢/（mg/m^3）	<20	
氨/（mg/m^3）	<50	
萘/（mg/m^3）	$<50\times10^2/P$（夏天） $<100\times10^2/P$（夏天）	
含氧量（体积分数）（%）		GB/T 10410—2008《人工煤气和液化石油气常量组分气相色谱分析法》或化学分析方法
一类气	<2	
二类气	<1	
含一氧化碳量（体积分数）（%）	<10	GB/T 10410—2008《人工煤气和液化石油气常量组分气相色谱分析法》或化学分析方法

注：1. 标准煤气体积（m^3）指在101.325kPa，15℃状态下的体积。

2. 一类气为煤干馏气，二类气为气化煤气、油气化煤气（包括液化石油气及石油气改制）。

3. 对二类气或掺有二类气的一类气，其一氧化碳含量应小于20%（体积分数）。

第二章 天然气

二

天然气是指通过生物化学作用及地质变质作用，在不同的地质条件下生成、运移，并于一定压力下储集在地质构造中的可燃气体。

通常根据形成条件不同，分为油田气田气、伴生气及凝析气田气。但从广义角度，天然气还包含煤层气、矿井气等。气田气主要成分是甲烷，乙烷以上的烃类很少，同时还含有少量硫化氢、二氧化碳、氮等非烃类组分。油田伴生气除含大量甲烷外，乙烷以上的烃类含量较高。凝析气田气除含大量甲烷外，戊烷以上的烃类含量较高，并含有汽油和煤油组分。煤层气是成煤过程中产生并在一定地质构造中聚集的可燃气体，主要成分是甲烷，同时含有二氧化碳及少量氧气、乙烷、乙烯等。矿井气，又称矿井瓦斯，是煤层气与空气混合而成的可燃气体，主要成分是甲烷、氮气、氧气和二氧化碳。

第一节 天然气开采与集输

一、天然气生成

天然气是由有机物质生成的，这些有机物质是海洋、湖泊中动植物的遗体，在特定环境中经物理和生物化学作用而形成分散的碳氢化合物。

天然气生成后，储集在地下岩石的孔隙、裂缝中。能够储集天然气并使天然气在其内部流动的岩层，称为储气岩层，又叫储集层。储集层是天然气气藏形成不可缺少的条件。能形成储集天然气的岩层主要有：①碎屑岩类储集层，包括砂岩、砂层、砂砾层和砾石岩，其储集空间主要是碎屑颗粒之间的孔隙。②碳酸盐类储集层，包括石灰岩、白云岩及白云质灰岩等，其储集空间是原生孔洞、裂隙及次生的裂缝和孔洞。③其他岩类储集层，包括岩浆岩、变质岩等，其储集空间是由风化、剥蚀作用或地质构造运动而形成的次生孔洞或裂缝。

天然气生成后，呈分散状态存在于储集层。要形成气藏，除了良好的储集层外，还要有合适的盖层条件、气体的迁移和聚积过程等。

盖层是指聚集层以上的不渗透层，能阻止天然气的逸散。常见的盖层有泥岩、页岩、岩盐及致密石灰岩和白云岩等。

天然气在地壳内的迁移，除了天然气本身具有流动性外，还有压力、水动力、重力、分子力、毛细管力、细菌作用以及岩石再结晶等多种外力因素的结果。

天然气的聚集是天然气生成和迁移过程的继续。在自然界中，天然气由分散而聚集起来的条件是多孔隙、多裂缝的储集层，不渗透盖层所形成的拱形面，在地层中形成各种圈闭。

当天然气在迁移过程中受到某一遮挡物时会停止移动，并聚集起来。储集层中这种遮挡物存在的地段称为圈闭，是储集层中能富集天然气的容器。一定数量的天然气在圈闭内聚集后，就形成了气藏。如同时聚集了石油和天然气，则称为油气藏。一个或几个气藏组成一个气田。

二、天然气勘探

天然气的勘探不同于其他固体矿藏，需要根据各地区的具体条件应用各种方法综合勘探，常用的有地质法、地球物理勘探法和钻探法。

地质法，也称为地面调查法，是在地面利用自然露头或人工剖面来直接进行地质观察，研究岩石及地质构造等情况，分析有无天然气生成与储存条件。该方法只适用于寻找地表附近的浅层天然气。

地球物理勘探法，是在地面或水面上利用各种仪器对地下地质构造进行勘察。一般有重力、磁力、电法和地震等四种勘探方法。

钻探法，是根据地球物理法勘探的结果，在可能含油气构造上钻探井，钻穿目的层，直接了解岩石性质和含油气情况。

三、天然气开采

1. 天然气的钻井、固井与完井

（1）钻井　钻井是采用高速旋转式钻机或涡轮式钻机，通过钻头破碎岩石，以实现钻开地层的过程。钻头是破碎岩石的主要工具，衡量钻井速度的主要指标是钻头进尺和机械钻速。提高钻头进尺便减少取下钻头的次数，从而缩短钻井时间。提高机械钻井速度可直接缩短钻井时间。

旋转式钻机钻井时，钻机通过钻杆、钻链及接头等部件组成的钻柱将动力传递给钻头，带动钻头旋转，并借助钻链的重量加压破碎岩石。由泥浆泵输送的洗井液通过钻柱送到井底，从钻头水眼喷出，辅助钻头破碎岩石，携带岩屑和冷却钻头，以改善钻头的工作条件。图 2-1 所示为旋转钻井法示意图，其中地上部分为钻机。

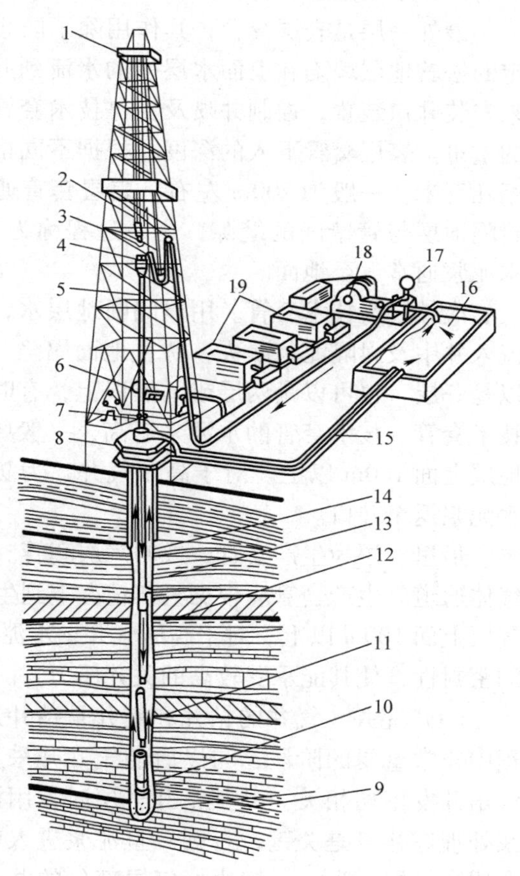

图 2-1　旋转钻井法示意图
1—天车　2—游动滑车　3—吊钩　4—水龙头　5—方钻杆　6—铰车　7—转盘　8—防喷器　9—钻头　10—泥浆　11—钻铤　12—钻柱　13—井眼　14—表层套管　15—泥浆槽　16—泥浆池　17—空气泵　18—泥浆泵　19—动力机

涡轮式钻机是将涡轮与钻头同时放在井中，是由泥浆泵送出的高压液通过钻柱传递给涡轮，驱动涡轮转动，从而带动钻头旋转，以破碎岩石。

在钻井过程中，洗井液的使用非常重要。其作用是携带、悬浮岩屑，冷却、润滑钻头和钻具，清洗井底，防止井喷，保护井壁，在涡轮钻机钻井时还能起到传递动力的作用。通常采用的洗井液是泥浆，对高压气层需用重晶石粉或石灰石粉作为加重剂来提高泥浆相对密度。

（2）固井　在钻井过程中，常会遇到井漏、井喷和井塌等复杂情况，严重时会造成事故，影响继续钻井，甚至导致气井报废。因此，为了封堵钻井过程中钻穿的水层、气层，防止井壁垮塌，一般采用套管加固井身，这一过程称为固井。气井通常采用 3 层套管固井，即表层套管、技术套管和生产套管，如图 2-2 所示。对特别深的井，采用四层套管，即多一层技术套管。

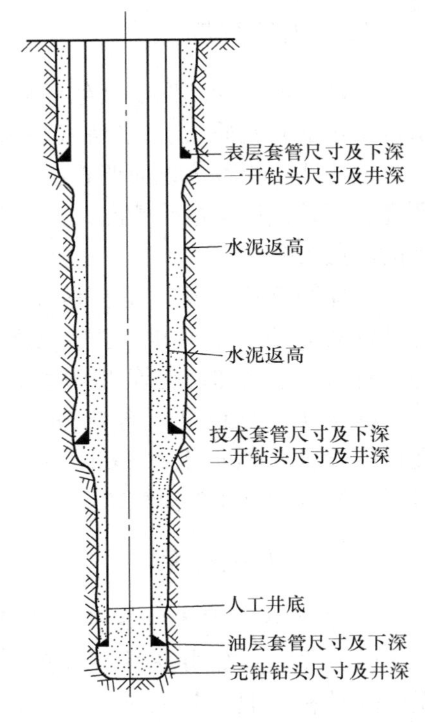

图 2-2　井身结构

最外一层是表层套管，其作用除了防止井上部不稳定的松软地层塌陷和上面水层中的水流到井中外，还用来安装井口装置，控制井喷及支撑技术套管和生产套管的重量。表层套管下入的深度，根据不同情况有几十米至几百米，一般为 200m 左右。表层套管通常用水泥浆封隔地层与管壁间的缝隙，这一过程称为水泥浆返高，水泥浆通常返至地面。

次外层为技术套管。用以隔断地层水，防止地层水流入井中及封隔泥浆漏失，防止地面塌陷。技术套管可以是一层，也可以是两层或两层以上，有时也可以不用技术套管。技术套管的水泥浆返高，一般要返至要封隔地层上面 100m 以上。对于高压气井，为防止漏气常把水泥浆返至井口。

最里一层为生产套管，或叫气层套管。用于把生产层与其他层封隔开，在井内建立一条气体通道。生产套管应根据具体情况下到生产层顶部或穿过生产层。水泥浆一般返至最上部气层上面 100m 以上。对于高压气井，水泥浆常返至地面，以利于加固套管，增强套管螺扣的密封性，使其能承受较高的关井压力。

（3）完井　气井的钻井和完井是钻井过程中非常重要的阶段，与以后的气井开采及气田开发密切相关。尤其钻开气层时，用泥浆处理好井身是关键，否则一旦泥浆进入就会堵死气层。为此，解决好气层部位的井身结构完善，即所谓的完井尤为重要。根据气井井底地层地带岩石种类不同，多采用套管射孔、裸眼完井法、贯眼完井法、衬管完井法和砾石充填完井法。

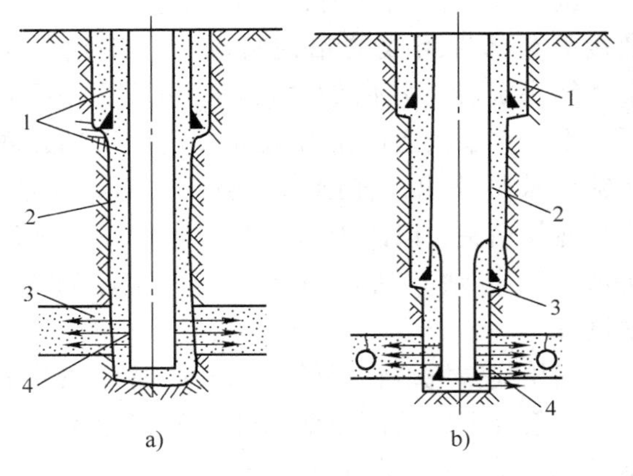

图 2-3　射孔完井
a）射孔完井　b）尾管射孔
1—套管　2—水泥环　3—油气层　4—射孔段

套管射孔法（图 2-3），只是在气层部位进行，其余地方全部封闭，各个地层气、油、水不会相互乱窜，有利于分层开采。缺点是射孔数目有限，气层裸露面积小，气流流入井内阻力大。

对于坚硬岩石，如石灰岩气层，大多采用裸眼完井法（图2-4），其优点是气层暴露面积大，气流流入井内阻力小。

贯眼完井法（图2-5）是在钻穿油气层后，把带孔的套管下到油气层部位。其优点是油气层暴露面积大，有一定的防止油气层垮塌的作用。

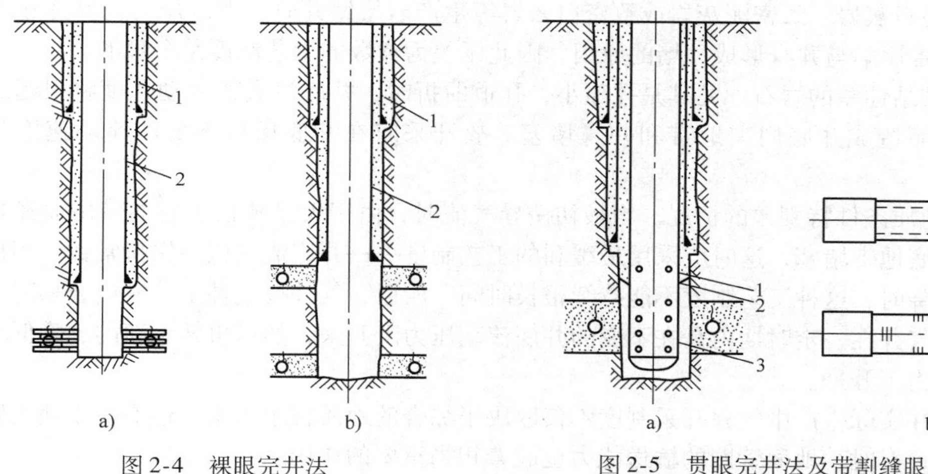

图2-4 裸眼完井法
a）先期裸眼 b）后期裸眼
1—表层套管 2—油层套管

图2-5 贯眼完井法及带割缝眼的套管
a）贯眼完井法 b）带割缝眼的套管
1—注水泥短节 2—水泥伞 3—带眼套管

衬管完井法（图2-6）是将油管下到油气层顶部固井，然后再钻开油气层。在油气层部位下入预先钻好孔的衬管，衬管通过其顶部的悬挂器悬挂在油层套管上，并把套管与衬管的环空密封起来。油气通过衬管上的孔进入井内。

砾石充填完井法（图2-7）是将衬管与井壁之间充填一定尺寸的砾石，使之起防砂和保护油气层的作用，分为套管填充和裸眼填充两种。

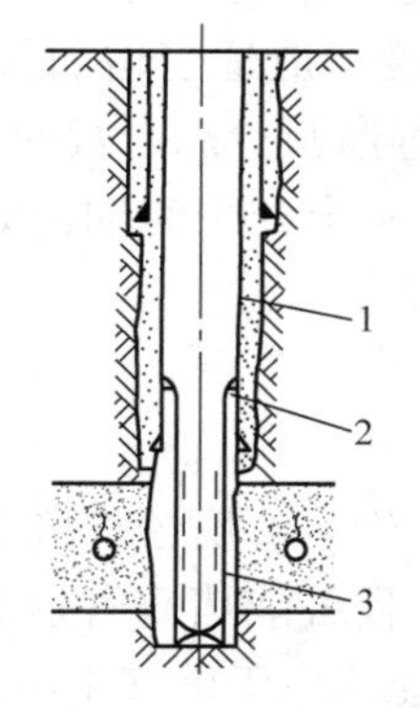

图2-6 衬管完井法
1—油层套管 2—封隔器 3—衬管

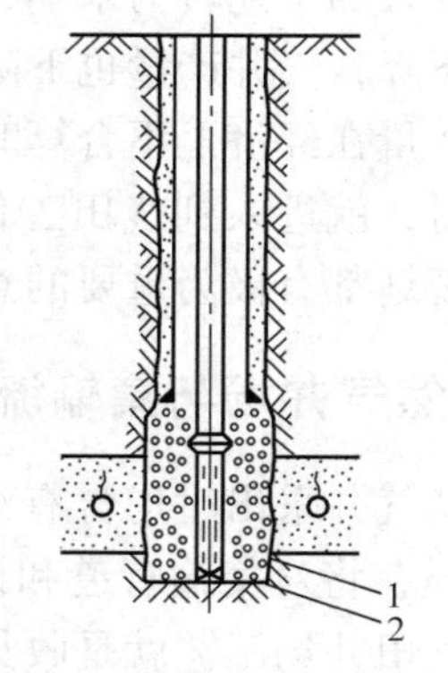

图2-7 砾石充填完井法
1—衬管 2—砾石

2. 气田的开采

（1）气井开采的工艺制度 气井开采的工艺制度是根据设计中的天然气从地层流向井底时气体的产量和与产量相适应的井底流动压力来确定实际操作应控制的参数。气井的试井可根据天然气在地层中的渗流特点分为稳定式试井和不稳定式试井。气体在地层中的渗流是稳定状态的试井，称为稳定试井。气体在地层中的渗流是不稳定状态的试井，称为不稳定试井。

气井开采工艺制度还受集气管网、输气管线的通气能力和用户耗气量等外来因素影响。故在一定时期内确定一次，通常为三个月或半年。气井开采工艺制度有如下几种：

1）当在石灰岩、致密泥灰岩或致密白云岩等生产岩层钻井时，地层压力与井底压力之差是井底地带塌陷与井身形成砂堵的原因。因此压差为常数的工艺制度是合理的。

2）对胶结性差的岩石，尤其是孔隙小，孔道曲折时，井底过大的流动速度将引起岩石颗粒的脱落而造成井底周围地带和井身堵塞。故开采时在井底保持不变的流动速度是合理的。

3）对地质条件特别差的情况，当最初诱导气流时，由于大量疏松岩石的带出而经常形成砂堵或井底地带堵塞，这时应采用最缓和的工艺制度——井底流动压力保持常数。当地层压力很快下降时，这种工艺制度不能持续很长时间。所以，气井按这种工艺制度开采时是阶梯式的，即气井在一定时期内是在不变的井底流动压力下开采，然后再转到新的、降低了的井底流动压力下开采。

但是，在实际生产中气井开采制度不仅取决于综合的地质技术因素，还取决于地面管网的通过能力；有时，地面管网的输送能力也起着相当重要的作用。

（2）气田的开采　气田的开采，一般划分为三个时期：

1）采气初期，是指相当于无始端压气站时，气体沿干线输气管输送到很远距离的时期，气体靠自身压力输送给用户。输气管线始端压力应维持在4.0~5.0MPa。

2）采气中期，是指相当于有始端压气站的情况下沿干线输气管输送气体的时期，在此期间应保持将气体送至压气站的井口压力。

3）采气末期，是指气层压力降至很低，不能达到始端压气站进口压力的要求，并且每个气井的产量已经很低。因而在该时期不能向外界输气，只能用作气田附近用户用气。

从气田开采的中期转为末期，应按经济合理的原则综合考虑来决定是否继续开采。随着地层压力的下降，气井产量也下降。为了保证气田总产量不变，应适当增加气井数。但是，当增加气井数量在经济上不合算时，应停止继续钻井，而以逐渐减少总产量的方法来继续开采气田。此时，就进入到气田工作的消耗时期。实践证明：三个开采时期的划分对气田开采、利用和规划都有极为重要的意义。

四、天然气井场与集输流程

天然气从气井采出时均含有液体（水和液烃）和固体（岩屑、腐蚀产物及酸化处理后残存物）物质，将对集输管道和设备产生极大的腐蚀危害，且可能堵塞管道和仪表管线以及设备等。气田井场工艺就是收集天然气和用机械方法尽可能除去天然气中所含液体、固体物质的工艺。

气田井场工艺流程分为单井工艺流程和多井工艺流程。按天然气分离时的温度条件，可分为常温分离工艺流程和低温分离工艺流程。

1. 井场工艺

（1）井场装置　井场装置具有三种功能：调整气井产量、调控天然气输送压力、防止天然气水合物生成。

比较典型的井场装置流程，通常采用两种类型：一种是加热天然气防止水合物生成的流程，如图2-8所示；另一种是向天然气中注入抑制剂防止水合物生成的流程，如图2-9所示。

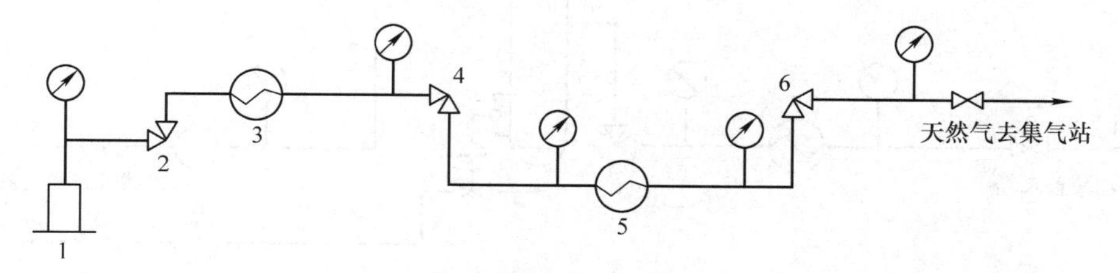

图2-8　加热防冻的井场装置流程

1—气井　2—采气树针形阀　3—加热炉　4—节流阀（产量调控）　5—加热器　6—二级节流阀（输压调控）

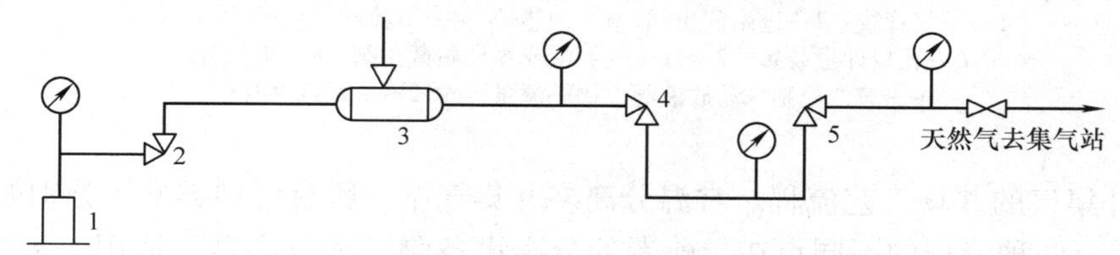

图2-9　注抑制剂防冻的井场装置流程

1—气井　2—采气树针形阀　3—抑制剂注入器　4—节流阀（产量调控）　5—二级节流阀（输压调控）

（2）常温分离工艺　天然气在分离器操作压力下，以不形成水合物的温度下进行气液分离，称为常温分离，通常分离器的操作温度比分离器操作压力下水合物形成温度高3～5℃。常温分离工艺特点是辅助设备少、操作简便，适用于硫化氢和凝析油含量低的矿场分离。我国目前常用的常温分离工艺有三种。

1）单井集气的井场工艺流程。常温分离单井集气的井场工艺流程如图2-10所示，采气管线1来气经进站截止阀2后到加热炉3加热，加热后的天然气经节流阀4降压节流后输送到三相分离器5分离出气、油、水。天然气从分离器顶部经孔板计量装置6计量后经出站截止阀7输送到集气管线8。分离器的中部分离出的液烃经液位控制自动放液阀9输送到流量计10计量后，通过出站截止阀11输入液烃管线12。分离器底部分离出的水，经放液阀13通过流量计14计量后，经出站截止阀15外输到放水管线16。

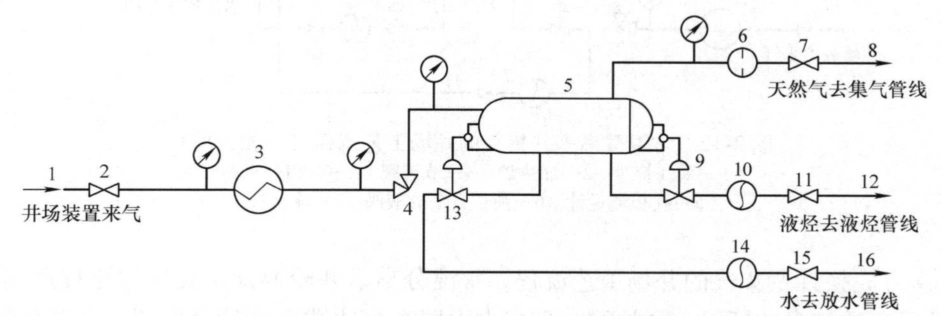

图2-10　常温分离单井集气的井场工艺流程（三相分离）

1—采气管线　2—进站截止阀　3—加热炉　4—节流阀　5—三相分离器　6—孔板计量装置　7、11、15—气油水出站截止阀　8—集气管线　9、13—液位控制自动放液阀　10、14—流量计　12—液烃管线　16—放水管线

对天然气中只含水，或液烃较多、水微量的气井，可将三相分离器改为气液两相分离器，如图 2-11 所示。

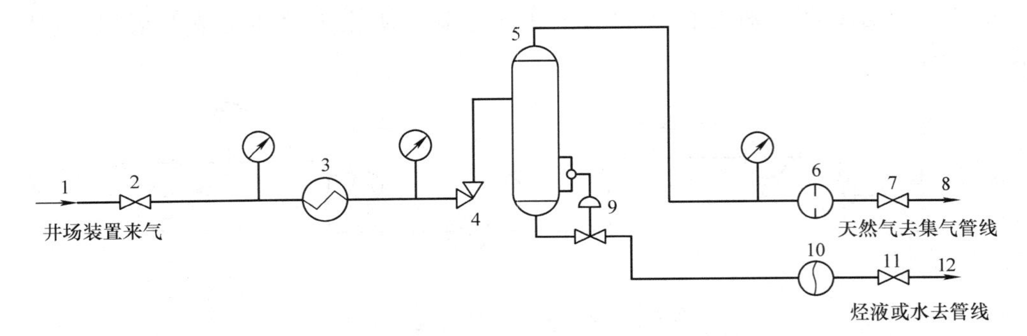

图 2-11 常温分离单井集气的井场工艺流程（气液分离）
1—采气管线 2—进站截止阀 3—加热炉 4—节流阀 5—气液分离器
6—孔板计量装置 7、11—气、油或水出站截止阀 8—集气管线
9—液位控制自动放液阀 10—流量计 12—液烃或水管线

2）多井集气的井场工艺流程。常温分离多井集气站一般有两种类型，分别如图 2-12 和图 2-13 所示。两种流程的不同点在于前者的分离设备是三相分离器，适用于天然气中油和水均较高的气田；后者的分离设备是气液两相分离器，适用于天然气中只有较多水或较多烃的气田。

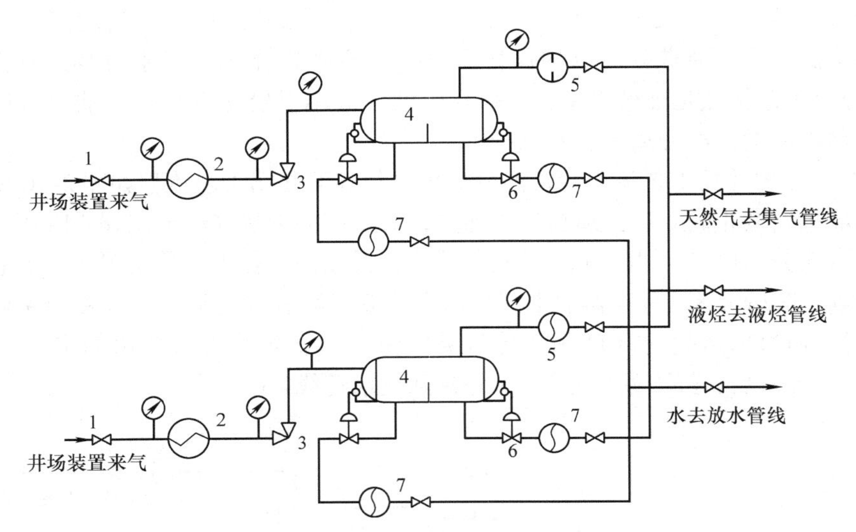

图 2-12 常温分离多井集气的井场工艺流程（三相分离）
1—采气管线 2—加热炉 3—节流阀 4—三相分离器
5—孔板流量计 6—液位自动放液阀 7—流量计

3）多井轮换计量集气的井场工艺流程。常温分离多井轮换计量集气站流程适用于单井产量较低而井数较多的气田。全站按井数多少设置 1 个或数个计量分离器供各井轮换计量。再按集气量多少设置一个或数个生产分离器，生产分离器多井共用，其工艺流程如图 2-14 所示。

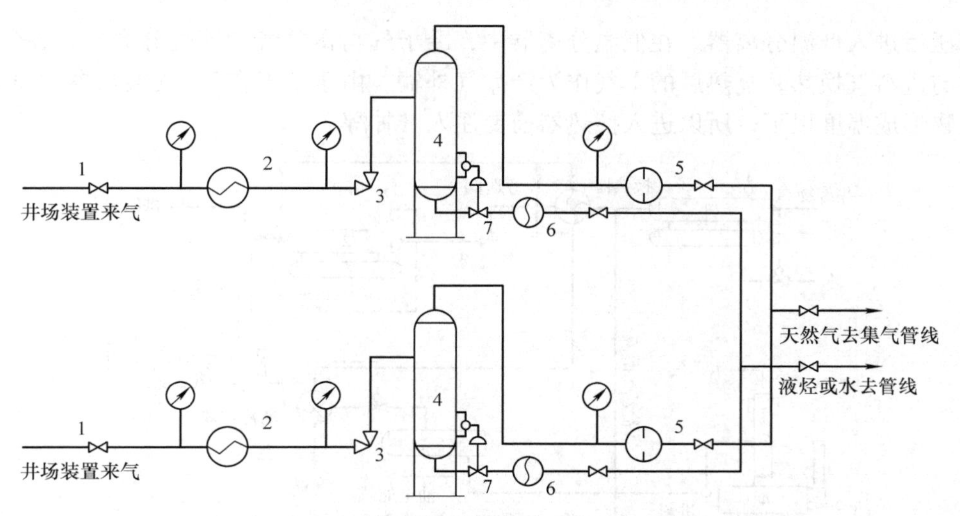

图 2-13　常温分离多井集气的井场工艺流程（气液分离）
1—采气管线　2—加热炉　3—节流阀　4—气液分离器
5—孔板流量计　6—流量计　7—液位控制自动排液阀

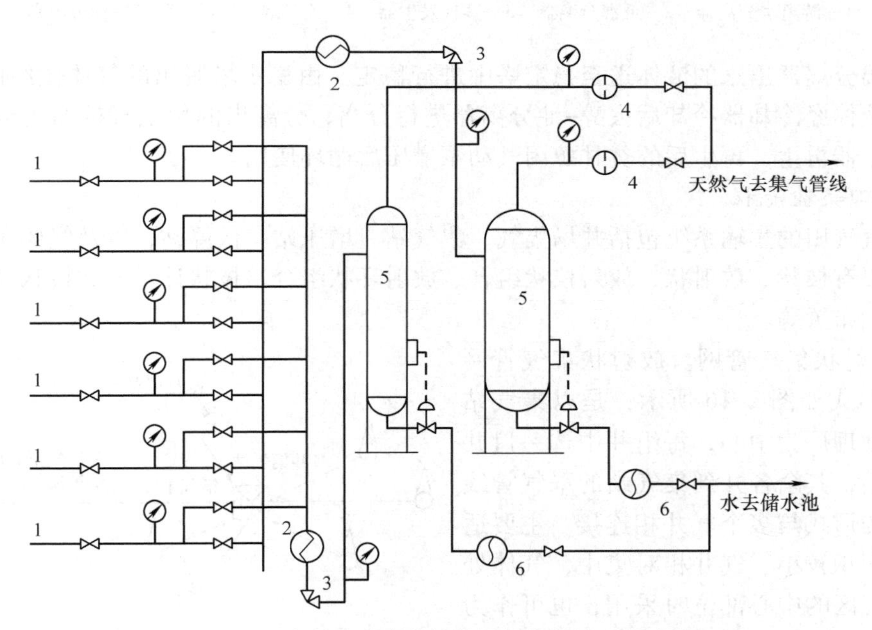

图 2-14　常温分离多井轮换计量集气站工艺流程
1—采气管线　2—加热炉　3—节流阀　4—气液分离器　5、6—流量计

（3）低温分离工艺　对于压力高、产气量大的气井，在气体中除甲烷外，还有含量较高的硫化氢、二氧化碳和凝析油及呈液态和气态的水分。在这种情况下，宜采用低温分离的工艺流程，即在集气站用低温分离的方法，分离出天然气中的凝析油，使管输天然气的烃露点达到管输标准，防止烃析出影响管输能力。对含硫天然气而言，脱除凝析油还能避免天然气脱硫过程中溶液污染。

图 2-15 所示为采用乙二醇抑制剂的低温分离工艺流程。由气井来的井流物先进入游离水分离器脱除全部游离水后，经气–气换热器用来自低温分离器的冷干气预冷，再经节流阀

降温降压后进入低温分离器。在低温分离器中，冷干气与富甘醇和液烃分离后，在气-气换热器中与进料气换热，复热后的干气作为产品气外输。由于来气在气-气换热器中将会冷却至水合物形成温度以下，所以进入换热器前要注入贫甘醇。

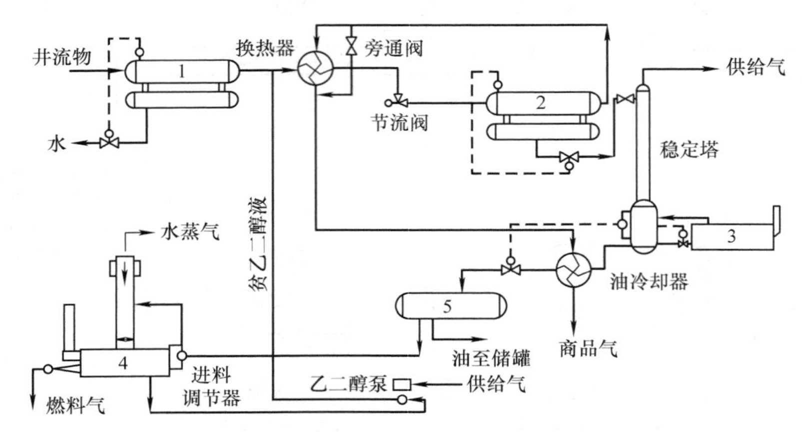

图 2-15 采用乙二醇抑制剂的低温分离工艺流程

1—游离水分离器 2—低温分离器 3—蒸气发生器 4—乙二醇再生器 5—醇-油分离器

由低温分离器出来的液体送至稳定塔中进行稳定。由稳定塔脱出的气体供给内部使用，稳定后的液体经冷却器冷却后去醇-油分离器进行分离，分离出的稳定凝析油送至储罐。富甘醇去再生器再生，再生后的贫甘醇用气动泵增压后循环使用。

2. 气田集输流程

天然气气田的集输系统包括井场集气、集气站、增压站、低温站，以及气体净化厂。集输管网主要有枝状、放射状、放射枝状组合、放射环状组合、枝状计量式和枝状井间单管串联集气管网布置等。

1）放射状集气管网。放射状集气管网布置基本形式如图 2-16 所示，是以集气站或天然气处理厂为中心，每组井中选一口井设置集气站，其余各井到集气站的采气管线以放射状的形式与多个气井相连接。主要适用于气田面积较小、气井相对集中，气体处理设于产气区的中心部位时采用，也可作为多井集气流程中的一个基本组成单元。

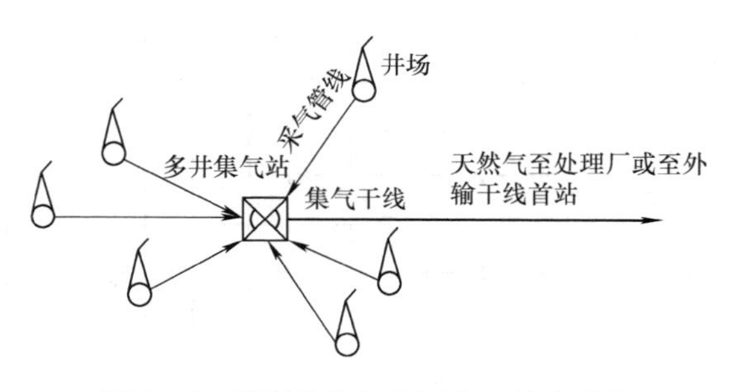

图 2-16 放射状集气管网布置基本形式

2）枝状式集气管网。枝状集气管网形同树枝，集气干线沿构造长轴方向布置，将集气干线两侧各气井的天然气经集气支线纳入集气干线并输送到集气站，单纯的枝状集气管网布置如图 2-17 所示。其使用范围是：当气井在狭长的带状区域内分布且井网间距较大时采用。沿产气区长轴方向布置集气干线后，各产气井通过两侧分枝的集气支线以距离最短的方式相连接。该集气方式井站投资相对较大，但管线长度短、投资少且管网便于扩展，可满足气田滚动开发和分期建设的需要，适宜于单井集气。

3）放射枝状组合式集气管网。当气田面积较大，单井数量较多，管网布置较复杂时，

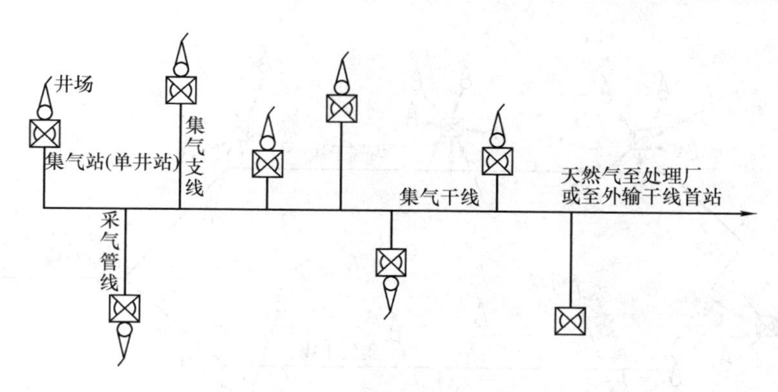

图 2-17　枝状集气管网布置

可采取两条或多条放射枝状组合式集输管网布置。如图 2-18 所示，是以多井集气站作为天然气预处理的中心，将其周边所辖各气井的天然气以放射式通过采气管线输送到集气站，并进行节流、分离、计量等预处理。其适用于建设两座或两座以上集气站的各类气田，适用性较广。

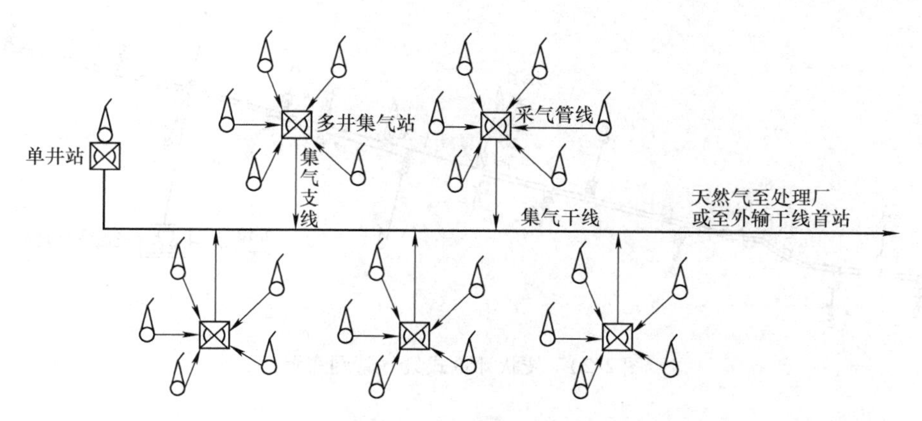

图 2-18　放射枝状组合集气管网布置

4）放射环状组合集气管网。放射环状组合集气管网是在多井集气基础上发展起来的管网形式，集气干线与下游处理厂相连形成环状，如图 2-19 所示，是以多井集气站作为天然气预处理的中心，将其周边所辖各气井的天然气以放射状通过采气管线输送到集气站，并在此进行节流、分离、计量等。其适用于面积较大的方形、圆形或椭圆形气田。其优点是气田内各集气站周边气井来气可通过集气干线与下游净化厂或外输首站相连通，便于调度气量，具有一定的灵活性，即使干线局部发生事故也不影响整个集输管网的正常生产；缺点是投资大。

5）枝状计量式集气管网。专用计量管与集气干线同沟敷设，单井支线进干线处或单井井场处设置阀组，周期性轮换进入干线或计量管。枝状计量式集输管网布置如图 2-20 所示，其各单井不设就地分离、计量，通过专用计量管在计量站或集气站内实施轮换分离计量。其适用于气藏狭长、井网距离较短、井数较多，特别是自然环境恶劣、单井设施极其简化的气田。

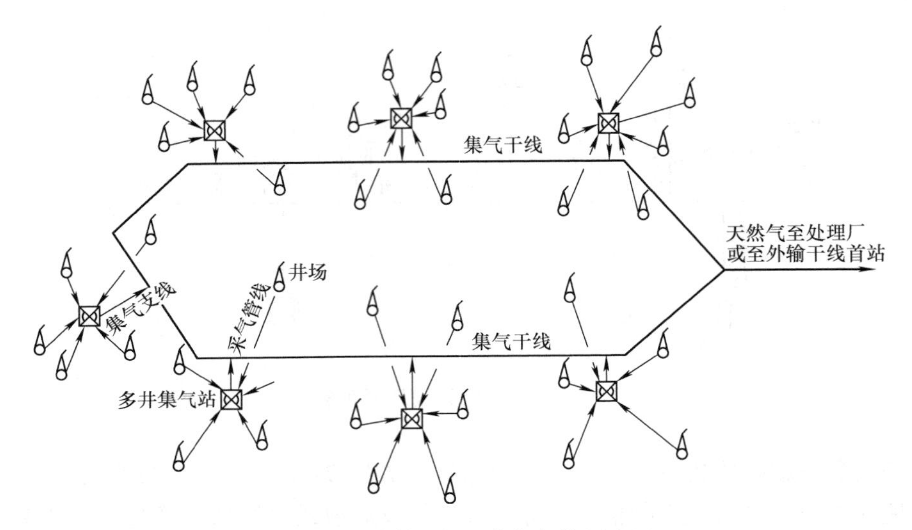

图 2-19 放射环状组合集气管网布置

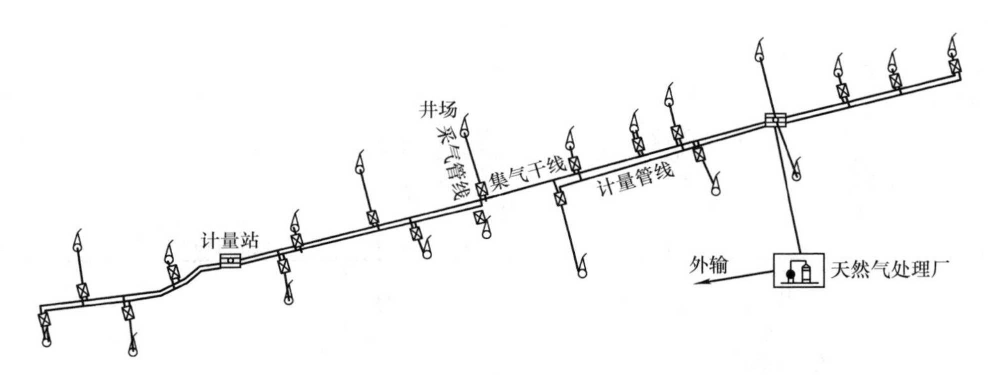

图 2-20 枝状计量式集气管网布置

6）枝状井间单管串联集气管网。将采气管道沿线的丛式井通过枝状站间单管串联，最终输往集气总站处理，其管网布置如图 2-21所示。原料气在各井口节流阀降压后，经采气管线把相邻几口井天然气串联起来，与另外气井的原料气汇集后，输至邻近的集气站进行预处理，然后通过集气干线输往处理厂处理。适用于各区块气井数多，且分布密集的情况，也适用于气质腐蚀性较低、低压、低渗的气田。

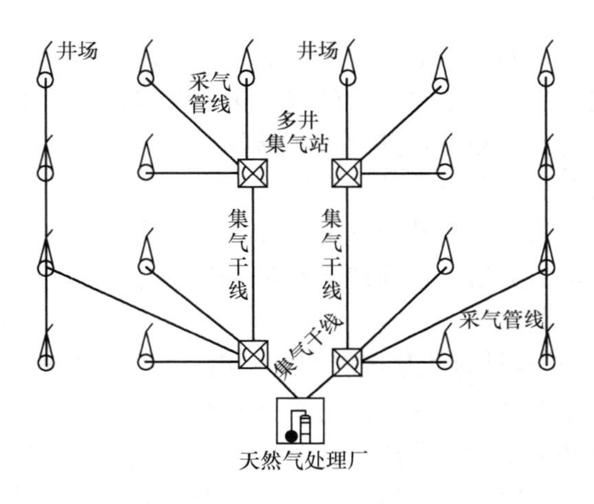

图 2-21 枝状井间单管串联集气管网布置

第二节 天然气预处理

一、预处理目的

天然气在开采过程中，混有发泡剂、防冻剂、缓蚀剂、钻井液等化学药剂及 C_5 以上的重烃、游离水、泥沙等固体杂质。从井场开采出来的天然气输送到天然气净化厂进行脱硫脱水之前必须将其脱除，否则会引起脱硫液发泡、拦液、设备堵塞等现象。

二、预处理原理与设备

用于实现气体与液体、气体与固体分离的物理分离原理主要有动量、沉降、聚结三种。

动量是指如果一个含有两相物质的流体突然改变流动方向，其中颗粒较重的粒子具有较大的动量而不能像较轻粒子那样迅速改变运动方向，而发生分离。动量分离常用于对流体中的两相物质进行粗分离。

沉降是指在某种力场中利用分散相和连续相之间的密度差，使气体与液体或气体与固体发生相对运动而实现分离的过程。实现沉降的作用力有重力、惯性离心力，沉降过程有重力沉降和离心沉降过程。

重力沉降常在重力分离器中进行，重力分离器按照外形分为卧式和立式两种，结构分别如图 2-22 和图 2-23 所示。按照功能可分为油气两相分离器、油气水三相分离器。重力分离器在进口设置折流板或采用切线进入方式，在出口设置金属丝网捕雾器，可见其具有重力分离、惯性分离和凝聚作用，但重力分离起主导地位，适用于处理较大含液量的气体。

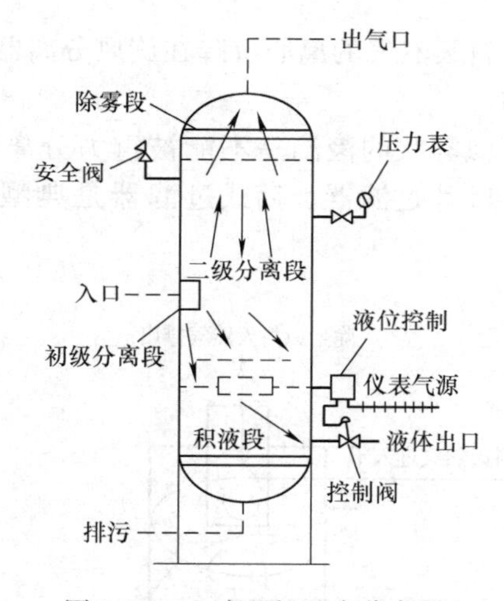

图 2-22 立式两相重力分离器

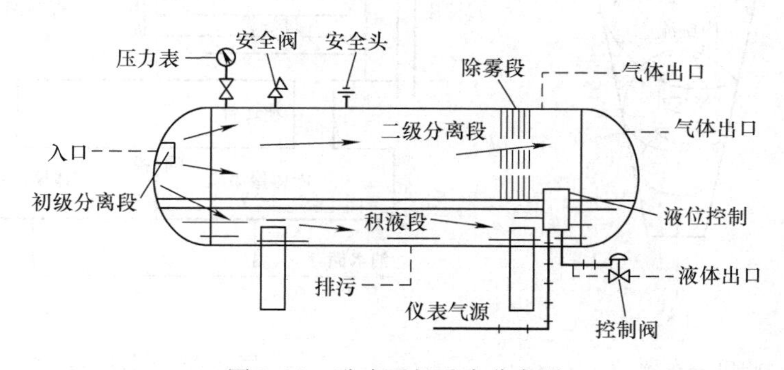

图 2-23 卧式两相重力分离器

三相分离器（图2-24）与卧式两相分离器结构和原理大致相同，油、气、水混合物由进口进入料腔，经稳流器稳流后进入重力分离段，利用气体和油、水的密度差将气体分离出来，再经分离元件进一步将气体中夹带的油、水蒸气分离。油水混合物进入污水腔，密度较小的油经溢流板进入油腔，从而达到油水分离的目的。

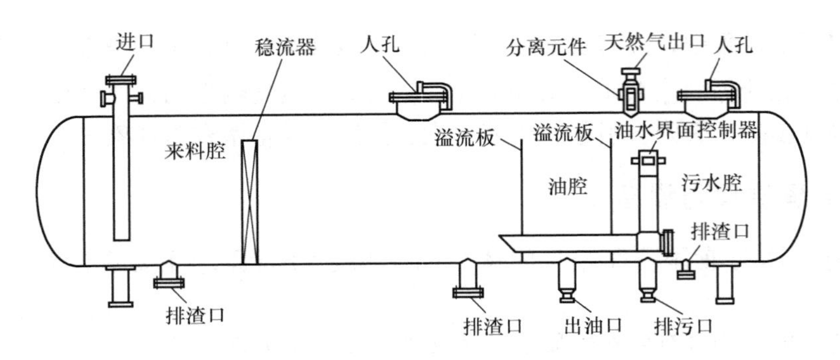

图2-24　三相分离器

原料天然气的离心沉降在旋风分离器中进行，图2-25所示为具有代表性的旋风分离器的结构。

类似雾状的液滴是不能被重力分离的，必须凝聚成大液滴后才能重力沉降。丝网过滤器、叶片过滤器、筒式过滤器是典型的聚结设备，图2-26所示为典型过滤分离器的结构。

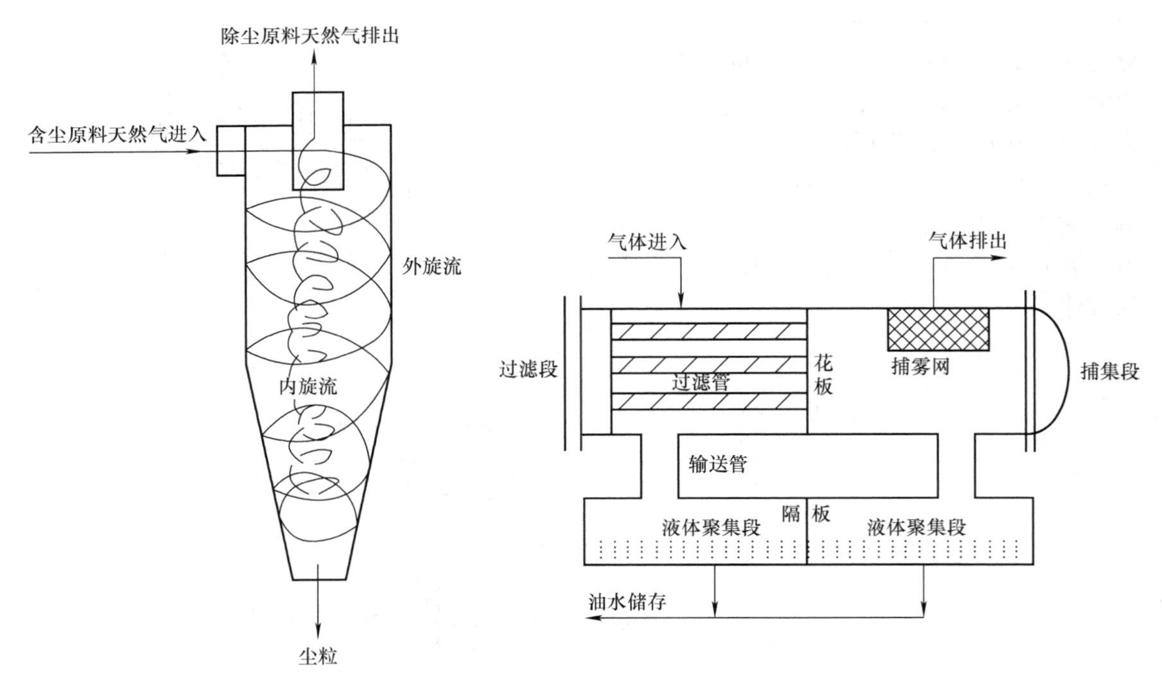

图2-25　旋风分离器

图2-26　过滤分离器

三、预处理工艺流程

原料天然气预处理工艺流程常见的是先进行重力分离，再进行过滤分离，如图 2-27 所示。原料天然气进入重力分离器分离出绝大部分凝析油、游离水和固体杂质，过滤分离器进一步脱除携带的微小液滴和固体杂质。重力分离器可减少过滤分离器的负荷，可使粒径大于 100μm 的固体或液体沉降分离，也可通过重力分离器内的捕雾网除去气流中 5～10μm 的雾滴。过滤分离器可除去小于 5μm 的固体和液体颗粒。

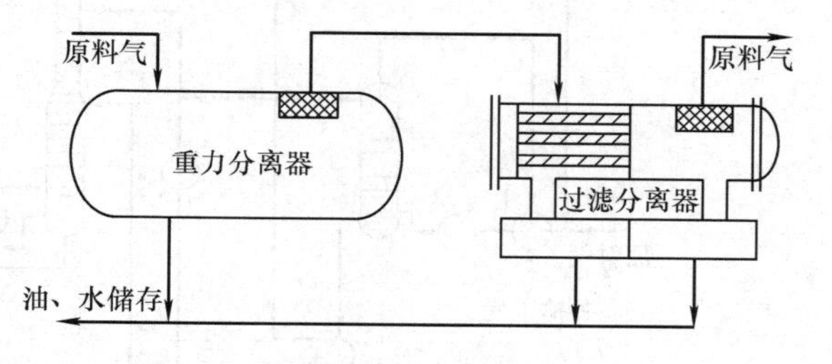

图 2-27 原料天然气预处理工艺流程

第三节 天然气凝液回收

从天然气中回收液烃混合物称为天然气凝液回收（NGL）。天然气凝液的组成根据天然气的组成、天然气凝液回收目的及方法不同而不同。回收到的天然气凝液或直接作为商品，或根据有关产品质量指标进一步分离为乙烷、液化石油气和天然汽油等产品。回收方法包括吸附法、吸收法和低温冷凝分离法。

一、吸收法

吸收法是利用不同烃类在吸收剂中溶解度不同，从而将天然气中各个组分得以分离。吸收油有石脑油、煤油、柴油或从天然气中回收到的天然汽油（稳定轻烃）。吸收油相对分子质量越小，凝液回收率越高，但吸收油蒸发损失越大。因此当要求回收乙烷较多时，一般采用相对分子质量较小的吸收油。

吸收油相对分子质量取决于吸收压力和温度，一般在 100～200。常温油吸收法采用的吸收油相对分子质量通常为 150～200。相对分子质量小的吸收油，单位质量的吸收率越高，则循环量较少，但蒸发损失较大，被气体带出吸收塔的携带损失也越多。吸收油的沸点应高于从气体中所吸收的最重组分的沸点，便于吸收油在蒸馏塔内解吸再生，并在塔顶分离出被吸收组分。吸收压力除考虑气体内各个组分在油中溶解度外，还应考虑干气的输送压力。

根据吸收温度不同，吸收法分为常温法、中温法和低温法。常温法吸收温度一般为 30℃左右，中温法吸收温度为 -20℃以上，低温法吸收温度一般可达到 -40℃。

低温油吸收法工艺流程如图 2-28 所示。原料气经贫气/富气换热器和冷剂蒸发器冷冻后进吸收塔，贫吸收油由上而下流经各层塔板，原料气自下而上与贫吸收油接触。脱除较重烃类后的贫气由塔顶流出，吸收原料气中较重烃类的富吸收油由塔底流入脱乙烷塔，塔底的贫/富油换热器实质上是起重沸器作用，在塔底热量和烃蒸气的气提下，在塔下部解吸段从富油中释放出吸收的 C_1、C_2 及部分 C_3^+ 等。脱乙烷塔的上部分是再吸收段，从塔顶进入的贫吸收油再次吸收气体中的 C_3，因而仅有 C_1 和 C_2 自塔顶馏出。脱乙烷塔的塔顶气可作燃料，也可增压后外输。离开脱乙烷塔的富吸收油进入蒸馏塔，蒸出所吸收的 C_3、C_4、C_5^+，并从塔顶馏出。塔底流出为解吸后的贫吸收油循环使用。

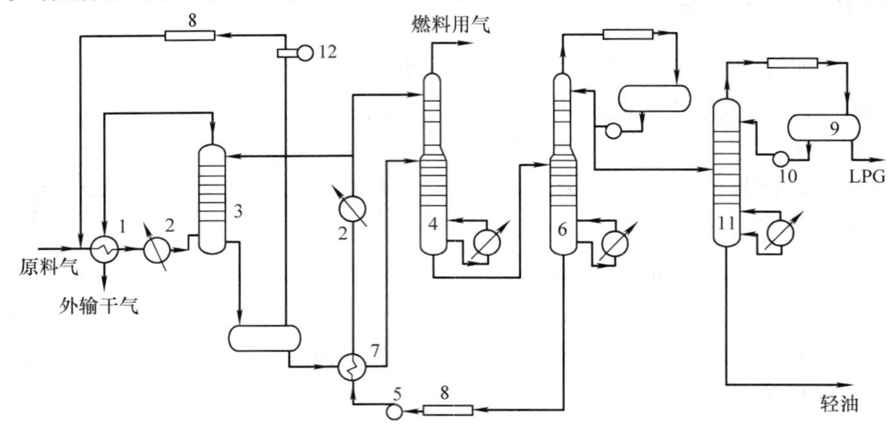

图2-28 低温油吸收法工艺流程

1—气/气换热器 2—冷剂蒸发器 3—吸收塔 4—富油脱乙烷塔 5—贫油泵 6—蒸馏塔 7—贫/富油换热器 8—空气冷却器 9—回流罐 10—回流泵 11—重沸器 12—循环压缩机

二、吸附法

吸附法是利用固体吸附剂（活性炭）对各种烃类的吸附容量不同，使天然气中一些组分得到分离的方法。吸附法的优点是装置比较简单，不需要特殊材料和设备，投资较小；缺点是需要几个吸附塔切换操作，产品局限性大，能耗与成本高，燃料气量约为处理天然气量的5%，目前很少使用。

三、低温冷凝分离法

1. 冷剂制冷法

冷剂制冷法也称为外加冷源法、机械制冷法或压缩制冷法，是由独立设置的制冷系统向天然气提供冷量。根据天然气的压力、组成及凝液回收率要求，冷剂可以是氨、丙烷或丁烷，也可是丙烷、乙烷等混合制冷剂。制冷循环可为单级或多级串联，也可是阶式制冷循环。

下列情况可采用冷剂制冷法：①以控制外输气露点为主，同时回收一部分凝液的装置；②原料气中 C_3 以上烃类较多，但其压力与外输压力之间没有足够压差可供利用，或为回收凝液必须将原料气适当增压，增压后的压力与外输压力之间没有压差可供利用，而且制冷剂又可经济地达到所要求的凝液回收率。

2. 膨胀制冷法

膨胀制冷法也称为自制冷法，不另设独立的制冷系统，原料气降温所需冷量由气体直接经过串联在本系统中的各种膨胀制冷设备或机械来提供。制冷能力取决于气体压力、组成、膨胀比及膨胀设备的热力学效率。常用的膨胀设备有节流阀、涡轮膨胀机及热分离机等。

1）节流阀制冷。下列情况可采用节流阀制冷：①压力很高的气藏气（一般为10MPa或更高），特别是其压力随开采过程递减时，应首先考虑采用节流阀制冷。节流后压力应满足外输要求，不再另设压缩机；②原料气压力较高，或适宜的冷凝分离压力高于外输气压力，仅靠节流阀制冷也可获得所需低温，或气量较小不适合涡轮膨胀制冷时，可采用节流阀制冷；③原料气与外输气之间有压差可供使用，但因原料气较贫，故回收凝液的价值不大时，可采用节流阀制冷。

2）热分离机制冷。热分离机是法国 Elf-Bertain 公司开发的一种简易气体膨胀制冷设备，热分离机的膨胀比一般为 3 ~ 5，且不宜超过 7，处理能力一般小于 $10^4 m^3/d$。

3）涡轮膨胀机制冷。当节流阀达不到所要求的凝液回收率时，如果具备以下一个或多个条件时，可采用涡轮膨胀机制冷：① 原料气压力高于外输压力，有足够压差可供使用；② 原料气为单相气体；③ 要求较高的乙烷回收率；④ 要求装置布置紧凑；⑤ 要求工程费用低；⑥ 要求适应较宽范围的压力及产品变化；⑦ 要求投资少。

涡轮膨胀机的膨胀比（进入与离开涡轮膨胀机绝对压力之比）一般为 2 ~ 4，且不宜大于 7。如膨胀比大于 7，可采用两级膨胀，但需进行技术经济分析及比较。此法具有流程简单、操作简便、对原料气组成变化适应性大、投资低及效率高等优点。

涡轮膨胀机是一种输出功率并使压缩气体膨胀从而压力降低和能量减少的原动机，图 2-29所示为某 NGL 涡轮制冷机制冷法工艺流程。

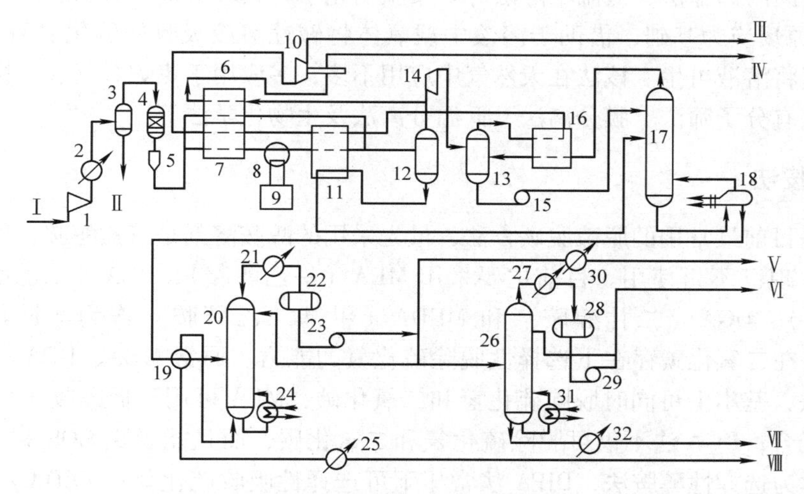

图 2-29 涡轮制冷机制冷工艺流程

1—原料气压缩机 2—水冷器 3—分水器 4—分子筛干燥器 5—过滤器
6、7、11、16—板翅式换热器 8—氨蒸发器 9—氨循环制冷系统
10—膨胀机同轴增压机 12——级凝液分离器 13—二级凝液分离器
14—涡轮膨胀机 15—凝液泵 17—脱乙烷塔 18、24、31—重沸器
19—换热器 20—脱丁烷塔 21、27—冷凝器 22、28—回流罐 23—LPG 泵
25—稳定轻烃冷却器 26—丁烷塔 29—回流泵 30—LPG 冷却器 32—丁烷冷却器
Ⅰ—原料气 Ⅱ—冷凝水 Ⅲ—干气 Ⅳ—低压干气
Ⅴ—LPG Ⅵ—高含丙烷 LPG Ⅶ—丁烷 Ⅷ—稳定轻烃

3. 联合制冷法

联合制冷法又称冷剂与膨胀联合制冷法，冷量来自两部分：浅冷温位（ -45℃以上）的冷量由冷剂制冷法提供；深冷温位（ -45℃以下）的冷量由膨胀制冷法提供。

第四节　天然气脱硫脱碳

天然气中的硫化氢、二氧化碳和有机硫化物统称为酸性气体。硫化氢是一种具有臭鸡蛋气味的无色气体，可以麻痹人的中枢神经系统，经常与硫化氢接触会引起慢性中毒。硫化氢具有强烈的还原性，易受热分解，在有水蒸气和氧存在时易腐蚀金属；易吸附在催化剂的活性中心使催化剂中毒；有水存在时能形成氢硫酸；硫化氢还能引起氢脆腐蚀。二氧化碳在有水存在时，会对金属形成较强的腐蚀；同时，高二氧化碳含量会降低天然气热值。有机硫化物主要有二硫化碳、羟基硫、硫醇、硫醚及二硫醚等。有机硫大多无色有毒，低级硫化物比空气轻，易挥发。有机硫中毒能引起恶心、呕吐、血压降低，甚至导致心脏衰竭、呼吸麻痹而死亡。

天然气脱硫脱碳方法有化学溶剂法、物理溶剂法、化学-物理溶剂法、直接转化法及其他方法等。化学溶剂法是采用碱性溶液与天然气中酸性组分反应生成某种化合物，最具代表性的是采用有机胺的醇胺法。物理溶剂法是利用酸性组分的溶解度差异将其脱除的方法，一般是在高压和低温下进行，适用于酸性气体分压较大的天然气，常用的物理溶剂法有乙二醇二甲醚法、碳酸丙烯酯法、低温甲醇法等。典型的化学-物理溶剂法有砜胺法。直接转化法是以氧化-还原反应为基础，借助于溶液中载氧体将碱性溶液吸收的硫化氢氧化为元素硫，然后采用空气将溶液再生。该法在天然气中应用不多，多应用于焦炉煤气、水煤气等气体脱硫。其他方法有分子筛法、膜分离法、低温分离法及生物化学法等。

一、醇胺法

醇胺法是目前最常用的脱硫脱碳方法，最先采用的醇胺溶剂是三乙醇胺，但其反应能力和稳定性差，现已不再使用。目前主要采用 MEA（一乙醇胺）、DEA（二乙醇胺）、DIPA（二异丙醇胺）、DGA（二甘醇胺）和 MEDA（甲基二乙醇胺）作为醇胺溶剂。其中，MDEA 还具有在二氧化碳存在下选择性脱除硫化氢的能力。通常 MEA、DEA、DGA 法又称为常规甘醇法，基本上可同时脱除硫化氢和二氧化碳，MEA 可用于低吸收压力和净化质量要求严格的场合；DGA 法不仅可脱除硫化氢和二氧化碳，而且能脱除 COS 和 RSH。DIPA、MEDA 法又称为选择性醇胺法，DIPA 法常压下可选择性吸收硫化氢；MEDA 法是典型的选择性脱除硫化氢法，可在中高压下选择性脱除硫化氢，但净化气中若二氧化碳含量超过要求则需要进一步处理。

醇胺法的缺点是有些醇胺与 COS 和二硫化碳反应是不可逆的，会造成溶剂的化学降解损失，故不能用于含 COS 以及二硫化碳含量高的天然气脱硫脱碳。醇胺溶液本身无腐蚀性，但在天然气中的硫化氢和二氧化碳作用下会对碳钢产生腐蚀。醇胺作为脱硫剂，其富液再生时需要加热，不仅耗能高，而且易发生热降解，损耗大。

醇胺法脱硫脱碳的典型工艺流程如图 2-30 所示，该流程由吸收、闪蒸、换热和再生四部分组成。其中，吸收是将原料气中酸性组分脱除到规定指标；闪蒸是将富液在吸收酸性组分的同时还吸收一部分烃类，通过降压闪蒸除去；换热是回收离开再生塔的热贫液热量；再生是将富液中吸收的酸性组分分解出来成为贫液以供循环使用。

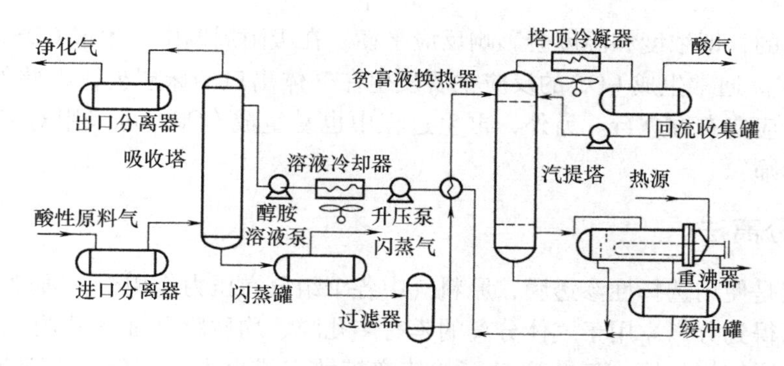

图 2-30 醇胺法脱硫脱碳的典型工艺流程

二、砜胺法

砜胺法的脱硫脱碳溶液是由环丁砜、醇胺和水复合而成，兼有物理溶剂法和化学溶剂法的特点，适合原料气中酸性组分分压较高时使用，其工艺流程与醇胺法基本相同。此外，该法还能脱除有机硫化物。

三、吸附法

分子筛对极性分子即使在低浓度时也具有较高的吸附容量，其对一些化合物的吸附强度按递减顺序为：$H_2O > NH_3 > CH_3OH > CH_3\text{-}SH > H_2S > COS > CO_2 > CH_4 > N_2$。当选择性脱除硫化氢时，可将硫化氢脱除到 $6mg/m^3$。纯硫化氢在几种分子筛上的吸附等温曲线如图 2-31 所示，如果在混合物中其吸附容量将降低。

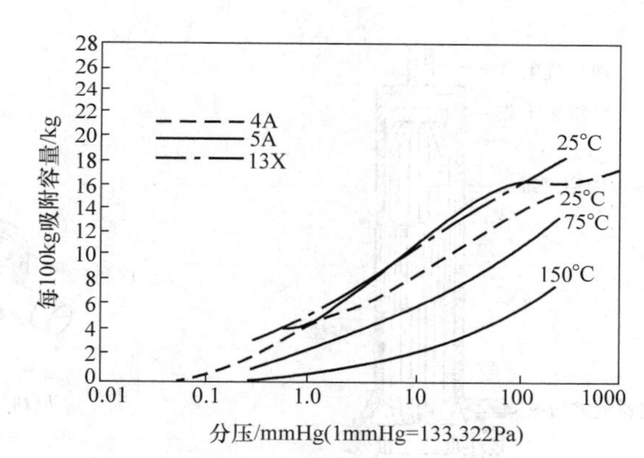

图 2-31 纯硫化氢在 4A、5A 和 13X 分子筛上的吸附等温曲线

图 2-32 所示为分子筛脱硫的工艺流程。由于分子筛床层再生时可使床层上脱附出来的硫化氢浓缩到流量较小的再生气流中，必须将此再生气流进行处理或焚烧后排放。

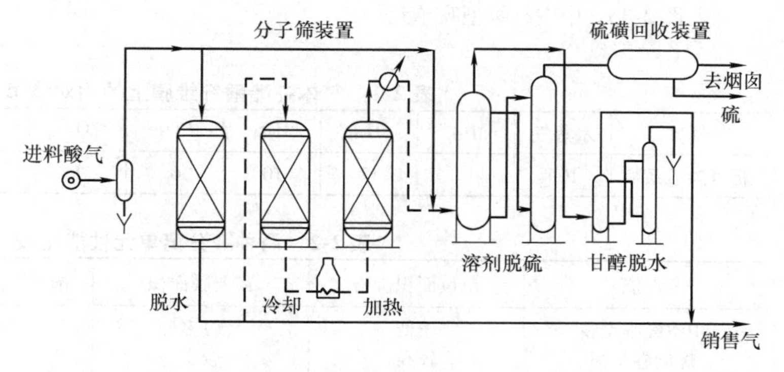

图 2-32 分子筛脱硫的工艺流程

含二氧化碳的气体在分子筛床层脱硫时可能发生的反应为

$$CO_2 + H_2S \longleftrightarrow COS + H_2O$$

此反应是可逆的，即浓度和温度会影响反应平衡。在吸附周期中可生成COS，较高温度也有利于COS生成。通常生成COS的反应主要发生在气体出口的床层处，因此处气体基本不含水，故促使反应向右方进行。另外，再生过程中也易生成COS，可采用对COS生成没有催化作用的分子筛。

四、膜分离法

膜分离法是使用选择性渗透膜，原料气中各个组分在压力作用下，通过半透膜的相对传递速率不同而得到分离。用于气体分离的膜有多孔膜、均质膜（非多孔膜）、非对称膜及复合膜四类。不同结构的膜，气体通过膜的传递扩散方式也不同。分离原理包括孔扩散和溶解-扩散两种机理。

常用的分离膜有醋酸纤维膜及聚砜膜等，属于非多孔膜，气体通过膜的机理为溶解-扩散机理。表2-1为气体在醋酸纤维膜上的相对渗透系数，表中任何两组分相对渗透系数之比即为两者之间的分离因子。图2-33和图2-34所示分别为中空纤维型膜单元和螺旋卷型膜单元示意图，其性能比较见表2-2，但总的来讲螺旋卷型膜单元价格稍贵、性能更好。

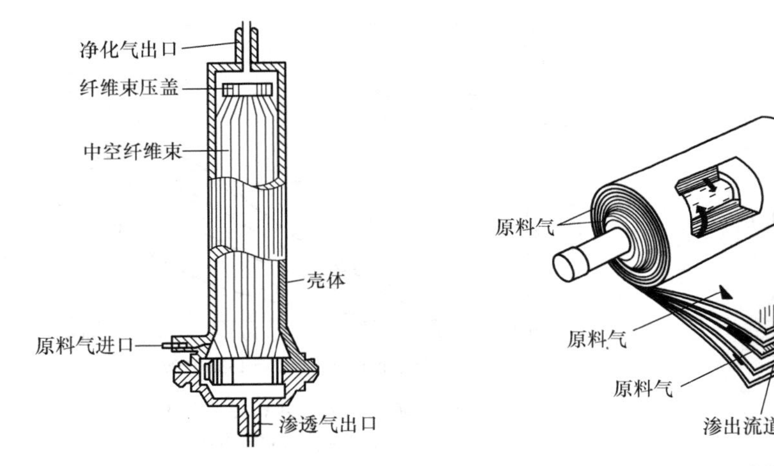

图2-33　中空纤维型膜单元

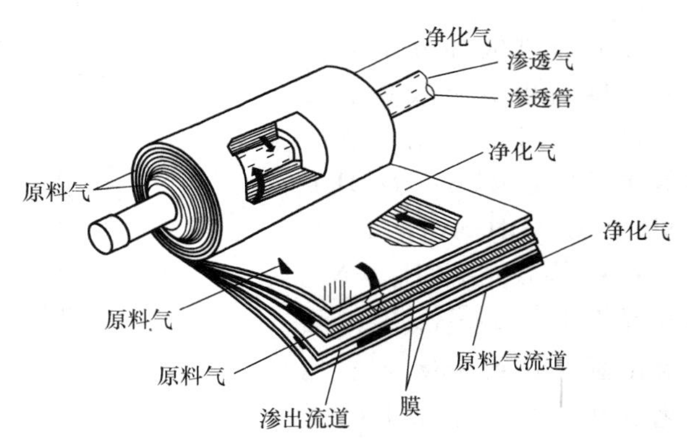

图2-34　螺旋卷型膜单元

表2-1　气体在醋酸纤维膜上的相对渗透系数

气体	水蒸气	He	H_2	H_2S	CO_2	O_2	CO	CH_4	N_2	C_2H_6
相对渗透系数	100	15	12	10	6	1	0.3	0.2	0.18	0.10

表2-2　两种膜分离单元性能比较

性能	单位面积价格	需要膜面积	选择性渗透层厚度	膜的渗透性
中空纤维型膜	较低	较多	较厚	较差
螺旋卷型膜	较高	较少	较薄	较好

膜分离法用于气体分离的特点是：① 分离过程不发生相变，能耗低，但会有少量烃类进入渗透气中而损失；② 不使用化学药剂，副反应小，基本不存在腐蚀问题；③ 设备简单，占地面积小，操作容易。因此，当原料气中二氧化碳等酸性气体含量高时，采用膜分离

法经济性高。

单级膜可将天然气中二氧化碳体积分数从5%降低到2%以下，水含量从1.075g/m^3 降低到0.1123g/m^3 以下，烃类损失率约为10%。当原料气中二氧化碳含量较高时，可采用二级膜分离。图2-35所示为美国两级膜分离装置的工艺流程，其物流组成和工艺参数见表2-3。

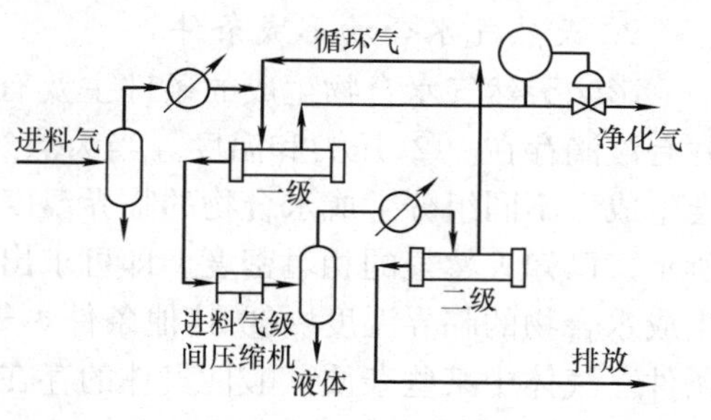

图2-35 美国两级膜分离装置工艺流程

膜分离法除用于脱除二氧化碳外，还可脱除硫化氢，但脱除硫化氢净化度满足不了管输要求，可采用膜分离法和醇胺法组合流程，先用膜分离法脱除大量硫化氢和二氧化碳，再用醇胺法脱除残余的硫化氢，使其达到指标要求。

表2-3 美国两级膜分离装置物流组成和工艺参数

物流	压力/MPa	温度/℃	组成（干基）（%体积分数）				流量/（$10^3 m^3$/h）
			CO_2	CH_4	N_2	C_2^+	
原料气	6.51	30.0	11.0	86.3	0.6	2.1	845
放空气	0.04	34.4	81.1	18.7	0.1	0.1	99
净化气	6.40	35.0	1.9	95.2	0.6	2.3	746

第五节 天然气脱水

天然气中水蒸气的含量随着压力升高或温度降低而减少，因而在压缩或冷却天然气时，应注意估计其含水量。液相水对处理设备及输气管线是十分有害的，一是冷凝水的局部积聚会降低输气能力和不必要的动力消耗；二是水与硫化氢、二氧化碳会生成具有腐蚀性的酸，不仅会引起电化学腐蚀，而且会导致钢材氢鼓泡、氢脆及硫化物应力腐蚀、破裂等；三是形成水合物，可能导致输气管路或处理设备堵塞。

天然气脱水方法主要有吸收法、吸附法和低温法。

一、天然气水合物及防止生成方法

1. 天然气水合物构成

天然气水合物（Natural gas Hydrate），是一种非化学计量型晶体，即水分子借氢键形成具有空间点阵的晶格，气体分子则在与水分子之间的范德华力作用下填充于点阵的空腔中。气体分子是决定是否生成水合物、生成何种结构的水合物，以及水合物的组成和稳定性的关键因素。目前公认的天然气水合物结构有Ⅰ、Ⅱ和H型，如图2-36所示。天然气中相对质量较小的烃类（甲烷、乙烷）及非烃类分子（氮气、硫化氢、二氧化碳）等可形成稳定的结构Ⅰ型。结构Ⅱ型除可

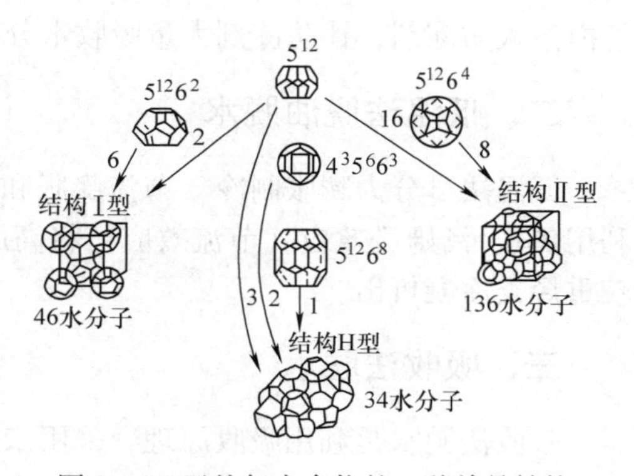

图2-36 天然气水合物的三种单晶结构

容纳甲烷、乙烷等小分子外，较大的晶穴还可容纳丙烷、丁烷等较大的烃类分子。比戊烷大的异构烷烃和环烷烃能形成 H 型结构。

2. 天然气水合物形成条件

影响天然气水合物生成的条件主要有三个：① 天然气中有足够的水蒸气处于饱和状态并有液滴存在。② 压力和温度。当天然气处于足够高的压力和足够低的温度时，水合物才会生成。不同组分生成水合物的临界温度见表 2-4。天然气水合物生成的平衡曲线如图 2-37 所示，已知天然气的相对密度，即可求出某一温度下水合物生成的最低压力、在某一压力下生成水合物的临界温度。③ 其他条件。气流速度和方向改变的地方，是生成水合物的辅助条件。气体中某些杂质、酸性气体的存在及微小晶核的诱导，也能促进水合物的生成。

表 2-4 天然气生成水合物的临界温度

组分	CH_4	C_2H_6	C_3H_8	iC_4H_{10}	nC_4H_{10}	CO_2	H_2S
临界温度/℃	21. 5	14. 5	14. 5	2. 5	1. 0	10. 0	29. 0

3. 防止天然气水合物生成的方法

根据水合物生成的主要条件，防止水合物生成可从以下两方面考虑：①提高节流前天然气的温度，使节流后天然气的温度高于水合物的生成温度，可预防节流后水合物的生成。②注入抑制剂预防水合物的生成。在气流中加入吸收性极强的抑制剂，抑制剂与水蒸气结合会形成冰点很低的溶液，使天然气露点降低，从而使气流在 -50 ~ -30℃的较低温度下不生成水合物。

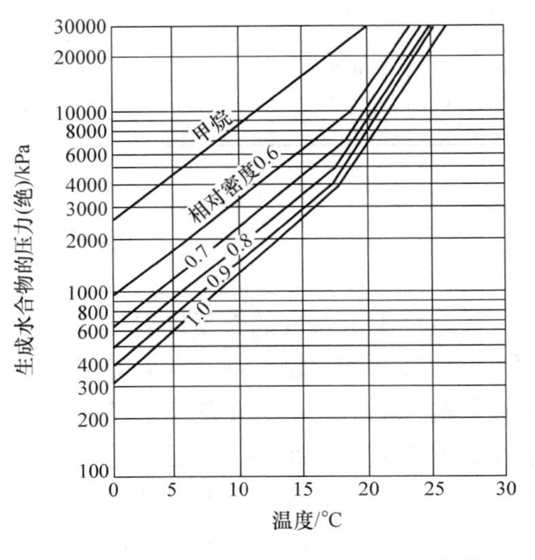

图 2-37 天然气水合物生成的平衡曲线

4. 解除水合物堵塞的措施

解除水合物堵塞的措施有三个：① 降压解堵法。在形成水合物的管道，用特设的支管暂时将部分天然气放空，降低管线压力，破坏水合物生成条件。② 加热解堵法。在已形成水合物的局部管段，利用热源加热天然气，提高天然气的温度，使水合物分解，并被天然气气流带走。③ 注入防冻剂解堵法。利用支管、压力表短节、放空管、注入缓蚀剂装置等，向输气管内注入防冻剂，让防冻剂大量吸收水分，降低水合物生成的平衡温度。

二、低温法脱油脱水

低温法可分为膨胀制冷（节流膨胀和涡轮膨胀制冷）、冷剂制冷和联合制冷三种，它是利用焦耳–汤姆逊效应（节流效应）将高压气体膨胀制冷获得低温，使气体中部分水蒸气和较重烃类冷凝析出。

三、吸收法脱水

吸收法脱水是利用吸收原理，采用亲水液体与天然气逆流接触，吸收气体中的水蒸气而达到脱水目的。常用的脱水吸收剂为甘醇类化合物，尤其是广泛使用的三甘醇，其露点降大、成本低、运行可靠。图 2-38 所示为典型三甘醇脱水装置工艺流程。

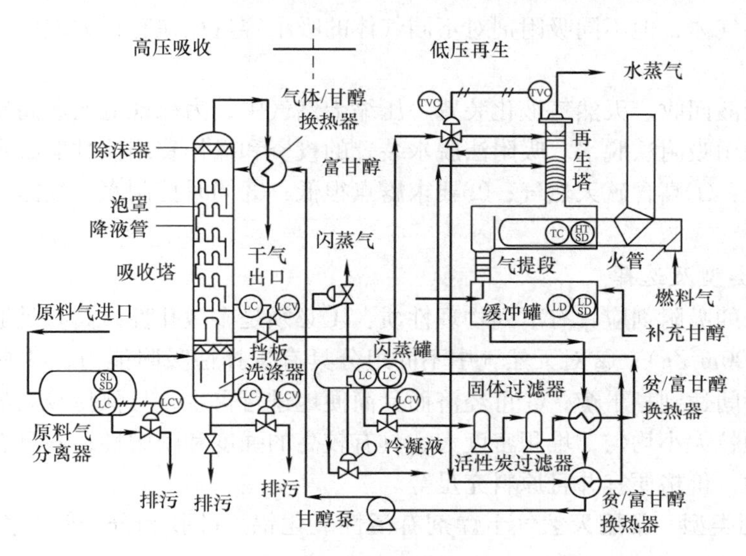

图 2-38　三甘醇脱水装置工艺流程

甘醇法脱水与吸附法脱水相比，其优点是：①投资低；②系统压力降低；③连续运行；④脱水时补充甘醇容易；⑤甘醇富液再生时，脱除水分需要热量小。与吸附法比，其缺点是：①天然气露点要求低于 -32℃时，需要采用气提法再生；②甘醇受污染和分解后有腐蚀性；③ 当天然气酸性组分分压高，甘醇会“溶解”到气体中。

四、吸附法脱水

吸附是指气体或液体与多孔的固体颗粒表面接触时，气体或液体分子与固体表面分子间相互作用而停留在固体表面上，使气体或液体分子在固体表面上浓度增大的现象。被吸附的气体或液体称为吸附质，吸附气体或液体的固体称为吸附剂。

根据气体或液体与固体表面之间作用不同，吸附分为物理吸附和化学吸附两类。

物理吸附是流体中吸附质分子与吸附剂表面之间的范德华力引起的，吸附过程类似于气体液化和蒸气冷凝的物理过程。其特征是吸附质与吸附剂之间不发生化学反应，吸附速度很快，吸附放出的热量较少，通常与液体汽化和蒸气冷凝时相变焓相当。气体在吸附剂表面可形成单层或多层分子吸附，当体系压力降低或温度升高时，被吸附的气体很容易从吸附剂表面脱附，而不改变气体原来的性质。吸附和脱附是可逆过程。吸附方式有变温吸附（Temperature Swing Adsorption，TSA）和变压吸附（Pressure Swing Adsorption，PSA）。通过使吸附剂升温达到再生的方法称为变温吸附（TSA）。通过使体系压力降低而使吸附剂再生的方法称为变压吸附（PSA）。

化学吸附是气体或液体中吸附质分子与吸附剂表面的分子起化学反应，生成表面络合物的结果。该吸附所需活化能大，且所需吸附热也大，接近化学反应热。化学吸附具有选择性，而且吸附速度较慢，需要较长时间达到平衡。化学吸附是单分子吸附，且多数是不可逆的，或需要很高温度才能脱附。

固体吸附剂的吸附容量与被吸附气体的特性和分压、固体吸附剂的特性、比表面积、孔隙率以及吸附温度等有关，吸附容量可因吸附质和吸附剂体系不同而差别较大。尽管某种吸附剂能吸附多种气体，但不同吸附剂对不同气体的吸附容量往往有很大差别，即具有选择性吸附作用。

在天然气凝液回收、天然气液化装置、压缩天然气中，为保证低温或高压气体有较低的水露点，大多采用吸附法脱水。吸附法脱水装置的投资和操作费用比甘醇脱水装置要高，故仅适合以下场合：①高含硫天然气；②要求露点很低；③同时控制水、烃露点；④天然气中含氧。

1. 吸附剂类型及选择

天然气脱水的吸附剂应具有下列物理性质：①必须是多微孔性，具有足够大的比表面积（一般在 500～800m^2/g）；②对天然气中不同组分具有选择性吸附能力；③具有较高的吸附传质速率，可瞬间达到相平衡；④可经济而且简便地进行再生，且保持较高的吸附容量，使用寿命长；⑤颗粒大小均匀，堆积密度大，具有较高的强度和耐磨性；⑥具有良好的化学稳定性、热稳定性，价格便宜并且原料充足等。

（1）吸附剂类型　常用天然气干燥剂有活性氧化铝、硅胶和分子筛三类，它们的物理性质见表 2-5。

表 2-5　干燥剂物理性质

干燥剂	硅胶 Davison 03	活性氧化铝 Alcoa（F—200）	H、R 型硅胶 Kali-chemie	分子筛 Zeochem
孔径/10^{-1}nm	10～90	15	20～25	3，4，5，8，10
堆积密度/（kg/m^3）	720	705～770	640～785	690～750
比热容/［kJ/（kg·K）］	0.921	1.005	1.047	0.963
最低露点/℃	-50～-96	-50～-96	-50～-96	-73～-185
设计吸附容量（%）	4～20	11～15	12～15	8～16
再生温度/℃	150～260	175～260	150～230	220～290
吸附热/（kJ/kg）	2980	2890	2790	4190（最大）

1）活性氧化铝。活性氧化铝是一种极性吸附剂，以部分水合与多孔无定形氧化铝为主，并含有少量其他金属氧化物，比表面积可达 250m^2/g。由于活性氧化铝的湿容量大，常用于水含量高的气体脱水。但其呈碱性，可与无机酸发生反应，故不宜用于酸性天然气脱水。此外，因其微孔孔径极不均匀，没有明显的吸附选择性，所以在脱水时还能吸附重烃，且在再生时不易脱除。通常，采用活性氧化铝干燥后的气体露点可达 -70℃。

2）硅胶。硅胶是一种晶粒状无定形氧化硅，其比表面积可达 300m^2/g。硅胶为极性吸附剂，它在吸附气体中水蒸气时，吸附量可达自身质量的 50%，即使在相对湿度为 60% 的空气流中，微孔硅胶的湿容量也达 24%，故常用于含水量高的气体脱水。

硅胶在吸附水分时放出大量的吸附热，易破裂产生粉尘。此外，其微孔孔径也极不均匀，没有明显的吸附选择性。采用硅胶干燥后气体露点可达 -60℃。

3）分子筛。目前常用分子筛系人工合成沸石，是强极性吸附剂，对极性、不饱和化合物和易极化分子，特别是水具有很大的亲和力，故可按气体分子极性、不饱和度、空间结构不同进行分离。

分子筛的热稳定性和化学稳定性高，又具有许多孔径均匀的微孔通道和排列整齐的空腔，其比表面积可达800～1000m^2/g，且只有直径比其孔径小的分子进入微孔，从而使大小和形状不同的分子分开，起到筛分分子的选择性吸附作用，因而称为分子筛。

人工合成沸石是结晶硅铝酸盐的多水化合物，其化学通式为

$$Me_{x/n}[(AlO_2)_x(SiO_2)_y]\cdot mH_2O$$

式中　Me——正离子，主要是Na^+、K^+、Ca^{2+}等碱金属或碱土金属离子；

x/n——阶数为n的可交换金属正离子Me的数目；

m——结晶水的物质的量。

根据分子筛孔径、化学组成、晶体结构以及SiO_2与Al_2O_3的物质的量之比不同，可将常用的分子筛分为A、X、Y、AW型几种。A型基本组成是硅铝酸钠，孔径为0.4nm（4A），称为4A分子筛。用钙离子交换4A分子筛中的钠离子后形成0.5nm孔径的孔道，称为5A分子筛。用钾离子交换4A分子筛钠离子后形成0.3nm孔径的孔道，称为3A分子筛。X型基本组成也是铝硅酸钠，但因晶体结构与A型不同，形成约1.0nm孔径的孔道，称为13X分子筛。用钙离子交换13X分子筛中钠离子后形成0.8nm孔径的孔道，称为10X分子筛。Y型和X型具有相同的晶体结构，但化学组成之比不同，通常用作催化剂。AW型为丝光沸石或菱沸石结构，系抗酸性分子筛，AW—500型孔径为0.5nm。

水是强极性分子，分子直径为0.27～0.31nm，比A型分子筛孔径小，因而A型分子筛是气体或液体脱水的优良吸附剂，采用分子筛吸附后气体露点可达-100℃。

4）复合吸附剂。复合吸附剂就是同时使用两种或两种以上的吸附剂。目前，天然气脱水普遍使用活性氧化铝和4A分子筛串联的双层床，其特点是：①湿气先通过上部的活性氧化铝床层脱除大部分水，再通过下部分子筛床层深度脱水从而获得很低的露点；②当气体中含有液态水、液烃、缓蚀剂和胺类化合物时，可在上部进行，活性氧化铝床层除用于脱除水分外，还可作为下部分子筛床层的保护层；③活性氧化铝再生时能耗比分子筛低；④活性氧化铝价格低；⑤可以降低再生温度，使分子筛寿命延长。在复合吸附剂床层中活性氧化铝和分子筛用量最佳比，取决于原料气流量、温度、水含量和组成、干气露点要求、再生气组成和温度，及吸附剂形状和规格等。

（2）吸附剂选择　通常，应从脱水要求、使用条件和寿命、设计湿容量以及价格等方面选择吸附剂。

与活性氧化铝、硅胶相比，分子筛具有以下特点：①吸附选择性强，即可按物质分子大小和极性不同进行选择性吸附；②虽然当气体中水蒸气分压高时湿容量较小，但当气体中水蒸气分压较低，以及在高温和高速气流等苛刻条件下，具有较高的湿容量，（水在吸附剂上吸附的等温、等压线如图2-39、图2-40所示，气体流速对吸附剂湿容量的影响见表2-6）此时使用分子筛效果最好；③可选择性吸附水，避免因重烃共吸附而失活，使用寿命长；④不易被液态水破坏；⑤再生时能耗高；⑥价格较高。

由图2-39可知，当相对湿度小于30%时，分子筛的平衡湿容量比其他吸附剂都高，表明分子筛特别适用于气体深度脱水。此外，虽然硅胶在相对湿度较大时平衡湿容量较高，但此为静态吸附，天然气脱水是在动态下进行，分子筛的湿容量则可超过其他吸附剂。表2-6就是压力为0.1 MPa和气体温度为25℃、相对湿度为50%时不同气流速度下分子筛和硅胶湿容量的比较。图2-40所示为水在几种吸附剂上的等压线，虚线表示吸附剂在吸附开始时

有 2% 残余水的影响。由图 2-40 可知，在较高温度下分子筛仍能保持相当高的吸附能力。

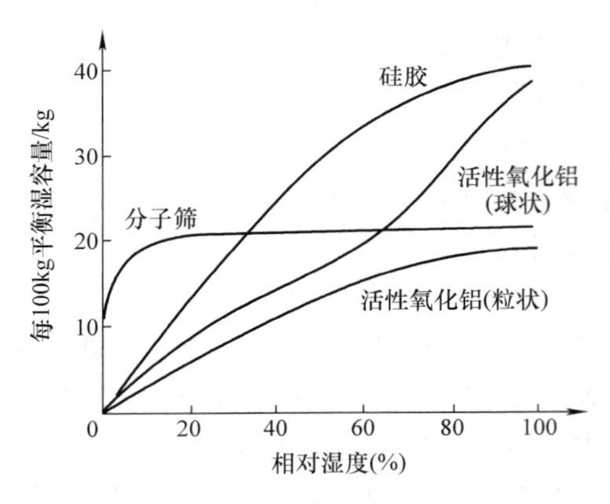

图 2-39 水在吸附剂上的吸附等温曲线

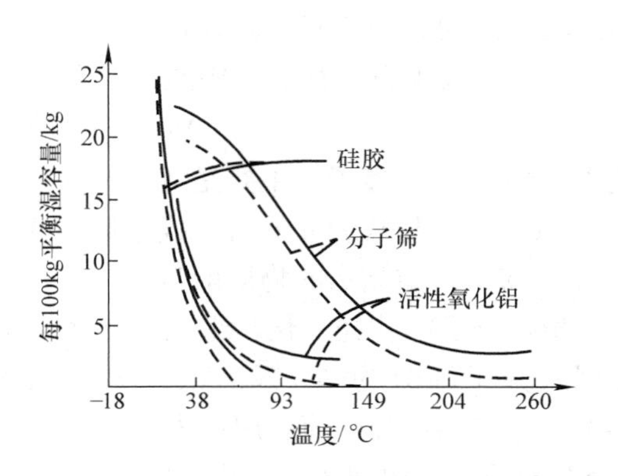

图 2-40 水在吸附剂上的吸附等压曲线

对于相对湿度大或水含量较高的气体，最好先用活性氧化铝、硅胶预脱水，然后再用分子筛脱除剩余的水，以达到深度脱水的目的。或者先用三甘醇脱除大量的水分，再用分子筛深度脱水，既保证脱水要求，又避免了在气体相对湿度大或水含量较高时频繁再生的缺点。由于分子筛价格高，对于低含硫气体，在脱水要求不高时，也可只采用活性氧化铝或硅胶脱水，如果同时脱除脱硫，则可选用不同用途的分子筛。

表 2-6 气体流速对吸附剂湿容量的影响

气流速度/（m/min）		15	20	25	30	35
吸附剂湿容量（%）	分子筛（绝热）	17.6	17.2	17.1	16.7	16.5
	硅胶（恒温）	15.2	13.0	11.6	10.4	9.6

2. 吸附法脱水工艺

与吸收法相比，吸附法脱水适用于对干气露点要求较低的场合。尤其是分子筛，常用于汽车用压缩天然气的生产、采用深冷分离的天然气凝液回收、天然气液化等工艺过程中。

采用不同吸附剂的天然气脱水工艺流程基本相同，脱水塔都采用固定床。由于脱水塔床层在脱水过程被水饱和，需要再生脱除吸附剂吸附的水分，故为了保证脱水装置连续运行，至少需要两个脱水塔。在两塔流程中，一台脱水塔进行天然气脱水，另一台进行吸附剂的再生（加热和冷却），然后切换操作，图2-41 所示为典型的两塔脱水工艺流程图。一台干燥器在脱水时原料气上进下出，以减少气流对床层的扰动；另一台在再生时再生气下进上出，既可脱除靠近干燥层上不被吸附的物质，并使其不流过整个床层，又可确保与湿原料气接触的下部床层得到充分再生，而下部床层的再生效果直接影响流出床层干气的露点。然后两台干燥器切换操作。如果采用湿气（原料气）再生与冷却，为保证分子筛床层下部再生效果，再生气与冷却气应上进下出。

干燥器再生气可以是原料气，也可以是脱水后的高压干气或外来的低压干气。为使干燥剂再生更完全，保证干气露点较低，一般采用干气作再生气。再生气量约为原料气的 5% ~10% 。

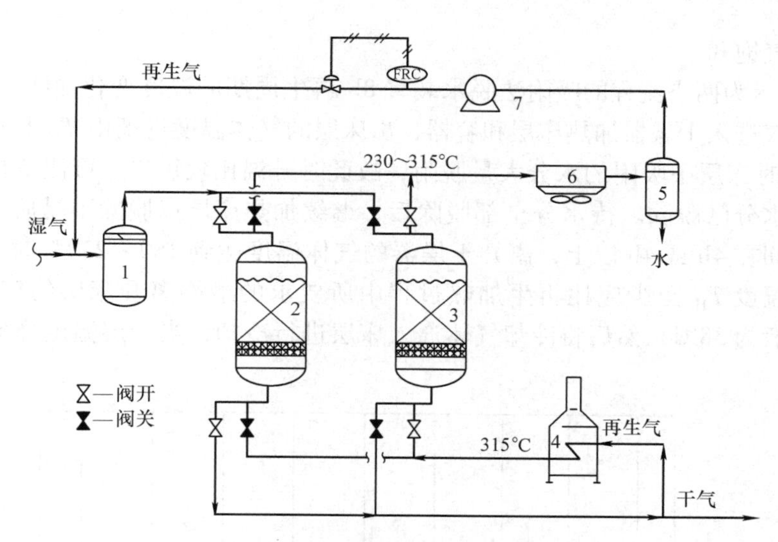

图2-41 吸附法脱水两塔工艺流程
1—进口分离器 2—干燥器 3—再生和冷却器 4—再生气加热器
5—水分离器 6—再生气冷却气 7—再生气压缩机

当采用高压干气作再生气时，可以经加热后直接去干燥器将床层加热，使干燥剂上吸附的水脱附，并将流出干燥器的气体冷却，使脱附出来的水蒸气冷凝与分离。此时分离出的气体是湿气，故增压返回湿原料气中。也可以将再生气先增压再加热后去干燥器，然后冷却、分水并返回湿原料气中。还可以根据干气外输要求，再生气不需增压，经加热后去干燥器。当采用低压干气作再生气时，因脱水压力远高于再生压力，故在干燥器切换时应控制升压与降压速度，一般宜小于0.3MPa/min。

床层加热完毕后，再用冷却气使床层冷却到一定温度，然后切换到下一个脱水周期。冷却气是采用不加热的干气，一般是下进上出。有时可将冷却气自上而下流过床层，使冷却气中的少量水蒸气被上层干燥剂吸附，从而最大限度降低脱水周期中出口干气的含水量。

吸附剂的湿容量与床层吸附温度有关，吸附温度越高，吸附剂的湿容量越低。为保证吸附剂具有较高的湿容量，进入床层的原料气温度不宜超过50℃。

干燥器床层的脱水周期，应根据原料气的含水量、空塔速度、床层高度比、再生气能耗、干燥剂寿命等进行技术经济的比较后确定。对于双塔脱水流程，脱水周期一般为8~24h，通常取8~12h。脱水周期长，则再生次数少，干燥剂使用寿命长，但床层长、投资高。对压力不高、含水量较大的气体脱水，为避免干燥器尺寸过大，脱水周期宜小于8h。

再生周期时间与脱水周期时间相同。在两塔脱水流程中再生气加热床层时间一般是再生周期的50%~65%。再生时床层加热温度越高，再生后干燥剂的湿容量越大，但使用寿命越短。床层加热温度与再生气加热后进入干燥器的温度有关，而此再生气入口温度应根据原料气脱水深度、干燥剂使用寿命等因素综合确定。不同干燥剂所要求的再生气进口温度上限为：分子筛315℃，活性氧化铝300℃，硅胶245℃。

加热完毕后，将冷却气通过床层进行冷却，一般在冷却气出干燥器的温度降低至50℃时，即可停止冷却。冷却温度过高，则床层温度高，会使干燥剂湿容量降低。反之，冷却温度低，将增加冷却时间。如采用湿原料气再生，冷却温度过低时还会使床层上部干燥剂被冷却气中的水蒸气饱和。

图 2-42 所示为两塔流程的吸附法脱水装置 8h 再生周期的温度变化曲线。再生开始时，加热后的再生气进入干燥器加热床层和容器，出床层的气体温度逐渐由 T_1 上升至 T_2，大约在 116～120℃时床层中吸附的水分大量脱附，故此时升温比较缓慢。可假定在 121～125℃的温度时全部水分已脱除。待水分全部脱除后，继续加热床层以脱除不易脱附的重烃和污物。当再生时间在 4h 或 4h 以上，离开干燥器的气体温度达到 180～230℃时，床层加热完毕。热再生气温度 T_H 至少应比再生加热过程中所要求的最终离开床层的气体温度 T_4 高 19～55℃，一般为 38℃。然后将冷却气体通入床层进行冷却，当床层温度降低到约为 50℃时停止冷却。

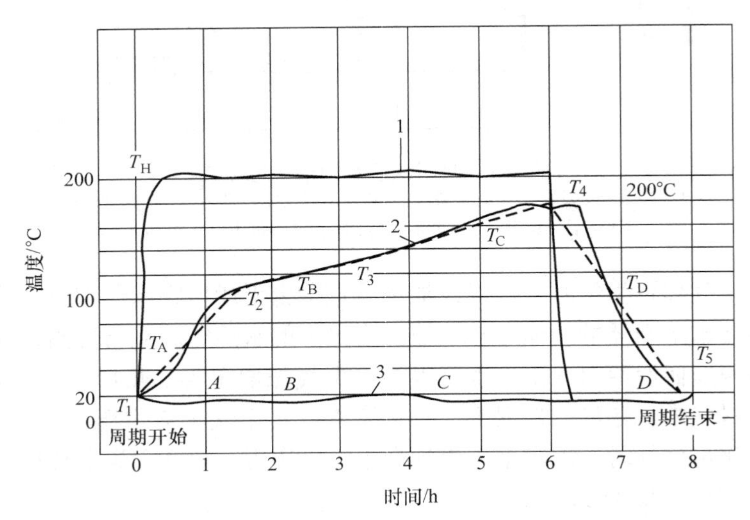

图 2-42 再生加热和冷却过程温度变化曲线

1—再生气进干燥器温度 2—加热和冷却过程中离开干燥器的气体温度 3—湿原料气温度

3. CNG 加气站中天然气脱水

CNG 的原料气一般来自输气管线，其脱水特点是：① 处理量小；② 生产过程一般是不连续的，多在白天加气；③ 原料气已在上游经过处理，露点满足管输要求。CNG 加气站脱水一般采用分子筛，其水露点在汽车驾驶的特定区域内，在最高操作压力下，其值不应高于 -13℃；当最低环境温度低于 -8℃时，水露点应比最低温度低 5℃。

当进站天然气需要脱水时，脱水可在增压前、压缩机间或增压后进行，即分为低压、中压和高压脱水三种。高压脱水所需脱水设备体积小、再生气量少、脱水后气体露点低，在深度脱水时具有优势。气体在压缩机间和出口处经冷却、分离排出的冷凝水量约占总脱水量的 70%～80%，因此所需干燥剂少、再生能耗低。但是，高压脱水对容器制造工艺要求高，需要设置可靠的冷凝水排出设备，增加了系统的复杂性。另外，由于进入压缩机的气体未脱水，会对压缩机气缸等部位造成一定的腐蚀，降低压缩机寿命。低压脱水的特点是可保护气缸等不产生腐蚀，无须设置冷凝水排出设备，对容器制造工艺要求低；缺点是所需脱水设备体积大，再生能耗高。

在增压前脱水时，再生用天然气宜采用进站天然气经电加热、吸附剂再生、冷却和气液分离后，再经增压进入进站天然气脱水系统。再生用循环风机应为再生系统阻力值的1.10～

1.15 倍。

在增压后或增压间脱水时，再生用的天然气宜采用脱除游离液（水分和油分）后的压缩天然气，并应由电加热控制系统温度。再生后的天然气宜经冷却、气液分离后进入压缩机的进口，再生用天然气压力为 0.4 ~ 1.8 MPa 或更高。

低压半自动和全自动低压脱水工艺流程如图 2-43 所示。原料气从进气口进入前置过滤器，除去游离液和尘埃后经阀门 3 进入干燥器 A，脱水后经阀 5 去后置过滤器除去干燥器粉尘后到出气口。再生气经循环风机增压后进入加热器升温，然后经阀 8 进入干燥器 B 使干燥剂再生，再经阀 2 进入冷却器分离出冷凝水，重新进入循环风机增压。

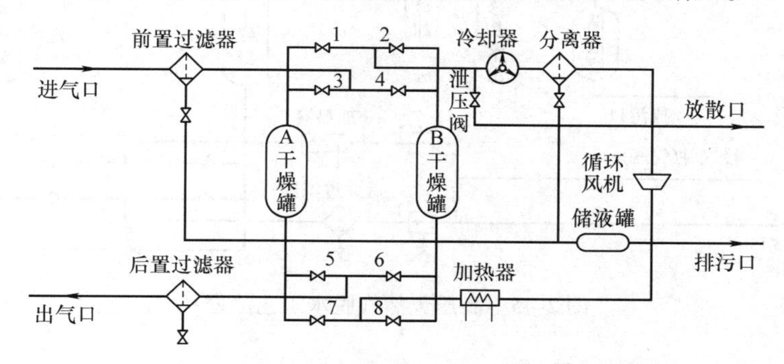

图 2-43　低压半自动和全自动低压脱水工艺流程

零排放低压天然气脱水工艺流程如图 2-44 所示。原料气从进气口进入前置过滤器，除去游离液和尘埃后经阀 1 进入干燥器 A，脱水后经止回阀和后置过滤器到出气口。再生气来自脱水装置出口，经循环风机增压后进入加热器升温，然后经止回阀进入干燥器 B 使干燥剂再生，再经阀 4 进入冷却器分离部分冷凝后重新回到脱水装置入口。

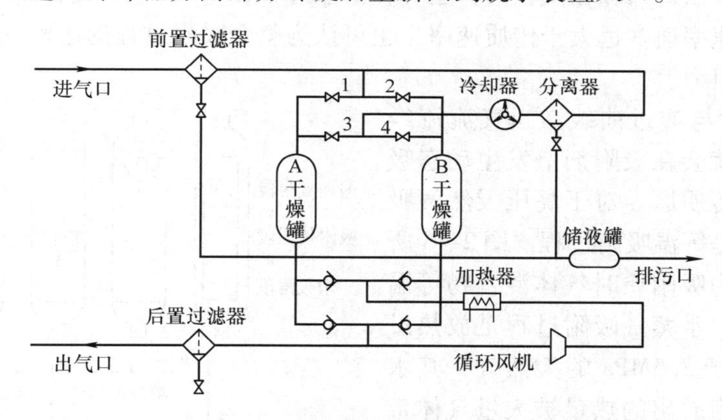

图 2-44　零排放低压天然气脱水工艺流程

中压脱水工艺与低压脱水工艺基本相同，只是进气口来自压缩机一级出口或二级出口，其工作压力不宜超过 4MPa，出气口去压缩机二级入口或三级入口。

高压天然气脱水装置工艺流程如图 2-45 所示。气体依次进入前置过滤器、精密过滤器，除去游离液和尘埃后经阀 1 进入干燥器 A 脱水，然后经后置过滤器和压力保持阀送到顺序盘入口。再生气从装置出口或低压气井（或低压气瓶组）引入，经减压后进入加热器升温，然后进入干燥器 B 使干燥剂再生，再经阀 4 进入冷却器、分离器分出冷凝水后，进入压缩机前的低压管网或放空。

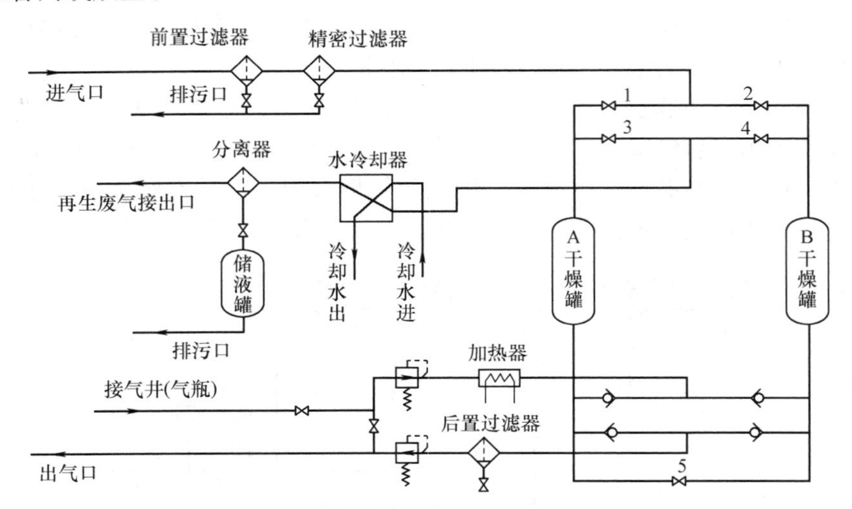

图 2-45 高压天然气脱水工艺流程

4. 吸附过程特性及工艺计算

采用吸附法的天然气脱水装置均为固定床，脱水过程实质就是在吸附剂床层上进行吸附传质和分离的过程。

(1) 吸附传质过程 吸附质被吸附剂吸附的过程包括：①外扩散过程，即吸附质分子首先从流体主体扩散到吸附剂颗粒表面，称为膜扩散过程；②内扩散过程，即吸附质分子再从吸附剂颗粒外表面进入颗粒微孔内，也称孔扩散过程；③在吸附剂微孔的内表面上完成吸附作用，此吸附速率通常远大于传质速率，也可认为整个吸附过程的速率主要取决于外扩散和内扩散的传质阻力。

1) 动态吸附与透过曲线。当气流流经吸附剂床层时，就会在吸附剂上发生动态吸附，并形成吸附传质区。对于高压天然气吸附脱水，可认为是等温吸附过程。图 2-46 所示为只有水蒸气为吸附质时气体混合物等温吸附过程示意图。水蒸气吸附过程是放热过程。对于压力大于 3.5MPa 的天然气，其水分含量较低，吸附放出的热量被大量气体带走，温度仅升高 1～2℃，可视为等温吸附过程。

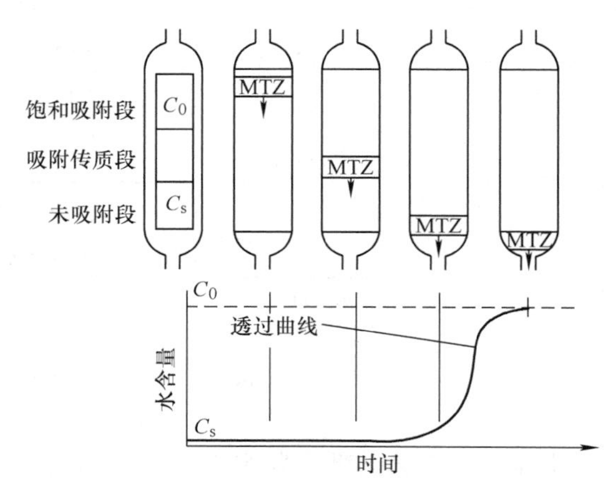

图 2-46 水蒸气为吸附质时气体混合物等温吸附过程示意图

从图 2-46 可知，当含水量为 C_0 的湿天然气自上而下流过床层时，最上部的吸附剂被水蒸气所饱和，该部分床层称为吸附饱和段。气体继续向下流过床层时，水蒸气又被饱和段以下的吸附剂所吸附，形成吸附传质段（MTZ）。在吸附传质段中，床层上的水含量自上而下接近饱和到接近零，形成 S 形吸附负荷曲线。在吸附传质段以下的床层中，可看成是只有水蒸气含量为 C_S 的干气流过，称为未吸附段。因此，整个吸附剂床层分为饱和段、吸附传质段和未吸附段三部分。随着湿燃气不断流过床层，吸附饱和段不断扩大，吸附传质段不断下移，未吸附段不断缩小，直到吸附传质段前段达到床层底部为止。

当吸附传质段前段到达床层底部前，离开床层的干气中水蒸气含量一直为 C_S，而当吸附传质段后端到达床层底部时，由于整个床层都处于吸附饱和段，出口气体中水蒸气含量就与进口相同（C_0）。

由图2-46可知，当传质吸附段前段到床层底部时，离开床层的气体中吸附质浓度就会从 C_s 迅速增加到 C_0。在吸附过程中，从开始吸附到出口气体中吸附质浓度达到某一预定值时所需时间称为透过时间（也叫转效时间、穿透时间），该预定浓度值通常取吸附质进口浓度的5%或10%。固定出口气体中吸附质浓度对时间的变化曲线称为透过曲线。透过曲线为S形，与床层内的浓度分布曲线呈镜面对称关系，并可了解床层内的吸附质浓度分布情况。

实际中，活性氧化铝、分子筛不仅吸附水蒸气，而且吸附其他组分。但吸附剂对天然气中各组分的吸附活性并不同，其递减顺序为水、甲醇、硫化氢和硫醇、二氧化碳、已烷和更重烃、丁烷、丙烷、乙烷以及甲烷。因此，当天然气自上而下流过吸附剂床层时，气体中各组分按不同速率和活性被吸附，水蒸气始终是很快被顶部吸附剂所吸附，其他组分则被吸附活性不同的下面床层所吸附，在床层中出现一连串的吸附传质段。因此，短吸附周期主要用于吸附水、烃类，长周期主要用于吸附脱水。

2）动态吸附容量。设计干燥器时，最重要的计算是吸附剂床层在达到穿透时间以前的连续运行时间和透过吸附容量。所谓透过吸附容量就是与透过时间相对应的吸附质吸附容量。由于达到透过点时床层内有一部分相当于吸附传质段长度部分的吸附剂尚未达到饱和，故与动态饱和吸附容量 X_s 不同，将其称为动态有效吸附容量 X。动态吸附容量 X 由床层内吸附饱和段和吸附传质段内两部分吸附容量组成。如床层长度为 H_t，吸附传质段长度为 H_z，吸附传质段内吸附剂的未吸附容量分率为 f，则

$$XH_t = X_s H_t - fH_z X_s \tag{2-1}$$

为了确定动态有效吸附容量 X，需要求解吸附传质段长度以及吸附传质段内的浓度分布，或求解透过曲线。在天然气吸附法脱水中，f 值通常取0.45~0.50。

（2）吸附容量 吸附剂吸附容量，用来表示单位吸附剂吸附吸附质能力的大小，其单位是质量分数或kg(吸附质)/kg(吸附剂)。当吸附质是水蒸气时，也称为吸附剂的湿容量，单位是kg(水)/kg(吸附剂)。湿容量有平衡湿容量和有效湿容量两种。

1）平衡湿容量。平衡湿容量（饱和湿容量）是指一定温度时，新鲜吸附剂与一定湿度的气体充分接触，最后水蒸气在两相中达到平衡时的湿容量。平衡湿容量又分为静态湿容量和动态湿容量。在静态条件下测定的平衡湿容量称为静态平衡湿容量。在动态条件下测定的平衡湿容量称为动态平衡湿容量，通常是指气体以一定流速连续流过吸附剂床层时测定的平衡湿容量。动态湿容量一般为静态湿容量的40%~60%。

2）有效湿容量。实际上，动态平衡湿容量还不能直接作为设计选用的吸附剂容量，其原因是：① 实际操作中必须在吸附传质段前端未到床层底部以前就进行切换；② 再生时吸附剂在水蒸气和高温下有效表面积减少；③ 湿天然气有时含难挥发的物质，会堵塞吸附剂的微孔，也会减少吸附剂的有效表面积。

设计选用的有效湿容量可选取表2-7的数据，此表适用于清洁、含饱和水的高压天然气脱水，干气露点可达到-40℃以下。当要求露点更低时，应选取较低的有效湿容量。

干燥剂的湿容量和吸附速率随使用时间而降低，设计目的就是使床层中装填足够的干燥剂，以期在3~5年后脱水周期结束时吸附传质段才到达床层底部。

在饱和吸附段，分子筛在使用3~5年后其饱和含湿量一般可保持在13kg水/kg分子筛。如果进入床层的气体中水蒸气未饱和或气体温度高于24℃时，应采用如图2-47和图2-48所示曲线对干燥剂的饱和湿容量进行校正。

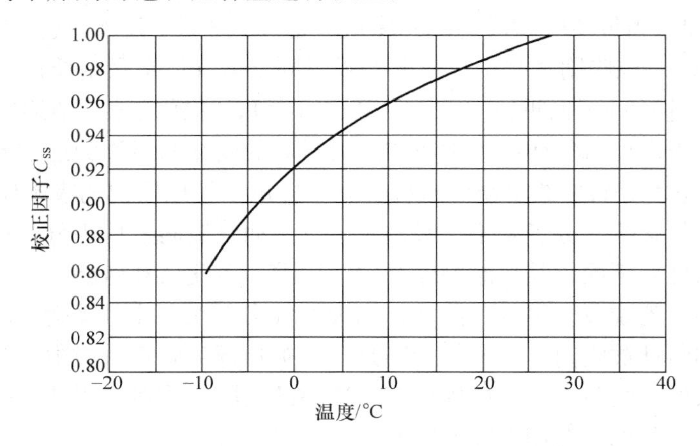

图2-47 原料气中水蒸气未饱和时分子筛湿容量的校正

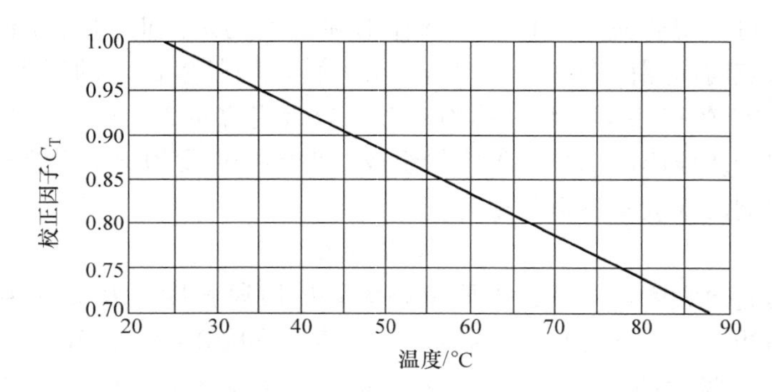

图2-48 分子筛湿容量的温度校正

通常可采用有效湿容量计算整个吸附剂床层的干燥剂填装量，此时有效湿容量一般选用8%~10%，该值包含了吸附传质系数、温度和气体中相对湿度的校正，此法适用于大多数方案和可行性研究计算。

（3）吸附过程工艺计算

1）估算干燥层直径。床层直径可按下式估算

$$D_1 = [Q/(v_1 \times 60 \times 0.785)]^{0.5} \tag{2-2}$$

式中 D_1——估算床层直径，m；

Q——气体体积流量，m^3/h；

v_1——允许空塔速度，m/min，由表2-8或图2-49查得。

表 2-7 设计选用的干燥剂有效湿容量

干燥剂	活性氧化铝	硅胶	分子筛
有效湿容量/（kg/100kg）	4~7	7~9	8~12

表 2-8 20℃时 4~6 目硅胶允许空塔速度

吸附压力/MPa	2.6	3.4	4.1	4.8	5.5	6.2	6.9	7.6	8.3
允许空塔速度/（m/min）	12~16	11~15	10~13	9~13	8~12	8~11	8~10	7~10	7~9

根据估算床层直径 D_1 圆整为实际床层直径 D_2，并计算相应的空塔速度 v_2。

2）分子筛床层高度和气体流过床层压降。干燥剂床层由饱和吸附段、吸附传质段、未吸附段组成。

① 饱和吸附段。通常假定由吸附饱和段脱除全部需要脱除的水分，故已知每个脱水周期中气体所需脱水量时，将其除以干燥剂的饱和湿容量，即可得到吸附饱和段的干燥剂量

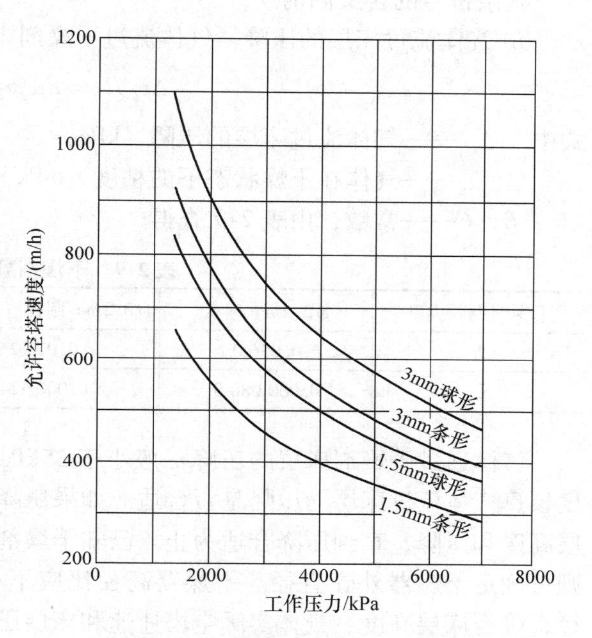

图 2-49 分子筛干燥器允许空塔速度

$$S_s = \frac{W_r}{0.13C_{ss}C_T} \tag{2-3}$$

式中 S_s——吸附饱和段所需分子筛填装量，kg；

W_r——每个脱水周期所需脱水量，kg/周期；

C_{ss}、C_T——分别由图 2-47 和图 2-48 查得的校正因子。

然后，计算饱和吸附段的长度

$$L_s = \frac{4S_s}{\pi D_2^2 \rho_B} \tag{2-4}$$

式中 L_s——吸附饱和段床层高度，m；

D_2——实际采用的床层直径，m；

ρ_B——分子筛堆积密度，kg/m^3。

② 吸附传质段。吸附传质段的长度可按下式计算

$$L_{MTZ} = \eta(v_2/560)^{0.3} \tag{2-5}$$

式中 L_{MTZ}——吸附传质段长度，m；

η——系数，对 ϕ3.2mm 和 ϕ1.6mm 的分子筛分别取 1.70 和 0.85；

v_2——实际空塔气速，m/min。

③ 床层总高度。床层总高度 H 是吸附饱和段 L_s 和传质吸附段长度 L_{MTZ} 之和。在床层上下应有 1.8~1.9m 的自由空间，以保证气流进行合理分配。

④ 透过时间。透过时间可按下式计算，并与假定的脱水周期核对是否一致。

$$\theta_B = (0.01X\rho_B H)/q \tag{2-6}$$

$$q = 0.05305G_1/D^2 \tag{2-7}$$

式中 θ_B ——透过时间，h；

q ——床层截面水负荷，kg/（kg·m²）；

G_1 ——干燥剂脱水负荷，kg/d。

其余符号的含义同前。

⑤ 气体流过床层的压降。气体流过干燥剂床层的压降可按修正的 Ergun 公式计算

$$\Delta p/H = B\mu_g v_2 + C\rho_B v_2^2 \tag{2-8}$$

式中 Δp ——气体流过床层的压降，kPa；

μ_g——气体在干燥状态下的粘度，mPa·s；

B、C——常数，由表 2-9 查得。

表 2-9 干燥剂颗粒类型常数

干燥剂颗粒类型	φ3.2mm 球状	φ3.2mm 圆柱（条）状	φ1.6mm 球状	φ3.2mm 圆柱（条）状
B	0.056 0	0.072 2	0.152	0.238
C	0.000 088 9	0.000 124	0.000 136	0.000 210

气体通过干燥剂床层的压降一般小于 35kPa，最好不超过 55kPa。因此，应根据床层高度核算气体流过床层的压降是否合适。如果压降偏高，则应调整空塔速度和直径重新计算床层高度和压降，直到压降合适为止。已知干燥剂床层直径后，加上干燥器壁厚和内保温层，则可确定干燥器外壳直径。干燥器高径比应不小于 1.6。最后，再根据实际选用的床层直径，确定床层高度、气体实际空塔速速和床层压降等。

3）干燥器再生加热过程总热负荷。干燥器再生加热过程总热负荷 Q_{rh} 包括加热干燥器本身、干燥剂和瓷球的显热，水和重烃的脱附热以及散热损失等五部分。

① 加热干燥器壳体本身的热量

$$Q_{hv} = G_v c_{p,v}(T_4 - T_1) \tag{2-9}$$

式中 Q_{hv} ——加热干燥器壳体本身显热，kJ；

G_v ——干燥器壳体的质量，kg；

$c_{p,v}$ ——干燥器壳体的比热容，kg/（kg·℃）；

T_4 ——再生过程结束时床层温度（近似取再生气干燥器温度），℃；

T_1 ——再生加热过程开始时床层温度（近似取原料气干燥器温度），℃。

② 加热干燥剂显热

$$Q_{hd} = G_d c_{p,d}(T_4 - T_1) \tag{2-10}$$

式中 Q_{hd} ——加热干燥剂的显热，kJ；

G_d ——干燥剂的质量，kg；

$c_{p,d}$ ——干燥剂的比热容，kJ/（kg·℃）。

③ 加热和脱除床层所吸附水分和重烃的总热。通常可将干燥剂所吸附的水分、重烃

加热至脱附温度所需的显热（$Q_{hw}+Q_{ht}$）以及重烃脱附所需要相变焓 Q_{vt} 忽略不计，则可得

$$Q_{vt}=W_r\Delta Q_w \tag{2-11}$$

式中 Q_{vt}——脱除床层所吸附水的相变焓，kJ；

ΔQ_w——水的脱附相变焓，通常取4190kJ/kg。

④ 加热瓷球的显热 Q_{hp}。加热瓷球的显热为

$$Q_{hp}=G_p c_{p,p}(T_4-T_1) \tag{2-12}$$

式中 Q_{hp}——加热瓷球的显热，kJ；

G_p——瓷球的质量，kg；

$c_{p,p}$——瓷球的平均比热容，kJ/(kg·℃)。

⑤ 散热损失。散热损失可按上述各项总热量的10%考虑。

4）加热再生气所需热负荷和再生气流量

① 加热再生气所需的热负荷。由图2-42可知，温度为 T_1 的再生气经加热器加热到 T_H 后进入干燥器，以提供加热过程中所需的热量。再生气出干燥器的温度为 T，其值在不断变化。因此，在某一微分时间 dt 内由热再生气提供的微分热量 dQ_{rh} 为

$$q_{rg}c_{p,g}(T_H-T)\mathrm{d}t=\mathrm{d}Q_{rh}=K\mathrm{d}T \tag{2-13}$$

式中 dQ_{rh}——再生时间内由热再生气提供的热量，kJ；

q_{rg}——再生气流量，kg/h；

$c_{p,g}$——再生气平均比热容，kJ/(kg·℃)；

dt——加热过程中微分时间，h；

dT——在时间 dt 内干燥器床层微分温升,℃；

T_H——再生气进干燥器床层的温度,℃；

T——再生气出干燥器床层的温度,℃；

K——常数。

假定加热过程开始时间为 t_0，床层温度为 T_1，加热结束时间为 t_1，床层温度为 T_4，将式（2-13）积分后得到

$$q_{rg}c_{p,g}(t_1-t_0)=K\ln[(T_H-T_1)/(T_H-T_4)] \tag{2-14}$$

由于

$$Q_{rh}=K(T_4-T_1) \tag{2-15}$$

则

$$q_{rg}c_{p,g}(t_1-t_0)=[Q_{rh}/(T_4-T_1)]\ln[(T_H-T_1)/(T_H-T_4)] \tag{2-16}$$

此外，在再生过程中加热再生气所需要热负荷

$$Q_{rg}=q_{rg}c_{p,g}(t_1-t_0)(T_H-T_1) \tag{2-17}$$

式中 Q_{rg}——加热过程中加热再生气所需热负荷，kJ。

将式（2-16）带入式（2-17）可得

$$Q_{rg} = Q_{rh}\frac{T_H - T_1}{t_1 - t_0}\ln\left(\frac{T_H - T_1}{t_1 - t_0}\right) \tag{2-18}$$

② 再生气流量。由式（4-18）求出加热在生气所需热负荷后，已知加热时间，即可按下式计算再生气流量

$$q_{rg} = Q_{rg}/[c_{p,g}(T_H - T)\theta_h] \tag{2-19}$$

式中 θ_h——加热时间，一般为再生周期时间的55%～65%，h。

5）冷却过程总热负荷和冷却时间。加热过程结束后，即用冷却气通过干燥器对床层进行冷却。冷却气为未加热的湿气或干气，进入干燥器温度为 T_1，冷却过程开始时床层温度为 T_4，冷却过程结束时床层温度为 T_5（$T_5 > T_1$）。因此冷却过程可按下述各式计算。

① 冷却干燥器壳体所带走的热量

$$Q_{cv} = G_v c_{p,v}(T_5 - T_4) \tag{2-20}$$

式中 Q_{cv}——冷却干燥器壳体所带走热量，kJ；

T_4——冷却过程开始时床层温度，近似取加热过程结束时再生气出干燥器温度，℃；

T_5——冷却过程结束时床层温度，近似取冷却过程结束时冷却气出干燥器的温度，℃。

② 冷却干燥剂所需带走热量

$$Q_{cd} = G_d c_{p,d}(T_5 - T_4) \tag{2-21}$$

式中 Q_{cd}——冷却干燥剂所带走的热量，kJ。

③ 冷却瓷球所需带走热量

$$Q_{cp} = G_p c_{p,p}(T_5 - T_4) \tag{2-22}$$

式中 Q_{cp}——冷却瓷球所带走的热量，kJ。

④ 冷却过程总热负荷

$$Q_{rc} = Q_{cv} + Q_{cd} + Q_{cp} \tag{2-23}$$

式中 Q_{rc}——冷却过程总热负荷，kJ。

⑤ 冷却时间。冷却气流量通常与加热气流量相同。因此，可按式（2-19）和式（2-23）计算出再生气加热气流量和冷却过程总热负荷后，可按下式求出冷却时间为

$$Q_{rc} = q_{rg} c_{p,g}(T_D - T_1)\theta_c \tag{2-24}$$

式中 θ_c——冷却过程时间，h；

T_D——冷却过程干燥器平均温度，近似取冷却气进出干燥器的平均温度，℃。

求出 θ_c 后，应核算 θ_c 与 θ_h 之和是否满足下式

$$\theta_c + \theta_h \leqslant \tau \tag{2-25}$$

式中 τ——脱水周期，h。

如果 $\theta_c + \theta_h > \tau$，则应相应增加再生气流量，适当缩短加热时间，直到满足式（2-25）为止。

【例2-1】 某CNG加压站，原料来自输气管道分输站，处理量为7200m^3/h，天然气压力为6MPa，温度为30℃，在该压力下水露点≤－14℃，天然气脱水装置采用分子筛干燥器

两台，每16h切换一次，脱水后露点（常压）要求为-55℃，干燥器直径为0.6m，装填ϕ3.2mm球状4A分子筛297kg。核算干燥器的空塔流速和床层高度是否合适。

【解】 4A分子筛堆积密度取720kg/m³，则每台干燥器内装填分子筛体积V为

$$V=297/720\text{m}^3=0.413\text{m}^3$$

干燥器床层实际高度H

$$H=4\times0.413/(\pi0.6^2)\text{m}=1.46\text{m}$$

床层高径比为$H=1.46/0.6=2.43>1.6$

（1）空塔速度v_2 天然气在6MPa和30℃时实际体积流量为109.1m³/h，故流过床层的实际空塔速度v_2为

$$v_2=4\times109.1/[\pi(0.6)^2\times60]\text{m/min}=6.43\text{m/min}$$

由图2-49查得其允许空塔速度为8.7m/min，故实际空塔流速符合要求。

（2）床层高度H 原料气中水的质量流量为0.322 5kg/h，常压下水露点为-55℃时水质量流量为0.173 1kg/h。假定脱水后干气含水量为零，则每个脱水周期天然气流过床层的脱水量W_r为

$$W_r=16\times0.3325=5.32\text{kg/周期。}$$

由图2-47、图2-48查得C_{SS}、C_T分别为1.00和0.97，故饱和吸附段所需要分子筛装填量S_s

$$S_s=5.32/（0.13\times1\times0.97）\text{kg}=42.2\text{kg}$$

饱和吸附段长度L_s

$$L_s=4\times42.2/[\pi(0.6)^2\times0.72]\text{m}=0.21\text{m}$$

吸附传质段的长度L_{MTZ}

$$L_{MTZ}=1.7(6.43/560)^{0.3}\text{m}=0.45\text{m}$$

所需床层高度$H=(0.21+0.45)\text{m}=0.66\text{m}<1.46\text{m}$

（3）透过时间θ_B 干燥剂的脱水负荷G_1

$$G_1=0.3325\times24\text{kg/d}=7.98\text{kg/d}$$

床层截面积水负荷q

$$q=(0.05305\times7.98)/0.6^2\text{kg/(h}\cdot\text{m}^2)=1.18\text{kg/(h}\cdot\text{m}^2)$$

干燥剂有效湿容量取8kg(水)/kg（干燥剂），则透过时间θ_B为

$$\theta_B=(0.01\times8\times720\times0.66)/1.18\text{h}=32.2\text{h}>16\text{h}$$

床层高度如按1.46m计算，则透过时间更长。

【例2-2】 某吸附法天然气脱水装置，原料气为1.416×10^6m³/h，相对密度为0.7，压力为4.2MPa（绝压），温度为38℃，干燥器内径为1.68m，壳体质量为13 470kg，壳体材料比热容为0.50kJ/(kg·K)。采用4A条状分子筛，比热容为0.963kJ/(kg·K)，分子筛质量为6310kg，脱水周期为8h，每台干燥器吸附水量为665kg/周期。现用湿原料气再生，其平均比热容为2.43 kJ/(kg·K)，再生气加热到288℃进入干燥器，床层所吸附的水分在

121℃全部脱附，吸附的烃类不计，水的吸附相变焓为4190kJ/kg。加热过程结束后再生气出干燥器温度为260℃，加热时间为5h，冷却过程结束时，冷却气出干燥器温度为52℃，试求此干燥器的再生过程热负荷、再生气量、冷却过程总热负荷及冷却时间。

【解】 1）加热过程总热负荷。需要考虑将干燥剂床层所吸附水分由38℃加热至121℃时的显热

$$Q_{hw}=665\times4.187(121-38)\text{kJ}=231100\text{kJ}$$

$$Q_{vw}=665\times4191\text{kJ}=2786400\text{kJ}$$

$$Q_{hd}=6310\times0.963(260-38)\text{kJ}=1349000\text{kJ}$$

$$Q_{hv}=13470\times0.50(260-38)\text{kJ}=1495200\text{kJ}$$

$$Q_{rh}=Q_{hw}+Q_{vw}+Q_{hd}+Q_{hv}=5861700\text{kJ}$$

2）加热再生气所需热负荷

$$Q_{rg}=5861700\frac{288-38}{260-38}\ln\left(\frac{288-38}{260-38}\right)\text{kJ}=14451000\text{kJ}$$

3）再生气流量

$$q_{rg}=\frac{14451000}{2.43\times5(288-38)}\text{kg/h}=4760\text{kg/h}$$

4）冷却过程总热负荷

$$Q_{cd}=6310\times0.963(52-260)\text{kJ}=-1263900\text{kJ}$$

$$Q_{cv}=13470\times0.5(52-260)\text{kJ}=-1400900\text{kJ}$$

$$Q_{rc}=Q_{cd}+Q_{cv}=-2664800\text{kJ}$$

5）冷却时间

$$T_D=(260+52)/2℃=156℃$$

$$\theta_c=2664800/[4760\times2.43(156-38)]\text{h}=1.95\text{h}$$

6）核算

$\theta_c+\theta_h=(1.95+5.0)\text{h}=6.95\text{h}<8\text{h}$。故不需调整。

第六节 天然气长输管线

一、天然气长输管线功能与任务

天然气长输管线是连接脱硫净化厂或LNG始端站与城市门站之间的管线，在我国压力管道分类中属于GA级，设计应符合GB50251—2003《输气管道工程设计规范》。

输气管线的任务是根据用户的需求把经净化处理的符合管道输气标准的天然气送至城市或大型工业用户，其必须具备：

（1）计量功能 长输管道在交接气过程必须设置专门的计量装置，如孔板流量计、超

声波流量计或涡轮流量计。

（2）增压功能 由于产地与用户距离不同，气田原始压力高低不同，需要压缩机进行增压。

（3）接受和分输功能 大口径长输管道沿线经过多个气田，并分别供给不同城市使用，因此中途要接受气田的来气和分输给各地的城市。

（4）截断功能 为了使管线在某一点发生损坏时不至于造成更大范围的断气和放空损失，应分段设置截止阀。

（5）调压功能 与长输管道连接的下游管线通常会以较低压力等级进行设计，需要将干管的压力调到相对稳定的出口压力。

（6）清管功能 管道内遗留的施工杂物和长期运行后产生的铁锈、固体颗粒、积液等，会影响压缩机、流量计、调压器性能，因此应定期清管。

（7）储气调峰功能 天然气的生产和输气是均衡供给，但城市用气是变化的，可利用管线末端压力的变化，部分缓冲均衡供气与不均匀用气之间的矛盾。

二、天然气长输管线流程与组成

根据长输管线的功能，天然气长输管线系统的构成如图2-50所示，其一般包含管道本身、站场和通信调度自控系统三部分。

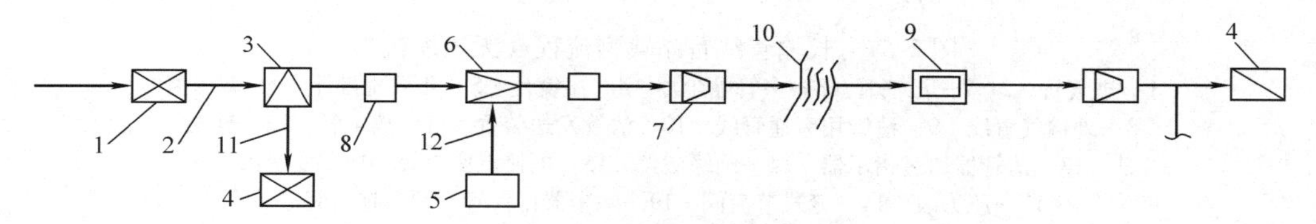

图2-50 长输管线系统构成

1—输气首站 2—输气干线 3—气体分输站 4—城市门站（末站） 5—气体处理厂 6—气体接收站 7—压气站 8—截止阀室 9—清管站 10—穿越河流 11—输气支线 12—进气支线

管道本身除包含干线和支线外，还包含通过特殊地段的穿越工程、管道截断阀室、阴极保护站等。当直径超过*DN*400后，无缝钢管不能满足要求，大口径的直缝埋弧焊钢管被广泛应用于天然气长输管线。原先在输气管线上广泛使用的截止阀和闸阀被淘汰，开关、密封性能更好的平板闸阀和球阀广泛使用。

站场部分包含首站、清管站、气体接收站、气体分输站、压气站、门站等。清管站一般与其他站合建。

通信系统承担全线的通信联络、行政和生产调度以及提供自控检测系统的数据传输任务。目前，重要的输气干线都有固定和移动两套通信系统，其主要通信方式是光缆、卫星和邮电线路。

三、天然气长输管线站场

按在天然气长输管线上位置划分，长输管线的站场有首站、中间站和末站，中间站可分为压气站、分输站、接收站、清管站四种。

1. 首站

首站是输气管线的起点，有的建在气田净化厂附近，有的甚至与净化厂仅一墙之隔，其功能只有计量和清管等功能。一般的首站还有调压、气体除尘、除液功能。

图 2-51 所示为长输管线首站典型流程。图 2-52 所示为增开变频电动机驱动的压缩机组的首站流程。

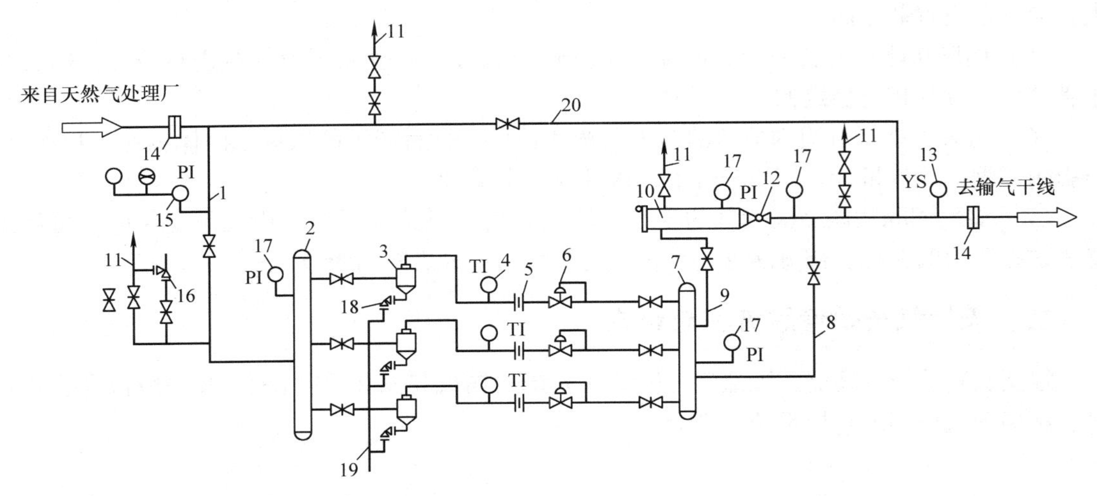

图 2-51 长输管线首站典型流程（无压缩机）

1—进气管 2、7—汇气管 3—多管除尘器 4—温度计 5—孔板流量计 6—调压器 8—外输气管线 9—清管用旁通管线 10—清管发送装置 11—放空管 12—球阀 13—清管器通过指示器 14—绝缘法兰 15—电接点压力表 16—安全阀 17—压力表 18—笼式节流阀 19—除尘器排污管 20—越站旁通

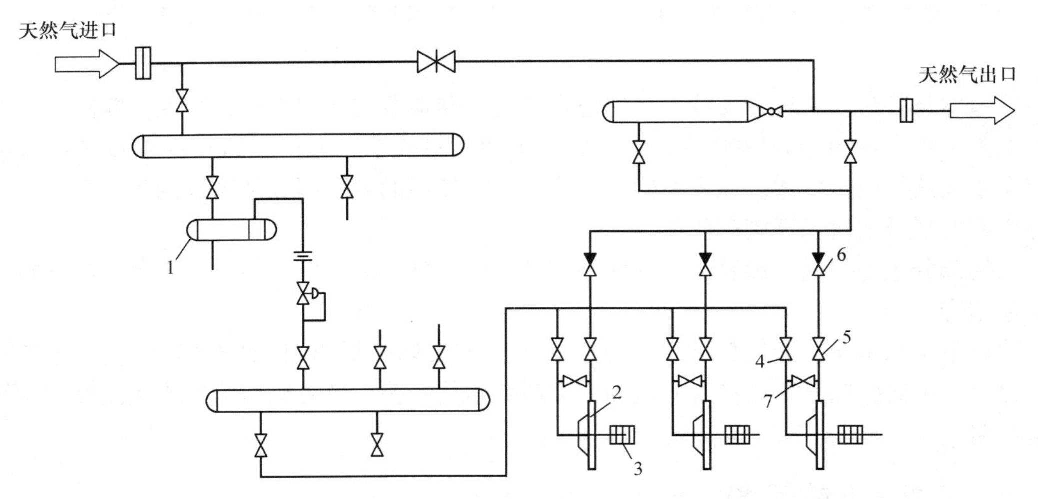

图 2-52 长输管线首站流程（有压缩机）

1—过滤器 2—离心式压缩机 3—变频电动机 4—压缩机进口阀 5—压缩机出口阀 6—止回阀 7—循环阀

2. 清管站

清管器是靠管内流体压差驱动运行，分为常规清管器和智能清管器。

常规清管器包括清管球、皮碗清管器。清管球是最简单的清除积液和分割介质的可靠清管器，由耐磨、耐油的氯丁橡胶制成，有效清管距离为50～80km。清管球分为空心和实心两种，直径不大于*DN*100管道为实心球，大于*DN*100为空心球。皮碗清管器主要是由刚性骨架上串联2～4个皮碗，并用螺栓将压板、导向器及发讯器护罩等连接成一体，如图2-53所示。按皮碗形状分为锥面、平面和球面，材料多为氯丁橡胶、丁腈橡胶和聚酯类橡胶。皮碗清管器主要用于各种管线投产前的清管扫线，可清除管道中遗留的杂物，还用于天然气管线投产后的清扫、水压试验前的排气、混输管线的介质隔离等。

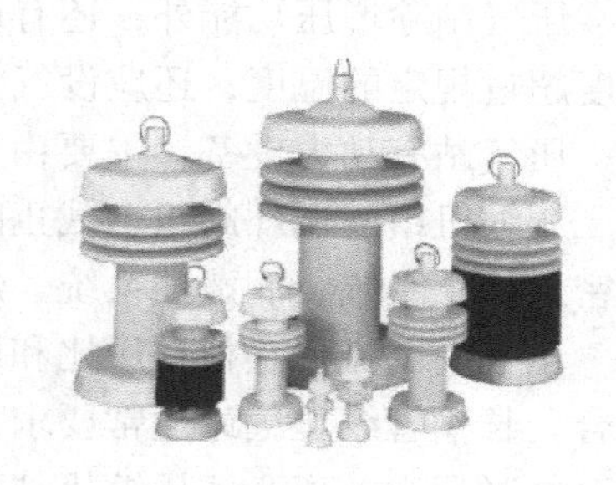

图2-53　皮碗清管器

智能清管器是基于将超声波、漏磁、声发射等无损探伤原理及录像观察功能同清管结合在一起的仪器。最常用的智能清管器采用漏磁法，能测出腐蚀坑、腐蚀减薄和环向裂纹，但不能检出深而细的轴向裂纹。超声波清管器除检测金属损伤外，还可进行防腐层剥离、应力腐蚀开裂和凹痕、刻痕等机械损伤缺陷的探测。其中，弹性波仪器是能在气体管道中使用的超声波仪器。

3. 分输站和接收站

分输站是为把气体分流到支线或用户而设置的，接收站是为在管线中途接收气源来气而设置的，它们都具有调压、计量、气体除尘、清管器收发等功能，图2-54所示为典型的分输站流程示意图。

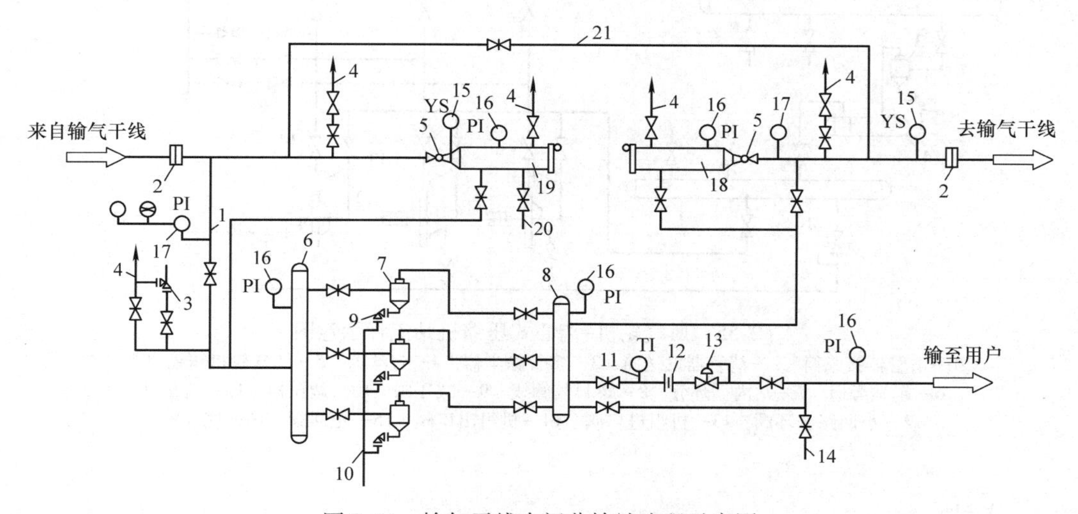

图2-54　输气干线中间分输站流程示意图

1—进气管　2—绝缘法兰　3—安全阀　4—放空管　5—球阀　6、8—汇气管　7—多管除尘器　9—笼式节流阀　10—除尘器排污管　11—温度计　12—孔板流量计　13—调压器　14—支线放空管　15—清管器通过指示器　16—压力表　17—电接点压力表　18—清管器发送装置　19—清管器接收装置　20—排污管　21—越站旁通

4. 压气站

增压的目的主要有：①提高输气管道的起点输送压力；②弥补管内流体流动阻力损失；③对储气库注气增压和对采出气增压；④满足天然气用户对供气压力的特殊要求。

压气站除增压功能外，还有调压、计量、清管、气体除尘等功能。此外，当压缩后气体温度超过规定的温度，还应设气体冷却装置。

压气站有动力设备，主要由主气路系统和辅助系统构成。主气路系统包括除尘净化装置、压缩机组、循环阀组、截止阀组、调压计量装置、气体冷却装置以及管道。辅助系统包括密封油泵系统、润滑油系统、燃料气系统、启动气系统（燃气轮机）以及仪表控制系统。

压气站的流程是根据压比和所选压缩机来决定的。往复式压缩机适用于小流量高压比的场合。长输管线压气站通常要求大流量、低压比，适用离心式压缩机。往复式压缩机站场是多台并联运行，离心式压缩机站场可并联、串联，或先并联后串联，或先串联后并联，根据压比需要有多种变化。

离心式压缩机单级压比一般为 1.20～1.25，而输气管道压气站的压比一般在 1.2～1.5，故大多数压气站采用两级离心式压缩机并联运行，图 2-55 所示为典型燃气轮机–离心式压缩机站内流程示意图。燃气轮机结构紧凑，不需冷却水冷却机组，适合于干旱缺水、缺电地区使用，其性能正好与离心式压缩机相匹配，但缺点是效率太低，一般只有 26% 左右，有简单回热利用的可达 30% 以上。

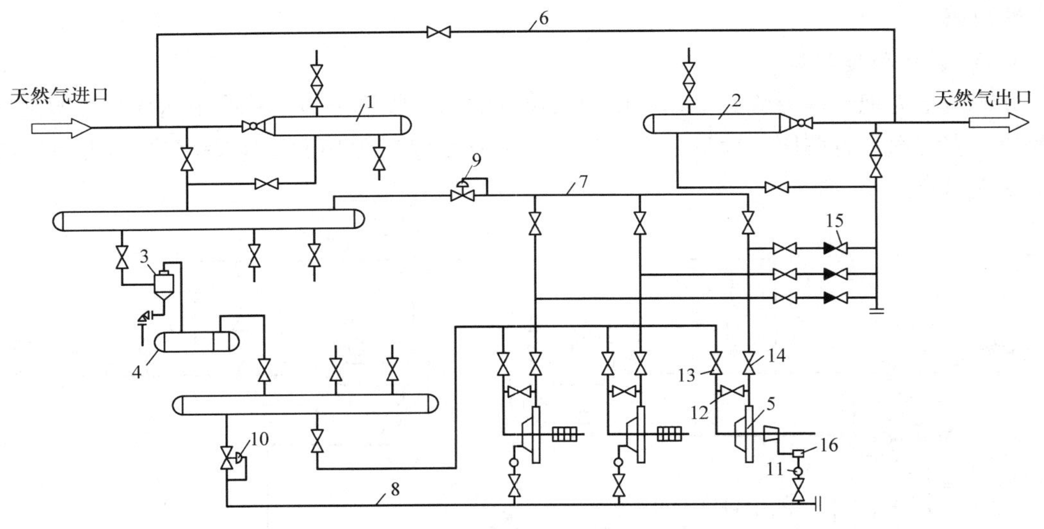

图 2-55 燃气轮机–离心式压缩机站流程示意图

1—清管器接收筒 2—清管器发送筒 3—多管除尘器 4—过滤器 5—燃气轮机压缩机组 6—越站旁通 7—站内循环管 8—燃料气管线 9—减压阀 10—调压器 11—流量计 12—小回路循环阀 13—机组进口阀 14—机组出口阀 15—止回阀 16—燃烧室

5. 末站

末站是建在长输管道终点的分输站，通常建在城市外围，也有和城市门站合建的。末站的功能主要是气体净化、清管器接收、调压计量等，同时也可以向大型工业用户直接供气，也可和城市地下储气库连接起调峰作用。图 2-56 所示为典型的末站流程示意图。

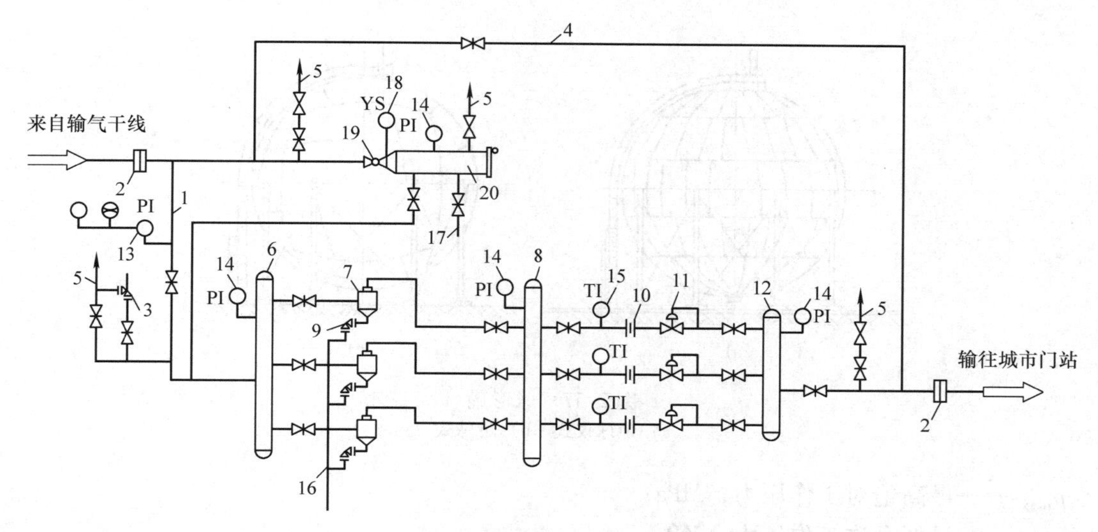

图2-56 输气干线末站流程示意图

1—进气管 2—绝缘法兰 3—安全阀 4—越站旁通管 5—放空管 6、8、12—汇气管 7—多管除尘器 9—笼式节流器 10—孔板流量计 11—调压器 13—电接点压力表 14—压力表 15—温度计 16—多管除尘器排污管 17—排污管 18—清管器通过指示器 19—球阀 20—清管器接收装置

第七节 天然气储存

天然气的生产和长距离输送都要求按稳定量运行，而天然气的消费具有小时、日、月的不均性，因此燃气系统需要采取调峰储气措施，在夏季用气低谷，将多余气体在储气库中储存起来，而在冬季用气高峰，用储存的天然气来补充供应量的不足。

天然气储存分为气体储存和液态储存。气体储存主要有高压储气罐、高压管道（管束）、地下储气库、吸附储存等，其中地下储气库是解决天然气供需平衡的主要手段。

一、高压储气罐

高压储气罐又称为定容储罐，是通过改变储罐中的压力来储存介质的。常用的高压储气罐有两种形式：卧式圆筒形罐和球形罐（图2-57）。设计容积较小时，多采用卧式圆筒形罐，常用来储存液化石油气。卧式罐加工、安装和运输较方便，但单位容积消耗金属相对于球形罐要多些，占地面积也大些。球形罐容积较大时，其单位容积消耗金属量较少，但加工较复杂，要现场组装。

储气罐的主要功能有：①随着用气量的变化，补充气源所不能及时供应的部分燃气量；②当停电、修理管道、制气或输配系统发生暂时故障时，保证一定程度的供气；③可以混合不同组分的燃气，使燃气的性质（成分、发热值）均匀。

储气罐的有效储气容积为

$$V = V_c(p_{max} - p_{min})/p_0 \quad (2\text{-}26)$$

式中 V——有效储容积，m^3；

V_c——容器的几何容积，m^3；

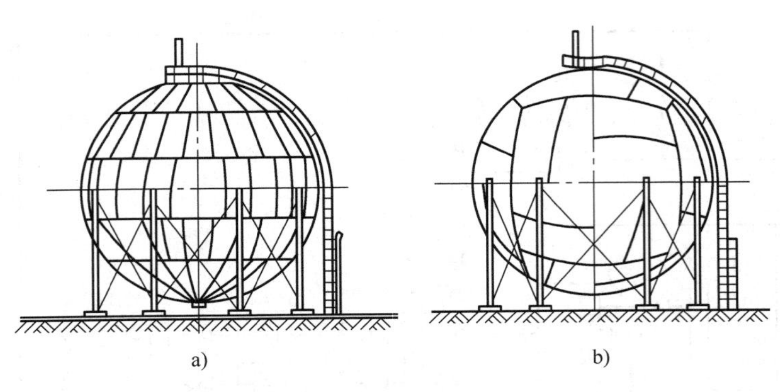

图2-57 球形罐
a）地球仪式 b）足球式

p_{max}——最高绝对工作压力，MPa；
p_{min}——最低允许工作压力，MPa；
p_0——标准压力，MPa。

储罐的有效利用系数，可用下式表示

$$\phi = \frac{V p_0}{V_c p_{max}} = \frac{p_{max} - p_{min}}{p_{max}} \tag{2-27}$$

通常储罐的工作压力一定，欲使容积有效利用系数提高，只有降低储罐的剩余压力，而后者受管网燃气压力的限制。为使储罐的利用系数提高，可以在高压储罐站内安装引射器，当储罐内燃气压力接近管网压力时，就开动引射器，利用进入储罐站内高压燃气的能量把燃气从压力较低的罐中引射出来，这样可提高储罐的容积利用系数。

二、高压管束

管束储气是将一组或几组钢管埋在地下，对管内所储存的天然气施以高压进行储气。

早在1964年，美国采用管束储气，用42in的钒钢管，总长为5.28km，操作压力为6.26MPa，配备600马力的增压压缩机。英国某高压储配站，是用一排17根管径为1.10m，长度为320m，压力为0.68～6.8MPa的钢管束来储存燃气。管束储存最大特点是管径较小，储存压力可以比圆筒形和球形高压储气罐的压力更高。

高压管束储气量可按下式计算

$$V = V_c \frac{T_0}{p_0 T}\left(\frac{p_{max}}{z_1} - \frac{p_{min}}{z_2}\right) \tag{2-28}$$

式中 V——储气管束的储气量，m^3；
p_{max}、p_{min}——运行最高和最低压力，MPa；
T——平均储气温度，K；
p_0——标准大气压，MPa；
T_0——标准状态下温度，K；
z_1、z_2——最大和最低压力下气体压缩因子；
V_c——管束几何容积，m^3。

三、地下储气库

20世纪燃气工业的主要技术成就是利用枯竭的油气田、地下含水层、含盐岩层和废弃矿井来建造天然气地下储气库，以最大限度满足城市用气，保证用气稳定可靠，削峰填谷，平抑供气峰值波动，优化供气系统。

地下储气库储气容量大、不受气候影响、维护管理简便、安全可靠、不影响城镇地面规划、不污染环境、投资省、见效快，具有其他储气设施无法比拟的优势。

1. 枯竭气藏型

利用已开采枯竭废弃的气藏或开采到一定程度的退役气藏，停止采气转为夏注冬采的地下储气库，是在各种地下岩层中建造地下储气库的最好选择，其主要优点有：①有盖层、底层、无水区或弱水区，具备良好的封闭条件，储气不易散逸漏失，安全可靠性大。②有很大的储气容积，不需或仅需少量的垫底气，注入气利用率高。③注气库承压能力高，储气量大，一般注气井停止注气压力最高上限可达原始关井压力的90%～95%，而且调峰有效工作气量大，一般为注气量的70%～90%。④有较多现存的采气井可供选择利用，有完备的天然气地面集输、水、电、矿建等系统工程设施可利用，建库周期短。试注、试采运行把握性大，工程风险小，有完整、成熟的采气工艺技术。

2. 枯竭油藏型

利用采油采出程度很高的枯竭油藏或油藏气顶做地下储气库，首先应把部分油井改造为天然气注采井，原油集输系统改为气体集输系统。其次，随同采气必会携带出部分轻质油，需配套新建轻质油脱除及回收系统。该项目建造周期长，需试注、试采运行、检验，考核费用较大。

3. 地下含水层型

含水层型地下储气库是人为地将天然气注入地下合适的含水层中而形成的人工气藏，图2-58所示为含水层型地下储气库形成的示意图。其特点是：勘察选址困难；需建设完成的配套工程，投资运行费用高；气库需一定的垫层气，一般为储气量的30%～70%；储气量、调峰能力较枯竭的油气藏小。

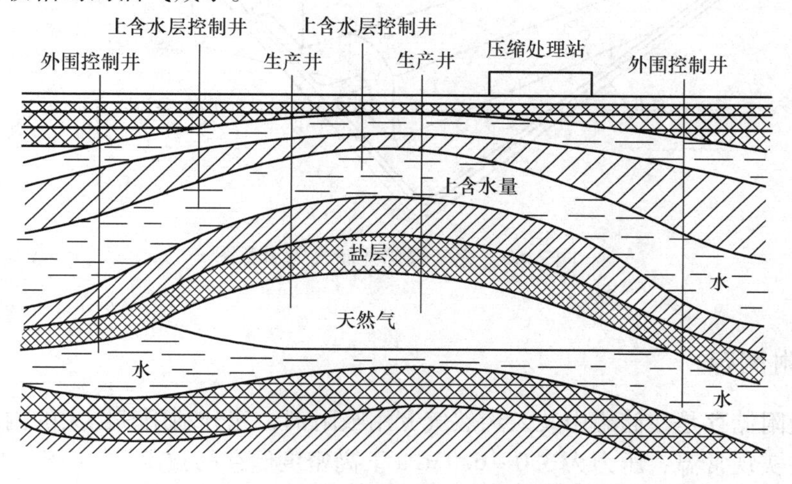

图2-58 含水层型地下储气库形成示意图

4. 盐穴型

在具有巨大的岩盐矿层地质构造的地区，将天然气储存在地下含盐岩的矿层中，实现短期内提高容量的储备，也是目前各国普遍采用的方法。盐穴地下储气库示意图如图2-59所示，其特点是单个盐穴空间容量大，最大可达 $5\times10^6m^3$ 以上，开井采气量大，调速快，调峰能力强，储气无泄漏。

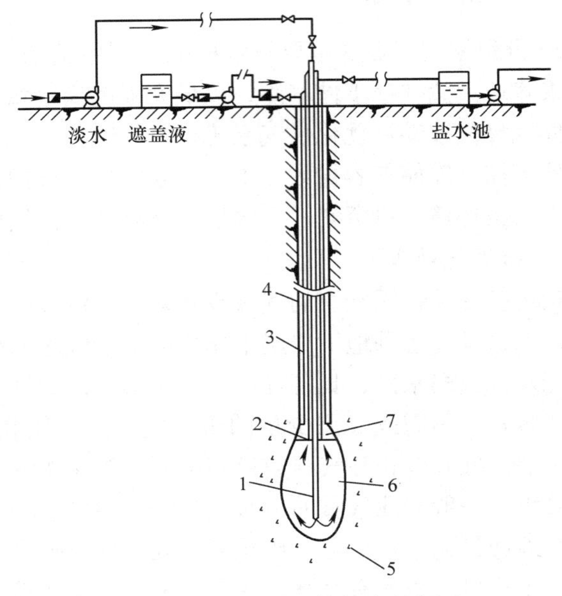

图2-59 盐穴地下储气库示意图
1—内管 2—溶解套管 3—遮盖液输送管
4—套管 5—盐层 6—储穴 7—遮盖液垫

5. 废弃煤矿井型

该型地下储气库是利用废弃地下煤矿井及巷道容积，经过改造修复后做地下储气库，如图2-60所示。其优点是废物利用，建库费用少。缺点是通常矿井裂缝发育，密封性差，高压注入天然气易漏失，导致灾害发生，危及安全。

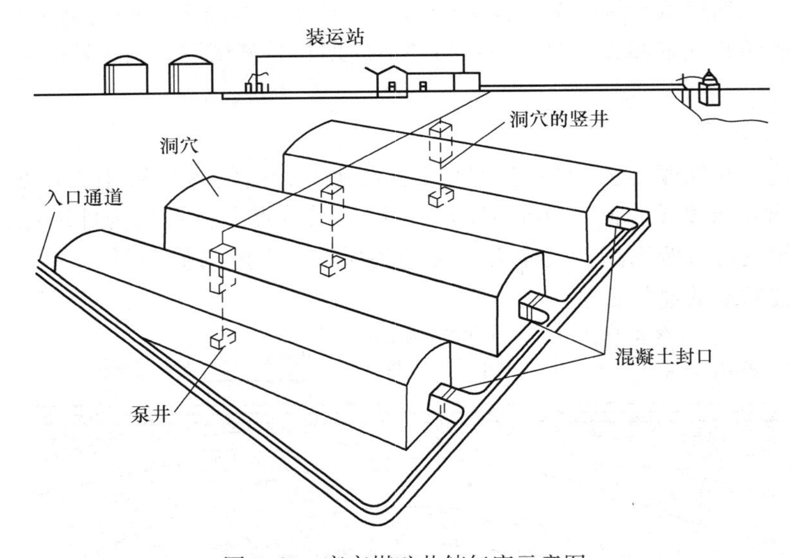

图2-60 废弃煤矿井储气库示意图

四、吸附储存

天然气吸附储存是在储罐中装入天然气专用吸附剂，充分利用其巨大的内表面积和丰富的微孔结构，实现常温、压力为3.0～6.0MPa下高密度储存的技术。

目前，储气技术中主要以富含微孔的高比表面积的活性炭为吸附剂。国内以煤、石油焦、沥青、木质素为原料均制得了高储气能力的天然气吸附剂，尤其以木质素为原料制取的粉状吸附剂的比表面积可达2912m^2/g，微孔体积为1.48m^3/g，平均孔径为1.48nm，堆积密度为0.30g/cm^3，在6.0MPa、25℃的条件下，天然气的吸附储存密度可达140m^3/m^3。美国、日本、加拿大等国的高比表面积活性炭在3.5MPa、25℃的吸附条件下，甲烷的吸附储存密度达200m^3/m^3。

为了能有效储存天然气，增加储存密度，吸附剂应具有高度发达的微孔结构，吸附剂的比表面积应尽可能大，比表面积在2500~3000m^2/g时可获得较高的天然气吸附量。但比表面积并非越大越好，比表面积过大时天然气的吸附量会呈下降趋势。吸附剂储存天然气的能力还与微孔结构、堆积密度有关。有效的吸附剂应使其比表面积、微孔结构（孔径、孔体积及孔径分布）和堆积密度合理分配。

孔径大小也影响天然气的储存量。孔径小，吸附天然气与孔壁结合力强而难脱附。孔径大，吸附天然气与孔壁结合力弱而难以吸附。一般认为，在吸附压力为3.5MPa、温度为25℃时，最适宜天然气储存的孔径为1.14nm，也有认为吸附剂的孔径与吸附质的分子直径之比为3~5时最佳。天然气中甲烷的分子直径为0.382nm，因此直径为1.0~1.5nm的高比表面积活性炭应该是天然气吸附储存的较佳材料。

影响天然气吸附容量的因素还有微孔体积，其占总孔体积的比例越大对甲烷的吸附越有利，一般吸附剂的微孔体积应大于0.67mL/g。堆积密度也是影响储存量的重要因素，堆积密度大，天然气的储存量高。

除吸附剂性能影响天然气储存外，吸附、脱附过程中的热效应、天然气组成、储存温度和压力均影响其储存量。

天然气的吸附、脱附分别是放热、吸热过程，天然气在活性炭上的吸附热约为15~18kJ/mol。吸附过程放热，吸附系统温度升高而降低了吸附量。脱附过程吸热，温度降低而增加了脱附残余量。两种效应在很大程度上会减少系统的动态吸附量。活性炭的热传导速率低，吸附剂内部温度分布不均匀，脱附过程中储罐中心温度最低，因而储罐中心部分的脱附残余量也最大。据资料表明：在吸附和脱附的起始阶段，吸附床温度剧烈变化，吸附时温度可从25℃提高到75℃，脱附时温度最低可达-35℃，低温造成气体脱附困难，导致气体滞留。热效应的影响在快速充气和放气时更加明显，充气时最高温度随充气速度的增大而升高，在常温、压力为3.0~3.5MPa的条件下，床层温度可升高到80℃，储存容量比等温储存量减少20%，快速放气时温度下降到-40℃。在充放气超过一定时间后，这种因热效应带来的吸附床层温度变化明显减缓。

目前，减少吸附、脱附热效应的方法主要有：①增加吸附剂对外传热面积，依靠吸附剂与储存容器之间的接触面强化传热减少吸附、脱附过程中的热效应；②在吸附床内加入储能元件，通过储能元件的相态变化吸收或放出热量；③循环换热法，在充放气过程中利用外界的冷源或热源进行热交换，热源可为发动机尾气或电加热，冷源可为空气，该方法缺点是需要高效换热器及大型风机设备。

吸附剂多次使用后，天然气中的重烃及极性化合物等杂质会在吸附剂上积累，造成吸附剂中毒，降低有效储存能力，缩短吸附剂的使用寿命。硫化氢对吸附剂性能影响最大，它在吸附剂上产生不可逆吸附，因其具有较强的还原性，容易在吸附剂微孔中被氧化成单质硫而堵塞通道。因而对高硫天然气应进行吸附前脱硫。二氧化碳、乙烷和丙烷等在吸附剂上会产生可逆优先吸附，可通过加热或常温、常压下用氮气吹扫等方式使吸附剂再生，恢复吸附剂的性能。

随着储存压力的增高，吸附剂在天然气的吸附量不断增大，当压力增加到4.0MPa时，吸附量趋于饱和。吸附剂的最佳储存压力范围为3.0～4.0MPa，一般为3.5MPa。

随着储存温度升高，天然气吸附量会逐渐下降。压力低于3.0MPa时，天然气吸附量随着压力增加而迅速增加，吸附量的增加主要来自于吸附态甲烷量的增加。因温度对吸附态甲烷的影响减弱，温度升高时天然气吸附量的下降较缓慢。压力高于3.0MPa时，压缩态天然气的吸附量在天然气总吸附量中所占比例增加，温度对压缩态天然的影响显著，因而在高压下天然气吸附量随温度升高而下降的幅度明显增大。尽管低温对甲烷的吸附有利，但考虑到低温对设备及环境条件要求较为苛刻，储存温度场的温度宜选择为10℃。

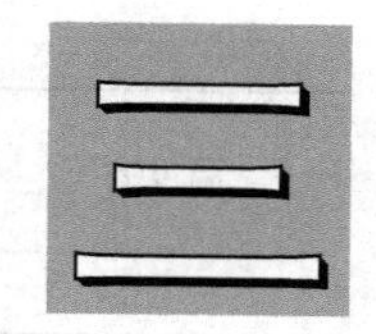

第三章

压缩天然气

压缩天然气（Compressed Natural Gas，CNG）是指将天然气压缩到压力大于或等于10MPa，且不大于25MPa，以气态储存在高压容器内。

CNG系统是以符合GB 17820—2012《天然气》之Ⅱ类作为气源，在环境温度为－40～50℃时，经加压站净化、脱水、压缩至不大于25MPa；出站的压缩天然气符合GB 18047—2000《车用压缩天然气》（表3-1）的各项规定，并充装给气瓶转运车送至城镇的CNG汽车加气站或CNG供应站，供作汽车燃料或居民、商业、工业企业用燃料。

表3-1　压缩天然气的技术指标

项　　目	技术指标
高位发热量/(MJ/m^3)	＞31.4
总硫(以硫计)/(mg/m^3)	≤200
硫化氢/(mg/m^3)	≤15
二氧化碳（%）	≤3.0
氧气（%）	≤0.5
水露点/℃	在汽车驾驶的特定地理区域内，并且在最高操作压力下，水露点不应高于－13℃；当最低气温低于－8℃时，水露点应比最低气温低5℃

注：气体体积的标准参比条件是101.325kPa，20℃。

CNG被广泛应用于交通、城镇燃气和工业生产等领域，它有以下特点：①点对点供应，使供应范围增大。CNG作为中小城镇的气源，克服了管道输送的局限性，不仅使供应半径大大增加，也使不适宜用管道输送的风景名胜区、海岛、大型湖泊阻隔的区域等能够利用天然气。②供应规模弹性很大。可适用日供应量从数十立方米到数万立方米的供气规模。③运输方式多样，运输量可灵活调节。可以采用多种多样的车、船等运输。可以根据用气发展过程的变化，组织相应的运输量，与管道输送相比，可以有效地减少建设初期进而发展过程的输送成本。④容易获得备用气源。只要有两个以上的CNG供应点，就有条件获得多气源供应，从而可以保障气源的连续供应。⑤应用领域增大。

CNG的水露点是CNG的一个重要指标。天然气中的饱和水蒸气量与温度和压力有关，见表3-2。

表3-2　天然气的饱和水蒸气量　　（单位：g/m^3）

温度 t/℃	压力/MPa						
	0.1	1	5	10	15	20	25
50	95	10.5	2.2	1.4	1.05	0.92	0.81

（续）

温度 t/℃	压力/MPa						
	0.1	1	5	10	15	20	25
20	18	2.0	0.47	0.29	0.23	0.2	0.18
0	4.7	0.55	0.26	0.09	0.07	0.065	0.050
-20	1.0	0.12	0.034	0.022	0.020	0.018	0.016
-40	0.16	0.022	0.0048	0.0040	0.0035	0.0028	0.0020
-60	0.10	0.0017	0.0006	0.0004	0.0003	0.0002	0.0002

注：表列基准状态为15.6℃，101.325kPa。

CNG站，按照供气目的一般可分为加压站、供气站和加气站。CNG加压站是以天然气压缩为主要目的，向CNG运输车（船）提供高压力（如20～25MPa）的天然气，或为临近储气站加压储气。CNG供气站是将CNG调压至供气管道所需压力后，进而分配和供应天然气。CNG供气站是天然气供应系统的气源站，连接的是燃气分配管网。CNG加气站是将CNG直接供应给CNG用户的供气点。

第一节　压缩天然气加压站

一、CNG加压站任务

天然气加压站（母站）作业流程框图如图3-1所示。

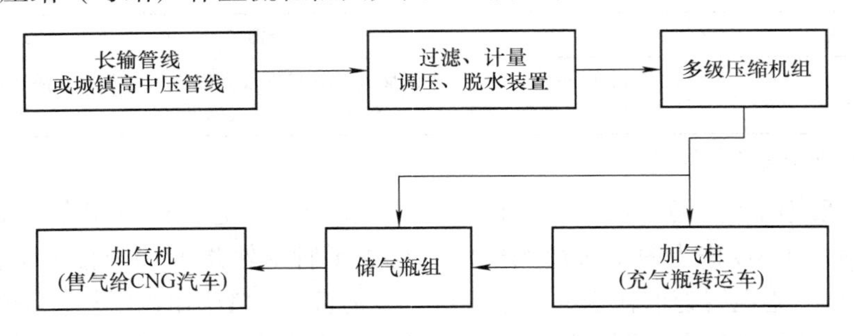

图3-1　天然气加压站（母站）作业流程框图

天然气加压站的主要任务是使充装气瓶转运车或售给CNG汽车的压缩天然气，达到汽车用CNG技术指标，并且不得超量灌装；保证气瓶转运车或CNG汽车的压力容器在该城镇地理区域极端环境温度下安全运行；CNG加压站以充气瓶转运车为主，以售气为辅，或只充气瓶转运车而不向汽车加气。

二、CNG加压站选址

CNG加压站宜靠近气源，如城郊边缘的门站、储配站以及外环的高、中压管道附近。站址附近应具备适宜的交通、供电、给水排水及工程地质条件，并符合城镇燃气总体规划以及有关环境保护和消防安全要求。通常加压站应设置储气装置，总储气容积V（标准状态）根据地址附近人口密集程度可按三级区分：

1）一级站：$3000 < V < 4000\text{m}^3$；

2）二级站：$1500 < V < 3000\text{m}^3$；

3）三级站：$V < 1500\text{m}^3$。

三、CNG 加压站平面布置

加压站总平面应分区布置，即分为生产区和辅助区。加压站与站外建筑物、构筑物相邻一侧应设置高度不低于 2.2m 的非燃烧实体墙，面向进、出口道路侧宜设置非实体围墙或敞开。车辆进、出口应分开设置，站内平面布置宜按进站的气瓶转运车正向行驶设计：站区内停车场应设置拖挂气瓶车固定车位，每台气瓶转运车的固定车位宽度不应小于 5m，长度宜为气瓶转运车长度；在固定车位场地上应有明显的边界线，每台车位应具有一个加气嘴；在固定车位前应有足够的回转场地，站内道路转弯半径按行驶车型确定且不宜小于 9m，道路坡度不应大于 6%，且宜坡向站外；固定车位应按平坡设计；站内停车场和道路路面不应采用沥青材料。

加压站的压缩机室宜为单层建筑或撬块箱体，其与建筑物、构筑物安全距离符合 GB 50015—2006《建筑设计防火规范》的规定。

图 3-2 所示为某 CNG 加压站平面布置图，该站功能是向 CNG 汽车加气站（子站）气瓶转运车和城区公交车加气，充分利用天然气储配站站址与城市道路边缘的空地和绿化地兴建的。

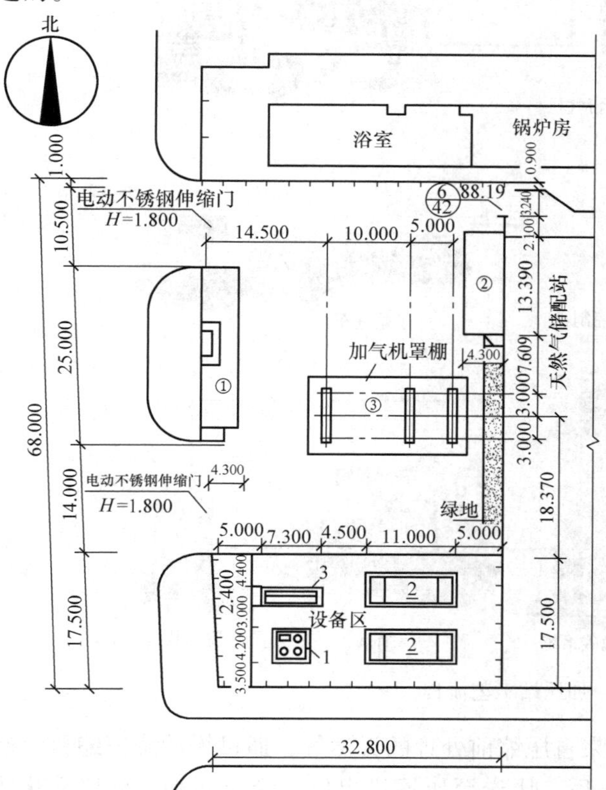

建筑项目一览表

编　号	项 目 名 称	建筑面积/m²
1	营业办公用房	85.89
2	生产用房	58.78
3	加气机罩棚	90.00

说明：本站占地面积：2245.00m²，
建筑面积：234.67m²，绿化面积：92.00m²

设备区设备表

编　号	设 备 名 称	数　量
1	干燥器	1套
2	撬装压缩机	2套
3	储气瓶组	2组

图 3-2　CNG 加压站平面布置图

四、CNG 加压站工艺流程

图 3-3 所示为某 CNG 加压站作业流程框图，高压天然气经过滤分离计量后稳压，再经干燥脱水进入天然气压缩机，加压至 25MPa，加压后天然气经程序控制器选择，进入高、中、低压储气瓶组或给 CNG 运瓶车的高压储气管束充气。加压站也可根据需要增设天然气售气机向燃气汽车售气。当高压储气瓶组存气不足时，经程序控制器选择后，天然气可经压缩机加压直接供给售气机，然后经计量向燃气汽车售气。用实物表示的加压站工艺流程图如图 3-4 所示。CNG 加压站工艺流程如图 3-5 所示。

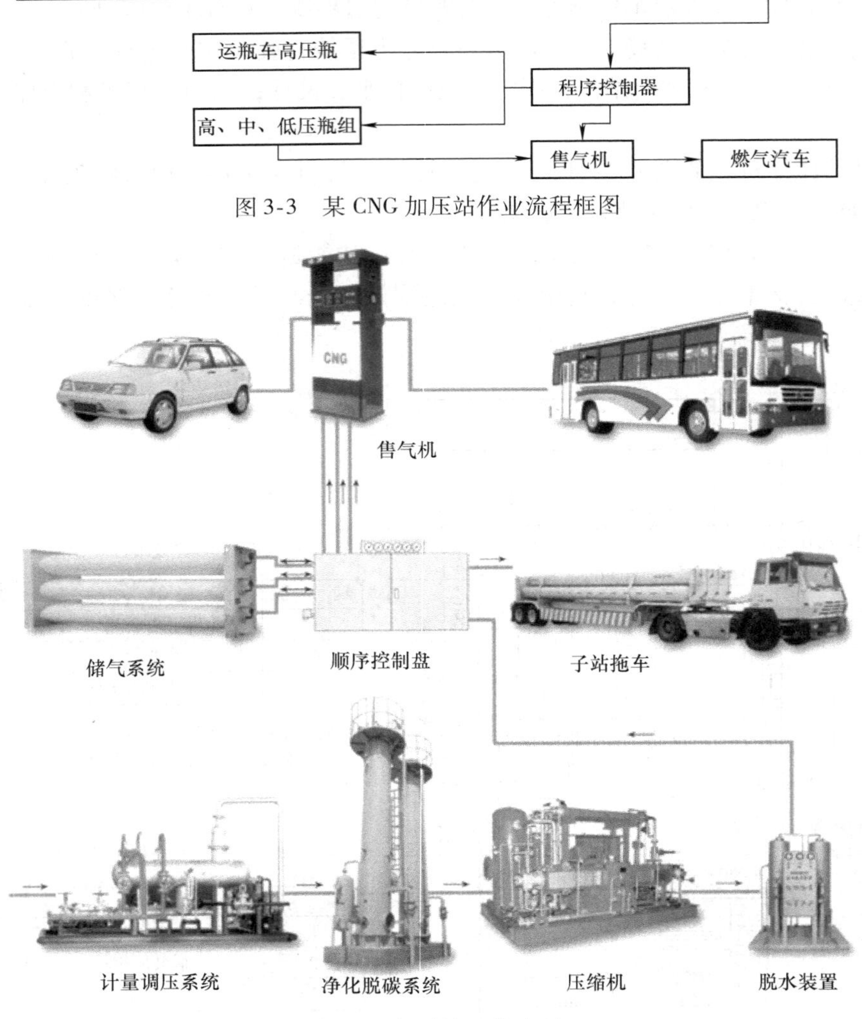

图 3-3　某 CNG 加压站作业流程框图

图 3-4　加压站工艺流程

天然气压缩工艺流程如图 3-6 所示，来自压缩前处理的天然气，通过缓冲罐压缩机，经过多级压缩、级间冷却、气液（油）分离后，压送至压缩机出口，经止回阀、出口截止阀汇入压缩机排气总管。缓冲罐应满足压缩机开机和停机时压力和流量的缓冲需要。根据工艺

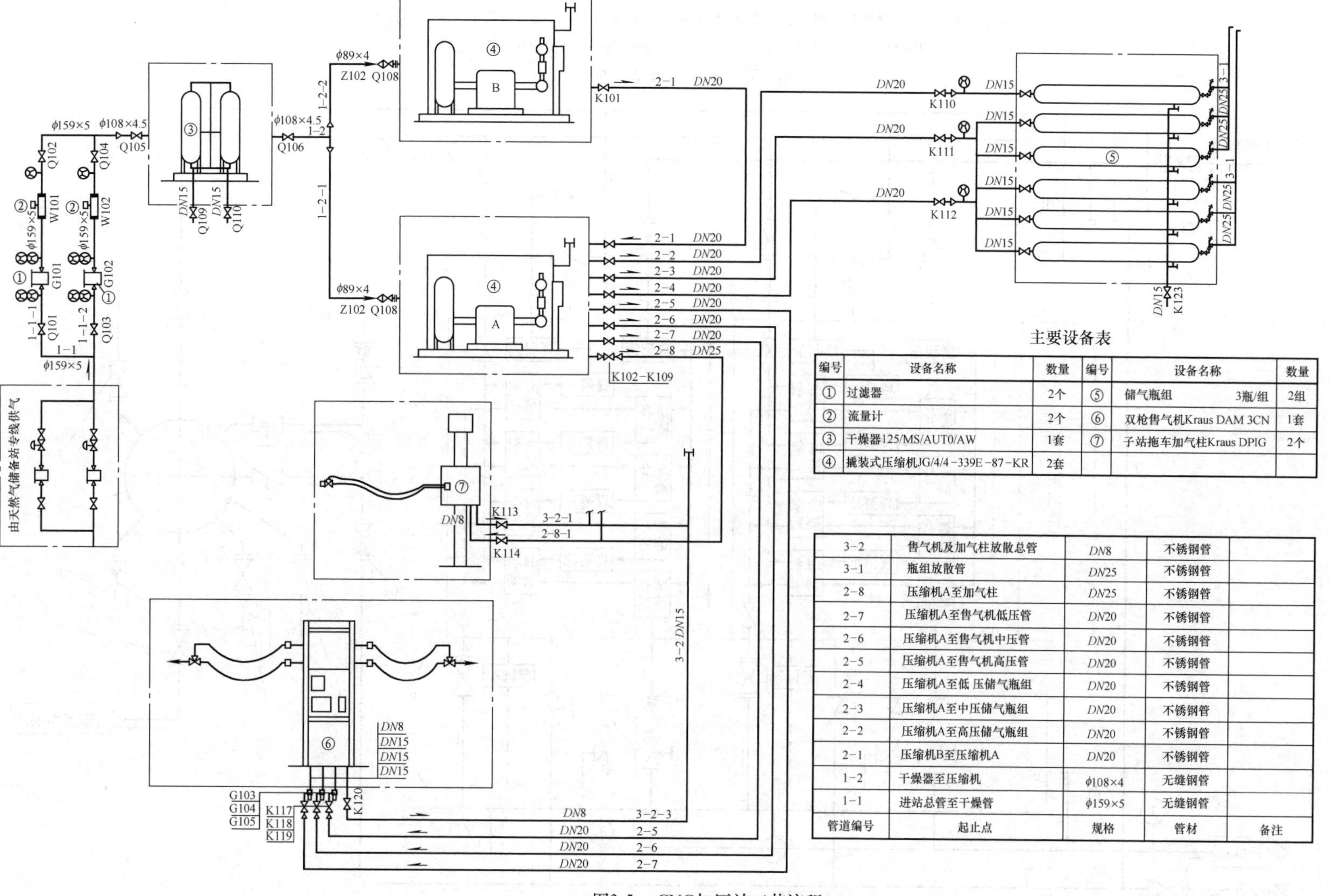

主要设备表

编号	设备名称	数量	编号	设备名称	数量
①	过滤器	2个	⑤	储气瓶组 3瓶/组	2组
②	流量计	2个	⑥	双枪售气机Kraus DAM 3CN	1套
③	干燥器125/MS/AUT0/AW	1套	⑦	子站拖车加气柱Kraus DPIG	2个
④	撬装式压缩机JG/4/4−339E−87−KR	2套			

管道编号	起止点	规格	管材	备注
3−2	售气机及加气柱放散总管	DN8	不锈钢管	
3−1	瓶组放散管	DN25	不锈钢管	
2−8	压缩机A至加气柱	DN25	不锈钢管	
2−7	压缩机A至售气机低压管	DN20	不锈钢管	
2−6	压缩机A至售气机中压管	DN20	不锈钢管	
2−5	压缩机A至售气机高压管	DN20	不锈钢管	
2−4	压缩机A至低 压储气瓶组	DN20	不锈钢管	
2−3	压缩机A至中压储气瓶组	DN20	不锈钢管	
2−2	压缩机A至高压储气瓶组	DN20	不锈钢管	
2−1	压缩机B至压缩机A	DN20	不锈钢管	
1−2	干燥器至压缩机	ϕ108×4	无缝钢管	
1−1	进站总管至干燥管	ϕ159×5	无缝钢管	

图3-5　CNG加压站工艺流程

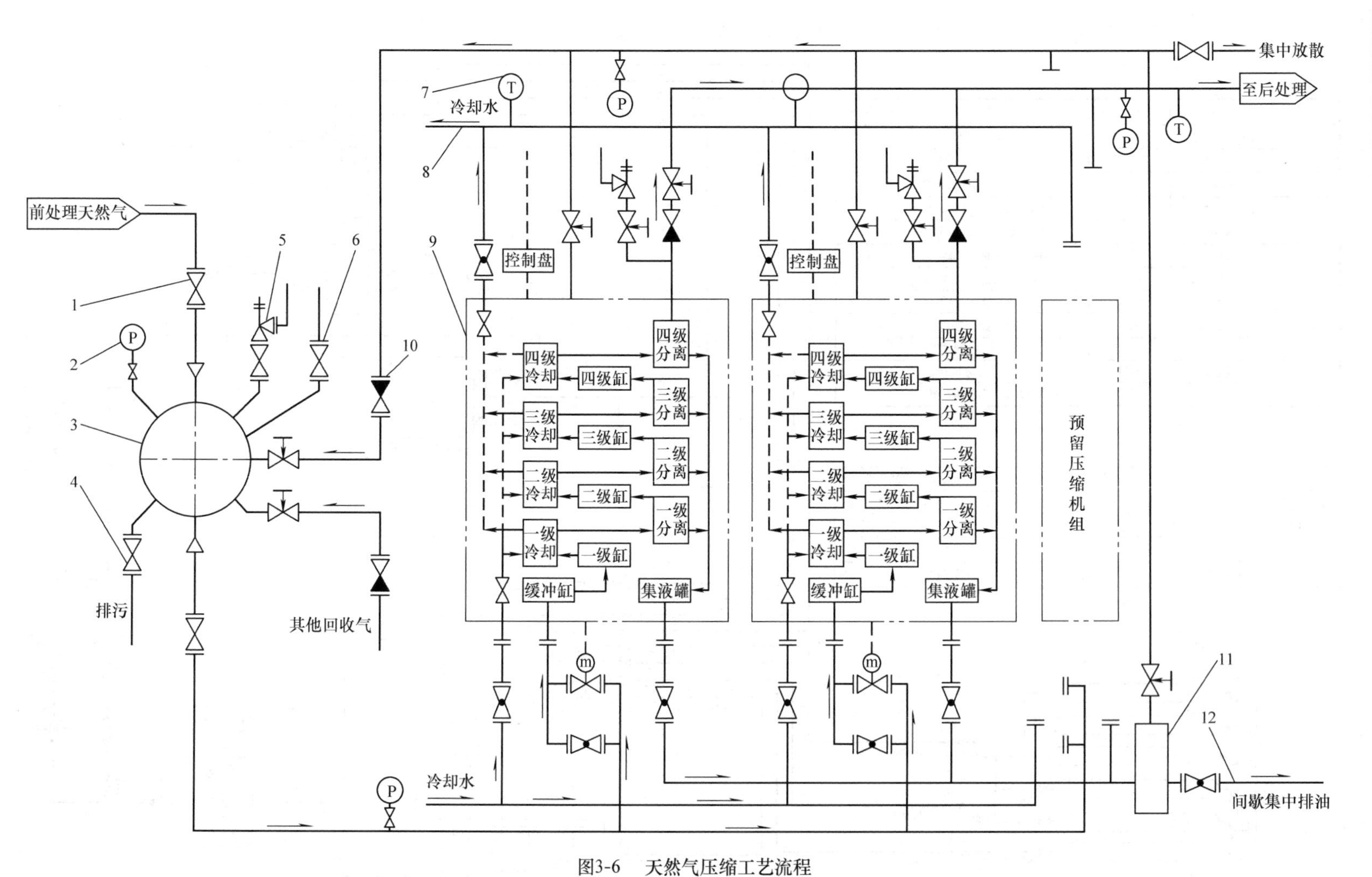

图3-6 天然气压缩工艺流程

1—阀门 2—压力表 3—缓冲罐 4—排污阀 5—安全阀 6—放散阀 7—温度计 8—冷却水总管 9—压缩机组 10—止回阀 11—油气分离器 12—排油总管

和设备配备的不同，缓冲罐还应接受压缩机卸载排气、压缩中或压缩后脱水装置干燥剂再生后的湿天然气、加气机泄压气等。天然气压缩机有水冷却、风冷却和混合冷却等方式。采用循环水冷却时，应设置冷却水系统。

多级压缩机对吸入气体有比较严格的要求，否则吸入气体中的水分、尘粒和含腐蚀性的介质会对压缩机运行产生直接的影响，如活塞气缸磨损、管线腐蚀和冰塞，甚至将水分带入CNG汽车气瓶和发动机而使其不能正常工作，因此必须在压缩机前对天然气进行过滤、计量、调压和深度脱水等预处理。天然气进站压力以0.6～0.8MPa为宜，以克服预处理设备阻力和满足压缩机进口压力要求。按预处理后天然气压力不同，一般选用3～4级压缩机，就可将天然气升压至25MPa。

为减少压缩机的频繁起动操作，在压缩机后应设置储气装置。多数加压站的气瓶转运车和CNG汽车的加气速度或加气能力要大于压缩机的排气能力。对于小型加气、加压站，其储气装置小，缓冲能力也小。压缩机将储气装置充气到储存压力25MPa，车载气瓶压力为20MPa，有效压差为5MPa，储气装置的实际可利用储气容积仅为20%。对加气负荷大且不均匀的大型站，需要较大的缓冲能力，一般把储气装置分成高、中、低压区，并按1:2:3的体积比分配容积。

CNG储存是根据储气制度，经一定程序，将待储存气体按规定制度送入储存设备的操作过程。储气制度包括压力分级方式、储气优先顺序及其控制。储气与充气的优先顺序流程是指压缩机向站内储气装置储气时，控制气流先充高压级，后充中、低压级直到达到25MPa即可停机。控制压缩机向高、中、低压瓶组充气的阀组系统称为优先盘。CNG加压站的储气制度与功能和工艺有关。站内对应于CNG气瓶转运车加气，一般为单级压力储气和直接储气的制度。对应于CNG气瓶转运和CNG汽车加气时，多采用单级压力储气和直接储气的调度制度，或多级压力储气制度和低压级有限储气的调度制度。

单级压力储气和直接储气工艺流程如图3-7所示。压缩机生产的压缩天然气经进气总管1及进气总阀2后，由与加气柱联动的三通阀3控制，分为两路：一路为储气管路，另一路是直充管路。当加气柱无工作时，三通阀切换至储气管路，压缩天然气经止回阀4、储气总

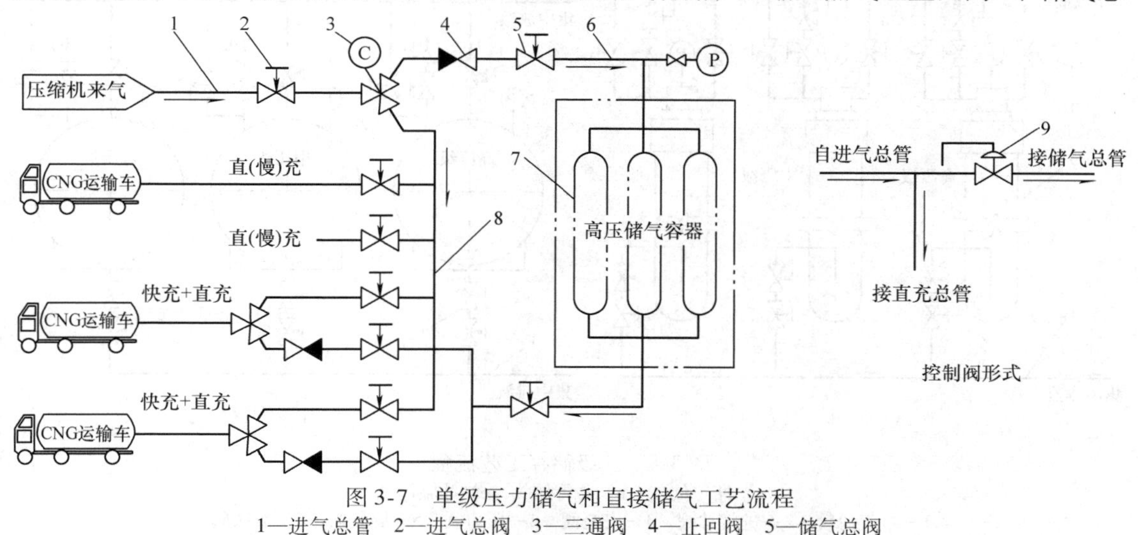

图3-7 单级压力储气和直接储气工艺流程

1—进气总管 2—进气总阀 3—三通阀 4—止回阀 5—储气总阀
6—储气总管 7—储气设备 8—直充总管 9—控制阀

阀和储气总管，进入储气设备 7，直到达到储气最高工作压力时储气结束。或者当压缩机要直充 CNG 气瓶车时，切换三通阀 3 至直充总管 8 使储气暂停。联动三通阀可用控制阀替代，将控制阀 9 的开启压力设定为高于对外加气最高压力的某一值，如 23MPa；关闭压力设定为稍高于对外加气最高压力的某一值，如 21MPa。当加气柱不工作时，进气总管三通处的压力高于控制阀开启压力，控制阀 9 自动打开，天然气流向储气管路，进行储气。当加气柱工作时，进气总管三通处的压力低于控制阀关闭压力，控制阀 9 自动关闭，天然气流向直充管路，对 CNG 气瓶车进行加气。

CNG 储气方式多为瓶组储气、井管储气和球罐储气，其三级储存工艺流程如图 3-8 所示。

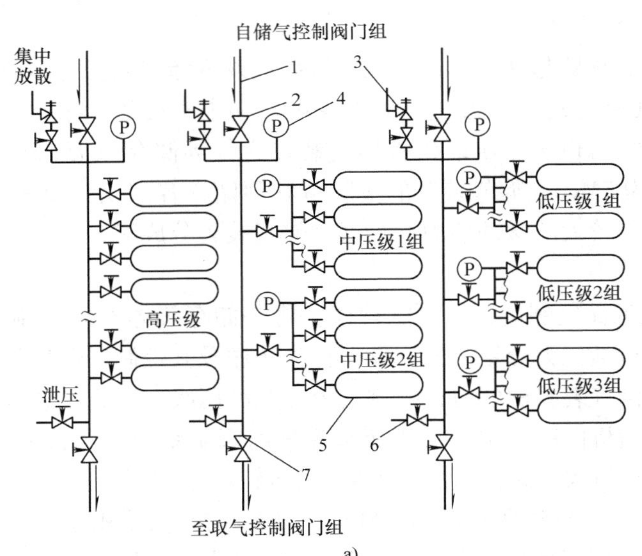

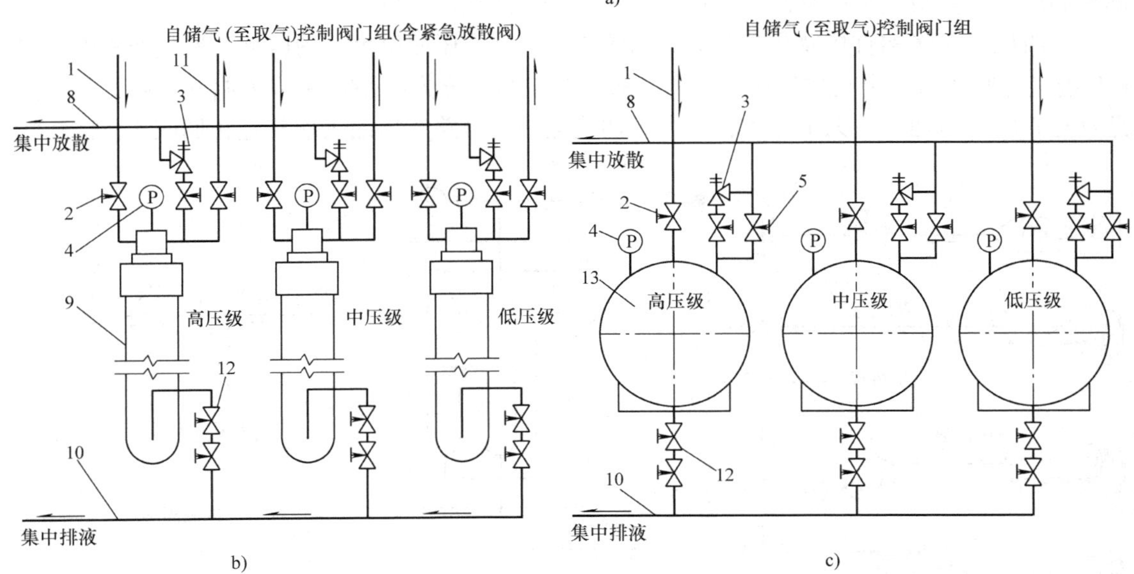

图 3-8 三级储存工艺流程

a）瓶组储气 b）井管储气 c）球罐储气

1—进气总管 2—进气总阀 3—安全阀 4—压力表 5—储气瓶 6—放散阀 7—取气总阀 8—储气瓶 9—储气井管 10—排污管 11—取气管 12—排液阀 13—球罐

CNG 加压站加气工艺流程主要是加气柱工艺流程，如图 3-9 所示。当有 CNG 汽车加气时加气工艺流程，根据取气管制度不同略有不同。当加气机数量较小时，如 1～3 台时，可采取单管取气制度，即加气机和加气管一一对应连接。当加气机数量较多，如 3 台以上时，多采用多管取气制，即每台加气机通过其分级取气接口，分别与各分级取气总管连接取气，天然气通过加气机内设置的取气控制阀门组（顺序控制盘），顺次通过质量流量计、加气总阀、拉断阀、加气软管和加气枪。

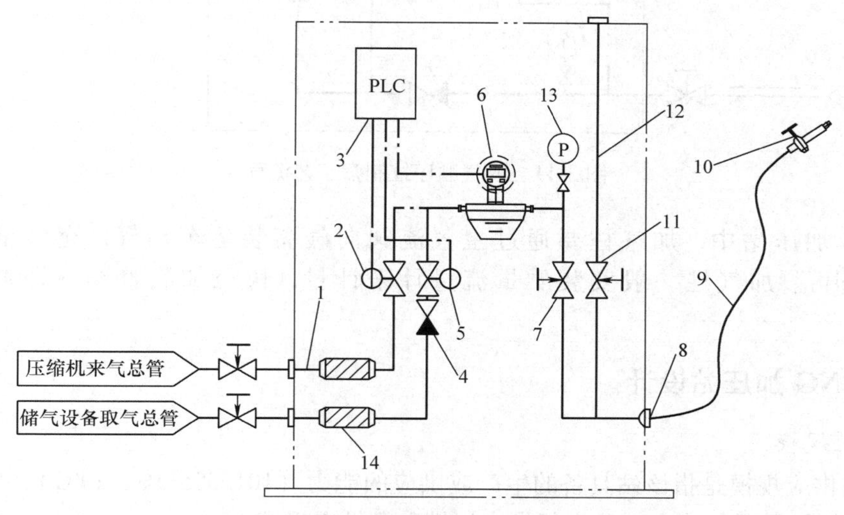

图 3-9 加气柱工艺流程

1—直充接管 2—直充控制阀 3—PLC 4—止回阀 5—储气取气控制阀 6—计量装置 7—加气总阀 8—拉断阀 9—加气软管 10—加气嘴 11—泄压阀 12—泄压管 13—压力表 14—过滤器

车载气瓶由储气装置取气时，则采取顺序取气原则，即控制气流先从低压区取气，后从中、高压区取气；当储气装置无法快充加满车载气瓶时，也可从压缩机出口直接取气。控制从低、中、高压瓶组取气的阀组称为顺序盘。三管取气加气工艺流程如图 3-10 所示，三级三管制的取气顺序控制盘工艺流程如图 3-11 所示。

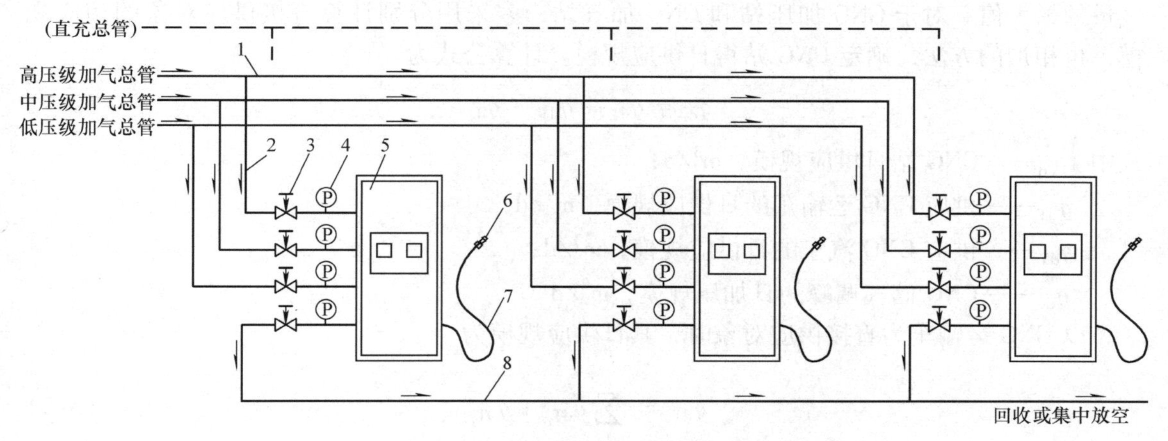

图 3-10 三管取气加气工艺流程

1—取气总管 2—取气支管 3—阀门 4—压力表

5—加气机 6—加气枪 7—加气软管 8—泄压总管

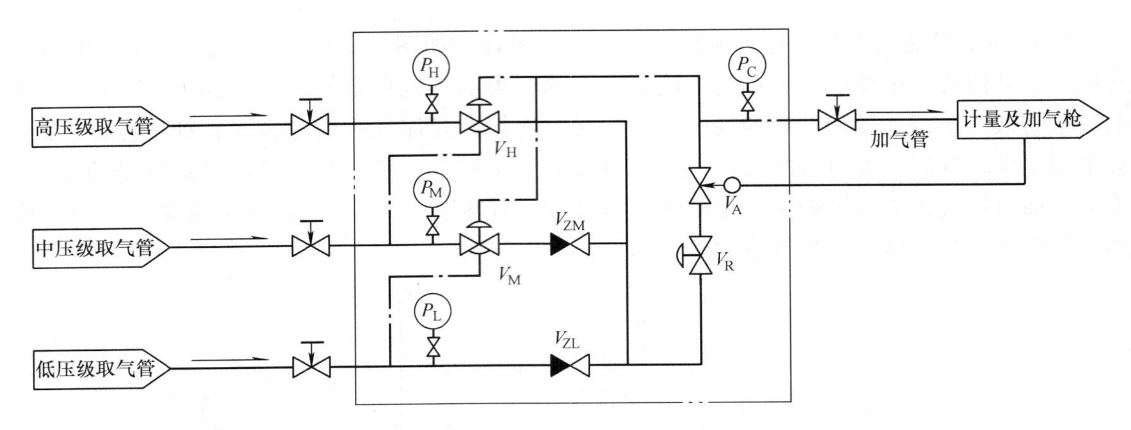

图 3-11 取气顺序控制盘工艺流程

在 CNG 加压站中，加气柱要通过主气流阀向气瓶装运车加气，充气至规定压力（20MPa）即可。加气柱一般安装质量流量计来计量，快充加满整车（2500m^3）需时约 45min。

五、CNG 加压站设计

1. 供应规模

CNG 站供应规模是指该站具备的生产或供应的能力（101.325kPa，20℃），应根据其供应对象的天然气需要量确定，分为年供应规模和日供应规模。

CNG 站年供应规模，应服从当地 CNG 站建设及发展规划。供应规模可以分年表示，最大年供应规模可称为年设计供应规模。CNG 加压站的年供应规模，一般要测算需求量和 10 年左右的扩大需求量。在建设中，应保留适当的扩建余地。若 CNG 加压站以 CNG 加气母站为主要功能，其供应规模不宜太大，要根据所带 CNG 加气站数量和运距等因素综合分析，确定经济性较好的规模。

CNG 站日供应规模，也称为最大日供应规模或最大日供应能力，是直接供应对象日需气量的最大值。对于 CNG 加压站和 CNG 加气站，多采用分别计算直接供应对象的相应规模，再相加的方法，确定 CNG 站得日供应规模。计算公式为

$$q_d = q_{dT} + q_{dV} + q_{dc} \tag{3-1}$$

式中 q_d——CNG 站日供应规模，m^3/d；

q_{dT}——供应 CNG 运输车的日供应规模，m^3/d；

q_{dV}——供应 CNG 汽车的日供应规模，m^3/d；

q_{dc}——CNG 储气调峰的日加压规模，m^3/d。

以 CNG 运输车为直接供应对象时，其日供应规模为

$$q_{dT} = \sum_{i}^{n} q_{dT_i} + \bar{q}_{dT_i} \tag{3-2}$$

式中 n——每天加气的 CNG 运输车加气车次数；

q_{dT_i}——第 i 辆 CNG 运输车最大日运输量，m^3/d；

$\bar{q}_{dT_i}$——非每天加气的 CNG 运输车的平均日加气量，m^3/d。

以 CNG 汽车为直接供应对象时，有两种计算方法，分别根据预测加气车辆数和加气机枪数来确定。

根据预测加气车辆数法，适合 CNG 汽车数量明确，加气次数有规律的情况，如县城 CNG 站，其日供应规模按下式计算

$$q_{dV} = m\bar{q}_{av} \tag{3-3}$$

式中　m——最大日加气车辆次数，次/d；

$\bar{q}_{av}$——CNG 汽车平均加气量，m^3/次。

根据加气枪数法，适合加气枪设置数量明确，且加气负荷有一定规律的情况，如 CNG 流动加气站、CNG 加气子站，其日供应规模可按下式计算

$$q_{dV} = \frac{sq_q\tau}{K_h} \tag{3-4}$$

式中　s——CNG 站的加气枪数；

q_q——每子加气枪最大小时加气量，m^3/d；

τ——CNG 站每天工作小时数，h/d；

K_h——加气量小时高峰系数。

在城镇供气系统中，当采用 CNG 储存作为供气小时调峰储气方案时，相应建设的 CNG 站的日供气规模，等于其储气计算日或高峰日的压缩生产量。

2. 设计流量

CNG 站的供应特点是压缩天然气的需要量随时间变化，一般用 h 为时间单位。CNG 站的生产，由于工艺装置特别是往复式压缩机的工作特性等原因，难以做到每小时都接需要量进行生产量调节。因此，CNG 站的生产制度都采用间歇生产，同时辅以储存调峰的制度。

设计流量（以小时计算流量），是指工艺装置的最大小时处理能力，通常用基准状态下的体积表示，单位为 m^3/h。CNG 站的设计流量又分为设计生产流量和设计供应流量。

设计供应流量原则上应按测算的最大小时供应量确定。CNG 供气站，应根据所供管网或集中用户，分别按年小时利用率法或同时工作系数法等计算的最大小时计算负荷量来确定。CNG 加压站和 CNG 加气站可按小时最大加气车辆数和平均每车加气量来测算。

当设计条件确定了日供应规模时，也可按下式计算设计供应流量

$$q_h = K_h\frac{q_d}{\tau} \tag{3-5}$$

式中　q_h——CNG 站设计流量，m^3/h（基准状态）。

设计生产流量原则上应以运行制度为依据，按照各小时内生产、储存、供应平衡原理综合确定。一般，小时供应量是已知或可测的，而与此相应的生产和储存的组合方案较多，应综合实际经验，进行方案比较后，择优选择确定。原则上，一天内小时供应量波动较小时，宜以均匀生产为主，储气调峰为辅；反之，宜尽量安排随供应量变化的生产计划，并辅以相应的储气调峰量。

为使工艺设备在安全及最佳工况下运行，应根据设计流量和工艺设备自身特点确定设备选用流量。设备选用流量用下式计算

$$q_0 = Kq_h \tag{3-6}$$

式中 q_0——设备选用流量，m^3/h；

K——设备安全操作系数，如对调压器可取为1.2，对往复式压缩机可取为1.0～1.1，对脱硫、脱水设备可取为1.0。

3. 储气容积

CNG站利用储气设施，使生产量与加气量之间的不均匀性得以平衡。在每一时刻，当生产量大于供应量时，剩余部分由储气设施储存；当生产量小于供应量时，则要利用储存的天然气补充供应储气设施的供气量，这取决于储气设施的容积和工作压差（即最高工作压力与最低工作压力之差）。储气设施的容积和工作压差大，则供气量大；反之，供气量小。

CNG站储气设施的最高工作压力一般都选取为CNG储存最高允许压力，如25MPa。最低工作压力则与取气设备（或设施）需要的最高压力有关。对于CNG运输车和CNG汽车，需要的最终压力一般为CNG使用最高允许压力，如20MPa；对于城镇管网，则为管网的最高工作压力，如0.4MPa、0.8MPa、1.6MPa等。可见，CNG运输车和CNG汽车的最高取气压力很高，使储气设施的工作压差很小，如前述状况时只有5MPa，CNG储气设施容积利用率仅为20%。对于城镇管网，CNG储气设施容积利用率则可达到93%～98%。

为提高CNG运输车和CNG汽车取气时CNG站储气设施容积利用率，CNG站可以采用不同的储气调度制度。储气调度制度的核心是分压力级别取气。

CNG站储气设施对外供气所需要的压力，并不需要一直保持很高的压力，而只需保持储气压力和取气压力一定的压差即可。通常，将储气容器分组，依次规定最低储气压力。取气容器开始取气时的压力很低，储气容器可在较低压力下供气（加气）。当取气容器压力增加后，较低压力的储气容器不能对其加气时，可采用更高压力的储气容器对其加气。如此渐进，直至达到取气容器所需压力。这就是分级取气原理。

将储气设施按不同工作压力范围，分级设置储气设备的储气工艺制度，称为储气分级制或称储气分区制。一般分为低压、中压和高压级。CNG站采用何种储气分级制，应根据CNG站运行制度和加气制度等实际情况，综合比较后确定。

CNG加压站当采用直充（对于CNG运输车，直充改为慢充）加快充方式时，可以采用储气单级制，即高压级制（快充）或中压级制（较快充）。也可采用二级制，即高/中压级制（快充）或中/低压级制（较快充）。

CNG汽车加气站通常都采用三级制，即高/中/低压级制。也可采用二级制，即高/中压级制或高/低压级制。储气设备最低工作压力的确定，与加气时间的长短、梯级压力补充加气能力以及压缩机直充能力等有关。一般，加气时间长（慢充），最低工作压力可选择较低压力，反之则不能太低。梯级压力特别是最高压力级补充加气能力强，较低级的最低工作压力则可选择低些。压缩机直充能力越大，储气设备的最低工作压力越低，有的可达7MPa左右。

1）储气设备利用率。储气设施的供气量与储气设施总储存气量之比，称为储气设施利用率，多级储气压力级制的储气设施利用率可用下式计算

$$f = 100 - \frac{100z_{p_0}}{p_0 V}\sum_{i=1}^{n}\left(\frac{p_{iL}V_i}{z_{iL}}\right) = 100 - \frac{z_{p_0}}{p_0}\sum_{i=1}^{n}\left(\frac{p_{iL}}{z_{iL}}v_i\right) \tag{3-7}$$

式中 f——储气设施利用率，%；

z_{p_0}——压力为 p_0 且温度 t 时天然气的压缩因子；

p_0——储气设备相同的最高工作压力，MPa（绝对压力）；

V——储气设施总水容积，m^3；

p_{iL}——第 i 级储气设备最低工作压力，MPa（绝对压力）；

V_i——第 i 级储气设备水容积，m^3；

n——CNG 站储气设施分级数；

z_{iL}——第 i 级储气设备在压力为 p_{iL} 且温度 t 时天然气的压缩因子；

v_i——第 i 级储气设施水容积占储气设施总水容积的百分比,%。

工程上，为计算简单和表达直观，忽略压缩因子的储气容积利用率为

$$f = \frac{100}{p_0 V}\sum_{i=1}^{n}(\Delta p_i V_i) = \frac{100}{p_0}\sum_{i=1}^{n}(\Delta p_i v_i) \tag{3-8}$$

令

$$f_{0V} = \frac{\Delta p_0}{p_0} \times 100\%$$

有

$$f_V = f_{0V} + \frac{100}{p_0}\sum_{i=1}^{n}(\Delta p'_i v_i)$$

$$\Delta p_0 = p_0 - p_{0L}$$

式中　f_V——储气容积利用率,%；

f_{0V}——储气容积固有利用率,%；

Δp_i——第 i 级储气设备工作压差，MPa；

Δp_0——储气设备固有工作压差，MPa；

p_{0L}——对外加气要求的最高工作压力，MPa（绝对压力）；

$\Delta p'_i$——第 i 级储气设备扩大工作压差，MPa。

2）储气规模与储气容积。CNG 站的储气规模是指其具有的总储气能力，储气容积是指在工作压力和工作温度下储气设备的内容积，用公称容积（m^3）表示。

确定储气规模的步骤为：先按供需平衡关系求得计算储气量，然后根据取气制度等选择储气设备容积有效利用系数，求得计算储气规模，再按储气设备公称容积系列值圆整，得到储气容积，再计算最终形成的总储气能力，即储气规模。

计算储气量是指通过 CNG 站的生产、储存和供应三者间的平衡关系即供需平衡原则，确定的理论储气量，计算公式为

$$V_j = \max\left[\sum_{i=1}^{k}(q_{si} - q_{ji})\right] + \left|\min\left[\sum_{i=1}^{k}(q_{si} q_{ji})\right]\right| \quad k = 1,2\cdots n \tag{3-9}$$

式中　V_j——计算储气量，m^3；

q_{si}——第 i 小时 CNG 生产量，m^3；

q_{ji}——第 i 小时供应量，m^3；

n——储气设施在一个工作周期内的工作时间，h。

计算储气量根据 CNG 站运行制度，在储气设施的一个典型运行周期时间内逐时计算求得。

计算储气规模是包括储气设施的可操作储气量（计算储气量）和不可操作储气量之和的理论储气量。CNG 站的计算储气规模按下式计算

$$V_{0j} = \sum_{i=1}^{m} \frac{V_{ji}}{f_{vi}} - \frac{V_g}{f_{vg}} \tag{3-10}$$

式中 V_{0j}——CNG 站计算储气规模，m^3；

V_{ji}——第 i 类供气对象的计算储气量，m^3；

f_{vi}——用于第 i 类供气对象的储气设施容积利用率，%，根据各自的取气制度确定；

V_g——站内所有类型的供气对象可共同利用的计算储气量，m^3；

f_{vg}——可共同利用的储气设施容积利用率，%。

CNG 站的储气容积按下式计算

$$V = 3.45 \times 10^{-4} K V_{0j} \frac{273 + t}{p} z + V_c \tag{3-11}$$

式中 V——储气容积，m^3；

K——生产及储存安全操作系数，可取 1.1～1.2；

V_{0j}——CNG 站计算储存规模，m^3；

t——CNG 储存温度，℃；

p——CNG 最高储存绝对压力，MPa；

z——天然气压缩因子；

V_c——储气设备公称容积系列所需最小圆整值，m^3。

应当注意的是，生产及储存安全操作系数的取值，必须考虑到多种因素，有时可能超过推荐值。例如，供应量变化的预测准确程度、压缩机排量大小及其起停频繁程度的限制、自动化控制水平的高低等，都会影响其取值。

CNG 站的储气规模也可按下式计算

$$V_0 = 2901 \times \frac{pV}{(273 + t)z} \tag{3-12}$$

式中 V_0——CNG 站储气规模，m^3。

【例 3-1】 某 CNG 加气站的逐时加气量和生产量见表 3-3，求该站所需加气计算储气量。

【解】 由表 3-3 知，加气量与生产量之差的累计最小值为 $-530m^3$，累计最大值为 $300m^3$，因此，该站所需加气计算储气量为

$$V_j = (300 + |-500|) m^3 = 830m^3$$

表 3-3 CNG 站储气量计算表

工作时段	加气量/m^3	生产量/m^3	K_{ji}	K_{si}	平衡量/m^3	累计平衡量/m^3
05:00～06:00	30	0	0.05	0.00	-30	-30
06:00～07:00	100	0	0.18	0.00	-100	-130
07:00～08:00	200	300	0.36	0.54	100	-30

（续）

工作时段	加气量/m^3	生产量/m^3	K_{ji}	K_{si}	平衡量/m^3	累计平衡量/m^3
08:00 ~ 09:00	300	500	0.54	0.90	200	170
09:00 ~ 10:00	1000	1000	1.80	1.80	0	170
10:00 ~ 11:00	1700	1000	3.06	1.80	-700	-530
11:00 ~ 12:00	600	1000	1.08	1.80	400	-130
12:00 ~ 13:00	400	700	0.72	1.26	300	170
13:00 ~ 14:00	800	500	1.44	0.90	-300	-130
14:00 ~ 15:00	1200	1000	2.16	1.80	-200	-330
15:00 ~ 16:00	370	500	0.67	0.90	130	-200
16:00 ~ 17:00	600	500	1.08	0.90	-100	-300
17:00 ~ 18:00	500	500	0.90	0.90	0	-300
18:00 ~ 19:00	300	500	0.54	0.90	200	-100
19:00 ~ 20:00	200	500	0.36	0.90	300	200
20:00 ~ 21:00	400	500	0.72	0.90	100	300
21:00 ~ 22:00	1000	1000	1.80	1.80	0	300
22:00 ~ 23:00	300	0	0.54	0.00	-300	0
合计	10 000	10 000	18.0	18.0	0	0

【例 3-2】　某 CNG 加压站供应 5 座 CNG 加气子站的 CNG 运输车，同时，该站还具有 CNG 汽车加气功能。经初步模拟，加压站的供应及相应生产情况见表 3-4，试确定该站的计算储气量、计算储气规模、储气容积和储气规模。

【解】　由表 3-4 知道，加气量与生产量之差的累计最小值为 $-445m^3$，累计最大值为 $450m^3$。因此，该站所需加气计算储气量

$$V_j = (450 + |-445|)m^3 = 895m^3$$

该站以 CNG 运输车充气为主要功能，且从表 3-4 中看出，除 6:00 ~ 8:00 时段有 CNG 加气子站的调峰补充运输车需要充气外，其余安排为均匀充气。从全部工作时间上分析，供应负荷相差很大，不均匀系数为 0.05 ~ 1.59。但从 5:00 ~ 20:00 的主体时间上看，峰谷比并不大，不均匀系数为 0.84 ~ 1.35。为此，站内压缩机生产运行时段主要集中在主体工作时段，并与 CNG 运输车加气负荷尽量一致，大大减少了 CNG 运输车充气所需的计算储气量。站内的主要计算储气量为 CNG 汽车加气所需。

从表 3-4 中还可以看出，站内对 CNG 运输车充气和对 CNG 汽车加气，均使用同一储气设施，储气制度和取气制度相同，在计算储气量的确定中，已考虑了共用储气量。由式 3-10，根据取气制度确定储气设备容积有效利用率为 40%，则计算储气规模为

$$V_{0j} = \frac{895}{0.40}m^3 = 2238m^3$$

可以设定 CNG 最高储存压力 p 为 25.1MPa（绝对压力），储存温度 t 为 20℃。用甲烷近似代表天然气，查得 z 为 0.8476。由式 3-11 求得储气容积为

$$V=\left(3.45\times10^{-4}\times1.2\times2238\times\frac{273+20}{25.1}\times0.8476+0.8\right)\mathrm{m}^3=10.0\mathrm{m}^3$$

计算可得该站的储气规模为

$$V_0=2901\times\frac{25.1\times10}{(273+20)\times0.8476}\mathrm{m}^3=2932\mathrm{m}^3$$

表 3-4 CNG 加压站储气量计算表

工作时段	CNG 供应量/m^3			生产量/m^3	平衡量/m^3	累计平衡量/m^3
	汽车	运输车	合计			
05:00～06:00	15	3060	3075	3500	425	425
06:00～07:00	50	4860	4910	4500	-410	15
07:00～08:00	100	4860	4960	4500	-460	-445
08:00～09:00	150	3060	3210	3700	490	45
09:00～10:00	500	3060	3560	3300	-260	-215
10:00～11:00	850	3060	3910	4500	590	375
11:00～12:00	300	3060	3360	3000	-360	15
12:00～13:00	200	3060	3260	3000	-260	-245
13:00～14:00	400	3060	3460	3700	240	-5
14:00～15:00	600	3060	3660	3800	140	135
15:00～16:00	185	3060	3245	3000	-245	-110
16.00～17:00	300	3060	3360	3500	140	30
17:00～18:00	250	3060	3310	3300	-10	20
18:00～19:00	150	3060	3210	3000	-210	-190
19:00～20:00	100	3060	3160	3000	-160	-350
20:00～21:00	200	500	700	1500	800	450
21:00～22:00	500	0	500	200	-300	150
22:00～23:00	150	0	150	0	-150	0
合计	5000	50000	55000	55000	0	895

六、CNG 加压站设备

1. 过滤净化设备

进入加压站的天然气含尘量大于 5mg/m^3，微尘直径大于 10μm 时，应进行除尘净化。除尘装置应设在脱水装置之前。常用的过滤装置为玻璃纤维的筒式过滤器，其最大工作压力为 6.0MPa，最大压降为 0.015MPa。

2. 脱硫脱水装置

天然气脱硫脱水装置属于天然气净化设备。由于天然气加气站多以输气干线或城市管网天然气为气源，不同地区的气质差异较大，当某一地区天然气水露点及硫化氢含量均达不到要求，就需进行脱硫、脱水等加工过程。因为天然气里的硫、水和其他杂质，会影响天然气管道、加气站设备和天然气汽车的安全运行和天然气汽车排放。天然气中硫化氢与水接触，会形成酸性很强的雾状硫化氢水溶液，影响储气罐、压缩机气缸和管道等的强度和寿命，而且使天然气压缩过程中功耗增加，影响换热器的换热效果，也影响压缩天然气发动机的正常运转。因此，必须对天然气进行净化。

天然气脱水是将天然气中气相水分脱除，常见的脱水方法有固体干燥剂吸附法、甘醇液吸收法、冷分离法。根据工作压力的不同分为低压脱水和高压脱水。高压脱水的优点是体积小，质量轻；缺点是制造与维护要求高。高压脱水的压缩机等设备带水运行，可能造成其损坏。低压脱水的优点是制造要求简单，有利于设备的安全运行；缺点是占地面积大。

3. 储气装置

为平衡 CNG 供需在数量和时间上的不同步性和不均匀性，有必要在站内设置储气装置，储气装置主要有：

1）小气瓶组。采用钢制或复合材料、水容积为 40 ~ 80L 的气瓶，分为若干组，如图 3-12 所示。该方式主要应用于规模较小的加压站或加气站，瓶数不宜超过 180 个。气瓶数量多，则管道连接和阀件多，泄漏概率大，并且维修工作量大、费用高。

图 3-12　小气瓶组布置简图

2）大气瓶组。钢制大气瓶形同管束，每只水容积为 500L 以上，以 3 ~ 9 只组成瓶组，并用钢结构框架固定。相对于小气瓶组，具有快充性能好、容积利用率高的优点。图 3-13 所示为大气瓶组储气结构示意图。

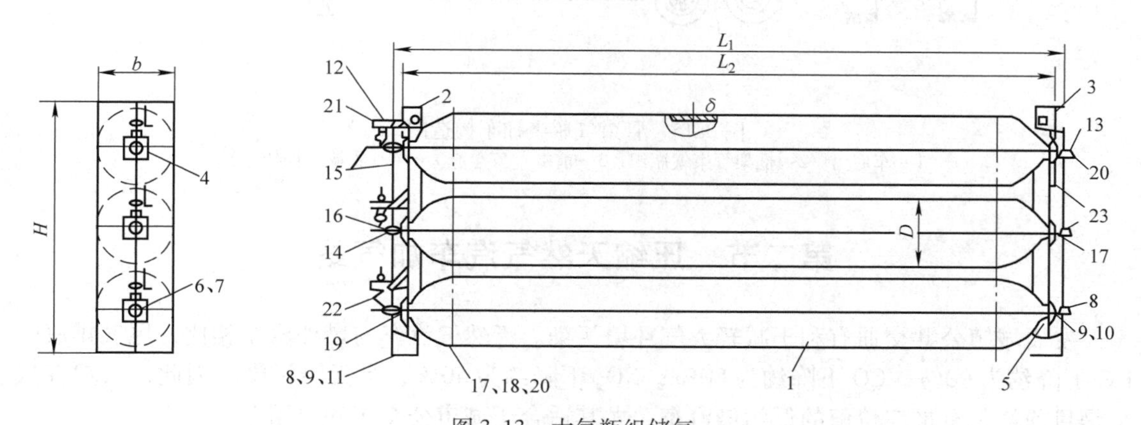

图 3-13　大气瓶组储气

1—无缝气瓶　2、3—固定板　4—锁箍　5—垫片　6—弹性六角螺母　7—加厚六角螺母　8—O 形环　9—支撑环　10、11—出口旋塞　12—安全阀　13—*DN*15 阀　14—*DN*20 阀　15—螺纹接头　16—弯管接头　17—*DN*15 螺纹接头　18—*DN*15 接头　19—*DN*15 角阀　20—*DN*15 塑装旋塞　21—支撑架　22—*DN*25 塑装旋塞　23—铭牌

3）大容量高压容器。大容量高压容器是指水容积为 $2m^3$ 以上的钢制压力容器。水容积较大，壁厚相应较大，工程费用较高。

4）地下管式竖井。采用无缝钢管作为容器，具有很高的强度和耐蚀性能。井管一般采

用 ϕ159 的无缝钢管，每根长 100m，水容积约为 $2m^3$，使用年限为 25 年。由于将压缩天然气储存在地下，彻底杜绝了地面的安全隐患，具有安全性高、占地面积小、设备布局整齐等特点。高压地下储气井如图 3-14 所示。

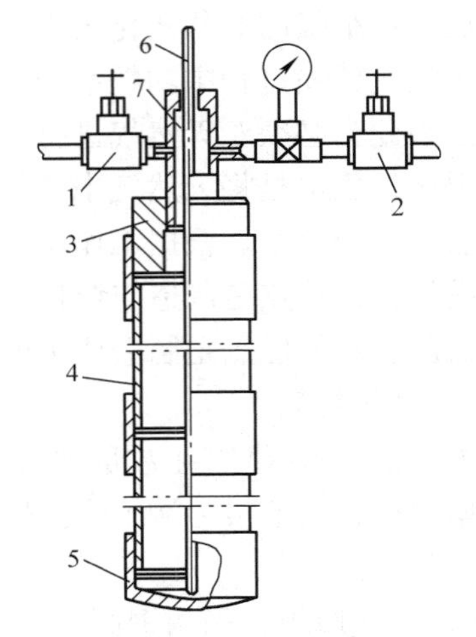

图 3-14 高压地下储气井
1—进气口 2—出气口 3—进口封头 4—井身 5—井底封头 6—排液管 7—四通

高压地下储气井的特点是：①高压地下储气井泄漏点大大减少，输气场站安全可靠性提高，便于操作，使用方便，免于维护；②地下储气井不受环境影响，恒温、抗静电、抗雷击；③地下储气井占地面积小，每口井占地面积≤$1m^2$，运行成本低；④地下储气井排水彻底，可消除积水造成的设备腐蚀因素，杜绝恶性事故发生，事故影响范围小。

4. 气瓶转运车

气瓶转运车由框架管束储气瓶组、运输半挂拖车底盘和牵引车三部分组成，常用管束气瓶组有 7、8、13 管等几种组合，管束气瓶半挂车的构造如图 3-15 所示。

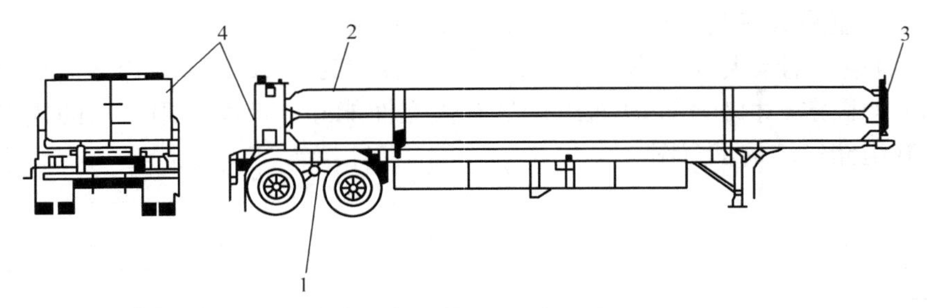

图 3-15 管束气瓶半挂车构造图
1—车底盘 2—框架管束气瓶组 3—前端（安全仓） 4—后端（操作仓）

第二节 压缩天然气汽车加气站

发展城镇公共交通有利于减轻大气环境污染。天然气汽车与燃油汽车相比，尾气排放中 HC 下降约为 90%，CO 下降约为 80%，NO_x 下降约为 40%，且无铅污染。因此，天然气汽车是目前最具有推广价值的低污染汽车，尤其适合于城市公交车和出租车。

CNG 汽车加气站是天然气经净化、计量、压缩并向气瓶车或气瓶组充装压缩天然气的站场。或由气瓶转运车向 CNG 汽车加气。

一、CNG 汽车加气站选址

加气站选址除要考虑是否具备防火间距条件和道路交通等外部条件外，还应符合下列原则：

1）单独设置或与加油站合建的 CNG 加气站，气源由气瓶转运车供应。

2）合建站根据储油储气容器的容积按表 3-5 划分等级。

表 3-5　合建站的等级划分

级别	油品储罐容积/m^3		压缩天然气储气瓶总容积/m^3
	总容积	单罐容积	
一级	61.1	≤50	≤12
二级	<60	≤30	

注：表中油品罐总容积系汽油储罐容积，柴油容积乘以系数 0.5 后计入总容积。

3）加气站布点和选址应符合城市总体规划和道路交通规划，加气站应选择在城市交通干道和车辆出入方便的次要干道，但不宜选在城市干道的交叉路口附近。

4）城镇建成区内不宜建一级合建站。

5）对重要公共建筑和涉及其他重要建筑物周围 100m 内不得建加气站或合建站。

6）加气站的设计规模应根据车辆充装用气量和气源的供应能力确定。

7）加气机的数量应根据加气汽车类型及数量和快充加气作业时间确定。

8）所选站址应具备适宜的交通、供电、给水排水及工程地质条件，以及满足有关环境保护和消防安全要求。

二、CNG 汽车加气站平面布置

图 3-16 所示为 CNG 加气站主体设施平面布置图。加气站内 CNG 储气装置与站内设施之间应符合安全距离要求；加气站、合建站与站外建筑物相邻一侧，应建造高度不小于 2.2m 的非燃烧实体围墙；面向车辆进出口道路的一侧宜敞开，也可建造非实体围墙、栅栏；车辆进、出口宜分开设置。

三、CNG 汽车加气站工艺流程

1. 压缩机式

天然气运瓶车至天然气汽车加气站，高压管束中的高压天然气经程序控制器选择顺序安排，进入站内高、中、低压储气瓶组，储气瓶组天然气在程序控制器下经天然气售气机向燃气汽车计量售气。当高压储气管束存气压力不足时，可通过站内天然气压缩机加压，经程序控制器向站内瓶组供气，或直接供给售气机经计量向燃气汽车售气。图 3-17 所示为某压缩式加气站工艺流程图。

首先将加气站内卸车柱的卡套软管快速接头与气瓶转运车的卸气主控阀接好。经优先/顺序控制盘选择启动顺序控制阀，在压缩机、储气装置和加气机之间形成以下四种作业流程：

1）气瓶转运车→加气机→充车载气瓶。

2）气瓶转运车→压缩机→加气机→充车载气瓶。

3）储气装置→加气机→充车载气瓶。

4）气瓶转运车→压缩机→储气装置。

2. 液压式

液压式 CNG 汽车加气站是利用特殊性质的液体，用高压液压泵（压力不高于 22MPa）直接将液体注入液压式拖车的储气钢瓶中，将钢瓶内的压缩天然气推出，再通过站内的单线

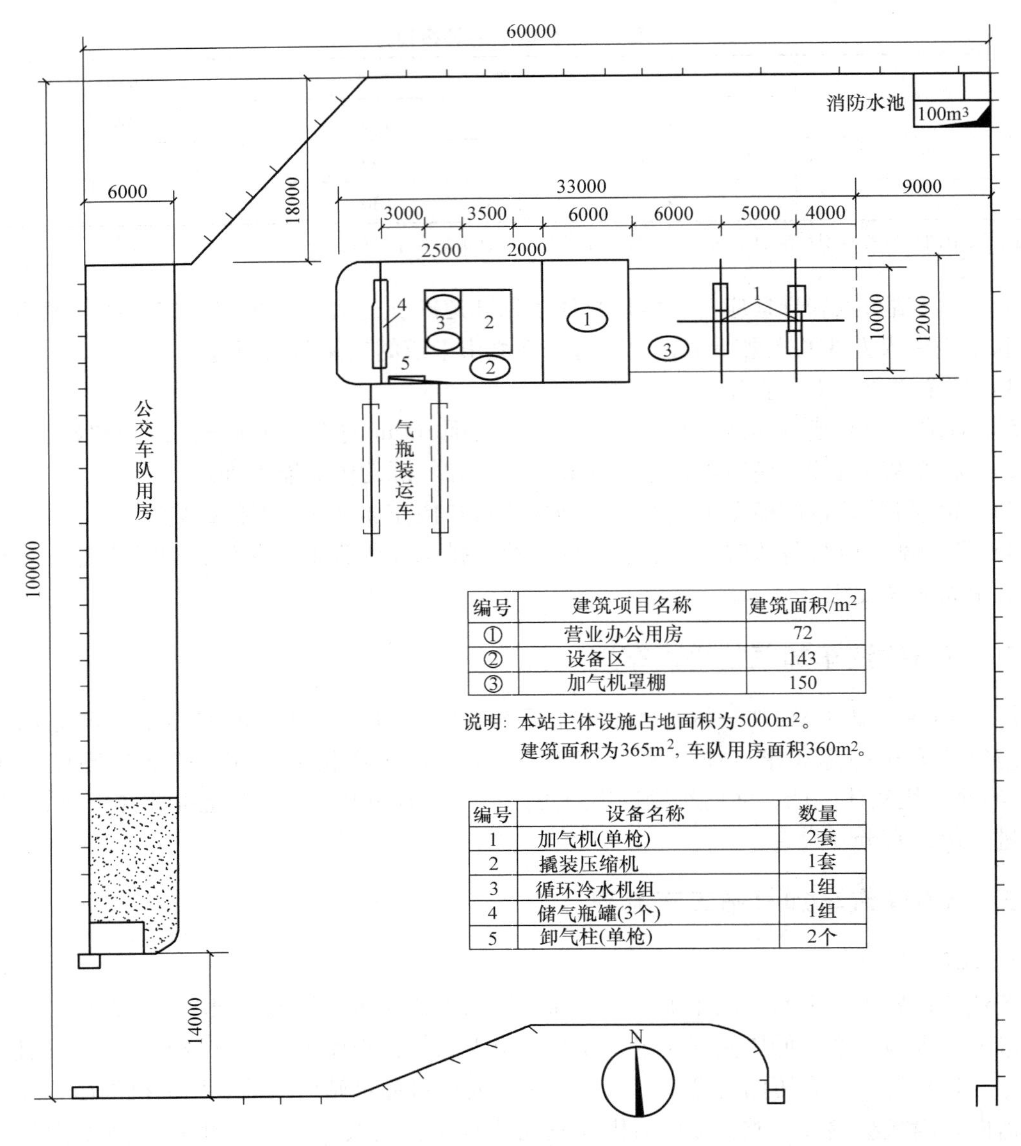

编号	建筑项目名称	建筑面积/m²
①	营业办公用房	72
②	设备区	143
③	加气机罩棚	150

编号	设备名称	数量
1	加气机(单枪)	2套
2	撬装压缩机	1套
3	循环冷水机组	1组
4	储气瓶罐(3个)	1组
5	卸气柱(单枪)	2个

图 3-16 CNG 加气站主体设施平面布置图

双枪加气机把高压天然气注入汽车的储气瓶内，达到给汽车加气的目的。其特点是：补压速度快，系统始终保持在较高且稳定的工作压力状态下；无储气瓶组、顺序控制盘及大量高压管件；相应配套设备、土建投资减少；设备数量少、占地面积小。

液压式 CNG 汽车加气站主要由三大部分组成：液压增压部分、车载储气部分和售气部分。液压增压部分由液压系统、动力系统、自动控制系统等构成，主要作用是在自动控制系统的监控下，将专用 CNG 拖车上储气管束中的 CNG 以平稳的压力和速度推出到加气机，再由加气机给 CNG 燃料汽车加气。

液压增压部分的工作原理如图 3-18 所示。启动拖车顶升装置，利用液压系统将拖车框架顶升起仰角。当刚刚开始启动设备或 PLC 控制系统监测到液压系统压力低于设定值时，液压泵开始工作，向 CNG 管束内注入高压液体介质。在液压泵出口设压力控制阀，并设压

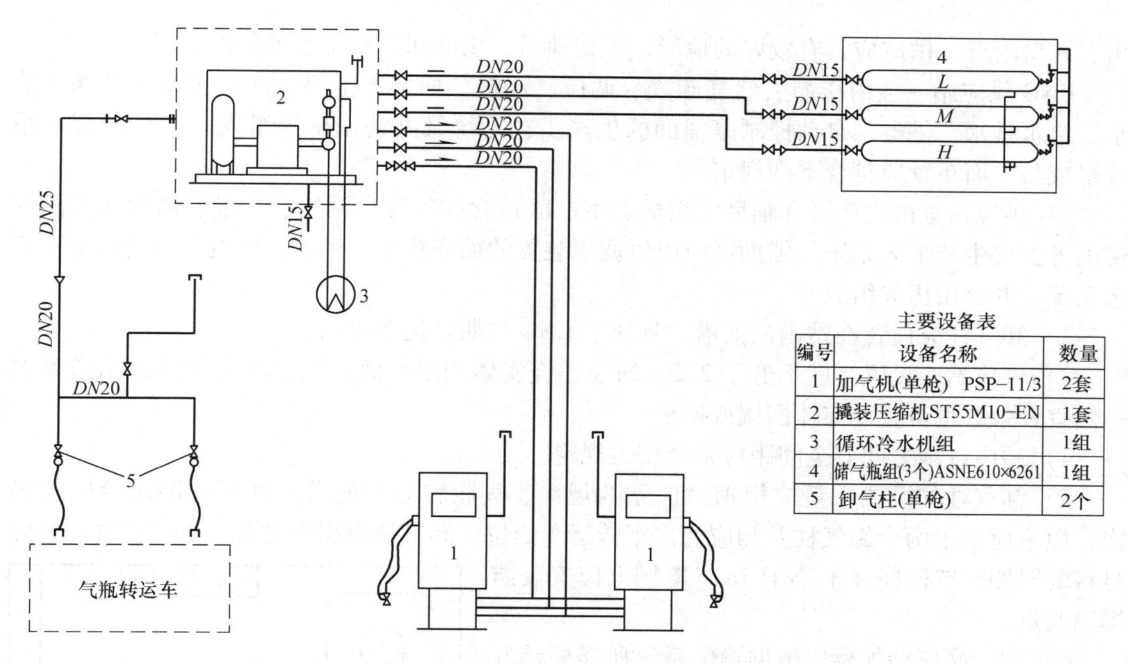

主要设备表

编号	设备名称	数量
1	加气机(单枪)　PSP-11/3	2套
2	撬装压缩机ST55M10-EN	1套
3	循环冷水机组	1组
4	储气瓶组(3个)ASNE610×6261	1组
5	卸气柱(单枪)	2个

图 3-17　压缩式加气站工艺流程图

1—加气机　2—压缩机　3—冷却装置　4—储气瓶组　5—卸气柱

力传感器，压力控制阀设定液体出口压力控制范围为 21 ~ 22MPa。当液压系统压力达到 22MPa 时，压力控制阀停止供液，并通过旁通回路把泄压液体回流到液体储罐中；液压泵经一定时间的延时，如果系统压力仍然不降，则液压泵停止工作；当系统压力降至 21MPa 时，液压泵重新开始工作。

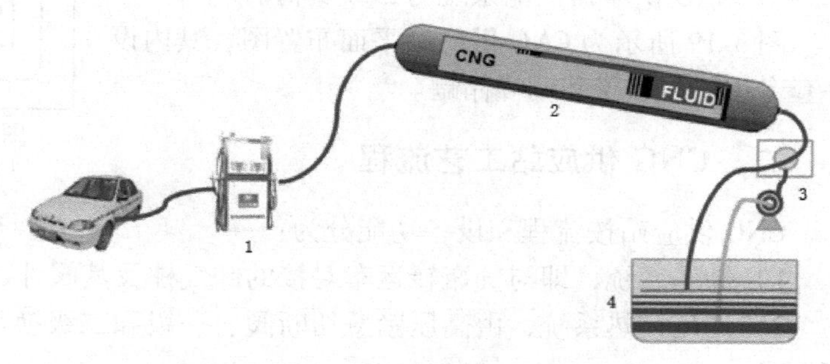

图 3-18　液压增加部分工作原理

1—加气机　2—CNG 瓶　3—高压泵　4—液体罐

第三节　压缩天然气供应站

CNG 供应站是具有将气瓶转运车的压缩天然气进行卸气、加热、调压、储存、计量、加臭，并送入城镇燃气输配管道的站场。根据 CNG 供应站的实际用途，可以将其分为四种类型的典型应用：作为在管道天然气到达之前的过渡阶段主气源；中、小城镇和中、小城市的主要气源；工业用户的主要气源；大型城市储配站的调峰气源以及补充、应急气源。

一、CNG 供气站选址与平面布置

CNG 供应站站址选择应符合城镇总体规划的要求，远离居民稠密区、大型公共建筑、重要物质仓库以及通信、交通枢纽等重要设施；尽可能靠近公路或设在靠近建成区的交通

出、入口附近。供应应具有较好的地形、工程地质、供电和给水排水等条件。

CNG 供应站一般由压缩天然气卸气、调压、计量、加臭等主要生产工艺系统及循环热水、给水排水、供电、自动控制等辅助的生产工艺系统及办公用房等组成。CNG 供应站系统组成与平面布置应符合下列规定：

1）供应站宜由生产区和辅助区组成。生产区包含卸气柱、调压、计量、储存和天然气输配等主要生产工艺系统。辅助区应由供调压装置的循环热水、供水、供电等辅助的生产工艺系统、办公用房等组成。

2）卸气柱应设置在站内的前沿，且便于 CNG 气瓶转运车出入。

3）供应站应设置高度不低于 2.2m 的非燃烧实体围墙，面向气瓶转运车的进出道路的一侧宜开敞，也可建非实体围墙或栅栏。

4）站内设施之间安全间距应符合相关规定。

5）卸气柱的设置数量应根据供应站的规模、气瓶转运车的数量和运输距离等因素确定，但不应小于两个卸气柱及相应的汽车转运车泊位。卸气柱应露天设置，上部设置非燃烧材料的罩棚，罩棚净高不小于 5m，罩棚上应安装防爆照明灯。

6）中、高压储气罐应根据输配系统所需要储气容积、输配管网压力等因素确定。

7）CNG 供应站供电系统为二级负荷。

图 3-19 所示为 CNG 供应站平面布置图，其内设一套专用调压装置和调峰储罐。

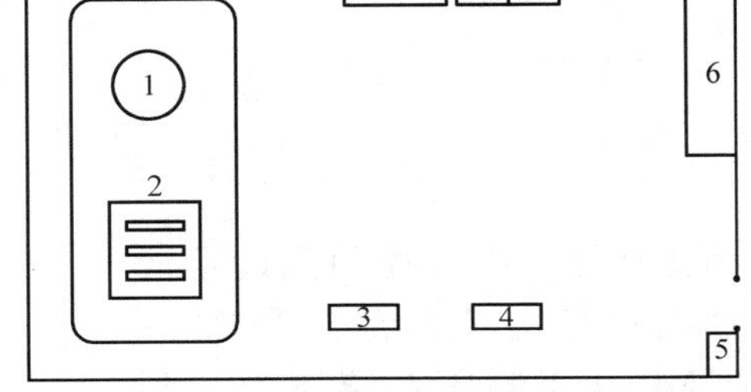

图 3-19 CNG 供应站平面布置图
1—球罐 2—卧式罐 3—调压装置
4—卸气台 5—门卫 6—办公房
7—配电室 8—消防泵房 9—消防水池

二、CNG 供应站工艺流程

CNG 供应站按流程和设备功能分为：

1）卸车系统，即与气瓶转运车对接的卸气柱及其阀件、管道。

2）调压换热系统，由高压紧急切断阀、一级和二级换热器、调压器、一级和二级放散阀组成。

3）流量计量系统。

4）加臭系统（加臭机）。

5）控制系统（含与在线仪表、传感器相联系的中央控制台）。

6）加热系统（燃气锅炉、热水泵等）。

7）调峰储罐系统。

按三级调压的 CNG 供应站工艺流程如图 3-20 所示。CNG 专用调压箱三级调压工艺流程如图 3-21 所示，其要点如下：首先将压缩天然气供应站上卸车柱的高压胶管卡套快装接头与气瓶转运车装卸主控阀口连接好，20MPa 的压缩天然气通过进口球阀和高压切断阀进入一级换热器。在一级换热器内以循环热水对气体进行加热后，经一级调压器压力减到 3.0 ~ 7.5MPa；再经二级换热器加热和二级调压器减压至 1.6 ~ 2.5MPa。此后分为两路：一路天然气送至储气系统，在用气高峰时储气罐出口的天然气经调压输送到站内中压管道；另一路可直接通过三级调压器调压至 0.1 ~ 0.4MPa，将天然气输送到站内中压管道。最后，在站内中压管道上对天然气进行计量和加臭后，便可输送到城镇中压管网。调峰储气罐有三种功

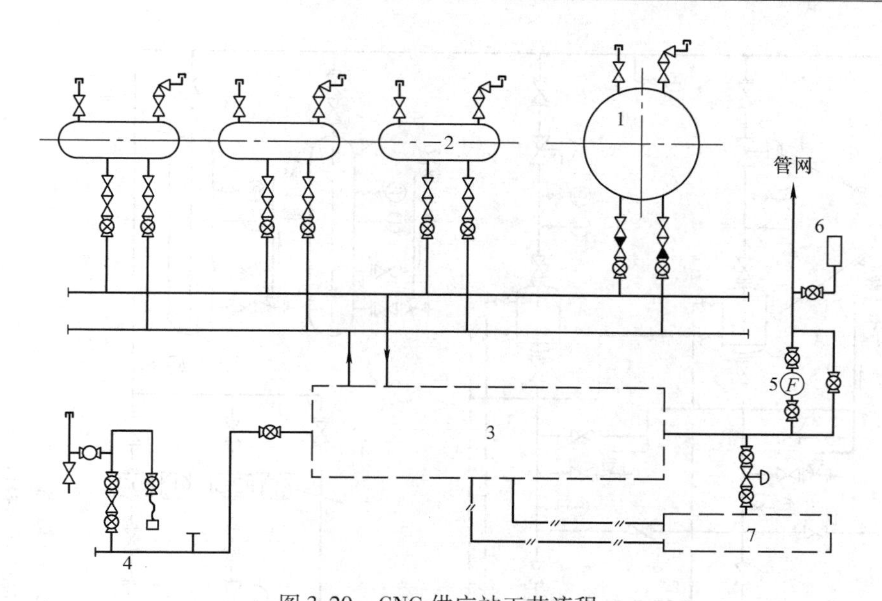

图 3-20 CNG 供应站工艺流程

1—球罐 2—卧罐 3—调压装置 4—卸气台 5—涡轮流量计 6—加臭机 7—循环热水锅炉

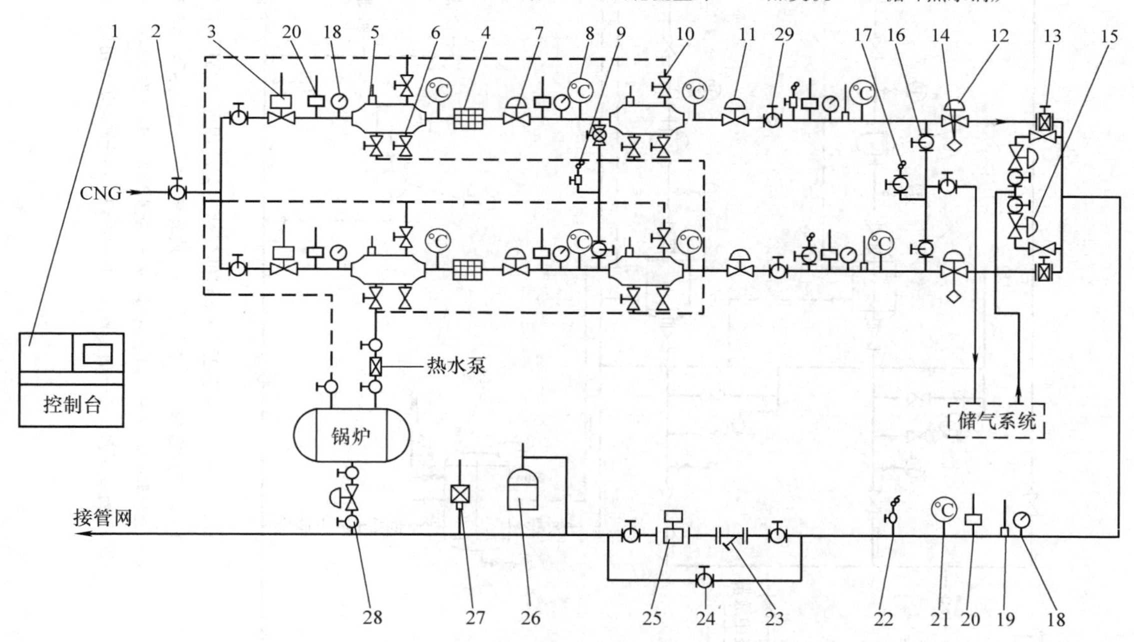

图 3-21 CNG 专用调压箱三级调压工艺流程

1—控制台 2—高压球阀 3—自动切断阀 4—过滤器 5—温度传感器 6—排污阀 7——级调压器 8、21—温度计 9——级放散阀 10—截止阀 11—二级调压器 12—三级调压器 13—蝶阀 14—三级自动切换阀 15—储气系统出口调压器 16—二级出口球阀 17—二级放散阀 18—压力表 19—温度传感器 20—压力变送器 22—三级放散阀 23—Y 形过滤器 24、29—旁通阀 25—计量表 26—加臭机 27—燃气报警器 28—热水锅炉前调压器

能：一是高峰时补充三级调压器后专用调压箱供气能力不足的部分；二是低峰时专用调压箱可间歇停止供气，维持管网低负荷供气；三是卸车柱无气瓶转运车卸气时保持不间断供气。

以高压储气的 CNG 供气站工艺流程如图 3-22 所示，由 CNG 运输车 1 运来的 20MPaCNG，

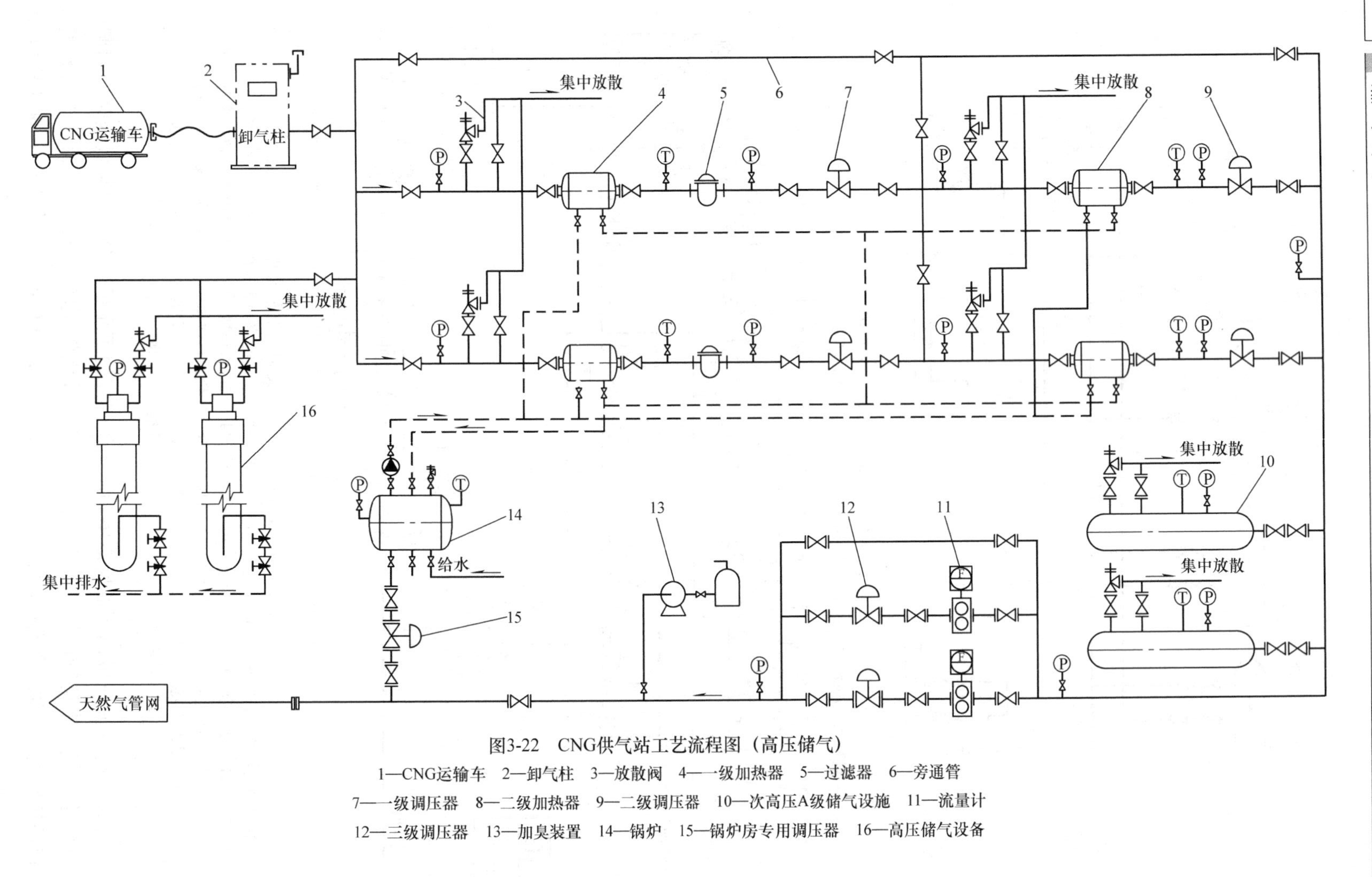

图3-22　CNG供气站工艺流程图（高压储气）

1—CNG运输车　2—卸气柱　3—放散阀　4—一级加热器　5—过滤器　6—旁通管　7—一级调压器　8—二级加热器　9—二级调压器　10—次高压A级储气设施　11—流量计　12—三级调压器　13—加臭装置　14—锅炉　15—锅炉房专用调压器　16—高压储气设备

经卸气柱 2 卸气并进站计量，大约一半 CNG 进入高压储气设备 16 中储存备用，储存压力可达 10MPa。剩余的 CNG 经一级加热器 4、过滤器 5 后，由一级调压器 7 调压至 4MPa 左右，经二级加热器 8，由二级调压器 9 调压至 1.6MPa，分为两路。一路进入高压 A 级储气设备 16 储存；另一路经流量计 11 进行出站计量，并由三级调压器 12 调压至 0.4MPa，由加臭装置 13 加臭后，出站进入用户管网。

当 CNG 运输车中 CNG 压力降低到一级调压器最低压力以下时，开启旁通管 6，直接进入二级调压器前，按其后流程供气。当 CNG 压力进一步降低到二级调压器进口最低压力以下时，开启二级调压管路的旁通管，直接进入三级调压器，并与次高压 A 级储气设备内天然气一起，由三级调压器调压后供气。当 CNG 运输车压力进一步降低到三级调压器进口压力以下时，切断 CNG 运输车供气阀，打开高压储气设备 16 阀。

第四章

液化天然气

液化天然气（Liquefied Natural Gas，LNG）是天然气经脱水、脱除酸性气体等净化处理后，经节流膨胀及外加冷源的方法逐级冷却，在温度约为 -162℃时液化而得到。液化天然气是无色液体，主要由甲烷组成，组成可能含有少量的乙烷、丙烷、氮或通常存在于天然气中的其他组分。表 4-1 为三种典型 LNG 实例。

表 4-1　三种典型 LNG 实例

	实例 1	实例 2	实例 3
N_2	0.5	1.79	0.36
CH_4	97.5	93.9	87.20
C_2H_6	1.8	3.226	8.61
C_3H_8	0.2	0.69	2.74
iC_4H_{10}	—	0.12	0.42
nC_4H_{10}	—	0.15	0.65
C_5H_{12}	—	0.09	0.02
摩尔质量/(kg/kmol)	16.41	17.07	18.52
沸点温度/℃	-162.6	-165.3	-161.3
密度/(kg/m^3)	431.6	448.8	468.7

LNG 常压下沸点为 -166 ~ 157℃，密度为 430 ~ 460kg/m^3，热值为 41.5 ~ 45.3MJ/m^3，华白指数为 49 ~ 56.5MJ/m^3，LNG 的体积大约是其气态的 1/625。表 4-2 列出了三种 LNG 实例，反映了不同 LNG 组分对沸点的影响。表 4-3 列出了液态甲烷的沸点随压力的变化，对组分相同的 LNG，沸点随压力而变化，其变化梯度为 1.25×10^{-4}℃/Pa。天然气的爆炸极限为 5% ~ 15%。在 -162℃的低温条件下，LNG 的爆炸极限为 6% ~ 13%。LNG 气化时，其气体密度为 1.5kg/m^3。在气温升高到 -107℃，气体密度与空气相当。因此，当 LNG 气化后，气体温度超过 -107℃时，其密度比空气小，容易在空气中扩散。

表 4-2　LNG 不同组分对沸点的影响

LNG 样例编号	样例 1	样例 2	样例 3
N_2 摩尔分数（%）	0.5	1.79	0.36
CH_4 摩尔分数（%）	97.5	93.9	87.2
C_2H_6 摩尔分数（%）	1.8	3.26	8.61
C_3H_8 摩尔分数（%）	0.2	0.69	2.74
iC_4H_{10} 摩尔分数（%）	—	0.12	0.42
nC_4H_{10} 摩尔分数（%）	—	0.05	0.65

（续）

LNG 样例编号	样例1	样例2	样例3
C_5H_{12}摩尔分数（%）	—	0.09	0.02
摩尔质量/(kg/kmol)	16.41	17.07	18.52
沸点温度/℃	-162.6	-165.3	-161.3

表4-3 液态甲烷的沸点随压力的变化

压力/MPa	沸点/K	压力/MPa	沸点/K	压力/MPa	沸点/K
0.1	1115.5	0.3	126.7	0.5	135.3
0.15	116.6	0.35	129.2	0.55	137.1
0.2	120.6	0.4	131.4	0.6	138.7
0.25	123.9	0.45	133.5	0.65	140.3

LNG 优点是：① 能量密度大，便于储存和运输；② 储运效率高，占地少，相对投资小；③ 储存压力低，更加安全；④ 组分纯净、燃烧完全、排放清洁；⑤ 机动灵活，不受燃气管网制约。

第一节 液化天然气的物理性质

一、LNG 蒸发

LNG 储存在绝热储罐中，外界任何传入的热量都会引起一定量液体蒸发成气体，这就是蒸发气（Boiling Off Gas，BOG）。标准状况下蒸发气密度是空气的 60%。当 LNG 压力降到沸点压力以下时，将有一定量的液体蒸发成为气体，同时液体温度也随之降低到其在该压力下的沸点，这就是 LNG 闪蒸。由于压力、温度变化引起的 LNG 蒸发产生的蒸发气是液化天然气储存、运输中经常遇到的问题。

二、LNG 蒸气云团

当 LNG 溢出（泄漏）后，最初会猛烈沸腾气化，然后蒸发速率迅速衰至一个固定值，该值的大小取决于地面的热性质和周围空气的情况。开始蒸发时其气体密度大于空气密度（约是空气密度的 1.5 倍）。由于 LNG 泄漏时的温度很低，其周围大气中的水蒸气被冷凝成雾团，在地面形成一个流动层，低温的重气云团将会发生重力沉降。从雾团的运动范围可以显示气体与空气混合物的可燃性范围。

同时，由于大气湍流的作用，空气将被卷吸入云团内部，重气云团会被加热。当温度上升至约为 -113℃（与 LNG 的组分有关）以上时，蒸气与空气的混合物在温度上升过程中其密度将小于空气的密度。同时，LNG 再进一步与空气混合完全气化，直至体积扩大为液体时的约 625 倍。

三、快速相变特性

快速相变是当温度不同的两种液体在一定条件下接触时，以爆炸的速率产生蒸气的现象。这种现象产生的爆炸力虽然不发生燃烧，但是具有爆炸的所有其他特征。

快速相变发生的理论：当两种温差很大的液体直接接触时，如果较热液体的热力学温度大于较冷液体沸点的1.1倍时，后者温度将迅速上升，其表层温度可能超过自发核化温度(当液体中产生气泡时)。在某些情况下，过热液体将通过复杂的链式反应机制在短时间内蒸发，而且以爆炸的速率产生蒸气。

LNG储罐新投用或检修后投产不能用水置换、LNG泄漏后不能用水对LNG进行喷射(淋)，就是为了避免发生快速相变。快速相变发生时，LNG将在短时间蒸发，以爆炸速度产生蒸气，危及人员与设备安全。

四、热力成层效应

1. 分层

LNG是多组分混合物，因温度和组分的变化会引起密度变化，而液体密度的差异会使储罐内的LNG发生分层。储罐内液体垂直方向上温差大于0.2℃，密度差大于0.5kg/m³时，可认为储罐内LNG发生了分层。

如果储罐内液体瑞利数 Ra 大于2000，则罐内液体的自然对流不会发生分层现象。瑞利数 Ra 的定义为

$$Ra = \frac{\rho c_p g\beta\Delta T h^3}{\nu\lambda} = \frac{g\beta\Delta T h^3}{\nu a} \tag{4-1}$$

式中 ρ——密度，kg/m³；

c_p——比定压热容，kJ/(kg·K)；

β——体膨胀系数，1/℃；

ν——运动粘度，m²/s；

λ——热导率，W/(m·K)；

a——热扩散率，m²/s；

g——重力加速度，m²/s；

ΔT——温度差，K；

h——液体深度，m。

通常一个装满LNG的储罐内，Ra 数量级为 10^{15}，远远大于可能导致分层的 Ra 数。这样LNG中较强的自然循环很容易发生，且使液体温度保持均匀。LNG发生分层的原因常为充装液体密度不同或LNG含氮量高所引起。

已经装有LNG的储罐再次充装密度不同的LNG时，可能出现两种液体不混合而导致液体分层。如由储罐底部充装密度较储罐内液体大的LNG，或由罐顶部充装密度较罐内液体小的LNG，都可能形成罐上部液体较轻、罐下部液体较重的两层液体。储罐接受环境热后，罐内分层液体出现各自的自然对流，如图4-1所示，上、下两层液体的密度和温度较为均匀，但分层液体的温度和密度不同，在层间面处有能量和质量的交换。

氮的常压沸点为-195.8℃，远低于甲烷的沸点-161.5℃，而在储存条件下氮的密度约为613kg/m³，是甲烷密度（425kg/m³）的1.44倍。氮含量较高的LNG，即使初始状态下罐内液体混合良好，由于罐体受热，贴壁液体边界层温度升高，密度降低，沿罐壁向上流动到自由液面时，会发生蒸发。边层液体升至自由液面蒸发时，由于氮的挥发性强，其蒸发量

远高于甲烷，蒸发后液体内氮含量较少，甲烷浓度升高，液体密度减小，停留在自由表面上。随着时间延续，在液面上积聚一层密度较小的液层，使罐内液体分层。

若含氮量很低，如小于1%，则贴壁液体受热上升至液面蒸发，除氮外，蒸发物内主要是甲烷，残留液内乙烷含量增加，液体密度增大，在重力作用下向下运动，形成如图4-2所示的自然对流，不发生液体分层。

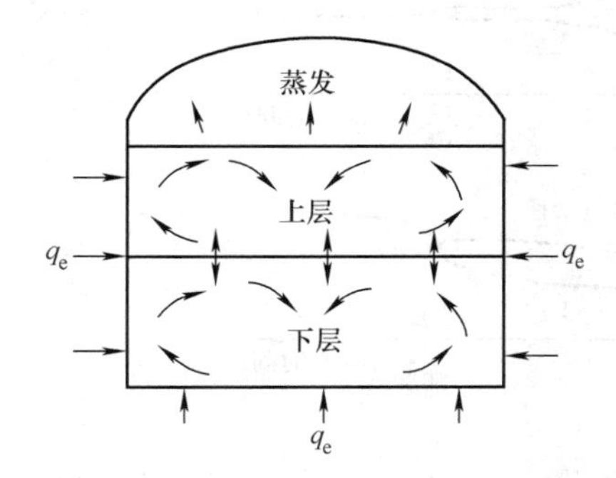

图4-1　分层LNG各自的对流循环

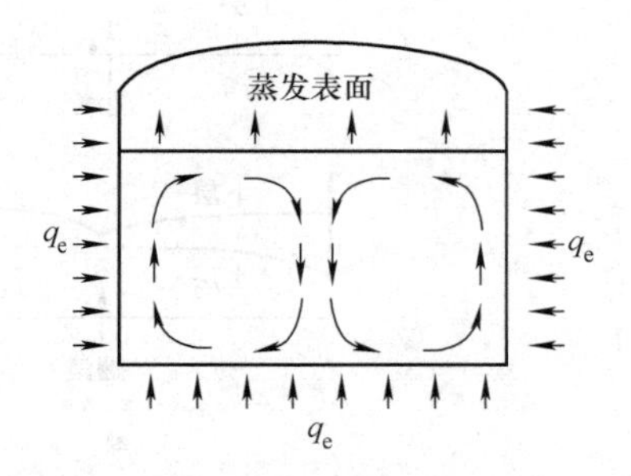

图4-2　LNG储罐内自然对流循环

在半充满LNG储罐内，注入密度不同的LNG时会形成分层。造成原有的LNG和注入密度不同的原因有：LNG产地不同而组分不同；原有的LNG与新注入的LNG温度不同；原有的LNG由于气化而使组分发生变化。

2. 热力翻滚

若LNG已经分层，上层液体吸收的热量一部分消耗于液体表面蒸发所需的相变焓，其余热量使上层液体温度升高。随着蒸发的持续，上层液体温度逐步升高，上层液体密度增大，如图4-3所示。下层吸收的热量通过与上层的分界面传递给上层液体，可能有两种情况：①图4-3a中，两层液体温度差较小，通过截面传递热量小于下层液体从环境获得的热量，下层液体温度上升、密度减小。随着时间延续，上层液体密度逐渐增大而下层液体密度逐渐减少，两层液体密度接近相等时，分界面消失，液层迅速混合并伴有大量液体蒸发，此时蒸发率远高于正常蒸发率（图4-4），这种现象称为翻滚（roll-over）。②图4-3b中，两液层间温差较大，通过界面传递的热量大于下层液体从环境获得的热量，下层温度下降、密度增加，上、下两层液体的密度同时增大。

形成翻滚的机理比较复杂，主要有：

1）储罐周壁形成边界层，下层边界层密度降低后上升，穿透分界面与上层边界层混合并上升至液面蒸发。

2）分层面之间受到扰动形成液体波，促进液层的混合与蒸发。

3）分层液体之间存在能量和质量的交换。

4）影响两层液体密度达到相等的时间因素有：上层液体因蒸发发生的成分变化、层间热质传递、底层漏热。蒸发气体的组成与上层LNG不一样，除非液体是纯甲烷。如果LNG由饱和甲烷和某些重烃类组成，蒸发气体基本上是甲烷。这样，上层液体的密度会随时间增大，导致两层液体密度相等。如果LNG中含有较多的氮，该过程将被推迟，原因是氮先于甲烷蒸发，而氮的蒸发会导致密度减小。

5）对于温度的影响，下部更重的层比上层更热且富含重烃。从这层向上层的传热，会加快上层的蒸发并使其密度增大。从与下层液体接触的罐壁传入的热量在该层聚集。如果这一热量大于其向上层的传热量，则该层的温度会逐步升高，密度也会因热膨胀而减小。如果这一热量小于其向上层的传热量，则该层温度将趋于变冷。这将使分层更为稳定，并且推迟翻滚的发生。

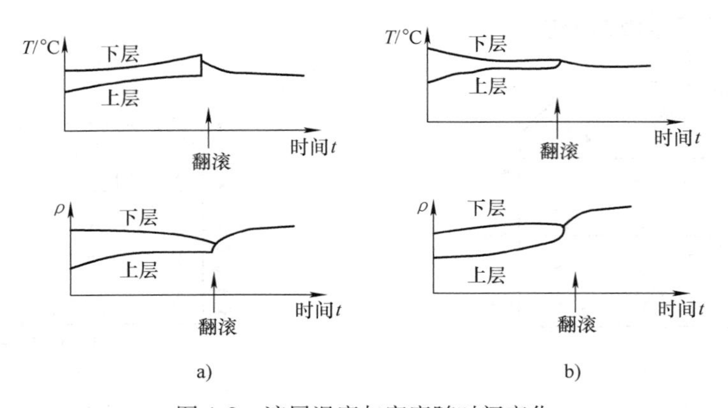

图 4-3 液层温度与密度随时间变化

a）界面传热量小于下层液体吸热量 b）界面传热量大于下层液体吸热量

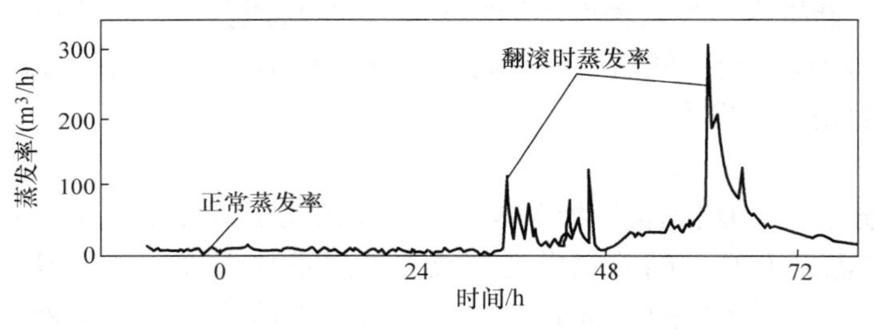

图 4-4 发生翻滚时蒸发率

第二节 液化天然气的生产

一、液化天然气生产工厂类型

液化天然气是天然气经过脱酸、脱水处理，通过低温工艺冷冻液化而成的低温液体混合物。液化天然气的生产工厂按功能可分为基本负荷型、调峰型、浮式液化天然气生产工厂三种类型。

1. 基本负荷型

基本负荷型液化天然气生产工厂是为满足当地用户使用或外运需求而建设的，一般拥有大型天然气液化装置，其液化和储存连续进行，液化能力一般在 $100\times10^4 m^3/d$ 以上。基本负荷型液化天然气（LNG）生产工厂的液化装置主要包括天然气预处理系统、液化系统、储存系统、控制系统、装卸设施及消防系统等。

2. 调峰型

调峰型液化天然气生产工厂是为调节下游用气负荷、补充燃料供应不足或事故应急而建设的，一般液化能力较小，储存能力、气化供气能力较大。通常是将用气低峰时过剩的天然气液化后储存起来，在用气高峰或紧急情况下再气化使用，以保证下游天然气输配系统的稳定供气和调峰目的。

3. 浮式

浮式液化天然气工厂是针对海上常规天然气，将天然气液化、储存和卸载集于一身的新型边际气田开发技术。该装置灵活性强，便于迁移，可重复利用，当开采的气田枯竭后，可由拖船拽至新的气田继续投入生产。

二、液化前原料气的预处理

天然气进入液化装置前，必须进行预处理。天然气的预处理是对原料气中的 H_2S、CO_2、H_2O、汞（Hg）和重烃等杂质进行脱除，以免 CO_2、H_2O、重烃在低温下冻结而堵塞设备和管道，及避免 H_2S、有机硫、汞等腐蚀设备和管道。

对于调峰型 LNG 厂，原料是经净化的符合管道输送要求的天然气，但质量要求低于对原料气的气质要求。基本负荷型 LNG 厂靠近气源，进口气或先期进行简单处理，或直径进入 LNG 厂；原料气杂质含量较高，必须进行预处理。表 4-4 为原料气中最大允许杂质的含量指标。

表 4-4 原料气中最大允许杂质含量指标

杂质	指标	杂质	指标
H_2O	$<0.1\times10^{-6}m^3/m^3$	芳烃类	$(1\sim10)\times10^{-6}m^3/m^3$
CO_2	$(50\sim100)\times10^{-6}m^3/m^3$	汞	$<0.01\mu g/m^3$
COS	$<0.5\times10^{-6}m^3/m^3$	总硫	$(10\sim50)mg/m^3$
C_5^+	$<70mg/m^3$	H_2S	$4\times10^{-6}m^3/m^3$

1. 脱水

天然气（原料气）中的水分，在低于零度时在液化装置中以冰或霜的形式冻结在换热器的表面和节流阀中。另外，天然气和水还会形成天然气水合物（Natural Gas Hydrate, NGH），它不但会堵塞管道，还可堵塞设备喷嘴和分离设备。为了避免天然气中水合物的存在，通常需将原料气中的游离水脱除，使其露点低于 -100℃以下。目前，常用的天然气脱水方法主要有冷却法、吸收法和吸附法等。

（1）冷却脱水　冷却脱水是利用当压力不变时，天然气的含水量随温度降低而减少的原理实现天然气脱水。

对于井口压力比较低的天然气，可首先对天然气进行压缩，使天然气达到高温、高压，经水冷却器冷却，再经节流元件节流，使温度降至天然气中水的露点以下，使水从天然气中析出而脱除。

对于井口压力很高的天然气，可直接利用井口的压力，对气体进行节流降压，降到管输气的压力。在降压过程中，根据焦耳-汤姆逊效应，天然气的温度也会相应降低，若天然气中水的含量很高，露点在节流后的温度以上，则节流后就会有水析出，从而脱水。

（2）吸收脱水　吸收脱水就是利用吸湿性液体（或固体）吸收的方法来脱除天然气中的水蒸气。

用作脱水吸收剂的物质应具有以下特点：对天然气有很强的脱水能力；热稳定性好；脱

水时不发生化学反应，容易再生；粘度小；对天然气和液烃的溶解度较低；对设备无腐蚀性，同时应价格低廉，易得到。

常用的醇类脱水吸收剂有：甘醇水溶液、二甘醇水溶液、三甘醇水溶液。与采用固体吸附剂脱水的吸附塔相比，甘醇吸收塔的优点是：一次投资较低，压降少，节省动力；可连续运行；容易扩建；吸收塔容易重新装配；可方便地应用于某些固体吸附剂易受污染的场合。甘醇多应用于大型天然气液化装置中脱除原料气中的水分。

(3) 吸附脱水　吸附就是气体在自由表面上的凝聚，其机理是：在两相界面上，由于异相分子间作用力不同于主体分子间作用力，使相界面上流体的分子密度异于主体密度而发生吸附。

按吸附作用力性质的不同，吸附可分为物理吸附和化学吸附两种类型。物理吸附是由分子间作用力即范德华力产生的。化学吸附是由化学键力的作用产生的，在化学吸附过程中，可以发生电子的转移、原子的重排、化学键的断裂和形成等微观过程。化学吸附通常具有明显的选择性，且只能发生单分子层吸附，具有不易解吸、不易达到吸附平衡等特点。物理吸附具有吸附速率快，易于达到吸附平衡和吸附脱离等特点。在适当的条件下，物理吸附和化学吸附可以同时发生。

在天然气预处理过程中，常用的吸附剂有：活性氧化铝、硅胶（$SiO_2 \cdot nH_2O$）和分子筛。现代天然气液化工厂多采用分子筛作为吸附剂。

吸附剂脱水一般适用于小流量气体的脱水。

2. 脱酸性气体

脱酸性气体常称为脱硫脱碳。天然气中最常见的酸性气体有 H_2S、CO_2 和 COS 等，这些气体不但对人的身体有害，对设备、管道有腐蚀性，而且因其沸点较高，在降温过程中易呈固体析出，必须脱除。在天然气净化装置中，常用的净化方法有三种：一乙醇胺法、改良热钾碱法和砜胺法，这三种净化方法的比较见表 4-5。

表 4-5　三种常用脱酸性气体方法的比较

方　法	脱　酸　剂	脱酸情况及应用
一乙醇胺法	一乙醇胺水溶液	主要是化学吸收过程。当酸气分压较低时用此法较经济，操作压力影响较小。此法工艺成熟，同时吸收 CO_2 和 H_2S 的能力强，尤其在 CO_2 含量较 H_2S 含量高时应用，也可部分脱除有机硫。缺点是需较高再生热，溶液易发泡，与有机硫作用易变质等
改良热钾碱法	碳酸钾溶液中，加入烷基醇胺和硼酸盐等活化剂	主要是化学吸收过程。在酸气分压较高时用此法较经济，压力对操作影响较大。在 CO_2 含量较 H_2S 含量高时采用。此法所需的再生热较低
砜胺法	环丁砜和二异丙醇胺或甲基二醇胺水溶液	兼有化学吸收和物理吸收作用。在酸气分压较高，H_2S 含量较 CO_2 含量高时，此法较经济。此法净化能力强，能脱除有机硫化合物，对设备腐蚀小。缺点是价格较高，能吸收重烃

醇胺法是应用较广的一种方法。醇胺法特别适用于酸性组分分压低的天然气脱硫。由于醇胺法使用的吸收剂是醇胺的水溶液，溶液中含水可以使被吸收的重烃量减至最低程度，故此法非常适用于重烃含量高的天然气脱硫。有些醇胺溶液还具有在 CO_2 存在下选择性脱除 H_2S 的能力。

3. 脱除其他杂质

(1) 脱汞 当汞(包括单质汞、汞离子及有机汞化合物)存在时，铝和水反应生成白色粉末状的腐蚀产物，严重破坏铝的性质。极微量的汞足以给铝设备带来严重的破坏，而且汞还会造成环境污染，对检修人员身体造成危害，因此，汞的含量应严格限制。

脱除汞的原理是汞与硫在催化反应器中的反应。在高流速下，可脱除含量低于 0.001μg/m^3 的汞，汞的脱除不受可凝混合物 C_5^+ 烃及水的影响。

(2) 脱重烃 重烃常指 C_5^+ 的烃类。在冷凝天然气的循环中，重烃将先被冷凝下来。如果未把重烃先分离掉，或者在冷凝后再分离，则重烃将有可能因冻结而堵塞设备。

在 -183.3℃以上，乙烷和丙烷能以各种浓度溶解于 LNG 中，最不容易溶解的是 C_6^+ 烃(特别是环状化合物)，还有 CO_2 和水。重烃脱除的程度取决于吸附剂的负荷和再生的形式等，即采用分子筛、活性氧化铝或硅胶吸附脱水时，吸附剂不可能使重烃的含量降低到很低，余下的重烃通常在低温区中的一个或多个分离器中除去。

(3) 脱 COS COS 的危害在于：①它可以被极少量的水水化，形成 H_2S 和 CO_2；②COS 的正常沸点为 -48℃，与丙烷的沸点 -42℃接近，当分离回收丙烷时，约有 90% 的 COS 出现在丙烷尾气或液化石油气(LPG)中。如果在运输和储存时出现潮湿，即使有 0.5×10^{-6} m^3/m^3 的 COS 被水化，也会产生腐蚀。因此，COS 在净化时必须脱除。通常 COS 与 CO_2 和 H_2S 在脱酸时一起脱除。

(4) 脱苯 苯的分离方法有吸附法和吸收法。采用吸附法分离苯时，常用的吸附剂是碳分子筛。采用吸收法分离苯时，常用的吸收剂是柴油、醇类等。

(5) 脱氮气 氮气的液化温度(常压下约为 77K)比天然气的主要成分甲烷的液化温度(常压下约为 110K)低，故天然气中氮含量越多，天然气液化越困难，由此使得液化过程的动力消耗增加。一般采用最终闪蒸的方法将氮气从液化天然气中选择性地脱除。

三、天然气液化流程

天然气液化流程按制冷方式不同，主要分为级联式液化流程、混合制冷剂液化流程和带膨胀机的液化流程。实际天然气液化装置中常采用包括上述几种液化流程中某些部分的不同组合的复合流程。

1. 级联式液化流程

级联式液化流程也称为阶式液化流程、复叠式液化流程或串联蒸发冷凝液化流程，是利用某一制冷剂的蒸发来冷凝另一种较低沸点的物质而组成逐级液化循环。它是 20 世纪 60 年代开始采用的流程，主要应用于基本负荷型天然气液化装置。

级联式液化流程示意图如图 4-5 所示。

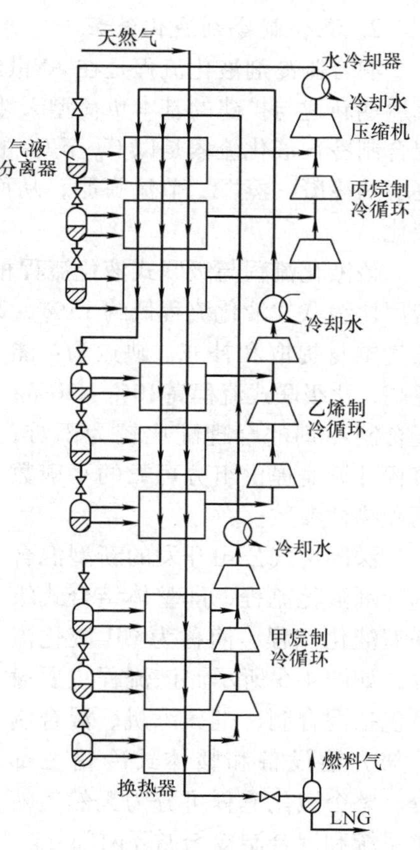

图 4-5 级联式液化流程示意图

该液化流程由三级独立的制冷循环组成，制冷剂分别为丙烷、乙烯和甲烷。每个制冷循环中均含有三个换热器。级联式液化流程中较低温度级的循环，将热量转移给相邻的较高温度级的循环。第一级丙烷制冷循环为天然气、乙烯和甲烷提供冷量；第二级乙烯制冷循环为天然气和甲烷提供冷量；第三级甲烷制冷循环为天然气提供冷量。通过九个换热器的冷却，天然气的温度逐步降低，直至液化。

丙烷制冷循环中，丙烷经压缩机压缩后，用水冷却后节流、降压、降温，一部分丙烷进入换热器吸收乙烯、甲烷和天然气的热量后气化，进入丙烷第三级压缩机的入口。余下的液态丙烷再节流、降温、降压，然后全部进入换热器吸收乙烯、甲烷和天然气的热量后气化，进入丙烷第一级压缩机的入口。

乙烯制冷循环与丙烷制冷循环的不同之处在于，经压缩机压缩并水冷后，乙烯先流经丙烷的三个换热器进行预冷，再进行节流降温，为甲烷和天然气提供冷量。在级联式液化流程中，乙烷可替代乙烯作为第二级制冷循环的制冷剂。

甲烷制冷循环中，甲烷压缩并水冷后，先流经丙烷和乙烯的六个换热器进行预冷，再进行节流、降温，为天然气提供冷量。

级联式液化流程的优点是：能耗低；制冷剂为纯物质，无配比问题；技术成熟，操作稳定。缺点是：机组多，流程复杂；附属设备多，要有专门生产和储存多种制冷剂的设备；管道和控制系统复杂，维修不便。

2. 混合制冷剂液化流程

混合制冷剂液化流程是在20世纪70年代由级联式液化流程简化而来，至20世纪80年代后期新建与扩建的基本负荷型天然气液化装置，多数采用丙烷预冷混合制冷剂液化流程。混合制冷剂液化流程是以 C_1 至 C_5 的碳氢化合物及 N_2 等多组分的混合制冷剂为工质，进行逐级的冷凝、蒸发、节流膨胀，从而得到不同温区的制冷量，而使天然气逐步冷却，直至液化。

该液化流程与级联式液化流程相比，其优点为：机组设备少，流程简单，投资省，投资费用比级联式液化流程低约15%～20%；管理方便；混合制冷剂组分可以部分或全部从天然气本身提取和补充。缺点为：能耗高，比级联式流程高10%～20%；混合制冷剂的合理配比较为困难；流程计算需提供组分可靠的平衡数据和物性参数。

法国燃气公司开发的新型混合制冷剂液化流程，即整体结合式级联型液化流程，简称为CII液化流程，如图4-6所示。该流程主要设备包括混合制冷剂压缩机、混合制冷剂分馏设备和整体式冷箱三部分。整个液化流程可分为天然气液化系统和混合制冷剂循环两部分。

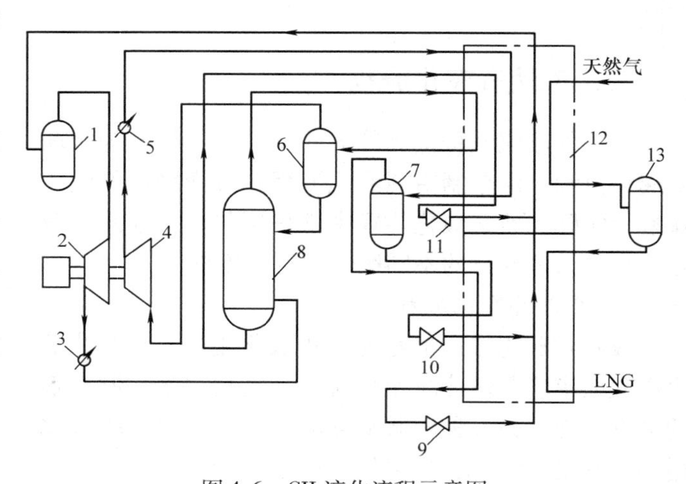

图4-6 CII液化流程示意图
1、6、7、13—气液分离器 2—低压压缩机 3、5—水冷却器 4—高压压缩机 8—分馏塔 9、10、11—节流阀 12—冷箱

在天然气液化系统中，预处理

后的天然气进入冷箱 12 上部被预冷，在气液分离器 13 中进行气液分离，气相部分进入冷箱 12 下部被冷凝和过冷，最后节流至 LNG 储槽。

在混合制冷剂循环中，混合制冷剂是 N_2 和 $C_1 \sim C_5$ 的烃类混合物。冷箱 12 出口的低压混合制冷剂蒸气被气液分离器 1 分离后，被低压压缩机 2 压缩至中间压力，然后经冷却器 3 部分冷凝后进入分馏塔 8。混合制冷剂分馏后分成两部分，分馏塔底部的重组分液体主要含有丙烷、丁烷和戊烷，进入冷箱 12，经预冷后节流、降温，再返回冷箱 12 上部蒸发、制冷，用于预冷天然气和混合制冷剂；分馏塔上部的轻组分气体主要成分是氮、甲烷和乙烷，进入冷箱 12 上部被冷却并部分冷凝，进气液分离器 6 进行气液分离，液体作为分馏塔 8 的回流液，气体经高压压缩机 4 压缩后，经水冷却器 5 冷却后进入冷箱 12 上部预冷，进气液分离器 7 进行气液分离，得到的气液两相分别进入冷箱 12 下部预冷后，节流、降温，返回冷箱 12 的不同部位，为天然气和混合制冷剂提供冷量，实现天然气的冷凝和过冷。

CII 流程具有如下特点：①流程精简、设备少。CII 液化流程出于降低设备投资和建设费用的考虑，简化了预冷制冷机组的设计。在流程中增加了分馏塔，将混合制冷剂分馏为重组分（以丁烷和戊烷为主）和轻组分（以氮、甲烷、乙烷为主）两部分。重组分冷却、节流降温后返流，作为冷源进入冷箱上部预冷天然气和混合制冷剂；轻组分气流分离后进入冷箱下部，用于冷凝、过冷天然气。②冷箱采用高效钎焊铝板翅式换热器，体积小，便于安装。整体式冷箱结构紧凑，分为上下两部分，由经过优化设计的高效钎焊铝板翅式换热器平行排列，换热面积大，绝热效果好。天然气在冷箱内由环境温度冷却至 -160℃ 左右液体，减少了漏热损失，并较好地解决了两相流体分布问题。冷箱以模块化的形式制造，便于安装，只需在施工现场对预留管路进行连接，降低了建设费用。③压缩机和驱动机的形式简单、可靠，降低了投资与维护费用。

3. 带膨胀机的液化流程

带膨胀机的液化流程是指利用高压制冷剂，通过涡轮膨胀机绝热膨胀的克劳德循环制冷实现天然气液化的流程。该流程的基本原理是：气体在膨胀机中膨胀降温的同时输出功，用于压缩机的驱动；当进入装置的原料气与离开液化装置的商品气存在自由压差时，液化过程将无需从外界加入能量，而是靠自由压差通过涡轮膨胀机制冷实现天然气的液化。流程的关键设备是涡轮膨胀机。

根据制冷剂的不同，该液化流程主要分为天然气膨胀液化流程、氮气膨胀液化流程和氮气-甲烷混合膨胀液化流程。这些流程一般用于液化能力在 $7 \times 10^4 \sim 70 \times 10^4 m^3/d$ 的调峰型装置。

（1）天然气膨胀液化流程　天然气膨胀液化流程，是指直接利用高压天然气在膨胀机中绝热膨胀到输出管道压力而使天然气液化的流程。这种流程的突出优点是功耗小，只对需液化的那部分天然气脱除杂质，因而预处理的天然气量大为减少（约占气量的 20% ~ 35%）。但液化流程不能获得像氮气膨胀液化流程那样低的温度，循环气量大，液化率低。膨胀机的工作性能受原料气压力和组成变化的影响较大，对系统的安全性要求较高。

天然气膨胀液化流程如图 4-7 所示。原料气经脱水器 1 脱水后，部分进入脱二氧化碳塔 2 脱除二氧化碳。这部分天然气脱除二氧化碳后，经换热器 5 ~ 7 及过冷器 8 后液化，部分节流后进入储罐 9 储存，另一部分节流后为换热器 5 ~ 7 和过冷器 8 提供冷量。储罐 9 中自蒸发的气体，首先为换热器 5 提供冷量，再进入返回气压缩机 4，压缩并冷却后，与未进行脱二氧化碳塔的原料气混合，进入换热器 5 冷却后，进入膨胀机 10，膨胀降温后，为换热器 5 ~7 提供冷量。

对于这类流程，为了能得到较大的液化量，在流程中增加了一台压缩机，这种流程称为带循环压缩机的天然气膨胀液化流程。其缺点是流程功耗大。

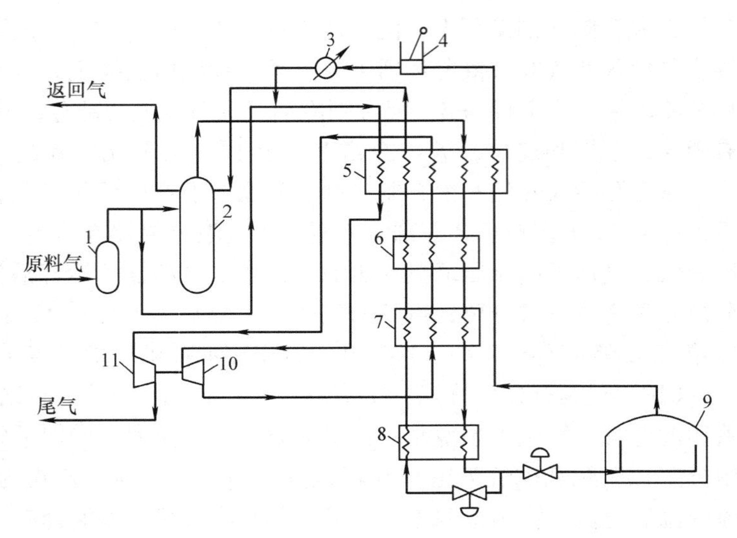

图 4-7 天然气膨胀液化流程

1—脱水器 2—脱二氧化碳塔 3—水冷却器 4—返回气压缩机 5、6、7—换热器 8—过冷器 9—储罐 10—膨胀机 11—压缩机

图 4-7 所示的天然气直接膨胀液化流程属于开式循环，即高压的原料气经冷却、膨胀制冷与回收冷量后，低压天然气直接（或经增压达到所需的压力）作为商品气去燃气管网。若将回收冷量后的低压天然气用压缩机增压到与原料气相同的压力后，返回至原料气中开始下一循环，则这类循环属于闭式循环。

（2）氮气膨胀液化流程　与混合制冷剂液化流程相比，氮气膨胀液化流程较为简化、紧凑，造价略低。起动快，热态起动1 ~2h即可获得满负荷产品，运行灵活、适应性强、易于操作和控制、安全性好，放空不会引起火灾或爆炸危险，制冷剂采用单组分气体。但其能耗要比混合制冷剂液化流程高 40% 左右。

二级氮膨胀液化流程是经典氮膨胀液化流程的一种变形，如图 4-8 所示。该液化流程由原料气液化回路和 N_2 膨胀液化循环组成。

在天然气液化回路中，原料气经预处理装置 1 预处理后，进入换热器 2 冷却，再进入重烃分离器 3 分离掉重烃，经换热器 4 冷却后，进入氮气提塔 6 分离掉部分 N_2，再进入换热器 5 进一步冷却和过冷后，LNG 进储罐储存。

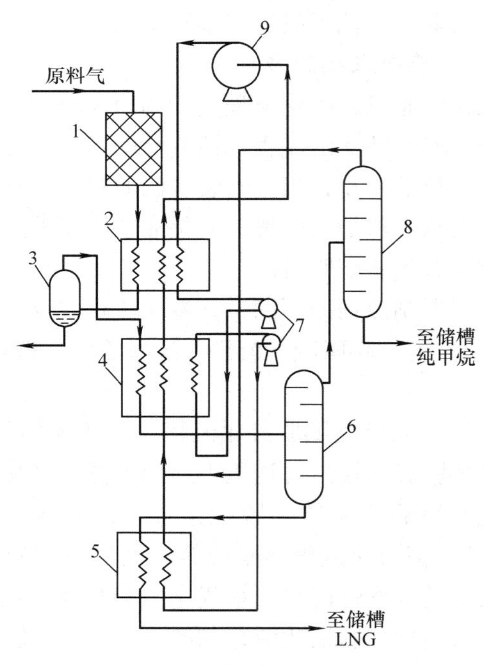

图 4-8 氮气膨胀液化流程

1—预处理装置 2、4、5—换热器 3—重烃分离器 6—氮气提塔 7—氮涡轮膨胀机 8—氮-甲烷分离塔 9—循环压缩机

在氮气膨胀液化循环中，氮气经循环压缩机 9 压缩和换热器 2 冷却后，进入涡轮膨胀机 7 膨胀降温后，为换热器 4 提供冷量，再进入涡轮膨胀机 7 膨胀降温后，为换热器 5、4、2 提供冷量。离开换热器 2 的低压氮

气进入循环压缩机 9 压缩，开始下一轮的循环。天然气液化回路中，由氮−甲烷分离塔 8 产生的低温气体，与二级膨胀后的氮气混合，共同为换热器 4、2 提供冷量。

（3）氮−甲烷膨胀液化流程　为了降低膨胀机的能耗，采用 N_2-CH_4 混合气体代替纯 N_2，发展了 N_2-CH_4 膨胀液化流程。与混合制冷剂液化流程相比较，氮−甲烷膨胀液化流程具有起动时间短、流程简单、控制容易、混合制冷剂测定及计算方便等优点。由于缩小了冷端换热温差，它比纯氮膨胀液化流程节省了 10%～20% 的动力消耗。图 4-9 所示为氮−甲烷膨胀液化流程示意图，该流程由天然气液化系统与 N_2-CH_4 制冷系统两个各自独立的部分组成。

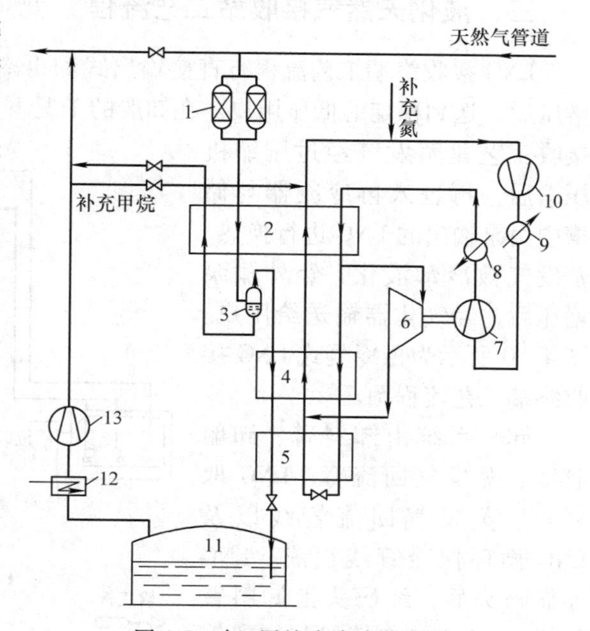

图 4-9　氮−甲烷膨胀液化流程

1—预处理装置　2、4、5—换热器　3—气液分离器　6—涡轮膨胀机　7—制动压缩机　8、9—水冷却器　10—循环压缩机　11—储罐　12—预热器　13—压缩机

天然气液化系统中，经过预处理装置 1 脱酸、脱水后的天然气，经换热器 2 冷却后，在气液分离器 3 中进行气液分离，气相流体进入换热器 4 冷却液化，在换热器 5 中过冷，节流降压后进入储罐 11。

N_2-CH_4 制冷系统中，制冷剂 N_2-CH_4 经循环压缩机 10 和制动压缩机 7 压缩到工作压力，经水冷却器 8 冷却后，进入换热器 2 被冷却到涡轮膨胀机的入口温度。一部分制冷剂进入膨胀机 6，膨胀到循环压缩机 10 的入口压力，与返流制冷剂混合后，作为换热器 4 的冷源，回收的膨胀功用于驱动制动压缩机 7；另一部分制冷剂经换热器 4 和 5 冷凝和过冷后，经节流阀节流、降温后返流，为过冷换热器提供冷量。

第三节　液化天然气的接收

一、液化天然气接收站的功能

液化天然气接收站也称液化天然气接收终端（LNG Terminal）。其功能是接收 LNG 运输船从基本负荷型天然气液化工厂运来 LNG，经过卸料臂将 LNG 送至储罐储存。使用时将 LNG 增压进入气化器，LNG 气化后供给城市燃气管网或直接供给用户，也使用液化天然气运输槽车将 LNG 运至 LNG 气化站气化后供用户。液化天然气接收站的储存能力一般较大，可兼作调峰和应急气源使用。

二、液化天然气接收站的构成

液化天然气（LNG）接收站是一个复杂的接收系统，主要由专用码头、LNG 卸料臂、LNG 输送管道、LNG 储罐、LNG 再气化装置、输气设备、计量设备、压力控制站、蒸发气体（BOG）回收装置、控制系统、安全保护系统、维修保养系统等构成。

三、液化天然气接收站工艺流程

LNG 接收终端工艺流程有直接输出式和再冷凝式两种。直接输出式是蒸发气用压缩机增压后，送到稳定的低压用户。在卸船的工况下，低压用户应能接收大量蒸发气。再冷凝式接收工艺是蒸发气经过压缩机压缩后，再进入再冷凝器与储槽中由泵输出的 LNG 进行换热，蒸发气被冷却液化，经外输泵增压后，经气化器输送给用户。图 4-10 所示为再冷凝式 LNG 接收终端工艺流程图。

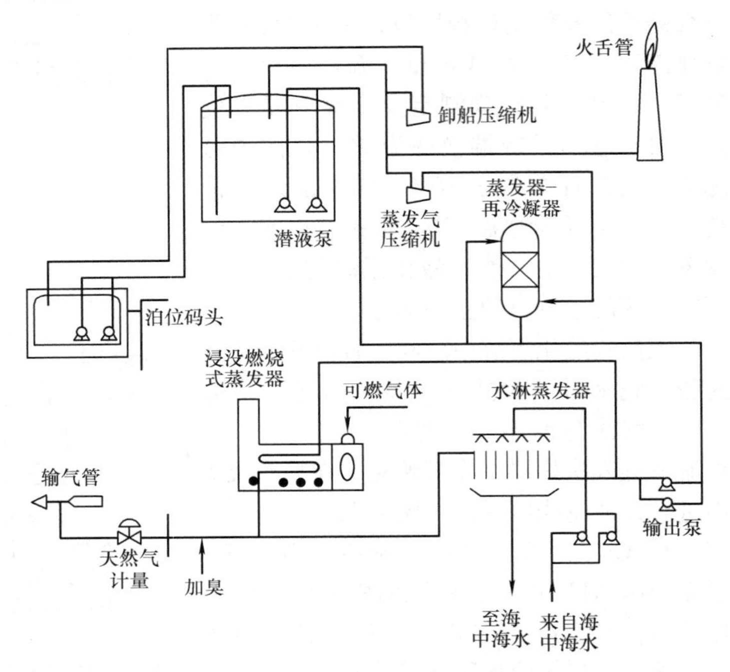

图 4-10 再冷凝式 LNG 接收终端工艺流程图

卸船系统由卸料臂、卸船管线、蒸发气回流臂、LNG 取样器、蒸发气回流管线以及 LNG 循环保冷管线组成。LNG 船靠码头后，经码头上卸料臂将船上 LNG 输出管线与卸船管线对接，由船上储罐内的潜液泵将 LNG 输送到终端的储槽内。随着 LNG 不断输出，船上储罐内压力逐渐降低，为维持其气相压力一定，将岸上储罐内的一部分蒸发气加压后，经回流管线及回流臂送至船上储罐。

LNG 卸船管线一般采用双母管，卸船时两根母管同时工作，各承担 50% 的输送量。一根母管故障时，不至中断卸船。在非卸船期间，两根母管形成循环，便于对母管进行循环保冷，使其保持低温，减少因管线漏热导致的 LNG 蒸发量增加。通常由岸上储罐输送泵出口分出一部分 LNG 来冷却需保冷的管线，再经循环保冷管线返回罐内。每次卸船前，还需用船上 LNG 对卸料臂等预冷，预冷完毕后再将卸船量逐步增加至正常量。卸船管线上配有取样器，在每次卸船前取样并分析 LNG 的组成、密度和热值等。

储罐内 LNG 经罐内输送泵加压后送入再冷凝器，使来自储罐顶部的蒸发器液化。从再冷凝器中流出的 LNG 可根据不同用户要求，分别加压至不同压力，如加压后输送至低压水淋蒸发器中蒸发。水淋蒸发器在基本负荷下运行时，浸没燃烧式蒸发器作为备用。

为保证罐内输送泵、罐外泵正常运行，泵出口均设置回流管。当 LNG 输送量变化时，可利用回流管调节流量。在停止输出时，可利用回流管循环，以保证泵出口处于低温状态。

蒸发气处理系统包括蒸发气冷却气、分液罐、压缩机及再冷凝器等。此系统应保证 LNG 储槽在一定压力范围内工作。当储槽处于不同工作状态时，例如 LNG 外输、接收 LNG 或既不外输也不接收时，蒸发气量变化较大。因此，储槽中须设置压力开关，并且分别设定几个等级的超压值或欠压值，以控制储罐气相压力。

为防止储罐在运行时产生真空，流程中配有防真空补气装置。补气的气源来自蒸发器出口管的天然气。有些储罐采取安全阀直接连通大气，当储罐产生真空时，大气可直接经阀进入罐内补气。

第四节　液化天然气的储存与运输

一、LNG储罐

1. 按容量分类

储罐按容量通常分为五类，见表4-6。

表4-6　液化天然气（LNG）储罐按容量分类

类　型	容量/m³	用　途
小型储罐	5～50	常用于民用LNG储配站、LNG汽车加气站等
中型储罐	50～100	常用于卫星式液化装置、工业LNG储配站等
大型储罐	100～1000	常用于小型LNG生产装置
大型储槽	1000～40000	常用于基本负荷型和调峰型液化装置
特大型储槽	40000～200000	常用于LNG（接收站）接收终端

2. 按操作压力分类

储罐按操作压力分为大型常压储罐和压力储罐。LNG压力储罐的最高工作压力为1MPa，常用工作压力为0.2～0.8MPa。

真空粉末绝热储罐被广泛应用于与输气管网配套的LNG卫星站场。真空粉末绝热储罐为圆筒形压力储罐，如图4-11所示，150m³/0.60MPa的LNG储罐技术参数见表4-7。

表4-7　150m³/0.60MPa的LNG储罐技术参数

名称	内筒	外筒
几何容积/m³	157.9	57.0①
有效容积/m³	150	—
最低工作温度/℃	-162	常温
设计温度/℃	-196	20
最大工作压力/MPa	0.60	-0.10②
气压试验压力/MPa	0.84	—
气密性试验压力/MPa	0.74	0.2③
容器安全阀开启压力/MPa	0.70	—
主体材料	Cr18Ni9	Q235-B
最大充装质量/kg	64000④	—
筒体直径	3300	3700
外形尺寸（直径×高）/mm×mm	3740×20740	

① 夹层容积。

② “-”指真空。

③ 内筒同时持压0.1MPa。

④ LNG（纯甲烷）。

当LNG储存量大且需要较高的储存压力时，可采用LNG子母罐。与集群罐相比，LNG子母罐具有站场设备少、投资省、操作维护简便、安全可靠等优点。LNG子母罐既适用于LNG液化工厂的LNG储存场站，也适用于大型LNG卫星储存场站，单座LNG子母罐的几何容积通常为1500m³、1750m³、2000m³、2500m³、3000m³、5000m³。1750m³/0.53MPa的子母罐结构简图如图4-12所示，其技术参数见表4-8。

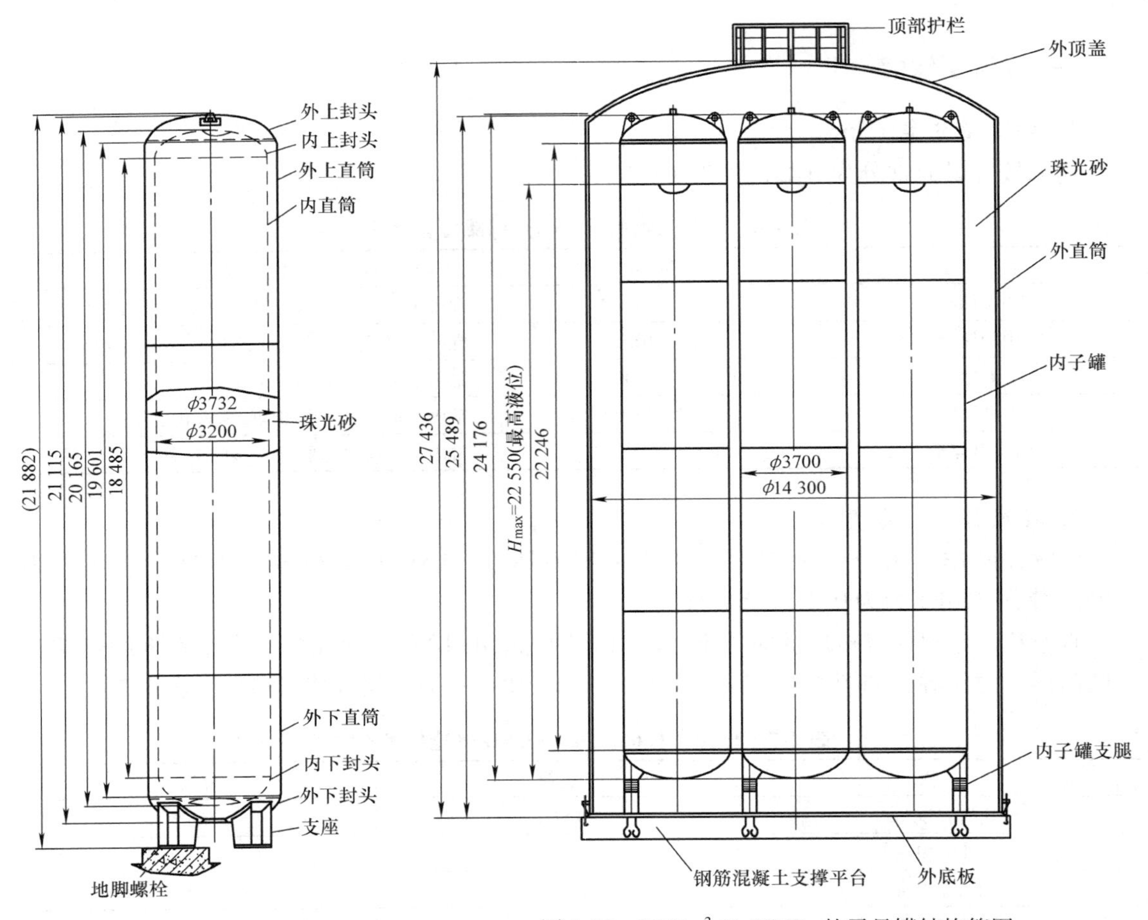

图4-11 真空粉末绝热LNG储罐

图4-12 1750m³/0.53MPa的子母罐结构简图

表4-8 1750m³/0.53MPa子母罐主要技术参数

项目名称	内筒	外筒
充装介质[①]	LNG	珠光砂、氮气
有效容积/m³	7×237.5=1662.5	—
几何容积/m³	7×250=1750	2436[②]
最低工作温度/℃	−163[③]	−20~60
设计温度/℃	−196[④]	
工作压力/MPa	0.53	2kPa
设计压力/MPa	0.61	3kPa

（续）

项目名称		内筒	外筒
气密性试验压力/ MPa		0.71	3kPa
系统气密性试验压力/ MPa		0.71	—
安全阀开启压力/MPa	容器	0.66	—
	管路	0.80	—
主体材质		0Cr18Ni9	16MnR
数量		7	1
最大充装量/t		7×107.9=749	—
满重/t		约 1250	
外形尺寸（直径×高）/mm×mm		14300×27450	

① 充装率为95%。
② 夹层容积。
③ LNG。
④ LN_2 冷试温度。

3. 按绝热结构分类

1）真空粉末绝热：常用于小型 LNG 储罐。

2）正压堆积绝热：广泛应用于大、中型 LNG 储罐和储槽。

3）高真空多层绝热：仅用于小型 LNG 储罐，如 LNG 汽车车载钢瓶等。

4. 按储罐安装位置分类

1）地上型。图 4-13 所示为地上型 LNG 储罐。

2）地下型。包括半地下式（图 4-14）、地下式（图 4-15）、地下坑式（图 4-16）。

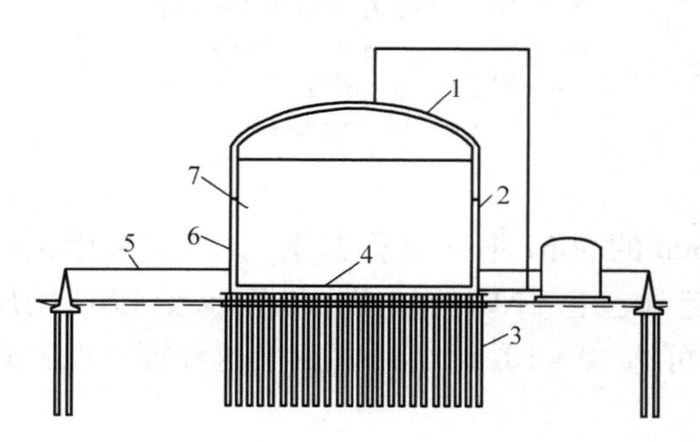

图 4-13　地上型 LNG 储罐
1—外壳顶　2—外壳　3—钢管桩
4—基础隔热　5—围堰
6—隔热层　7—内罐

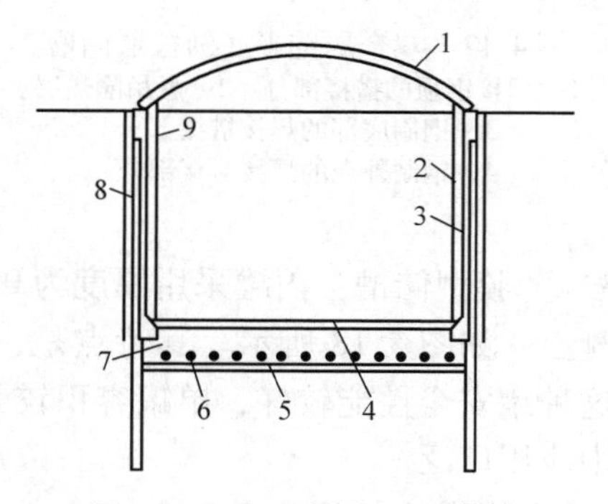

图 4-14　半地下式 LNG 储罐
1—槽顶　2—隔热层　3—侧壁
4—储槽底板　5—砂砾层　6—底部加热器
7—砂浆层　8—侧加热器　9—薄膜

5. 按储罐材料分类

1）双层金属罐：内罐和外罐均采用金属材料，内罐采用耐低温的不锈钢和铝合金，外罐采用碳钢。图 4-17 所示为双金属壁平底圆柱形储槽。

2）预应力混凝土储罐：内罐采用耐低温金属材料，外壳采用预应力混凝土。图 4-18 所示为预应力混凝土 LNG 储槽。

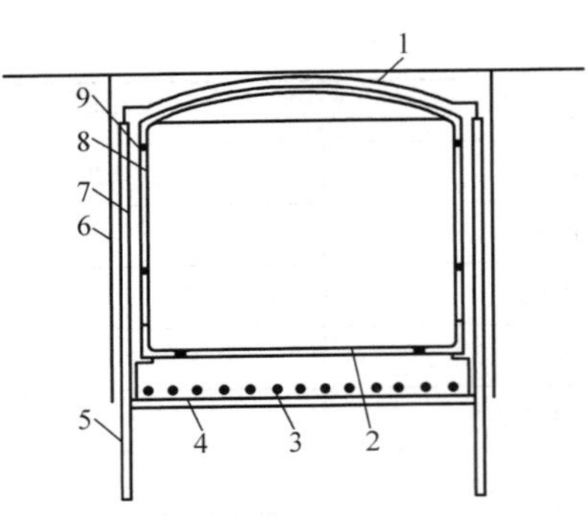

图 4-15 地下式 LNG 储罐
1—槽顶 2—储槽底板 3—底部加热器
4—砂砾层 5—砂浆层 6—侧加热器
7—侧壁 8—薄膜 9—隔热层

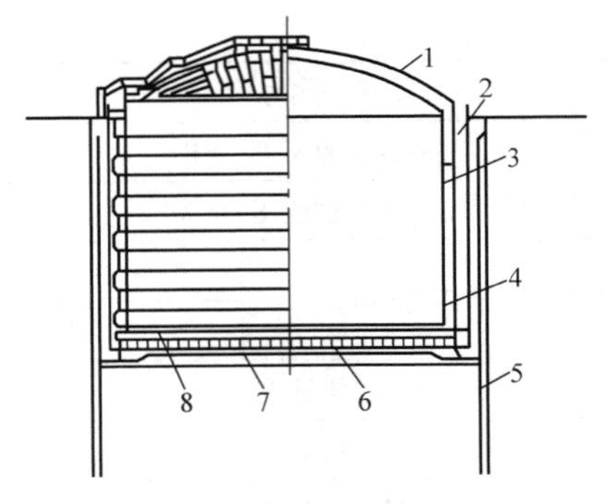

图 4-16 地下坑式 LNG 储槽
1—外壳 2—坑 3—隔热层
4—内罐 5—砂浆层 6—圆柱
7—底板 8—底部加热层

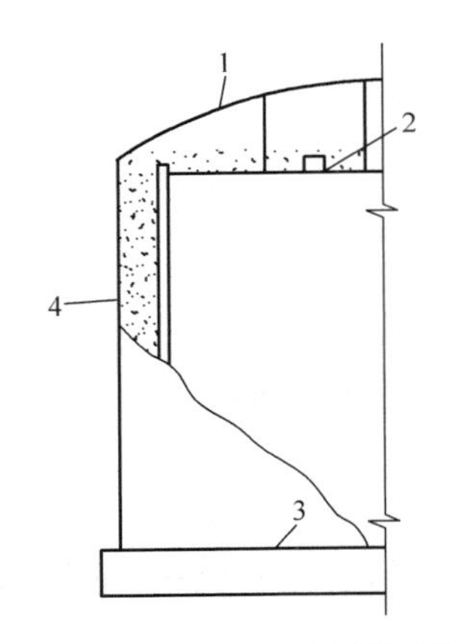

图 4-17 双金属壁平底圆柱形储槽
1—焊接钢顶的搭接部分 2—悬吊隔热层
3—钢制底部的焊接搭接部分
4—钢制外壳的焊接对接部分

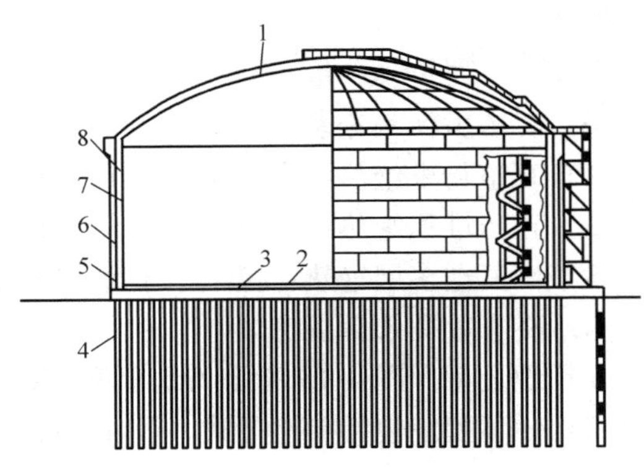

图 4-18 预应力混凝土 LNG 储槽
1—外槽顶 2—钢衬垫 3—底部隔热
4—钢管桩 5—围堰 6—钢衬垫
7—内罐 8—隔热层

3）薄膜型储槽：内罐采用厚度为 0.8～1.2mm 的 36Ni 钢（又称殷钢），外壳采用预应力混凝土，如图 4-18 所示。其特点是，内罐只起到包容 LNG 的作用，外壳承受 LNG 的压力，这种罐安全性能较好，单罐容积较大（最大可达 $20\times10^4\mathrm{m}^3$/台）。目前这种罐在地上式储罐中应用广泛。

6. 按储罐维护结构分类

（1）单容积式储罐　由内罐和外壳构成的储罐，内罐的设计和建造能满足储存介质低温延展性的要求，外壳（如需要）主要起固定和保护隔热层、保持吹扫气体压力的作用。通常在该罐周围筑有较低的防液堤，以容纳泄漏的低温液体。该类罐虽然造价低，但安全性也较低，占用面积较大，储罐结构示意如图 4-19 所示。

（2）双容积式储罐　在设计和建造上内罐和外壳都能单独容纳、储存低温液体的储罐。正常情况下，内罐储存低温液体，当内罐有液体泄漏时，外壳可用来容纳这些泄漏的低温液体，但不能容纳这些低温液体产生的蒸发气体。该类储罐的安全性能要比单容积式储罐好，其示意图如图 4-20 所示。

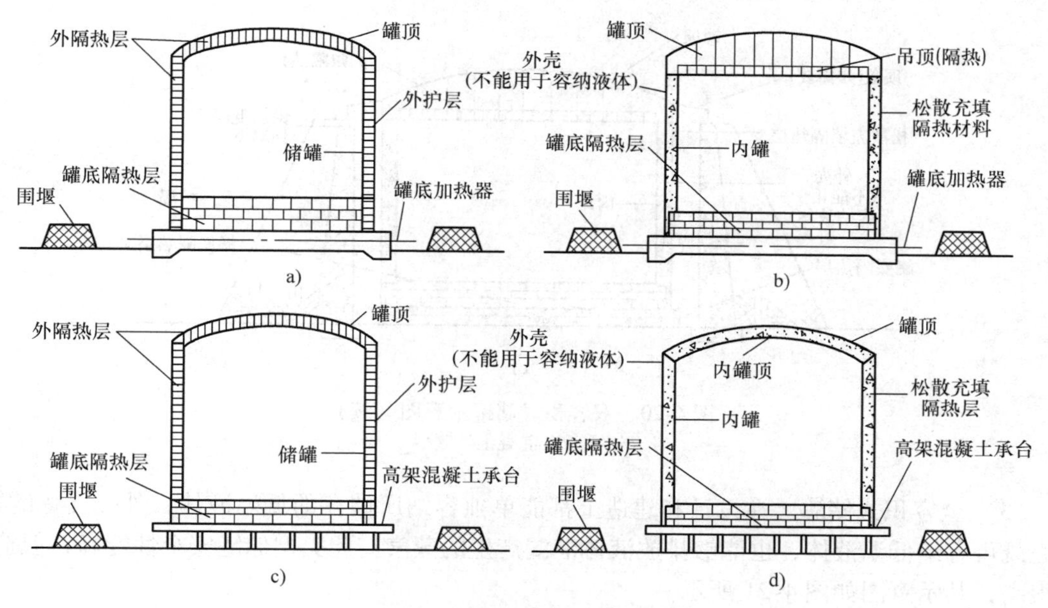

图 4-19　单容积式储罐示意图

a）单壁外隔热层、罐底加热式　b）单壁外隔热层、罐底高架式

c）双壁内填充隔热层、罐底加热式　d）双壁内填充隔热层、罐底高架式

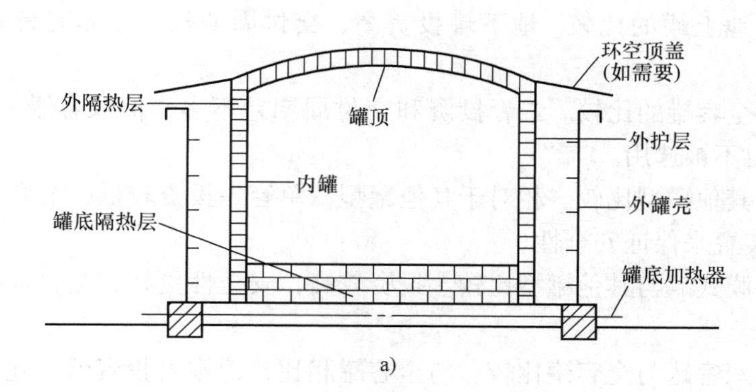

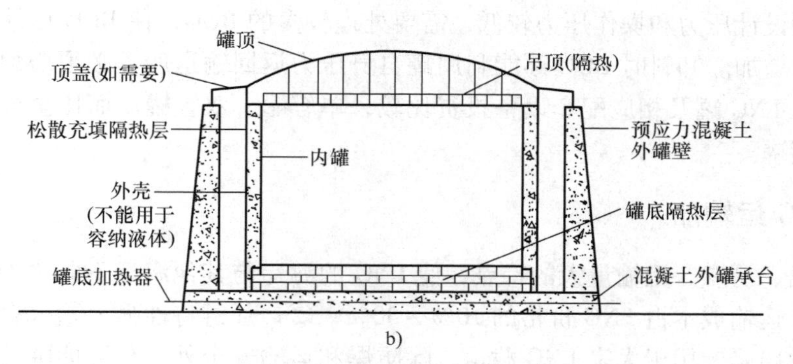

图 4-20　双容积式储罐示意图

a）金属外罐型　b）有承台混凝土外罐型

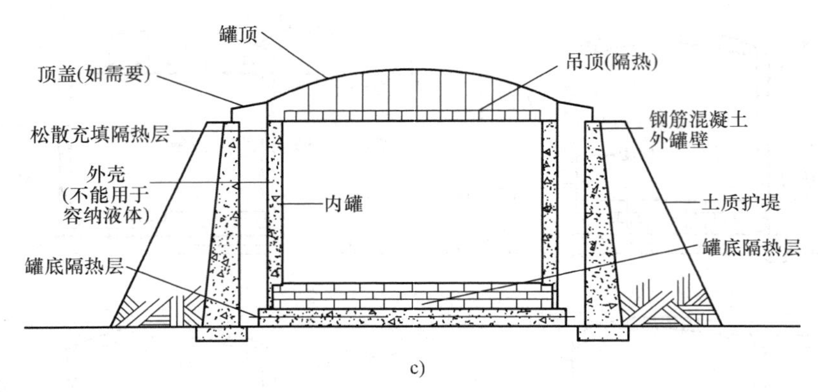

图 4-20 双容积式储罐示意图（续）
c）无承台混凝土外罐型

（3）全容积式储罐　在设计和建造上都能单独容纳所储存的低温液体，外壳支撑罐顶。外壳既可容纳低温液体，也能够排放液体泄漏产生的蒸气。此类型储罐安全性能高，但造价也很高，其示意图如图 4-21 所示。

7. LNG 储罐的比较及选择

LNG 罐型的选择要求是安全可靠、投资低、寿命长、技术先进、结构完整、便于制造，并且要求能使整个系统的操作费用低。

1）地下罐与地上罐的比较。地下罐投资高、交付周期长。除非有特殊要求，一般不选择。

2）双容罐和全容罐的比较。二者投资和交付周期差不多，但双容罐的安全水平较低，相对比较陈旧，也不被选用。

3）单容罐与其他罐型比较。相对于其他罐型，单容罐投资较低，节余费用可用来增加其他设备和安全装置来保证安全性。

4）全容罐、膜式罐与其他罐型比较。投资较高，安全性更好，是目前接收站普遍采用的形式。

5）单容罐、双容罐与全容罐比较。与全容罐相比，罐本身投资低，建设周期短。但单容罐、双容罐设计压力和操作压力较低，需要处理较多的 BOG，使 BOG 压缩机和再冷凝器处理能力相应增加。卸料时 BOG 不能利用罐自身压力返回输送船，必须增加配置返回气风机。因此，从 LNG 罐及相应配套设备投资比较，单容罐、双容罐反而比全容罐高，操作费用也大于全容罐。

二、LNG 运输船

LNG 低温、易燃、运输量大的特点，使 LNG 的海运与其他海运不同之处在于：①投资风险高。LNG 运输成本占 LNG 价格的 10%～30%。②产业链特性强。③运输稳定。

LNG 运输船是专用于大宗 LNG 载运，除防爆和运输安全外，尽可能降低气化率是运输的必然要求。

LNG 运输船普遍采用双壳体，船舶的外壳体与储槽间形成保护空间，减少船舶因碰撞导致储槽意外破裂的危险。储槽采用全冷或半冷半压式，大型 LNG 船一般采用全冷式，小

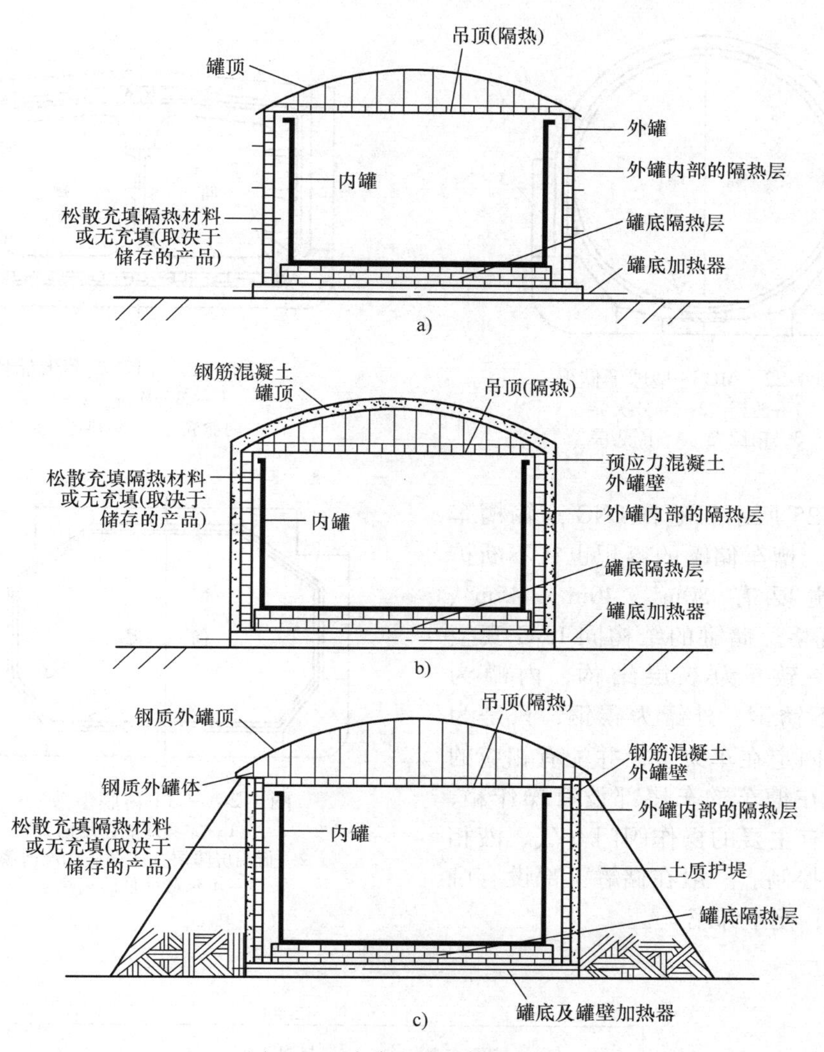

图 4-21　全容积式储罐示意图

a）外罐无护堤、钢制罐顶式

b）外罐无护堤、混凝土罐顶式　c）外罐有护堤、钢制罐顶式

型 LNG 船一般采用半冷半压式。低温储槽的隔热方式有真空粉末、真空多层、高分子有机发泡材料等。

LNG 运输船的低温储槽结构分为自支撑式和薄膜式两种。自支承式储槽是独立的，储槽的外表面是没有承载能力的绝热层，MOSS 型球形储槽和 SPB 型菱形槽分别如图 4-22 和图 4-23 所示。薄膜型储槽采用船体的内壳体作为储槽的整体部分，GTT 薄膜型液货舱如图 4-24 所示。储槽的第一层是薄膜层结构，材料为不锈钢或高镍不锈钢。第二层由刚性的绝热支撑层支撑。

三、LNG 槽车

1. LNG 槽车的构成

目前 LNG 运输槽车多为半挂式运输车，主要由牵引车、槽车储罐和半挂车架构成，其

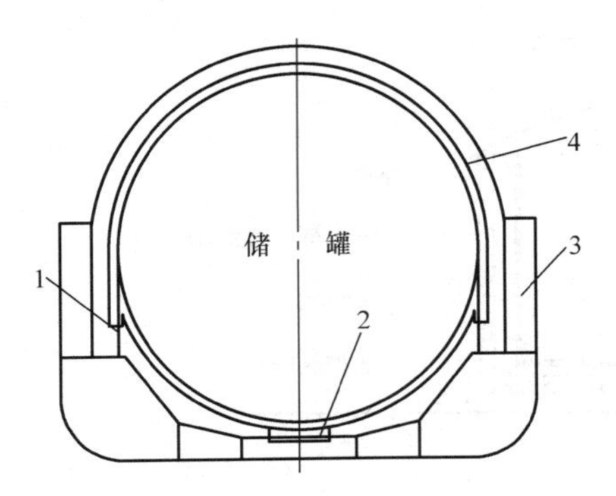

图 4-22 MOSS 型球形储槽
1—舱裙 2—部分次屏
3—内舱壳 4—隔热层

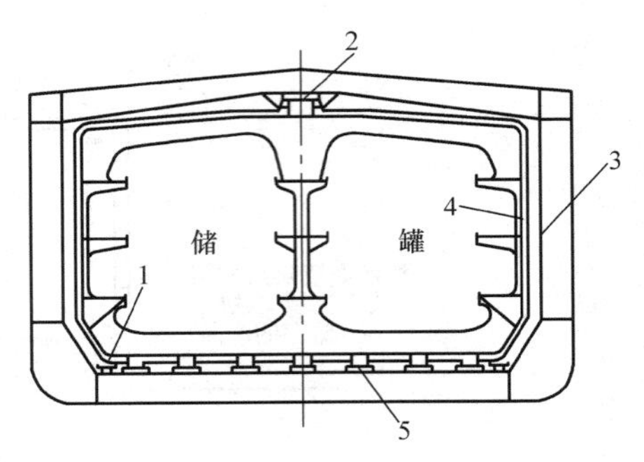

图 4-23 SPB 型菱形储槽
1—部分次屏 2—楔子
3—内舱壳 4—隔热层 5—支撑

结构如图 4-25 所示。随着 LNG 运输槽车技术的发展，槽车储罐的容积也在不断扩大，现在主要有 $30m^3$、$40m^3$、$45m^3$、$50m^3$ 几种规格。储罐的结构同 LNG 真空绝热储罐一致，为双层结构，内罐为 06Cr18Ni9 不锈钢，外罐为碳钢，只是为卧式储罐，固定在车架上，并配有相应的管路系统。在槽车的车尾部设有操作箱，在箱内安装有主要的操作阀门（气、液相等）并集中控制。一般在储罐下部设有卧式自增压器，便于卸车。

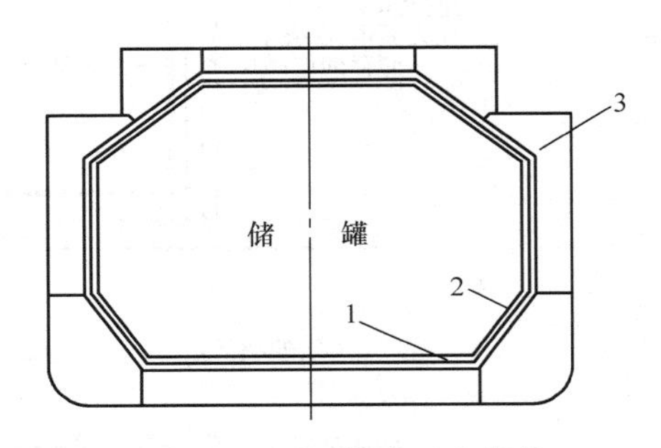

图 4-24 GTT 薄膜型液货舱
1—完全双船壳结构
2—低温屏障层（主薄膜和次薄膜）
3—可承载的低温隔热层

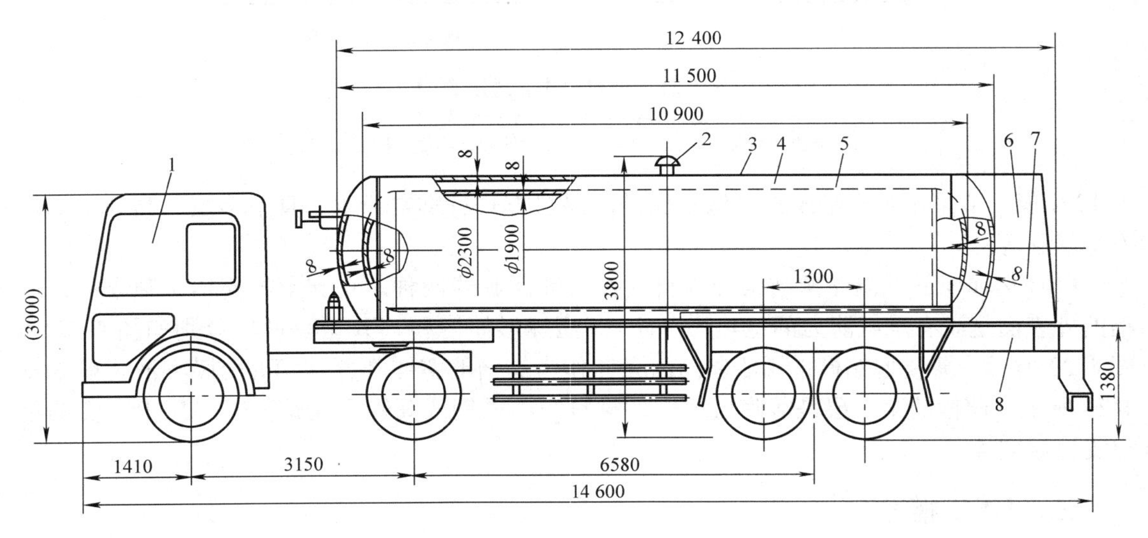

图 4-25 半挂 LNG 运输车
1—牵引车 2—外筒安全装置 3—外筒 4—绝热层真空纤维
5—内筒 6—操作箱 7—仪表阀 8—底架

LNG 槽车的安全设计至关重要，包含防止超压和消除燃烧的可能性（禁火、禁油、消除静电）。防止超压的手段主要是设置安全阀、爆破片等超压泄放装置。根据低温领域运行经验，储罐上必须设有能切换的双路安全阀系统。为了运输安全，有的槽车上还设有如图 4-26 所示的公路运输泄放阀。

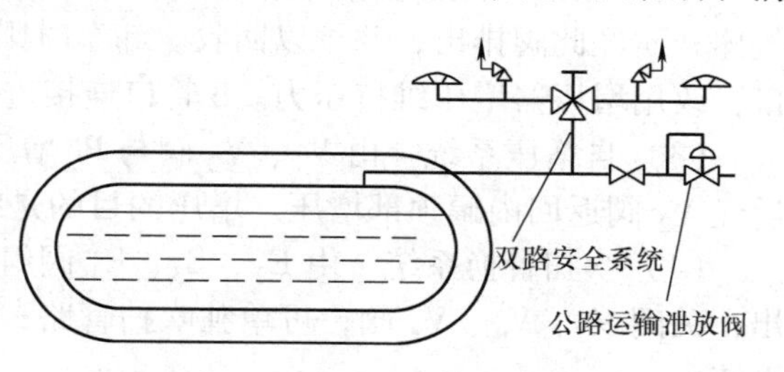

图 4-26 公路运输泄放阀示意图

2. LNG 槽车储罐的工艺系统

LNG 运输槽车储罐工艺系统主要包括：进排液系统、进排气系统、自增压系统、吹扫置换系统、仪控系统、紧急切断阀与气控系统、安全系统、抽空系统、测满分析取样系统。这些系统的接管设置在槽车尾部的操作箱，如图 4-27 所示。

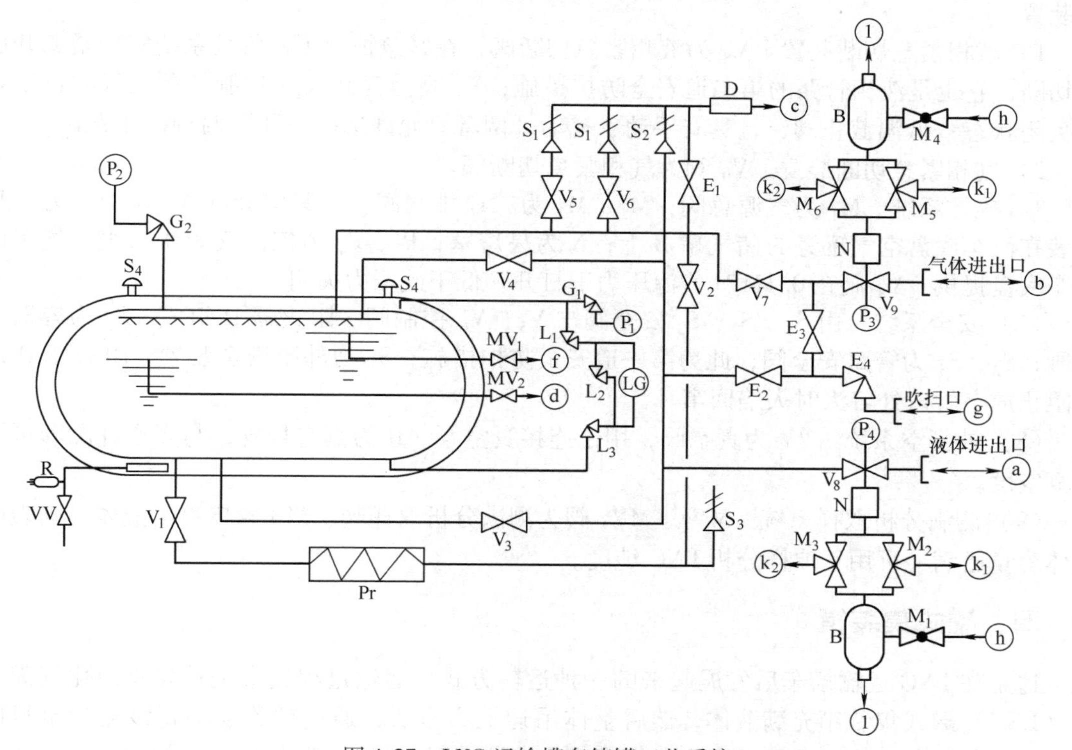

图 4-27 LNG 运输槽车储罐工艺系统

B—平衡罐 D—阻火器 E_1—放空阀 E_2—液相吹扫阀 E_3—气相吹扫阀 E_4—吹扫总阀 G_1—压力表阀 G_2—压力表阀 L_1—液位计上阀 L_2—平衡阀 L_3—液位计下阀 LG—液位计 M_1—气源总阀 M_2—后部进排气阀 M_3—前部进排气阀 M_4—气源总阀 M_5—后部进排气阀 M_6—前部进排气阀 MV_1—LNG 测满阀 MV_2—LN_2 测满阀 N—易熔塞 P_1—压力表 P_2—压力表 P_3—压力表 P_4—压力表 Pr—增压器 R—真空规管 S_1—安全阀 S_2—安全阀 S_3—安全阀 S_4—外筒防爆装置 V_1—增压阀 V_2—增压回气阀 V_3—液体进出阀 V_4—上部进液阀 V_5—气体通过阀 V_6—气体通过阀 V_7—气体进出阀 V_8—紧急切断阀 V_9—紧急切断阀 VV—抽真空阀

（1）进排液系统　由 V_3、V_4、V_8 阀组成。V_3 为底部进排液阀，V_4 为顶部进液阀，V_8 为液相管紧急切断阀。a 管口连接进排液软管。

（2）进排气系统　V_7、V_9 阀为进排气阀，V_9 阀为气相管紧急切断阀。装车时，槽车的气体介质经此阀排出，并予以回收。卸车时则由此阀输入气体，以便维持压力。也可不用此口，改用增压器增压维持压力。b 管口连接进排气软管。

（3）自增压系统　由 V_1、V_2 阀与 Pr 增压器组成。V_1 阀排出液体去增压器加热。气化后经 V_2 阀返回内罐顶部增压。增压的目的是维持排液时内罐压力充足稳定。

（4）吹扫置换系统　由 E_2、E_3、E_4 阀组成。吹出气由 g 管口进入，由 a、b、c 管口排出，关闭 V_3、V_4、V_9 阀，可单独吹扫管路；打开 V_3、V_4、V_9、E_1 阀，可吹扫容器和管路系统。

（5）仪控系统　由 P_1、P_2、LG 仪表和 L_1、L_2、L_3、G_1、G_2 阀门组成。P_1 压力表和 LG 液位计装在操作箱内；P_2 装在车前。L_1、L_2、L_3 与 G_1、G_2 阀为仪表控制阀门。

（6）紧急切断阀与气控系统　在液相和气相进出口管路上，分别设有液、气相紧急切断装置。

1）液相紧急切断装置。V_8 为液相紧急切断阀，在紧急情况下由气控系统实行紧急开启或切断，它也是液相管路的第二道安全防护措施；V_8 阀为气开式（控制气源无气时自动处于关闭状态）低温截止阀，且具有手动、气动（两者只允许选择一种）两种操作方式。

2）气相紧急切断装置。V_9 阀为气相紧急切断阀。

3）气控系统。M_1 为气源总阀；M_2、M_3 为三通排气阀，一只安装在 V_8 阀上，另一只安装在汽车底盘空气罐旁的储气罐 B 上；N 为易熔塞；P_3、P_4 为控制气源压力表，气源由汽车底盘提供。V_8 阀在 0.1MPa 气源压力下打开，低于此压力关闭。

（7）安全系统　由 S_1、S_2、S_3 安全阀与 V_5、V_6 控制阀、阻火器 D 组成。S_1 为容器安全阀；S_2、S_3 为管路安全阀，此为第一道安全防护措施；S_4 为外罐安全装置，阻火器 D 用于阻止放空管口处着火时火焰回窜。

（8）抽真空系统　VV 为真空阀，用于连接真空泵。R 为真空规管，与真空计配套可测定真空度。

（9）测满分析取样系统　MV_1、MV_2 阀为测满分析取样阀。当 f 管口喷出液体，则表明液体容量已满，可用于取样分析 LNG 纯度。

四、罐式集装箱

这是在 LNG 运输槽车后发展起来的一种运输方式，运输过程通常是首先将液化气天然气（LNG）罐式集装箱充满液体，然后整体吊运上火车后，通过铁路运输将该箱运至目的地卸车，集中存放管理，最后用拖车将罐式集装箱运至 LNG 储罐站或 LNG 加气站。或者将罐式集装箱从 LNG 液化工厂直接装液通过半挂拖车运输到目的地。这是一种公路、铁路甚至水路可以联合运输的方式，这种运输方式特别适用于 LNG 液化工厂距离用气城市或用气点比较远（一般大于 1000km）、用气量较大的情况，具有一定的灵活性。

我国 LNG 罐式集装箱主要有 $35m^3$、$40m^3$、$50m^3$ 等规格。罐式集装箱实际上也是一种 LNG 储罐，管线系统与 LNG 运输槽车基本相同。它们的不同之处在于：罐式集装箱罐体内罐、外罐之间的夹层多采用真空纤维绝热方式，更适宜长距离运输及抗振动冲击。

五、LNG 储存安全

LNG 储存期间，无论隔热效果如何，总有一定数量的蒸发气体。LNG 储罐的压力控制对安全储存有非常重要的意义。LNG 储存安全技术主要有储罐材料和隔热、LNG 充注、储罐地基及安全保护系统。LNG 储罐的内壁与 LNG 直接接触，要求钢材必须具有良好的低温韧性、抗裂纹能力，并且具有较高强度和焊接能力。安全保护系统主要有储罐液位、压力的控制和报警，还应配备密度检测装置来监控分层和潜在的翻滚问题。

1. LNG 储罐的最大充装量

储罐在首次充注 LNG 之前，必须经过惰化处理。惰化处理就是采用惰性气体置换储罐内空气，使储罐内气体含氧量达到安全要求，惰化气体可以为氮气、二氧化碳等。

充注 LNG 之前，还有必要用 LNG 蒸气将储罐内惰性气体置换出来，称为纯化。具体办法是用气化器将 LNG 气化，并加热到常温状态，然后送入储罐，将罐中惰性气体置换出来。纯化工作完成后，方可进入冷却降温和 LNG 加注过程。

低温 LNG 储罐必须留有一定的空间，作为介质受热膨胀之用，不得将储罐充满。充满低温液体的数量与介质特性、设计工作压力有关。究竟留多大的膨胀空间，需要根据储罐安全阀的设定压力和 LNG 充注情况确定。根据图 4-28 可查出 LNG 最大充注量。例如，LNG 储罐最大允许工作压力为 0.48MPa，充注时压力为 0.14MPa，则最大充注容积是储罐有效容积的 94.3%。

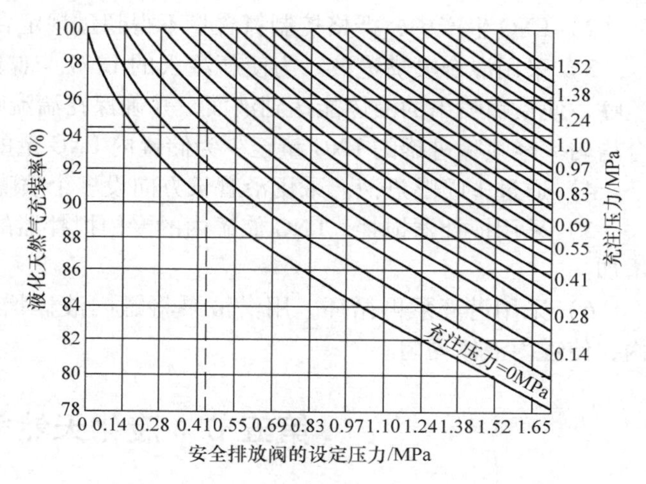

图 4-28　LNG 储罐最大充注量

LNG 充注量主要是通过储罐内液位来控制的。LNG 储罐应设两套独立的液位测量装置，且储罐还应设高液位报警装置。对容量较小的储罐允许设一个液位测试阀门来代替液位报警器，并通过人工手动方法来控制。

2. LNG 储罐的压力控制

LNG 储罐的内部压力控制是最重要的防护措施之一。影响储罐内压力因素很多，如热量进入引起液体蒸发，充注期间液体的快速闪蒸，大气压下降或错误操作。如果快速从储罐抽气或排液，可能引起储罐内形成负压。

LNG 储罐内压力上升是液态 LNG 受热引起蒸发所致。在正常操作时，压力控制装置将储罐内过多的蒸发气体输送到供气管网、再液化系统或燃料供应系统。但在蒸发气剧增或外部无法消耗蒸发气时，压力保护装置自动开启，将蒸发气送到火炬燃烧或放空。有些储罐还应有真空安全装置，用以判断储罐内是否出现真空。如出现真空，应向储罐内及时补充 LNG 蒸气。

安全保护装置的排放能力应满足设计条件下的排放要求，安全阀排放能力可按下式计算

$$q_v = 49.5\frac{\phi}{\gamma}\sqrt{\frac{T}{M}} \tag{4-2}$$

式中　q_v——相对于空气的流量（15.5℃，101.325kPa），m^3/h；

ϕ——总传热量，kW；

γ——储存液体的气化相变焓，kJ/kg；

T——气体在安全阀进口处的热力学温度，K；

M——气体相对分子量。

3. LNG 分层的防止

防止分层的出现是确保 LNG 储存安全的重要手段。通过测量 LNG 储罐（槽）内垂直方向温度和密度来确定是否存在分层。为了防止储罐（槽）LNG 分层，主要措施有：

1）采取正确的充注程序。所注 LNG 密度大于罐内 LNG 密度时，应采取顶装法；小于储罐 LNG 密度时，应采用底装法；密度相近时也采用底装法。在条件允许时，两批密度差别较大的 LNG 储存在不同的储罐中。

2）LNG 生产中，严格控制氮含量不得超过规定含量（如 1%）。

3）采用混合喷嘴进液。为使新注入的 LNG 与储罐内 LNG 混合均匀，应在罐底加进液喷嘴，使喷嘴喷出的液体能达到液面，并确保在湍流喷射扰动下有足够长时间使两种液体混合均匀。经喷嘴进罐的 LNG 量至少为储罐内 LNG 量的 10 倍。

4）通过多喷嘴进液。采用沿管长方向设多个喷嘴的立管将 LNG 充注到储罐内。

5）采用搅拌器搅拌。LNG 储罐内的专门搅拌器的搅拌，但搅拌也会引起 LNG 蒸发量的增加。

6）采用潜液泵再循环。用潜液泵将罐内液体增压后，经设在罐底的喷嘴循环进入罐内，使罐内液体均匀。

第五节 液化天然气供气站

液化天然气（LNG）供气站，主要承担着接收从液化天然气生产工厂或接收站运输来的液化天然气，然后对其进行储存、气化，以供应城镇居民、商业及特殊工业用户的用气。

一、液化天然气气化站分区

LNG 供气站要安全运行，必须对 LNG 的储存、气化等过程进行有效控制。根据各部分使用功能的不同，LNG 供气站可分为生产区和辅助区两部分，其中生产区主要包括卸（装）车区、储存区、气化区及调压、计量、加臭区，辅助区主要包括消防设施区、锅炉设施区、变配电室、中央控制室及办公区等。某 LNG 供气站平面布置图如图 4-29 所示。

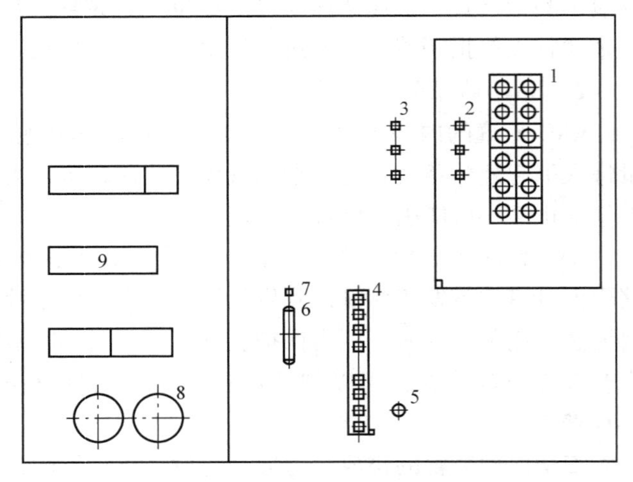

图 4-29 某 LNG 供气站平面布置图

1—LNG 储罐 2—自增压器 3—卸车接口 4—空温式气化器 5—水浴式气化器 6—BOG 储罐 7—BOG 加热器 8—消防水罐 9—控制室

二、液化天然气供气站工艺流程

从技术上看，LNG 供气站在卸（装）车、储存、气化过程中有多种工艺流程。根据对输送介质增压状态方式的不同，主要分为两类工艺流程，即自增压（气相）式工艺流程和低温泵（液相）式工艺流程。其中自增压（气相）式工艺流程在国内的 LNG 储配站中占绝大多数。

1. 自增压（气相）式工艺流程

该工艺流程如图 4-30 所示，包含卸车、气化、调压计量、加臭等过程。

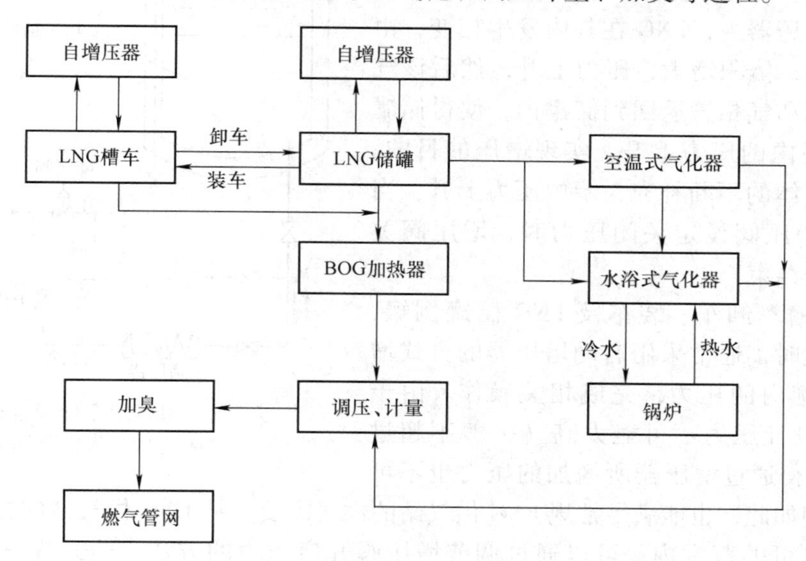

图 4-30　自增压（气相）式工艺流程

（1）卸车过程　LNG 运输槽车到达 LNG 供气站，启动 LNG 运输槽车自带的增压器（或站内设置的增压器）对槽车增压，使 LNG 运输槽车内压力高于站内 LNG 储罐内压力（一般压差为 0.3MPa 以上）。开启相关阀门，由于压差的存在，将 LNG 由槽车卸入到储罐内。当需要向 LNG 运输槽车装入 LNG 时，则需要启动储罐的增压器增压，使储罐的压力高于运输槽车的压力而完成装车作业。

（2）气化过程　当需要向站外输出天然气时，开启储罐的出口液相管阀门，使 LNG 流入空温式气化器，LNG 在其内发生相变，进行等压气化并升高温度，达到要求后输入后续工艺。通常要求空温式气化器气化以后的天然气温度≥5℃。当低于此温度时还应再对其进行加热，通常采用水浴式气化器或其他加热设备进行加热。设定气化后的天然气温度值，是为了保证输出站外天然气为常温，适应燃气管道的安全需要。

（3）储罐的自动增压与自动降压过程　LNG 储罐在出液过程中，随着液位的下降，罐内气相空间增大，压力下降。当压力降至一定数值时就不能满足供气的需要了。为了增加输气压力，应对出液的储罐进行增压。

LNG 储罐在储存 LNG 过程中，罐内温度一般在 -162 ~ -140℃，尽管对储罐进行了绝热保冷处理，但外界环境的热量还是会进入储罐内，使 LNG 气化成 BOG。随着 BOG 的增多，罐内气相空间压力增大。当增大到一定数值时应及时泄放降压，否则将危及到储罐的安全。因此，在储罐下部设置增压器和增压阀，完成增压工艺操作，这也是自增压（气相）式工艺流程的显著特点。在储罐 BOG 气相管上设置降压阀，完成降压操作。两种调压过程应同时具备自动和手动的功能。

LNG 储罐自动增压与自动降压原理如图 4-31 所示。

1）自动增压原理。当储罐内压力低于增压阀设定压力时，增压阀打开，罐内 LNG 液体靠液位压差流入增压器内，LNG 在其内发生相变，由液相变为气相，体积增大，压力上升，然后该气体流经增压阀和气相管返回到储罐内，使得储罐上部气相空间内的压力上升，实现增压的目的。由于储罐内气体的不断补充，罐内压力上升，当压力回升到增压阀设定关闭压力时，增压阀关闭，增压过程结束。

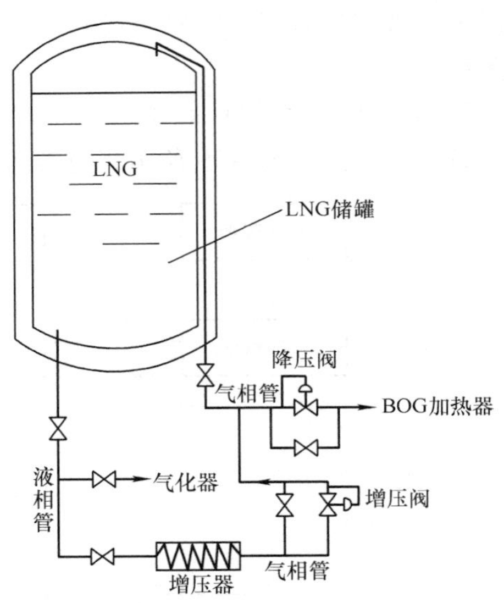

图 4-31 LNG 储罐自动增压与自动降压原理图

当 LNG 槽车卸车、装车及 LNG 储罐倒罐、液体输出气化时，通常采用启动增压器的方式增加槽车或储罐内的压力，完成相关操作。由于 LNG 储罐的设计压力不可能太高（一般不超过 0.8MPa），使得通过增压器所增加的压力也不可能太高，即使如此，也能满足常规 LNG 供气站的供气需要。从 LNG 供气站的初期运行到供气，在安全许可的范围内，可以通过调节增压阀开启压力的方法，达到提高供气压力的目的。

2）自动降压原理。由于外界热量的输入，LNG 储罐内产生 BOG，使得罐内压力上升，当压力上升到一定数值时即降压阀设定的泄放压力时，该阀自动缓慢打开，罐内的气体通过气相管泄放出来，进入后续蒸发气处理工序。随着 BOG 的不断放出，罐内气相空间压力降低，当降低到降压阀设定的关闭压力时，该阀自动关闭，BOG 不再放出，从而完成压力泄放过程。这是个自动进行的过程。

当 LNG 储罐新装入 LNG 或较长时间储存 LNG 时，BOG 生成较多，自动降压过程就应进行。当然，为顺利卸车而降低罐内压力，可采用手动放散来实现。

（4）倒罐工艺过程　由于生产运行和安全需要，有时需要倒罐，其工艺原理如图 4-32 所示。

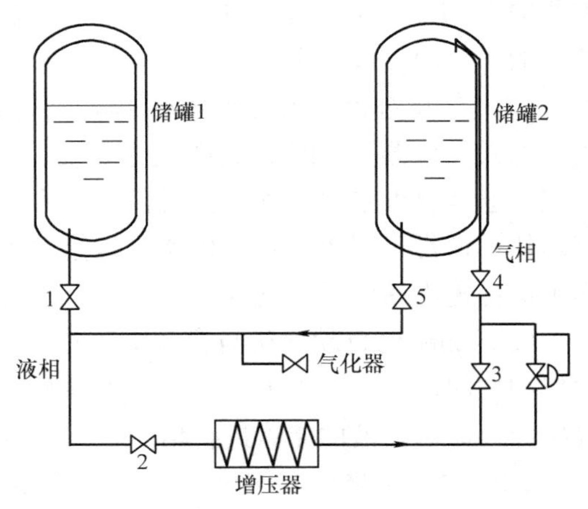

图 4-32 倒罐工艺原理

在阀门全部关闭的情况下，开启阀门 1、2、3，储罐 1 内的 LNG 进入增压器气化；开启阀门 4，气化后的低温天然气进入储罐 2 内。储罐 2 内的气压不断增大，当增大到比储罐 1

内的压力高出一定数值时，关闭阀门1、2、3、4，增压过程结束。然后再开启阀门5、1，在储罐2和储罐1内压差作用下，储罐2内的LNG被压入到储罐1内，直到达到两罐内压力平衡，倒罐过程结束。

倒罐过程速度的快慢，与储罐1、储罐2内的原有压力、原有液位高度及需要倒入的LNG数量等因素有关。储罐2内的LNG不应被倒空，一般应留有20%（体积分数）的剩余液体。

2. 低温泵（液相）式工艺流程

与增压（气相）式工艺流程的不同之处在于，低温泵（液相）式工艺流程在LNG储罐和空温式气化器之间采用了低温泵。工作时，起动低温泵，将LNG经低温泵加压，进入空温式气化器等压气化，然后再进入后续工艺。

该工艺流程的特点是：① LNG经低温泵快速升压，能保持较高的输送压力，对于要求高压力的调峰站使用效果明显；② 由于LNG气液体积比大的特性，较少的液体能气化为很多的气体，这种工艺流程使天然气的输出流量较大；③ 工艺流程较简单。其缺点是：① 低温泵运行时需要消耗电能；② 由于汽蚀的存在，工作运行时低温泵需要预冷，工艺控制较严格、复杂。

三．液化天然气气化站设备

1. 气化器

(1) 开架式（ORV）气化器　这是LNG接收站通常配置的一种气化器，是一种环境气化器，热源为海水。该气化器的基本单元是换热管，由若干换热管组成板状排列，两端与集气管和集液管焊接形成一个管板，再由若干个管板组成气化器。气化器顶部设有海水喷淋装置，海水喷淋在管板外表面上，依靠重力作用自上而下流动。LNG在管内自下向上垂直流动，在海水沿管板向下流动的过程中，二者发生热交换，LNG被气化加热，典型开架式（ORV）气化器外形如图4-33所示，工作原理如图4-34所示，技术参数见表4-9。海水进、出水温差不得大于7℃（一般为4～5℃），管板材料为铝合金，并在外层涂锌处理。

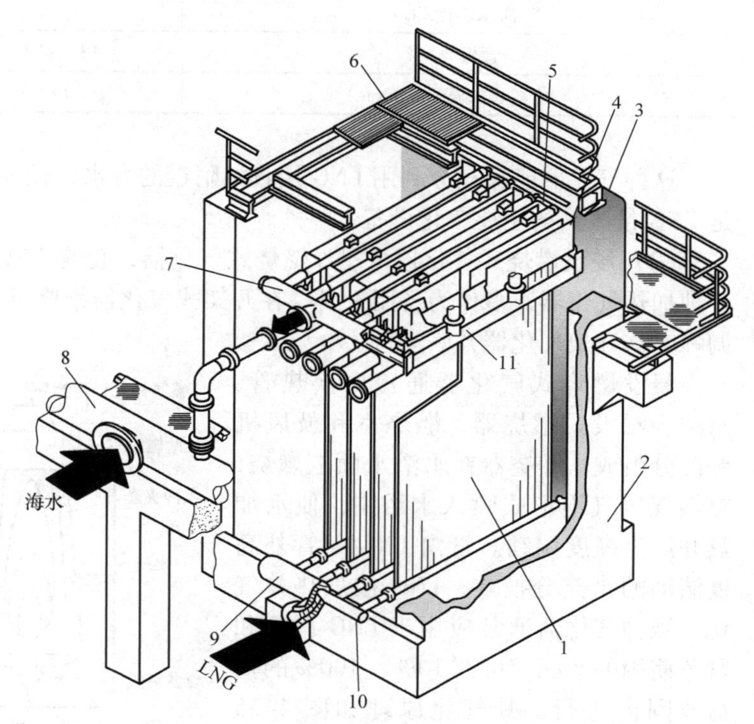

图4-33　开架式（ORV）气化器外形

1—平板式换热管　2—水泥基础　3—挡风屏　4—单侧流水槽　5—双侧流水槽　6—平板换热器悬挂结构　7—多通道出口　8—海水进水管　9—绝热材料　10—多通道进口　11—海水分配器

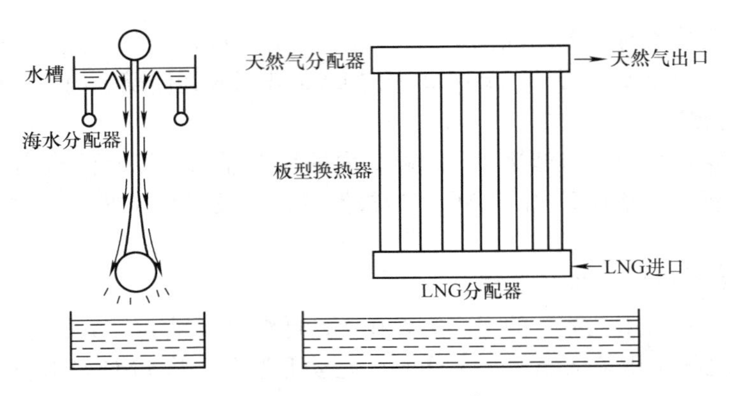

图 4-34 开架式气化器工作原理

表 4-9 典型开架式气化器技术参数

气化量/（t/h）		100	180
压力/MPa	设计	10.0	2.50
	运行	4.5	0.85
温度/℃	设计	-162	-162
	运行	>0	>0
海水流量/（m^3/h）		3500	7200
海水温度/℃		8	8
管板数量		18（高 6m）	30（高 6m）
尺寸（长×宽)/(m×m)		14×7	23×7

这种气化器能够充分利用 LNG 接收站附近的海水，较为节能，且气化量大，安全可靠，是 LNG 接收站的主要气化设备。

（2）浸没燃烧式气化器 浸没燃烧式气化器，也是 LNG 接收站应用的一种气化器，是一种加热气化器，多作为备用设备，在开架式气化器维修时开启运行或需要增加供气量进行调峰时与开架气化器并联运行。

浸没燃烧式气化器通常由换热管、水浴、浸没式燃烧器、燃烧室和鼓风机等部分组成。燃烧器在水浴水面上燃烧，热烟气以气泡形式喷入水浴中，使水加热并产生高度湍动。管内 LNG 与管外高度湍动的水充分换热，LNG 被加热并气化。该种气化器通常应用于 LNG 调峰和紧急使用的情况，可在 10%～100% 的负荷范围内进行，其气化原理如图 4-35 所示。

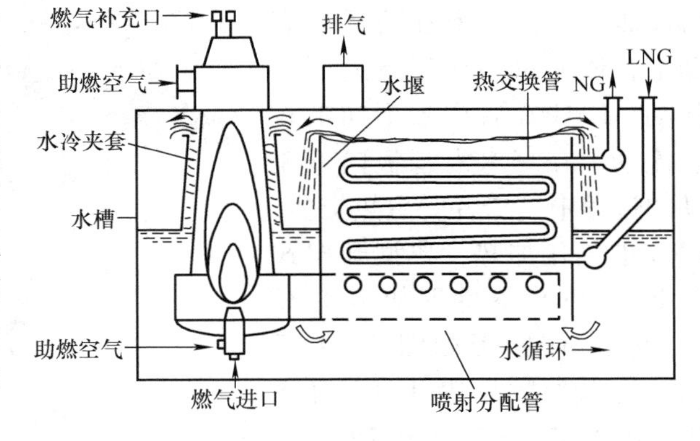

图 4-35 浸没燃烧式气化器气化原理

这种气化器的优点是启动快、安全性好；缺点是燃气消耗高，仪表控制及安全停车较复杂，有酸水产生。

（3）空温式气化器　空温式气化器是从大气中取热的气化器，是 LNG 供气站中最常用的气化设备之一。

1）空温式气化器的构成。空温式气化器是由带有翅片的传热管焊接组成的换热设备，分为蒸发（气化）部分和加热部分，空温式气化器气化工艺示意如图 4-36 所示。

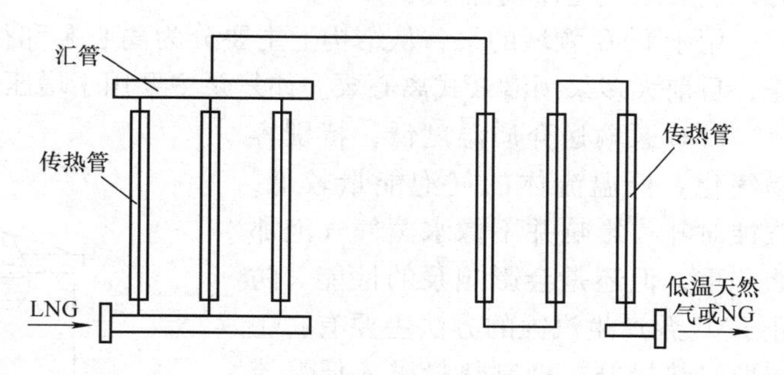

图 4-36　空温式气化器气化工艺示意图

2）空温式气化器中 LNG 的气化过程。LNG 在空温式气化器的气化过程较复杂，是一个以沸腾换热为主的传热传质过程。LNG 在翅片管内流动吸热气化，管外传热为自然对流换热，热量由空气通过翅片及管壁传给 LNG。当 LNG 温度达到泡点时，液体开始沸腾气化，气相与液相处于平衡状态；随后气相中各组分所占比例随时间不断变化，并趋近于原料液化天然气中各组分所占比例，最终气相中各组分的比例与原料液体中各组分所占比例相同，此时的温度为露点。泡点是液相段和气相平衡段的分界点，露点是气液平衡段与气相段的分界点。随着时间的推移，LNG 气化量不断增大，而后由于传热管外壁的空气中水蒸气被冷凝而结霜甚至结冰，气化量达到极限，然后开始下降。所以当空温式气化器表面结霜甚至结冰严重，应及时切换到备用组，以保证气化量及气化温度符合要求。

通常设定空温式气化器的出口温度为：大气环境温度 - 10℃，即出口温度比环境温度低 10℃。

3）空温式气化器的特点。①结构简单，传热效率高。②运行节能。该设备采用大气作为传热介质，不需要人为外加热源，运行中节能效果显著。大气温度越高，天空越晴朗，空气越干燥，自然风力越大，气化效果越好，节能效果越显著。③能实现自动切换操作。运用自控或手动切换技术，可使当使用组空温式气化器气化能力或气化温度下降超过要求时，切换到备用组进行。

（4）水浴式气化器　水浴式气化器的加热源为热水，由壳体和换热管组成，壳程走热水，管程走 LNG，其工作原理如图 4-37 所示。

一般 LNG 供气站中该气化器通常放于空温式气化器后序工段，用于 LNG 气化后的升温或特殊情况下（如空温式气化器发生故障停止工作）直接气化 LNG 时使用。一般热水进水温度约为 80℃，出水温度约为 65℃。

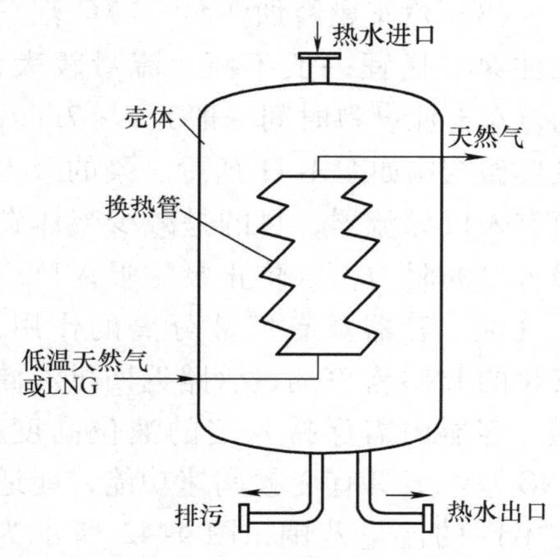

图 4-37　水浴式气化器工作原理

2. LNG 泵

LNG 泵是 LNG 系统常见的关键性设备，用于 LNG 装卸、输送、增压等目的。LNG 接收站向外供气时，首先由储罐内的低压泵，将 LNG 输送到储罐外系统，再由高压泵增压到需要压力，加热气化后向外输出常温的天然气。LNG 加气站也需要专用的 LNG 泵向车上的 LNG 容器充注 LNG。L-CNG 加气站，利用高压泵将 LNG 增压达到 30MPa 以上的压力，然后用气化器气化变为 CNG。

用于 LNG 领域的泵，从结构上主要分为离心泵和往复泵两大类型，离心泵主要用于输送，目前大多采用潜液式离心泵。往复泵主要用于增压。

LNG 泵输送介质温度低，特别容易气化。低温流体的气泡能量较低，汽蚀对叶片影响并不像水蒸气气泡那么严重，但还是会影响泵的性能。防止 LNG 泵产生汽蚀的方法主要有：①采取绝热措施，抑制热量进入低温流体，尽量减少低温流体气化；②确保有足够的正吸入压头；③采取导出气泡的措施。

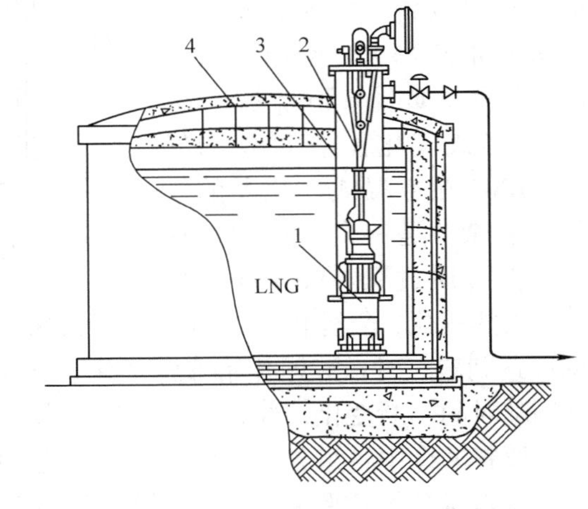

图 4-38 LNG 储罐泵井内的潜液泵

1—潜液泵 2—电缆和升降缆 3—泵井 4—LNG 储罐

（1）罐内泵 大型 LNG 储罐的潜液泵，对接收站的输气系统来说是初级泵。储罐内的 LNG 温度接近沸点，即使很小程度的温度升高或压力下降，都会引起 LNG 蒸发量的增大。考虑到 LNG 储罐泵的维修问题，泵通常安装在专用的泵井内，如图 4-38 所示，罐内泵的结构如图 4-39 所示。

（2）高压泵 高压泵主要用于大型 LNG 供气系统，为输气系统提供足够的压力来克服输气管线的阻力。图 4-40 所示为 LNG 高压泵的结构。高压泵一般为立式安装，且在进口处安装气液分离器或再凝器。

（3）汽车燃料加注泵 LNG 汽车加注泵，扬程一般不高、流量较大，为汽车充注燃料时间一般为 5 ~ 7min，其典型结构如图 4-41 所示。泵的吸入口有入口导流器，目的是减少流体在吸入口的阻力，以防止泵的吸入口产生气蚀。容器具有气液分离的作用，气化的 LNG 蒸气通过管路返回供液储罐，容器内需保持一定的液位高度。LNG 泵一般具有变频调速功能，能适应不同的流量范围，图 4-42 所示为 LNG 燃料加注泵的流量范围。

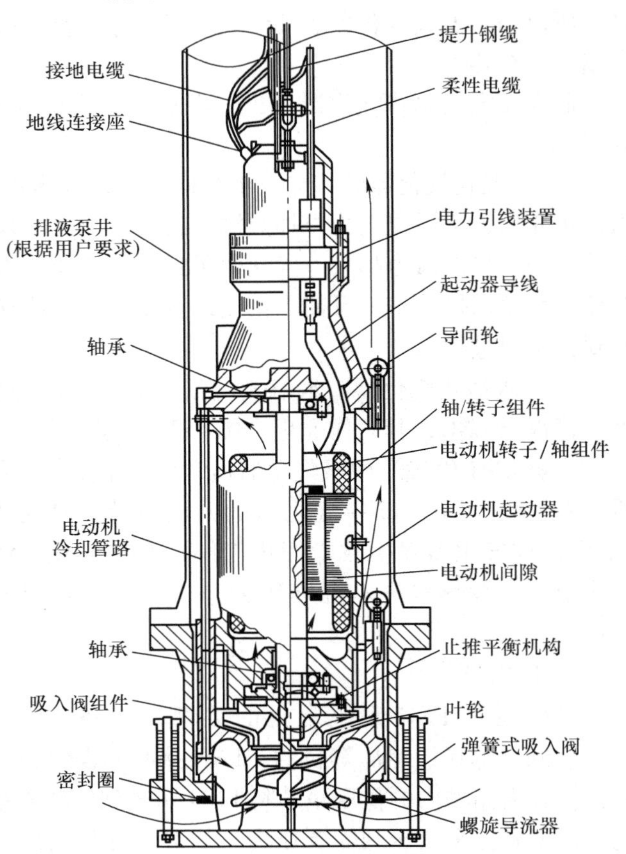

图 4-39 罐内泵的结构图

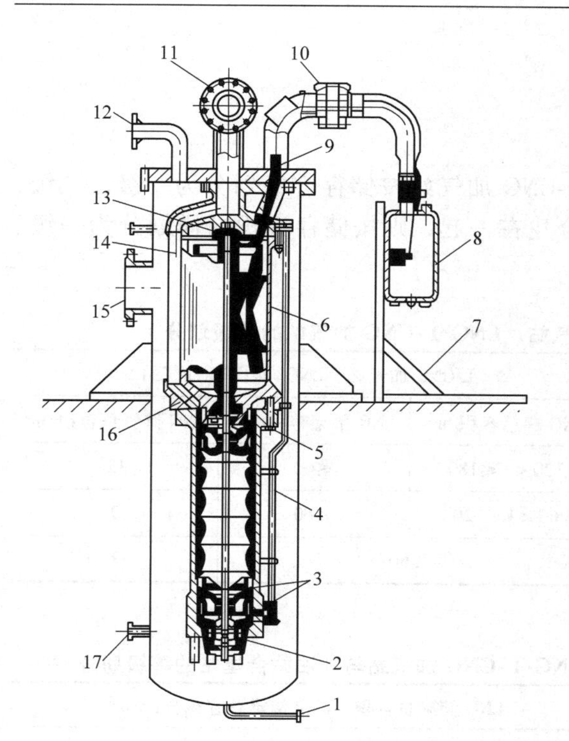

图 4-40　LNG 高压泵的结构
1—排放口　2—螺旋导流器　3—叶轮
4—冷却回气管　5—推力平衡器
6—电动机定子　7—支撑　8—接线盒
9—电缆　10—电源连接装置　11—排液口
12—放气口　13—轴承　14—排出管
15—吸入口　16—主轴　17—纯化气体口

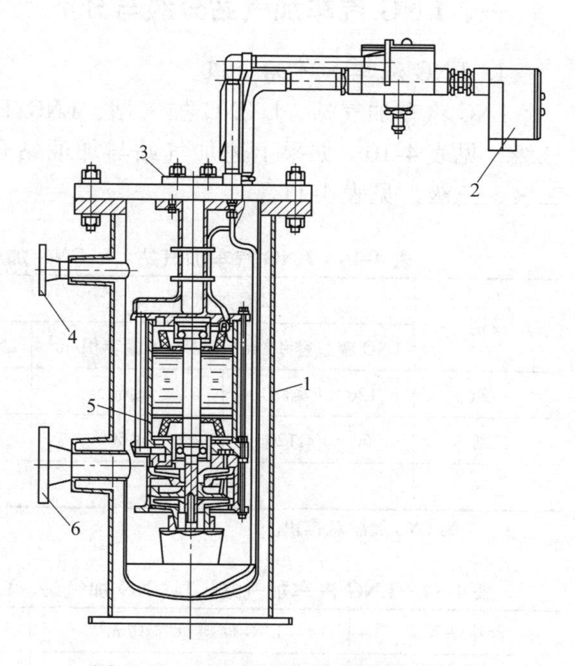

图 4-41　LNG 燃料加注泵的典型结构
1—压力容器壳　2—接线盒　3—排出管法兰
4—回气管法兰　5—电动机　6—排液管法兰

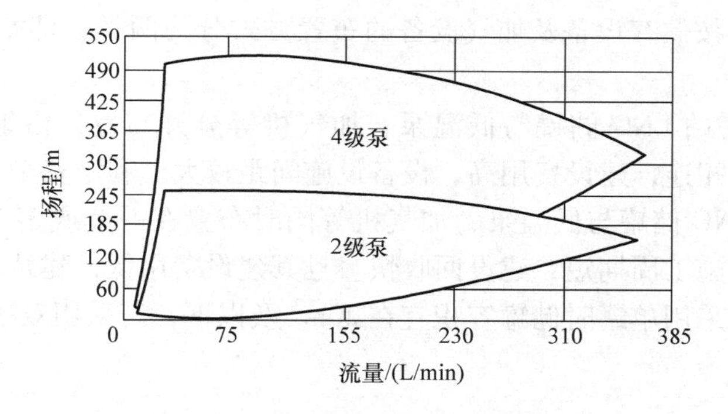

图 4-42　LNG 燃料加注泵的流量范围

第六节　液化天然气汽车加气站

LNG 燃料汽车是清洁燃料汽车的发展方向之一，具有安全、环保、经济等优点。

LNG 汽车加气站，包括 LNG 储罐、LNG 潜液泵、LNG 售气机、工艺管阀、仪表电控系统、安全系统及撬体结构等设备。

一、LNG汽车加气站分级与分类

1. LNG汽车加气站分级

LNG汽车加气站、L-CNG加气站、LNG/L-CNG加气站按储存容积划分为一级、二级、三级，见表4-10。如果上述加气站与加油站合建在一起，则按储存容积同样划分为一级、二级、三级，见表4-11。

表4-10 LNG汽车加气站、L-CNG加气站、LNG/L-CNG加气站的等级划分

级别	LNG加气站		L-CNG加气站、LNG/ L-CNG加气站		
	LNG罐总容积/m^3	LNG单罐容积/m^3	LNG罐总容积/m^3	LNG单罐容积/m^3	CNG储气总容积/m^3
一级	$120 < V \leqslant 180$	≤60	$120 < V \leqslant 180$	≤60	12
二级	$60 < V \leqslant 120$	≤60	$60 < V \leqslant 120$	≤60	9
三级	≤60		≤60		8

注：V为LNG储罐总容积。

表4-11 LNG汽车加气站、L-CNG加气站、LNG/L-CNG加气站与加油站合建站的等级划分

合建站等级	LNG储罐总容积/m^3	LNG储罐总容积与油品储罐总容积合计/m^3
一级	≤120	$150 < V \leqslant 210$
二级	≤60	$90 < V \leqslant 150$
三级	≤60	≤60

注：V为LNG储罐、油罐总容积。

2. LNG汽车加气站分类

LNG汽车加气站按储存设备及加气设备的布置方式分为两类，即站房式LNG加气站和撬装式加气站。

站房式LNG加气站LNG储罐与低温泵、加气机等分开布置，占地面积大，土地费用高，设备与土建基础相连，建设费用高，设备设施间距较大，利于安全。

撬装式加气站LNG储罐与低温泵、加气机等同时布置在一个或多个撬装块上，占地面积小，土地费用低，施工周期短，建设回收快。且其建设费用低，建站投资易于回收。撬装式加气站的总规模在采用单罐时储罐容积宜在20m^3及以下，若采用双罐时总容积宜在60m^3及以下。

二、LNG汽车加气站工艺流程

LNG加气站的工艺流程如图4-43所示，主要包括卸车工艺流程、储罐调压（增压）工艺流程、加气工艺流程。

1. 卸车工艺流程

卸车工艺流程包括潜液泵卸车工艺流程和自增压卸车工艺流程。

（1）潜液泵卸车工艺流程　潜液泵卸车工艺流程如图4-44所示。卸车时，LNG经LNG槽车卸液口通过液相管进入潜液泵，潜液泵将LNG增压后充入LNG储罐。在卸车过程中，

LNG 槽车气相口与储罐的气相管连通，使得 LNG 储罐中的 BOG 气体通过气相管返入 LNG 槽车，这样一方面为 LNG 槽车因液体减少造成的气相压力降低及时增压，另一方面为 LNG 储罐因液体增多造成的气相压力升高及时降压。

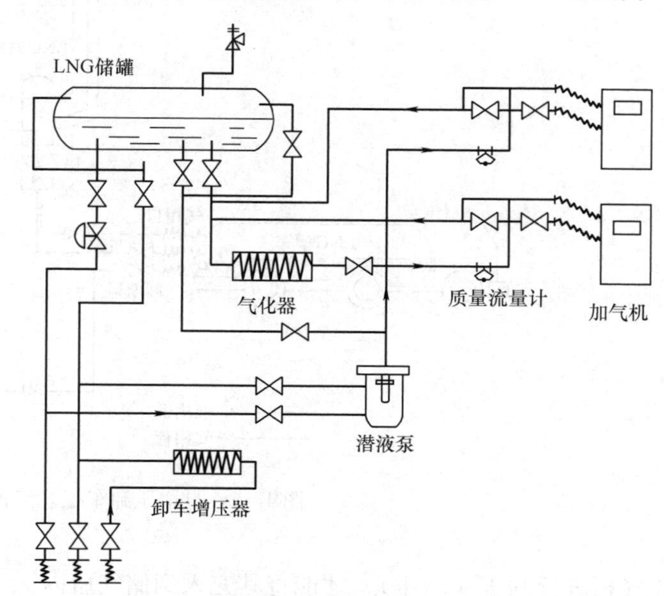

图 4-43　LNG 加气站工艺流程图

该方式的优点是卸车速度快，时间短，自动化程度高，无需对站内储罐泄压，不消耗 LNG；缺点是工艺流程较复杂，管道连接较繁琐，需要消耗电能。

（2）自增压卸车工艺流程

自增压卸车工艺流程如图 4-45所示。卸车前先对 LNG 槽车增压。LNG 液体通过 LNG 槽车出液口进入卸车增压器，然后返回 LNG 槽车内，提高 LNG 槽车的气相压力。当 LNG 槽车与储罐形成约为 0.3MPa 的压差后，LNG 液体经过 LNG 槽车卸液口液相充入到 LNG 储罐内。在卸车过程中，随着 LNG 槽车内液体的减少，要不断对 LNG 槽车气相空间进行增压。如果卸车时储罐气相空间压力较高，则要对储罐进行泄压，以增大 LNG 槽车与 LNG 储罐之间的压差，这会消耗一定量的 LNG。

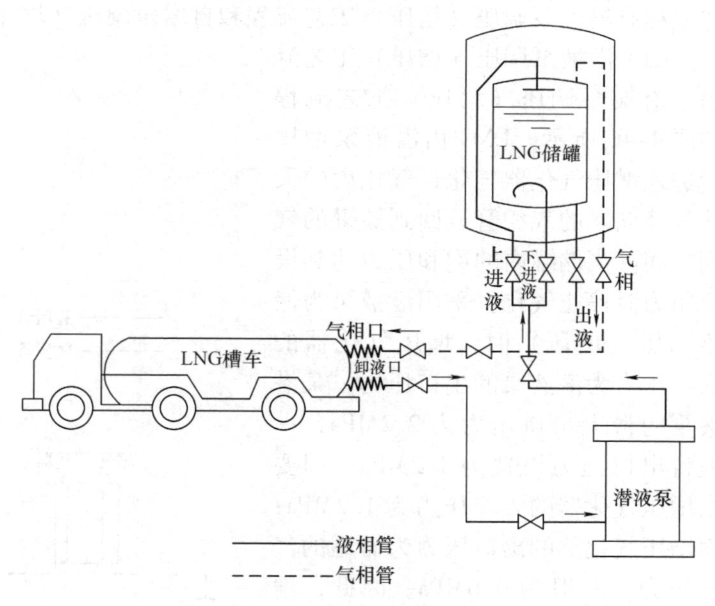

图 4-44　潜液泵卸车工艺流程

自增压卸车方式与潜液泵卸车方式相比，其优点是流程简单，管道连接简单；缺点是自动化程度低，随着 LNG 储罐内液体不断增多需要不断泄压，放散气体多，且卸车速度比潜液泵卸车慢。

2. 储罐调压（增压）工艺流程

在 LNG 汽车行驶过程中，随着 LNG 的消耗，储气瓶内液位将下降，气相压力将降低，瓶内温度也会降低，很容易发生欠压现象，而 LNG 汽车发动机要求的储气瓶内压力较高，一般为 0.45 ~ 0.80MPa。当车载储气瓶不带自增压器时，必须在加气前首先对 LNG 储罐的

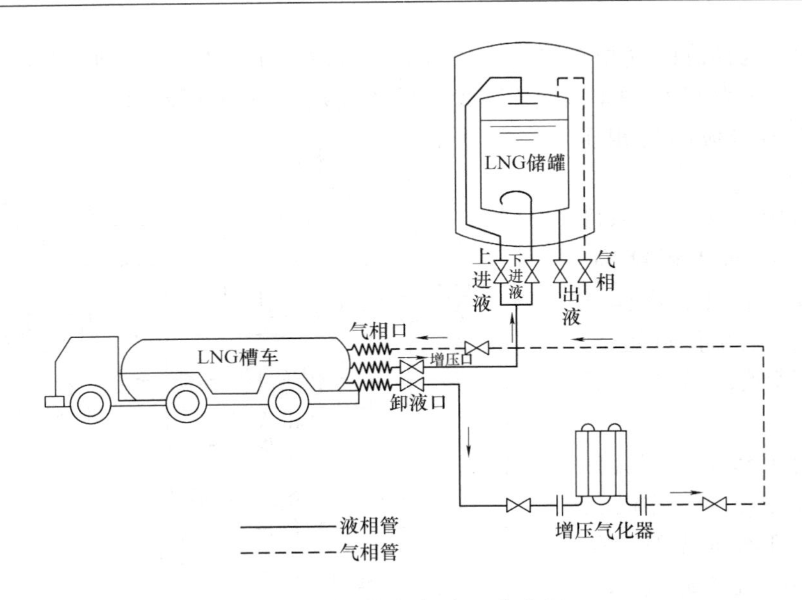

图 4-45 自增压卸车工艺流程

LNG 气相进行调压（增压），才能将其充入到储气瓶内。

储罐调压（增压）是给 LNG 汽车加气前调整储罐内 LNG 饱和蒸气压的工艺操作，该工艺流程有潜液泵调压（增压）工艺流程和自增压调压（增压）工艺流程两种。

（1）潜液泵调压（增压）工艺流程 潜液泵调压（增压）工艺流程如图 4-46 所示。LNG 由潜液泵增压后进入增压气化器气化，气化后的天然气经储罐的气相管返回到储罐的气相空间。当储罐内的饱和压力达到设定压力时停止气化。采用潜液泵为储罐调压（增压）时，增压气化器的入口压力为潜液泵的出口压力。某潜液泵的最大出口压力为 2.2MPa，一般将出口压力设置为 1.2MPa，即要求增压气化器的入口压力为 1.2MPa；而增压气化器的出口压力为储罐的气相压力，一般为 0.6MPa。因此，增压气化器的入口压力远高于其出口压力，所以使用潜液泵调压（增压）速度快、时间短。

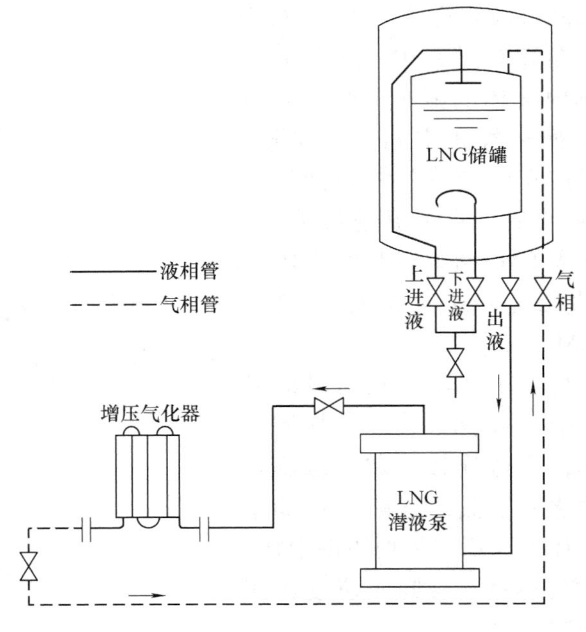

图 4-46 潜液泵调压（增压）工艺流程

（2）自增压调压（增压）工艺流程 自增压调压（增压）工艺流程如图 4-47 所示。LNG 液体直接进入增压气化器气化，气化后的气体经 LNG 储罐的气相管返回储罐的气相空间，为 LNG 储罐调压（增压）。自增压调压（增压）工艺流程调压（增压）速度慢、时间较长。

3. 加气流程

由于潜液泵的加气速度快、压力高、充装时间短，已成为LNG加气站加气流程的首选方式。加气时，LNG经潜液泵增压后，经过计量由加气机向LNG汽车加气。但在加气前首先应给车载储气瓶卸压，通过加气机上的回气口管线回收瓶内气体，以降低压力。在加气过程中，由于车载储气瓶为上进液方式，加进的LNG直接吸收储气瓶内气体的热量，使得瓶内压力降低，减少了放空气体，从而提高了加气速度。

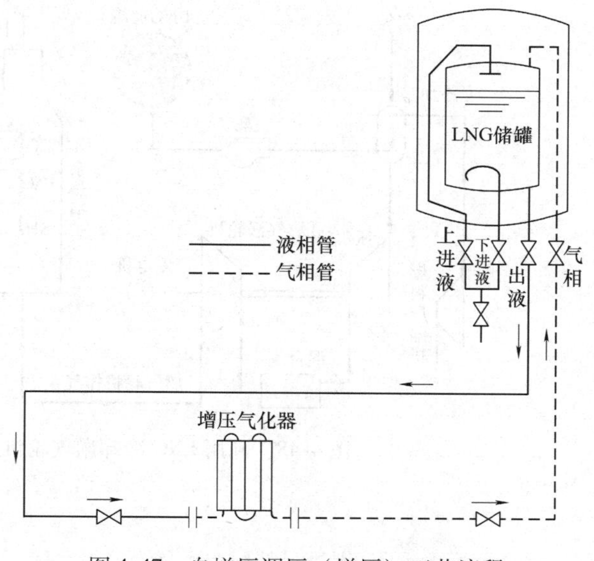

图4-47　自增压调压（增压）工艺流程

第七节　液化天然气冷量利用

LNG气化时释放的冷量约为840kJ/kg，因此回收该冷能具有重要的经济和社会价值，冷能利用可推动发电设备、空气分离、轻烃回收、低温粉碎、海水淡化、冷冻、干冰制造等产业的发展。

一、冷能发电

利用LNG冷能发电是较为新颖的能源利用方式。根据LNG利用方式不同，可以有不同的循环系统：①用LNG冷能来改善现有各种发电动力循环系统，提高效率以增加发电量；②采用相对独立的低温动力循环来发电；③利用二氧化碳液化回收的燃气发电系统。

1. 利用LNG冷能改善现有动力循环

最为简单的方法是利用LNG冷却海水，再用海水作为动力循环冷凝器的循环水，或者直接冷却排气。目前比较成熟有效的是利用LNG冷却燃气轮机的入口温度，图4-48所示为利用LNG冷却燃气轮机进气的发电系统。

2. LNG冷能相对独立的低温动力循环

回收利用LNG冷能来发电的系统主要有以下几种形式：

（1）直接膨胀法　根据LNG储存状态，利用低温泵对LNG加压，利用海水或工业余热使之加热气化，再送到膨胀机中做功而输出电能，如图4-49所示。该法原理简单、投资少，但冷能利用率仅为24%左右。

（2）二次冷媒法　这是利用中间载热体的朗肯循环冷能发电。将低温的LNG作为冷凝液，通过冷凝器把冷量转化到冷媒上，利用LNG与环境的温差，推动冷媒进行蒸气动力循环，从而对外做功。二次冷媒法基本流程如图4-50所示。

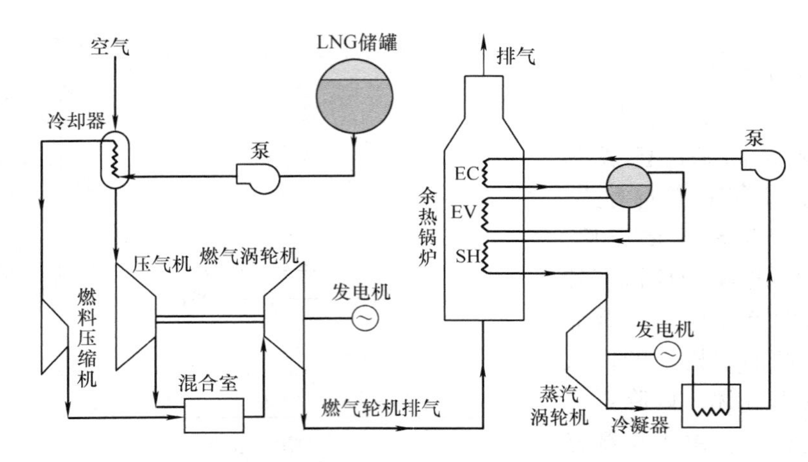

图 4-48 利用 LNG 冷却燃气轮机进气的发电系统

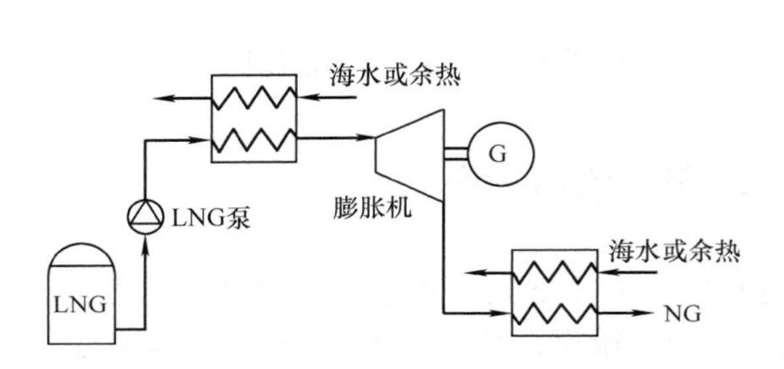

图 4-49 直接膨胀法

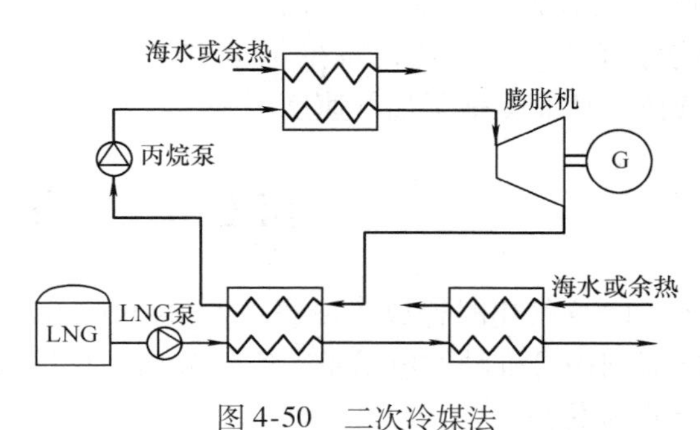

图 4-50 二次冷媒法

(3) 联合循环法 利用 LNG 的冷能作为冷源，以普遍存在的低品位能，如海水、空气、地热能、太阳能、工业余热等为高温热源，利用某种有机工质作为工作介质，组成闭式的低温蒸气动力循环，即低温条件下工作的朗肯循环，如图 4-51 所示。循环工质采用丙烷、乙烯的居多，也可采用混合工质，以尽量保证传热温差的稳定。冷能回收率较高，一般可保持 50% 左右。

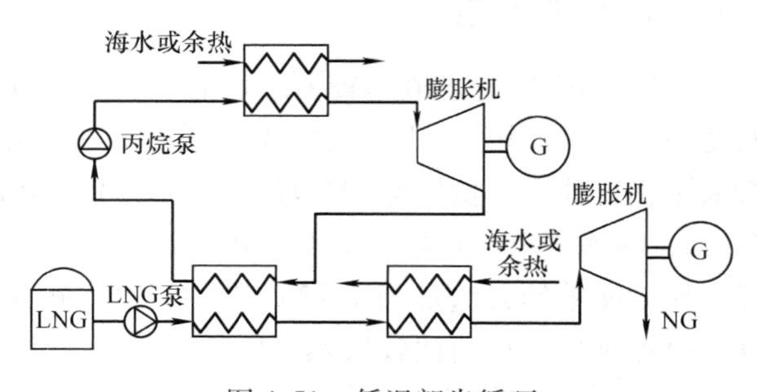

图 4-51 低温朗肯循环

(4) 改进及复合的循环 图 4-52 所示为组合利用 LNG 冷能的联合循环系统，基本联合循环是由以天然气为燃料的燃气轮机和蒸汽轮机构成，并配有用于回收蒸汽轮机乏汽冷凝热，以及燃气轮机排气显热的氟利昂混合制冷剂朗肯循环涡轮机和天然气膨胀涡轮机。分析表明，以作为燃料为消耗掉的天然气为基准，该系统最终发电能力为 8.2kW · h/kg，大大高于常规联合循环系统的 7.0 kW · h/kg。

3. 利用冷能回收 CO_2 的燃气发电

近年来，二氧化碳排放引起的温室效应日益受到关注。因此如何实现二氧化碳零排放，进而实现二氧化碳的高回收率。图4-53所示为LNG冷能用于二氧化碳跨临界朗肯循环和二氧化碳液化回收。一方面，采用二氧化碳作为工质，利用燃气轮机的排放废气作为高温热源、LNG作为低温冷源来实现二氧化碳的跨临界朗肯循环，由于高、低温热源温差较大，循环能够顺利进行；另一方面，从燃气轮机排放的二氧化碳废气在朗肯循环中放出热量后，经LNG进一步冷却为液态产品。这样不但利用了LNG冷能，燃烧生成的二氧化碳也部分得到回收。

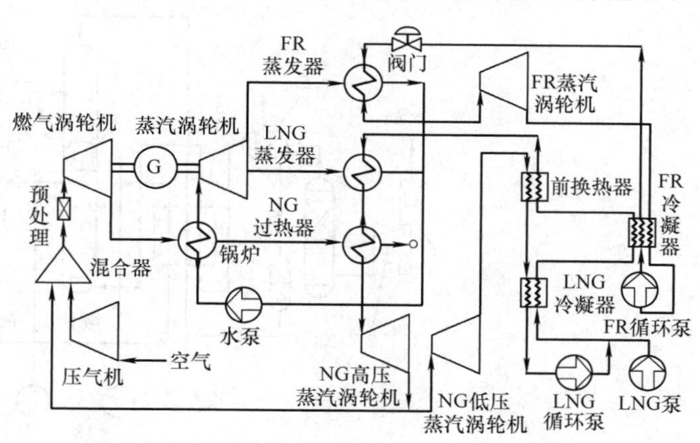

图4-52　组合利用LNG冷能的联合循环系统

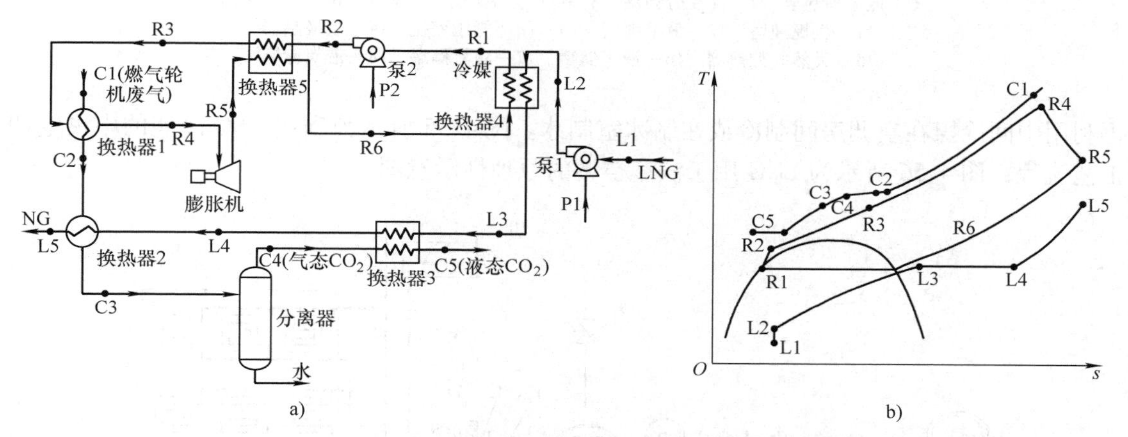

图4-53　LNG冷能用于二氧化碳跨临界朗肯循环和二氧化碳液化回收

R1、R2、R3、R4、R5、R6—冷媒循环回路各状态点

C1、C2、C3、C4、C5—燃气轮机废气流程状态点

L1、L2、L3、L4、L5—LNG流程各状态点

二、冷能回收用于空气分离

空气分离过程首先需要对空气进行冷却和液化。由于空气分离装置中所需达到温度比LNG温度还低，LNG冷量有效能能得到最大程度的利用。空气分离装置利用LNG冷量的流程，目前主要有LNG冷却循环氮气、LNG冷却循环空气，以及与空气分离装置联合运行的LNG发电系统三种方式。典型的利用LNG冷能的氮气膨胀循环制冷空气分离流程如图4-54所示。

三、制冰与空调

制冰与空调的基本原理，是利用中间冷媒和LNG换热，使得冷媒获得冷量，温度降低，

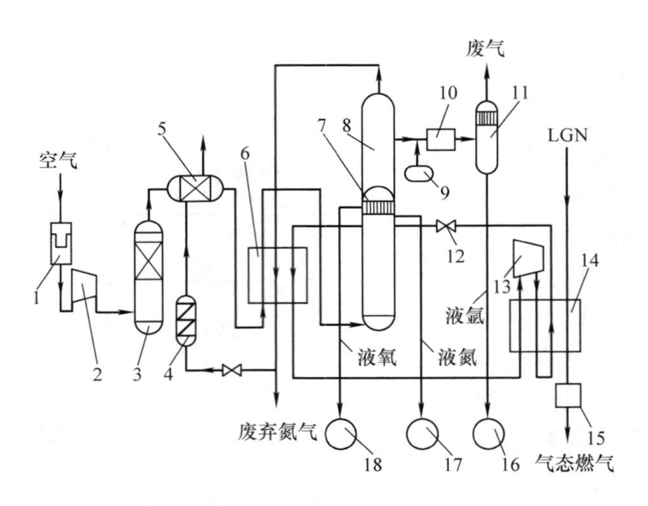

图 4-54 利用 LNG 冷能氮气膨胀循环制冷空气分离流程

1—空气过滤器 2—空气压缩机 3—空气预冷器 4—电加热器 5—空气净化器 6—低温换热器 7—高压分馏塔 8—低压分馏塔 9—氢罐 10—氩净化器 11—氩提纯塔 12—氮节流阀 13—循环氮压缩机 14—主换热器 15—天然气加热器 16—液氢储罐 17—液氮储罐 18—液氧储罐

再利用中间冷媒在空调房间制冷或在制冰室制冰。图 4-55 所示为利用 LNG 冷能的中央空调工艺流程，图 4-56 所示为 LNG 用于汽车空调的原理性示意图。

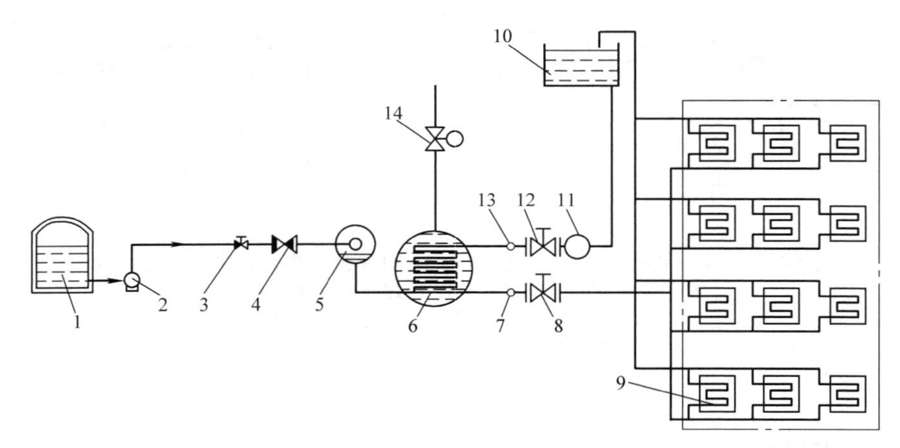

图 4-55 利用 LNG 冷能的中央空调工艺流程

1—低温储液罐 2—天然气泵 3、14—截止阀 4—止回阀 5—液面控制器 6—液化天然气气化器 7、13—温度计 8、12—截止阀 9—中央空调换热器 10—循环水池 11—循环水泵

四、海水淡化

基于 LNG 接收站建设在沿海地区，往往地处偏远，市政管网供水达不到，可因地制宜发展海水淡化。LNG 冷能用于海水淡化属于冷冻法海水淡化，其原理是：海水部分冻结后，海水中的盐分富集于未冻结的海水中，而冻结形成的冰含盐量大幅度减少，将冰晶洗涤、分离、融化后即可得到淡水。图 4-57 所示为间接冷冻法海水淡化流程。

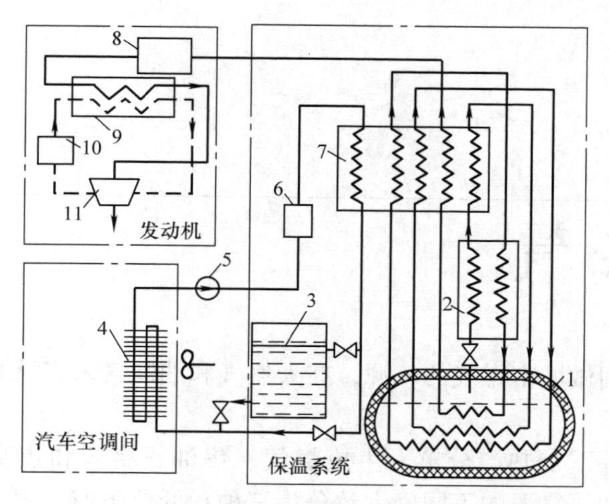

图 4-56　LNG 用于汽车空调的原理性示意图

1—液化天然气杜瓦　2—套管换热器　3—乙二醇蓄冷箱　4—风冷换热器　5—液体泵
6—过滤器　7—板翅换热器　8—低压储气罐　9—冷凝器　10—冷却水箱　11—汽车发动机

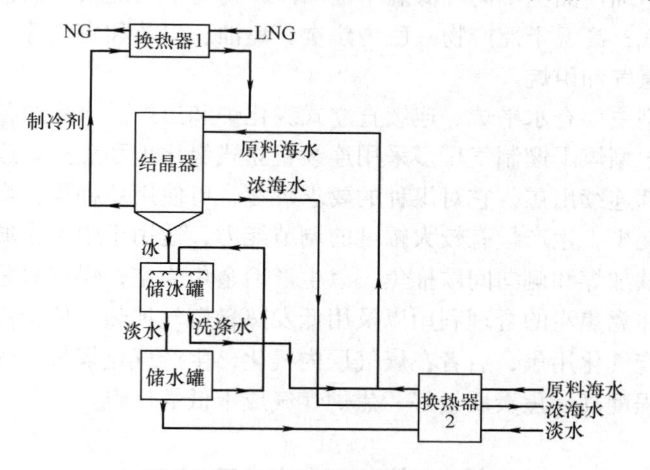

图 4-57　间接冷冻法海水淡化流程

第五章 干馏煤气

干馏煤气是最早用做城市燃气的气源，在天然气和油制气未广泛开发的地区，它仍是城市燃气的主要气源。

煤在隔绝空气条件下加热、分解，生成煤气、焦油、粗苯和焦炭（或半焦）的过程，称为煤的干馏。根据加热终温的不同，大致分为三种：低温干馏、中温干馏及高温干馏。煤干馏产物的产率和组成取决于原料煤质、炉结构和加工条件（主要是温度和时间）。随着干馏终温的不同，煤干馏产品也不同。低温干馏固体产物为结构疏松的黑色半焦；中温干馏的主要产品是城市煤气；高温干馏产物一般为焦炭、焦油、粗苯和煤气等。煤干馏过程中生成的煤气主要成分为氢气和甲烷。

干馏制气的炉型主要有水平炉、连续直立式炭化炉和焦炉。水平炉曾应用于中、小型煤干馏制气厂，大、中型煤干馏制气厂多采用连续直立式炭化炉和焦炉。连续直立式炭化炉在顶部连续加料，底部连续出焦，它对煤种的要求较宽，可使用单种煤，煤气质量稳定，废气和排焦温度低，热耗少，生产量有较大幅度的调节能力，适用于中、小城市独立煤气厂。焦炉的操作为顶部间歇加煤和侧向间歇推焦，以生产冶金焦为主，煤气只是作为副产品。在以制气为目的时，要注意焦炭的合理利用以及用低发热量燃气加热，使全部焦炉煤气外供。也可采用适当煤料生产气化用焦，后者在煤气厂内气化，生产气化煤气。现代焦炉具有产气量大、机械化自动化程度高、焦炭质量好、焦炉煤气成本低的优点。

第一节 制气用煤

一、煤的种类

煤是植物遗体经过复杂的生物、地球化学、物理化学作用转变而成的。从植物死亡、堆积到转变为煤经过了一系列的演化过程，这个过程称为成煤作用。煤是一种结构复杂、组成极不均匀的有机化合物与无机化合物的混合物，各种不同的煤，它们的外表特征、理化性质及工艺性质均有很大差别。根据成煤植物、成因、化学性质和岩石组成的不同，可划分出以高等植物为主形成的腐植煤和以低等植物为主形成的腐泥煤。自然界腐泥煤很少见，工业开采的绝大多数是腐植煤。

腐植煤是自然界分布最广，蕴藏量最大的煤类。煤的干馏及气化主要是建立在腐植煤基础上的，因此它是煤制气研究的主要对象。

随着煤的形成年代的增长，煤的煤化程度逐年加深，所含水分和挥发物随之减少，而碳含量则相应增大。根据煤化程度对煤进行分类，一般可分为泥炭、褐煤，烟煤和无烟煤四大类。泥炭煤化程度最低，无烟煤煤化程度最高。

1. 泥炭

泥炭是棕褐色或黑褐色的不均匀物质，含有大量水分，一般可高达85%～95%。泥炭在自然状态下，组成物质横跨液相、气相和固相三种状态。其中，固相物质的部分，主要包含有机物质和矿物质两部分。开采出来的泥炭经过自然风干后，可将水分降至25%～35%，干燥后的泥炭为棕色或黑棕色的土状碎块，真密度为1.29～1.61t/m³。泥炭中含有大量未分解的根、茎、叶的残体，泥炭的有机质、腐殖酸含量高，纤维含量丰富。

2. 褐煤

大多数褐煤的外表呈现为褐色或暗褐色，无光泽，真密度为1.1～1.4t/m³。从年轻的褐煤转变为年老的褐煤时，通常颜色变深变暗，密度增加、水分减少，腐殖酸开始增加而后又减少。褐煤是化学活性非常好的煤种，与烟煤和无烟煤相比，更容易气化，目前褐煤气化技术已经非常成熟，其气化工艺主要有固定流化床、流化床气化、气流床气化和熔浴床气化等工艺。

褐煤按其外表特征又可分为土状褐煤、暗褐煤及亮褐煤三种。土状褐煤的断面与黏土相似，它是由泥炭转变成褐煤的最初产物，因此也称为年轻褐煤。它易碎成粉末，在土状褐煤中有时能发现木质素、纤维素等植物族组。暗褐煤表面呈暗褐色，具有一定硬度，不易破碎。它是典型褐煤，因为已不含植物的各族组成，但在理化特性方面（如含腐植酸及沥青，又如断面、颜色、光泽及硬度等）与烟煤又存在明显区别。亮褐煤从外表上与年轻的烟煤区别不大，但亮褐煤含有腐植酸。外观呈深褐色或黑色，有的较暗，有的带有丝绢光泽，而有的与烟煤一样含有暗和亮的条带，是较年老的褐煤。

3. 烟煤

烟煤是自然界中分布最广的煤种。它呈黑色，硬度较大，真密度为1.20～1.45t/m³。通常烟煤具有不同程度的光泽，绝大多数都呈条带状。烟煤不含游离的腐殖酸，大多数具有粘结性，发热量较高。燃烧时火焰长而多烟。

根据煤化程度不同，我国将烟煤分为长焰煤、气煤、肥煤、焦煤、瘦煤和贫煤等。其中，长焰煤、气煤为年轻烟煤，而瘦煤和贫煤为年老烟煤。气煤、肥煤、焦煤及瘦煤是煤干馏的主要原料，而长焰煤及贫煤只能用作干馏时的掺混原料或用作气化原料。

4. 无烟煤

无烟煤是腐植煤种中最年老的一种煤。呈灰黑色，带有金属光泽，真密度为1.4～1.8t/m³。它是煤化程度最高的煤，挥发分低、密度大、硬度高、燃烧时火苗短、火力强。

二、煤的分析

1. 煤的工业分析

为了合理有效地使用煤炭资源，要对煤作工艺评价，常用的方法是工业分析。煤的工业分析是指包括煤的水分、灰分、挥发分和固定碳四个项目指标的分析。广义上讲，煤的工业分析还包括煤的全硫分和发热量的测定，又叫煤的全工业分析。煤的工业分析是了解煤质特征的基础指标，也是评价煤质的基本依据。根据工业分析的各项测定结果可以初步判断煤的性质、种类及其工业用途。

（1）水分　煤中的水分按其在煤中存在的形态不同，包含外在水分、内在水分以及同煤中矿物质结合的结晶水。

外在水分：附着在煤的表面和被煤的表面大毛细管吸附的水。当煤放在空气中存放时，煤中的外在水分很容易蒸发，蒸发到煤表面的水蒸气压和空气的相对湿度平衡时为止。失去外在水分的煤叫空气干燥煤，当这种煤制成粒度为分析用的试样时，就叫分析煤样。用空气干燥状态煤样化验所得的结果，就是空气干燥基（原称为分析基）的化验结果。

内在水分：吸附和凝聚在煤颗粒内部的毛细孔（直径小于10^{-5}cm）中的水，在常温下这部分水不能失去，只有加热到一定温度时，才能失去。

当煤颗粒中的毛细管吸附的水分达到饱和状态时，内在水分达到最高值，这种水分称为最高内在水分。由于煤的孔隙度同煤化程度间有一定规律性，所以最高内在水分能在一定程度上表示煤化程度，能较好地区分变质程度较浅的煤。

结晶水：煤中矿物质里以分子形式和离子形式参加矿物晶格构造的水分，又称化合水，如硫酸钙（$CaSO_4 \cdot 2H_2O$）、高岭石（$Al_2O_3 \cdot 2SiO_2 \cdot 2H_2O$）分子结构中的水分。结晶水通常要在200℃以上才能分解析出。在煤的工业分析中，一般不作测定。

煤中的水分对工业利用是不利的，它对煤的运输、储存和使用都有一定影响。同一种煤，其发热量将随水分的升高而降低。煤在燃烧时，需要消耗很多热量用于蒸发煤中的水分，从而增加了煤耗。水分高的煤，不仅增加了运输成本，同时给储存带来一定困难。水分高还容易使煤碎裂。

（2）灰分　煤的灰分是指煤中所有可燃物质完全燃烧以及煤中矿物质在一定温度下产生一系列分解、化合等复杂反应后剩下的残渣。煤的灰分实际是指灰分产率，是煤在815±10℃的温度下完全燃烧后剩余灰渣质量占煤样质量的百分率。根据来源不同，灰分可分外在灰分和内在灰分。外在灰分是来自顶底板和夹矸中的岩石碎块，它与采煤方法有很大关系。外在灰分通过分选大部分能去掉。内在灰分是成煤的原始植物本身所含的无机物，内在灰分越高，煤的可选性越差。

煤的灰分是另一项在煤质特性和煤的利用与研究中起重要作用的指标。由于煤灰是煤中矿物质热分解后的残留物，因此可以用它来推算煤中矿物质含量。煤的灰分越高，有效碳的含量就越低。煤的灰分与煤的其他特性如元素成分、发热量、结渣性、活性及可磨性等有程度不同的依赖关系。此外，由于煤中灰分测定简单，而矿物质在煤中的分布又常常不均匀，因此在煤炭采样和制样方法的研究中，一般都用灰分来评定方法的准确度和精密度。

（3）挥发分和固定碳　工业分析测定的挥发分，不是煤中原来固有的挥发性物质，而是在高温条件（815℃±10℃）下隔绝空气加热，产生的热分解产物所占百分数。挥发分主要由热解水、氢、碳的氧化物和碳氢化合物组成，但煤中物理吸附水（包括外在水分和内在水分）和矿物质CO_2不属挥发分之列，必须从中扣除。因此，在测定挥发分产率时，都要同时测定煤的水分，碳酸盐含量大于2%的，还要测定碳酸盐，以便对挥发分进行校正。

挥发分随煤化程度增高而降低的规律十分明显，可用以初步估计煤的种类，而且挥发分测定方法简单、快速、易于标准化。所以，我国和世界大多数国家的煤炭工业分类都采用挥发分作为第一分类指标。

测定煤的挥发分时，剩下的不挥发物称为焦渣。焦渣减去灰分称为固定碳，固定碳就是煤在隔绝空气的高温加热条件下，煤中有机质分解的残余物。

2. 煤的元素组成

煤的组成以有机质为主体，煤的工艺用途主要是由煤中有机质的性质决定的，因此了解煤中有机质的组成很重要。根据现有的分析方法，还不能够直接测定煤中有机质基本结构单元的组成和性质，而是通过元素分析、有机化合物分离以及官能团测定等方法研究煤中的有机质。煤中有机质主要由碳、氢、氧、氮、硫等5种元素组成。其中又以碳、氢、氧为主（其总和占有机质95%以上）。有机质的元素组成与煤的成因类型、煤岩组成及煤化程度等因素有关，所以它是煤质研究的重要内容。

煤的元素组成可以用来计算煤的发热量，估算和预测煤的炼焦化学产品、低温干馏产物，为煤的加工工艺设计提供必要的数据。煤的元素组成数据也可以作为煤炭科学的分类指标之一。

（1）碳　碳是煤中最重要的组成部分，是组成煤炭的大分子骨架，是煤在燃烧过程中产生热量的重要元素之一。煤的碳含量随煤化程度的加深而增高。泥炭的碳含量为50%～60%（质量分数），褐煤为60%～77%，烟煤为74%～92%，而无烟煤为90%～98%。

（2）氢　氢是煤中的第二个重要组成元素，也是煤中可燃部分，其燃烧时可放出大量的热。煤中氢的含量虽然并不高，但它的发热量高，所以在判断煤燃料质量时，应予以考虑。氢含量与成煤原始物质密切有关，腐泥煤的氢含量普遍比腐植煤高，一般都在6%以上，有时达11%。随着煤化程度逐渐加深，氢含量有逐渐减少的趋势。

（3）氧　氧也是组成煤有机质的一个十分重要的元素。煤中氧含量变化很大，并随着煤化程度加深而降低。变质程度越低的煤，氧元素所占的比例也就越大。当煤受到氧化时，氧含量迅速增高，而碳、氢含量则明显降低。氧元素在煤的燃烧过程中不产生热量，但能与产生热量的氢生成水，使燃烧热量降低，这是动力用煤的不利因素。同时，氧是煤中反应能力最强的元素，因此，当煤用于热加工时，煤中氧含量对热加工影响较大。

煤中氧含量一般都不进行直接测定，而用差额法计算得出。

（4）氮　煤的有机质中氮的含量比较少，它主要来自成煤植物中的蛋白质。煤中氮含量多在0.8%～1.8%（质量分数）的范围内变化，通常也是随煤化程度增高而稍有降低，随煤化程度而变化的规律性不很明显。煤中氮在燃烧时一般不氧化，而成游离状态N_x进入废气中，当煤作为高温热加工原料进行加热时，煤中氮的一部分变成N_2、NH_3、HCN及其他一些含氮化合物逸出，而这些化合物可回收制成氮肥（硫酸铵、尿素、氨水等）、硝酸等化学产品，其余部分则留在焦炭中，以某些结构复杂的氮化合物形态出现。

（5）硫　硫是煤中最有害的杂质。对干馏、气化、燃烧都是有害的，它会使焦炭质量下降、管道及设备腐蚀，燃烧时生成二氧化硫，污染环境，造成公害。因此，各项工业用煤对硫含量都有严格的要求。

煤中硫分根据赋存状态可分为有机硫和无机硫两大类，有时也有微量的元素硫，煤中各种硫分的总和称为全硫含量。

煤中的无机硫又分为硫化物硫及硫酸盐硫两种。

硫化物硫绝大部分是以黄铁矿硫形式存在，有时也有少量的白铁矿等硫化物硫，硫化物硫清除的难易程度与矿物颗粒大小及其分布状态有关。颗粒大的可利用黄铁矿与有机质相对密度的不同，予以清除，而颗粒极细又均匀分布的，难以清除。当煤中全硫含量大于1%时，在多数情况下，是以硫化物硫为主，一般洗选后全硫含量会有不同程度降低。

硫酸盐硫的主要存在形式是石膏，也有绿矾等极少数的硫酸盐矿物。我国煤中硫酸盐硫含量较小，大部分小于0.1%（质量分数），部分煤为0.1%~0.3%，一般硫酸盐硫含量高的煤，可能曾受过氧化。

有机硫主要来自成煤植物中的蛋白质和微生物的蛋白质。有机硫组成很复杂，主要由硫醚和硫化物、二硫化物、硫醇和硫酮、噻吩类杂环硫化物及硫醌化合物等组分和官能团所构成。有机硫与有机质紧密结合，分布均匀，很难消除。一般在低硫煤中，往往以有机硫为主，经过洗选后，精煤的全硫含量反而增高。

在评价煤质时，必须测定全硫含量，并以干燥基表示。由于不同形态的硫对煤质的影响不同，在选煤时的脱硫效果也不同，因此全硫含量在1.5%~2.0%（质量分数）以上的煤，还应测定各种形态的硫，作为评价脱硫难易程度和考虑脱硫方法之依据。

3. 煤质分析中的基准

在对煤质进行分析时，煤样的状态至关重要，对分析结果的描述也必须规范统一。在表示煤质指标时，必须指定其分析基准。“基”表示化验结果是以什么状态下的煤样为基础得出的，煤质分析中常用的“基”有：

1）空气干燥基。以与空气湿度达到平衡状态的煤为基准，表示符号为ad。

2）干燥基。以假想无水状态的煤为基准，表示符号为d。

3）收到基。以收到状态的煤样为基准，表示符号为ar。

4）干燥无灰基。以假想无水、无灰状态的煤为基准，表示符号为daf。

5）干燥无矿物质基。以假想无水、无矿物质状态的煤为基准，表示符号为dmf。

根据不同的需要，各种基准之间可以进行互相换算。

三、煤的性质

1. 煤的物理性质

煤的物理性质是煤的一定化学组成和分子结构的外部表现，是由成煤的原始物质及其聚积条件、转化过程、煤化程度和风化、氧化程度等因素所决定，包括颜色、光泽、密度、硬度、脆度、断口及导电性等。其中，除了密度和导电性需要在实验室测定外，其他根据肉眼观察就可以确定。煤的物理性质可以作为初步评价煤质的依据，并用以研究煤的成因、变质机理和解决煤层对比等地质问题。

（1）真相对密度、视相对密度和散密度　由于煤是具有裂隙的疏松结构的固体，因此煤的密度应考虑裂隙、孔隙等所占体积的影响，这使密度的概念多样化，常用的密度包括真相对密度、视相对密度、散密度。

1）煤的真相对密度。煤的真相对密度是指在20℃时单位体积（不包括煤的内部孔隙、裂隙）煤的质量和同温度、同体积水的质量之比，以符号TRD来表示。煤的真相对密度测定国家标准中用的是密度瓶法，以水作为置换介质，将称量的煤样浸泡在水中，使水充满煤的孔隙，然后根据阿基米德定律进行计算。该法的基本要点是：在20℃条件下，在一定容积的密度瓶中盛满水（加入少许浸润剂），放入一定质量的煤，使煤在密度瓶中润湿、沉降并排出吸附的气体，根据煤样质量和它排出的纯水质量计算煤的真相对密度。

计算公式如下

$$(\mathrm{TRD}_{20}^{20})_{\mathrm{d}} = \frac{G_{\mathrm{d}}}{G_0 + G_{\mathrm{d}} - G_1} \tag{5-1}$$

式中 $(\mathrm{TRD}_{20}^{20})_{\mathrm{d}}$——干燥基煤的真相对密度；

G_{d}——干燥基煤样质量，g；

G_0——充满水及浸润剂的密度瓶的质量，g；

G_1——加了煤样后充满水及浸润剂的密度瓶的质量，g。

干燥基煤样质量按下式计算

$$G_{\mathrm{d}} = G \times \frac{100 - M_{\mathrm{ad}}}{100} \tag{5-2}$$

式中 G——空气干燥煤样质量，g；

M_{ad}——空气干燥煤样水分，%。

煤的真相对密度是煤的主要物理性质之一。研究煤的煤化程度、确定煤的类别等都要涉及煤的真相对密度指标。

2）煤的视相对密度。煤的视相对密度是指在20℃时煤（包括煤的内外表面孔隙和裂隙）的质量与同温度、同体积水的质量之比。

测定煤的视相对密度的基本原理和测定煤的真密度的基本原理是一样的，但由于煤的视相对密度中包含煤的孔隙和裂隙，因此必须在测定时使介质不进入孔隙中。为此，目前都用蜡涂敷于煤样的表面，即所谓的涂蜡法。由于煤中矿物质分布的不均匀性，因而对灰分较高的煤来说，其视相对密度的测定误差往往较大，且煤中灰分越高，尤其是硫铁矿硫含量越高的煤，其视相对密度测定值的可靠性也越差。

煤的视相对密度是计算煤层储量的重要参数之一。储煤仓的设计，洗精煤在运输、磨细、燃烧过程中的计算问题都要用煤的视相对密度。

3）煤的散密度。煤的散密度又叫煤的堆积密度和堆密度，它是单位体积所装载的散装煤炭的质量。由于各种散煤的粒度组成不同，因而即使是同一煤层开采出来的煤，其散密度也会有很大的差异。散密度测定体器的大小应视煤炭粒度的大小而定。

（2）机械强度 煤的机械强度，是指块煤的硬度（耐磨强度）、脆度（抗碎强度）和抗压强度等的综合物理机械性质。其测定方法包括测定块煤抗碎性的落下试验法、测定块煤耐磨性的转鼓试验法和测定块煤抗压强度的抗压试验等。应用最普遍的是落下法，它是根据煤块在运输、装卸以及入气化炉或燃烧炉过程中落下，互相撞击而破碎等特点拟定的。

试验采用10块粒度为60～100mm的块煤为煤样，然后每块从2m高处自由落到厚度大于15mm的金属板上。自由落下3次，以大于25mm的块煤占原试验煤样的质量百分数，表示煤的机械强度。其分级标准见表5-1。

表5-1 煤的机械强度分级

级别	>25mm块煤占原煤质量百分率（%）	级别	>25mm块煤占原煤质量百分率（%）
高强度煤	>65	低强度煤	30～50
中强度煤	50～60	特低强度煤	<30

2. 煤的工艺性质

煤的工艺性质主要有发热量、粘结性和结焦性、化学反应性、热稳定性、结渣性等。研究煤的工艺性质，可以对各种煤作出正确的工艺评价，以满足各方面对煤质的要求，从而选择合适的煤源进行干馏和气化。

(1) 煤的发热量　发热量测定是煤质分析的一个主要项目，也是评价动力用煤的主要质量指标。目前，国内外均采用氧弹方法测定发热量，它是把一定量的分析煤样放置于氧弹热量计中，在充入过量氧的氧弹内，使煤完全燃烧测定其发热量。氧弹热量计的热容量通过在相似条件下和燃烧一定量的基准量热物苯甲酸确定，氧弹预先放在一个盛满水的容器中，根据煤燃烧后水温的升高程度，计算试样的发热量。由于实际情况并不如此简单，所以需要考虑各种影响测定的因素，并对点火热等附加热进行各种校正，此后才能获得正确的结果。

单位质量的试样在充有过量氧气的氧弹内燃烧，其燃烧产物组成为氧气、氯气、二氧化碳、硝酸和硫酸、液态水以及固态灰时放出的热量称为弹筒发热量。

单位质量的试样在充有过量氧气的氧弹内燃烧，其燃烧产物组成为氧气、氯气、二氧化碳、二氧化硫、液态水以及固态灰时放出的热量称为恒容高位发热量。

恒容高位发热量即由弹筒发热量减去硝酸和硫酸校正热后得到的发热量。

计算公式如下

$$Q_{gr,v,ad} = Q_{b,ad} - (95S_{b,ad} + \alpha Q_{b,ad}) \tag{5-3}$$

式中　$Q_{gr,v,ad}$——分析煤样的恒容高位发热量，J/g；

$Q_{b,ad}$——分析煤样的弹筒发热量，J/g；

$S_{b,ad}$——由弹筒洗液测得的硫含量，%（质量分数）；

95——硫酸生成热校正系数，为 0.01g 硫生成硫酸的化学生成热和溶解热之和，J。

当 $Q_{b,ad} \leqslant 16.7$kJ/g 时，$\alpha = 0.001$；

当 $16.7\text{kJ/g} < Q_{b,ad} \leqslant 25.10$kJ/g 时，$\alpha = 0.012$；

当 $Q_{b,ad} > 25.10$kJ/g 时，$\alpha = 0.0016$。

单位质量的试样在充有过量氧气的氧弹内燃烧，其燃烧产物组成为氧气、氯气、二氧化碳、二氧化硫、气态水以及固态灰时放出的热量称为恒容低位发热量。恒容低位发热量即由恒容高位发热量减去水（煤中原有的水和煤中氢燃烧生成的水）的气化热后得到的发热量。

恒容低位发热量可用下式计算

$$Q_{net,v,ad} = Q_{gr,v,ad} - 25(M_{ad} + 9H_{ad}) \tag{5-4}$$

式中　H_{ad}——分析煤样中的氢含量，%（质量分数）；

25——常数，相当于 0.01g 水的蒸发热，J。

各种基的低位发热量，按下式计算

$$Q_{net,M} = (Q_{gr,ad} - 206H_{ad}) \times \frac{100 - M}{100 - M_{ad}} - 32M \tag{5-5}$$

式中　H_{ad}——分析基氢含量，%（质量分数）；

M_{ad}——分析基水分，%（质量分数）；

M——要计算的那个基准的水分，%；对于干燥基 $M=0$；对于空气干燥基，$M=M_{ad}$；对于收到基，$M=M_t$（全水）。

（2）煤的粘结性与结焦性　粘结性是指煤在干馏过程中自身粘结或粘结其他惰性物质的能力。结焦性是指煤在干馏时形成具有一定块度和强度焦炭的能力。煤的粘结性是结焦性的必要条件，结焦性好的煤必须具有良好的粘结性，但粘结性好的煤不一定能单独炼出质量好的焦炭。因此炼焦时要进行配煤操作。粘结性是进行煤的工业分类的主要指标，一般用煤中有机质受热分解、软化形成的胶质体的厚度来表示，常称为胶质层厚度。胶质层越厚，粘结性越好。测定粘结性和结焦性的方法很多，除胶质层测定法外，还有罗加指数法、奥阿膨胀度试验等。粘结性受煤化程度、煤岩成分、氧化程度和矿物质含量等多种因素的影响。煤化程度最高和最低的煤，一般都没有粘结性，其胶质层厚度也很小。

（3）煤的化学反应性　煤的化学反应性，又称活性，指在一定温度条件下煤与不同气体介质（如二氧化碳、氧、水蒸气等）发生化学反应的能力。煤的化学反应性直接关系到煤在气化炉内的反应情况（反应速度、反应进行程度）的好坏，因而与气化炉生产能力、煤气组成和性质以及热量和气化剂耗量均有关系。

图 5-1 所示为褐煤、烟煤及无烟煤的反应性曲线。由图可知，煤的活性随反应温度升高而加强，活性与煤化程度有关。煤化程度低的煤活性强，所以褐煤最强，烟煤居中，而无烟煤最差。其次，煤的活性与矿物质含量有关，一般情况下，矿物质含量高的煤，由于有机质相对减少，因此活性较差。

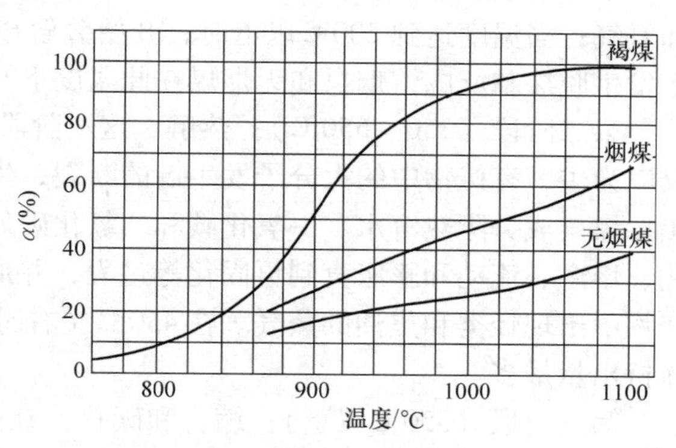

图 5-1　褐煤、烟煤及无烟煤的反应性曲线

（4）煤的热稳定性　煤的热稳定性，是指煤在高温燃烧或气化过程中对热的稳定程度，也就是煤块在高温作用下保持原来粒度的性质。煤的热稳定性对以块煤为原料的气化过程影响较大，热稳定性好的煤，气化时不碎成小块，或破碎较少，热稳定性差的煤在气化过程中会炸裂成小块或粉末，而细粒煤及煤粉增多后，轻则增加炉内阻力和带出物损失，降低气化效率，严重时会破坏整个气化过程，甚至造成停炉事故。

（5）煤的结渣性　煤的结渣性是气化用煤的重要质量指标。在气化过程中，由于煤中的灰分软化、熔融而结渣，它将给气化炉操作带来不同程度的影响，结渣不仅会降低气化炉的热效率及气化效率，严重时将会导致停炉。因此，必须选择不易结渣或轻度结渣的煤作为气化原料。

第二节　煤干馏理论基础

一、煤的干馏及分类

煤的干馏指煤在隔绝空气条件下加热、分解，生成煤气、焦油、粗苯和焦炭（或半焦）

等产物的过程。按加热终温的不同，可分为高温干馏、中温干馏和低温干馏。

煤在500～550℃下进行的干馏，称为低温干馏。低温干馏时所产生的煤气中含有大量的氢、甲烷和不饱和烃，所得的非挥发性产物称为半焦，组成介于原煤和焦炭之间，并且仍含有一定量的挥发物。

煤在800～850℃下进行的干馏，称为中温干馏。中温干馏通常在炭化炉中进行，得到的煤气称为炭化炉煤气，所得的非挥发性产物熟煤仅能用作气化原料、动力燃料或化工原料。

煤在900～1100℃下进行的干馏，称为高温干馏。高温干馏过程通常在焦炉中进行，因此也称为炼焦，所得的煤气为焦炉煤气，其含氢量高；所得的非挥发性产物为焦炭，主要用于冶金工业，也可作为动力燃料、化工原料。

二、煤的干馏过程

煤的干馏包括裂解和缩聚两类，其过程大致分为以下三个阶段：

第一个阶段（从室温到350℃）：脱水分解。煤在本阶段的外形没有变化，150℃以前主要为干燥脱水阶段；在150～200℃时，释放出吸附在煤中的气体，主要为甲烷、二氧化碳和氮气；当温度达到200℃以上时，开始分解出一些低分子有机挥发物，如褐煤在200℃以上发生脱羧基反应，烟煤和无烟煤在此温度下一般不发生变化。

第二阶段（350～550℃）：热解。这一阶段是煤干馏的最重要阶段，主要以解聚和分解反应为主，有机物中的大分子发生键的断裂，生成大量挥发物（煤气及焦油），煤黏结成半焦。煤气成分除热解水、一氧化碳和二氧化碳外，主要是气态烃。烟煤在这一阶段经历了软化、熔融、流动和膨胀直到再固化等过程，并形成气、液、固三相共存的胶质体。在分解的产物中出现烃类和焦油的蒸气。在450℃左右时焦油生成量最大，在450～550℃范围内，气体析出量最多。

第三阶段（550℃以上）：缩合和碳化。在这一阶段，主要以高温缩聚反应为主，又称二次脱气阶段。随着水和有机物蒸气的析出，剩余物质受热缩合成胶体。同时，析出的挥发物逐渐减少，胶体逐渐固化和碳化，生成焦炭。

煤干馏产物的产率及煤气组成与煤质、炉结构和干馏条件（主要是温度和时间）有关。随着干馏终温的不同，煤干馏产物也不同。低温干馏的固体产物为结构疏松的半焦，煤气产率低，焦油产率高；高温干馏的固体产物则为结构致密的焦炭，煤气产率高而焦油产率低。煤干馏过程中生成的煤气主要成分为氢气和甲烷，可作为燃料或化工原料。高温干馏主要用于生产冶金焦炭，所得的焦油为芳香烃、杂环化合物的混合物，是工业上获得芳香烃的重要来源；低温干馏煤焦油比高温焦油含有较多烷烃，芳香烃含量少，是人造石油的重要来源之一，经高压加氢可制得汽油、柴油等产品。

三、煤的结焦机理

1. 结焦过程

煤的主要组分是有机质，煤的结焦过程是以煤有机质大分子的热分解为基础，煤粘结成焦是一个十分复杂的过程，它受到许多化学因素、物理因素、物理-化学因素所制约。对煤粘结成焦机理的研究，学者们大多采用流变学、热化学和溶剂抽提的方法。从煤的热分解过程可以看出，煤粘结成焦的过程可以分为两个阶段，即粘结阶段和收缩阶段。

粘结机理：具有粘结性的煤在热解过程中形成胶质体，从煤开始热解到半焦形成，为结焦的粘结阶段。煤被加热到350～500℃时，有机质大分子发生裂解，侧链从缩合芳香烃中断裂，侧链本身也进一步裂解或与其他组分作用，此时热解产物中分子量小的呈气态、分子量适中的呈液态，而分子量很大的断掉侧链的缩合芳环则是固态。当温度在450～550℃范围时，胶质体中液态产物参与裂解反应，一部分热解产物呈气态析出，另一部分则与固态颗粒融为一体，把分散的固体颗粒粘结在一起，固化为半焦。在此过程中，因气体强行通过粘结性大、不透气的胶质体产生的膨胀压力，进一步加强了固体颗粒间的粘结。粘结性的好坏取决于胶质体的数量、流动性和半焦形成前的热稳定性。粘结性强的煤在粘结过程中要有足够数量的胶质体和适当的流动性。流动性太大，不利于膨胀压力的产生；流动性太小则不利在各固体颗粒间的分散。同时，还要求有较好的热稳定性，如果胶质体的数量虽多而热稳定性差，则未经分散、缩合、粘结就分解了。因此在实际生产过程中，可通过配煤来调节配合煤料的胶质体数量和性质，使之具有合适的粘结性。

收缩机理：煤在干馏过程中，当温度超过550℃并继续升高时，半焦内的有机质进一步分解而发生强烈的叠合、缩合反应。此时主要是缩合芳环上那些热稳定性较高的侧链和联结在缩合芳环间的碳链桥的热分解，分解产物呈气态逸出，主要是甲烷和氢。焦炭是具有裂纹的多孔焦块，它的品质决定于焦炭多孔材料的强度和焦块中的裂纹。裂纹的产生是因为焦炭和半焦内各点的温度和升温速度不同，各点收缩也会不同，因此便产生了内应力，当此内应力超过半焦和焦炭壁的强度时，就产生了裂纹。焦炭多孔材料阻碍收缩的过程越明显，收缩过程的内应力越大，焦炭中就容易形成裂纹，影响裂纹网的决定因素是由碳网缩合和增长所决定的收缩量及收缩速度。合理的配煤在调节半焦收缩量的同时，还可以调节最大收缩速度及其所在的温度，由此可以控制焦炭的抗碎强度及块度。

2. 结焦特征

煤在炭化室内结焦过程的基本特点有两个：一是单向供热、成层结焦；二是结焦过程中的传热性能随炉料状态和温度而变化。

炭化室内煤料供热是从两侧炉墙向炭化室中心逐渐传递的。由于煤的导热性（尤其是胶质体）很差，在炭化室中心面的垂直方向上，煤料内的温度差较大，所以在同一时间，与炉墙不同距离的各层煤料温度不同，如图5-2左所示。炭化室内处于不同状态的各种中间产物的热容、热导率、相变热、反应热等都不同，所以炭化室内煤料温度场是不均匀、不稳定的温度场，其传热过程属于不稳定传热。湿煤装入后，越靠近炭化室墙的煤料升温速度越快，炭化室中心面煤料温度升到100℃以上所需时间相当于结焦时间的一半左右。这是因为水的汽化热大而煤的热导率小，同时由于结焦过程中湿煤层始终被夹在两侧塑性层（胶质体）之中，水气不易透过，致使大部分水气窜入内层湿煤中，内层湿煤水分增加，使炭化室中心煤料长时间停留在110℃以下，煤料水分越多，结焦时间越长，炼焦耗热量越高。

炭化室内煤料各层处于热解的不同阶段，如图5-2右所示。结焦过程总是在温度最高的炉墙附近先结成焦炭，而后逐渐向炭化室中心扩展，称为成层结焦。当结焦周期为15h时，在加煤后8h内，炭化室内从炉墙至中心存在着焦炭层、半焦层、胶质体层、干煤层和湿煤层。约8h后，煤中水分蒸发完毕，湿煤层消失，然后干煤层消失，其后两侧胶质体在炭化室中心处会合并逐渐消失而形成半焦。半焦收缩出现裂纹，当加热至15h时，在炭化室中心处出现裂纹，分成两大块，至此炭化室内煤料全部成为焦饼。

成熟的焦饼，在中心面上有一条缝，如图5-2所示，一般称为焦缝。其形成原因是由于两面加热，当两胶质层在中心汇合时，两侧同时固化收缩，胶质层内又产生气体膨胀，故出现上下直通的焦缝。

由于炭化室中心面上煤料的温度总是最低的，直至最后成熟，所以将结焦末期炭化室中心面上的温度作为炼焦最终温度，称为焦饼中心温度，它是反映焦饼成熟程度的重要标志。

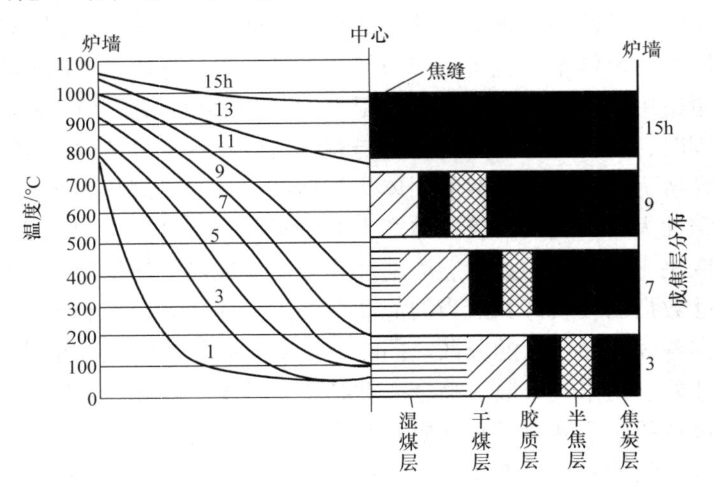

图5-2　炭化室内煤料温度和成焦层分布

焦块大小取决于裂纹率的多少，而裂纹率的数量和大小又主要取决于半焦收缩阶段的半焦收缩系数和相邻层的温度梯度。在500℃前后产生的第一次收缩取决于煤的挥发分，煤的挥发分高则收缩系数大。当温度梯度一定时，焦炭裂纹率高，裂纹间距小，则焦炭块度小。第二次收缩发生在750℃左右，它与煤的挥发分关系不大，但随加热速度提高而加大。因此，加热速度高时，收缩加剧，使裂纹率增高。

所以，当配合煤料挥发分高时，如用气煤或肥煤单独干馏时，所得焦饼裂纹多，焦炭块度小。当缩短焦炉结焦时间时，则煤料的温度梯度增大，所产生的收缩应力也增大，因而得到的焦炭较碎。因此，当配煤较肥，即结焦性较强时，应适当配入瘦化剂，可减少半焦收缩应力，减少焦炭裂纹，得到较大的焦块。降低半焦阶段的加热速度，可以使单位时间内收缩量降低。并且由于加热均匀，这也能使收缩应力减小，从而减少焦炭裂纹，并且可以提高焦炭质量。

四、煤气的形成

煤在高温干馏过程中所产生的煤气，主要是煤在高温分解时的产物。煤料在炭化室内受到两侧炉墙传热，发生一系列化学反应而产生煤气。煤料受热时首先释放出水蒸气及吸附在煤粒表面的二氧化碳、甲烷等气体。当温度升高到200℃以上时，煤开始分解，其大分子的侧链发生断裂反应，析出二氧化碳及一氧化碳，这时生成的煤气热值较低，产率也不高，为高温干馏煤气产量的5%～6%。这一阶段的终了温度随原料和工艺的不同而有差异，为200～400℃。

大约从400℃开始，煤的热分解反应开始加剧，煤的大分子骨架结构碎裂，煤气发生量大大增加。当温度达到500～550℃，此时煤气发生量为总量的40%～50%，甲烷含量高达45%～55%（体积分数），而氢含量较低，为11%～20%（体积分数），并有轻质烃类化合物析出，所以煤气的热值很高。这一阶段煤的苯环和其他环状化合物发生脱氢反应，产生大量氢气，甲烷是直链碳氢化合物分解作用的结果，而析出的煤气是煤热解的一次产物和这些产物进一步分解的二次产物的混合物。

到600℃以上时，煤热解基本上不再产生焦油，煤炭本身则热解聚合变成半焦，半焦发生收缩和裂化反应生成焦炭，同时产生大量煤气。至700℃左右，煤气发生量急剧增加，这时生成煤气量约为总生成量的40%，这阶段形成的煤气氢含量很高，热值较低。

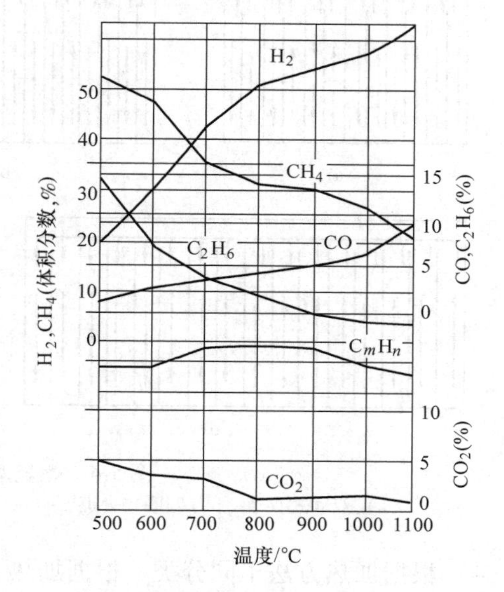

图5-3　煤气组成随温度的变化

图5-3所示给出了炭化室内煤气组成随温度变化的情况。由图可以看出，煤气中甲烷及其同系物、二氧化碳的含量是随着温度的升高而降低，而氢和一氧化碳含量是随温度升高而增加的，烃含量在800～900℃时达到最大值。

综上所述，在高温炼焦干馏过程中，煤炭在炉内生成胶质体，胶质体固化生成半焦，半焦收缩生成焦炭，伴随这些过程都有大量的气体产物析出，生成了我们需要的焦炉煤气。

第三节　焦炉及其附属设备

焦炉是煤气厂、焦化厂用于生产煤气、焦炭和化学产品的主要设备。现代焦炉有多种炉型，通常根据火道结构、加热煤气种类及其入炉方式、蓄热室结构和装煤方式的不同而进行分类。但大部分焦炉都有共同的基本要求：

1）长向和高向加热尽量均匀，以减少干馏过程的裂解损失。

2）加热系统阻力小，热工效率高，能耗低。

3）炉体坚固、严密、衰老慢、炉龄长。

4）工作条件好，调节控制方便，环境污染少。

一、焦炉分类

焦炉是煤高温干馏的主要设备，按装煤方式、火道结构、加热煤气种类、入炉方式等分为多种形式。

（1）根据装煤方式不同分类　根据装煤方式不同焦炉可分为顶装（散装）焦炉和侧装（捣固）焦炉。两种焦炉的总体结构没有太大区别，只是侧装焦炉对煤饼有特殊要求。

（2）根据火道结构不同分类　根据火道结构不同焦炉可分为两分式、四分式、过顶式、双联式和四联式焦炉，如图5-4所示。目前二分式焦炉已基本淘汰，在我国双联式焦炉被大型焦化厂广泛采用。

（3）根据煤气进入方式不同分类　根据煤气的加入方式不同焦炉可分为下喷式和侧入式。下喷式焦炉加热用的煤气（或空气）由焦炉的下部经垂直砖煤气道进入火道，侧入式焦炉是指焦炉煤气由焦炉两侧水平砖煤气道进入火道。

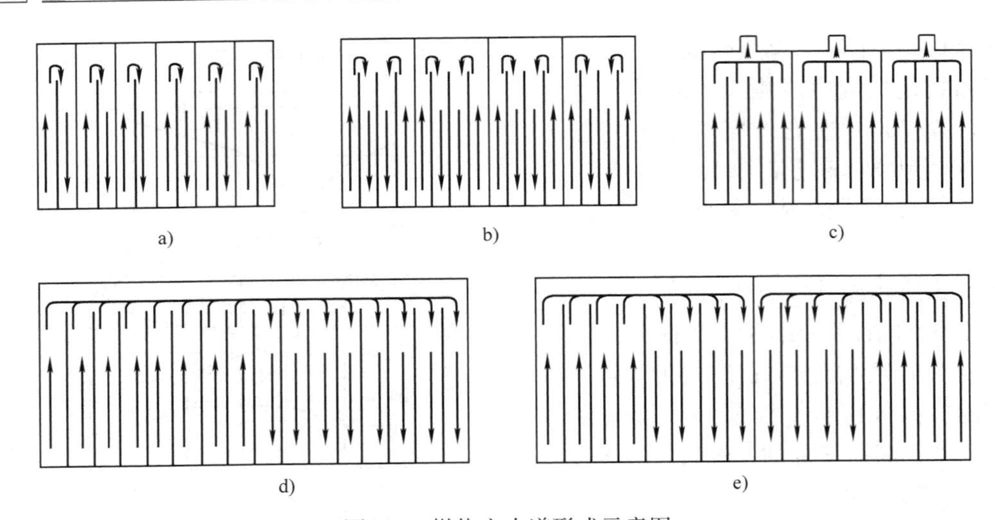

图 5-4 燃烧室火道形式示意图

a）双联式火道 b）四联式火道 c）过顶式火道 d）两分式火道 e）四分式火道

（4）根据加热方法不同分类 根据加热方式不同焦炉可分为单热式焦炉和复热式焦炉。单热式焦炉是指从炉体结构上只能用一种煤气加热，复热式是指可用两种煤气加热。

（5）根据高向加热均匀性方式不同分类 为了实现燃烧室高向加热均匀性，在不同结构的焦炉中，采取了不同措施。根据结构不同，主要有高低灯头、炉墙不同厚度、分段加热和废气循环四种方式，如图 5-5 所示。

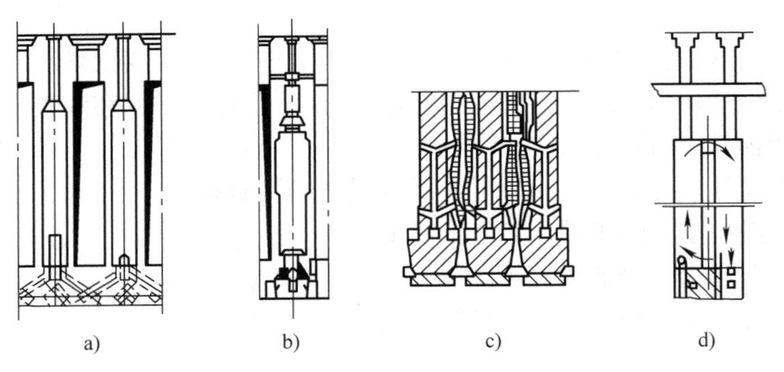

图 5-5 各种解决高向加热均匀的方法

a）高低灯头 b）炉墙不同厚度 c）分段加热 d）废气循环

我国焦炉系列基本尺寸见表 5-2。

表 5-2 我国焦炉系列基本尺寸

类型	采用炉型	炭化室有效容积/m^3	炭化室尺寸/mm							燃烧室	
			全长	有效长	全高	有效高	平均宽	锥度	中心距	加热水平/mm	火道
大型	双联下喷复热（58—Ⅱ）	23.9	14080	13280	4300	4000	450	50	1143	800	28
	双联下喷复热（58—Ⅱ）	21.6	14080	13280	4300	4000	407	50	1143	800	28
	双联下喷复热（58—Ⅰ）	24.0	14080	13280	4300	4000	450	50	1143	600	28

（续）

类型	采用炉型	炭化室有效容积/m^3	炭化室尺寸/mm							燃烧室	
			全长	有效长	全高	有效高	平均宽	锥度	中心距	加热水平/mm	火道
大型	双联下喷复热（58—Ⅰ）	21.7	14080	13280	4300	4000	407	50	1143	600	28
中型	两分下喷复热	11.30	11200	10520	2800	2500	420	40	1000	500	22
小型	两分侧入（66—3）	5.40	7170	6470	2520	2320	350	20	878	524	14
	两分侧入（70）	3.34	5850	5170	2380	2180	296	20	876	440	15
	两分蓄热室（红旗3号）	2.60	5497	4997	2035	1800	296	20	876	420	14
大容积	双联下喷复热	35.40	15980	15740	5500	5200	450	70	1350	900	32

二、焦炉结构

现代焦炉主要由炉顶区、炭化室、燃烧室、斜道区、蓄热室、烟道区（小烟道、分烟道、总烟道）、烟囱和基础平台等部分组成，典型焦炉的结构如图5-6所示。炭化室与燃烧室沿水平方向分层相间布置，蓄热室位于其下方，内放格子砖以回收废热，斜道区位于蓄热室和燃烧室中间，通过斜道使蓄热室与燃烧室相通，炭化室与燃烧室之上为炉顶，整座焦炉砌在坚固平整的钢筋混凝土基础上，烟道一端与蓄热室连接，另一端与烟囱连接。蓄热室下面为烟道与基础，根据炉型不同，烟道设在基础内或基础两侧。

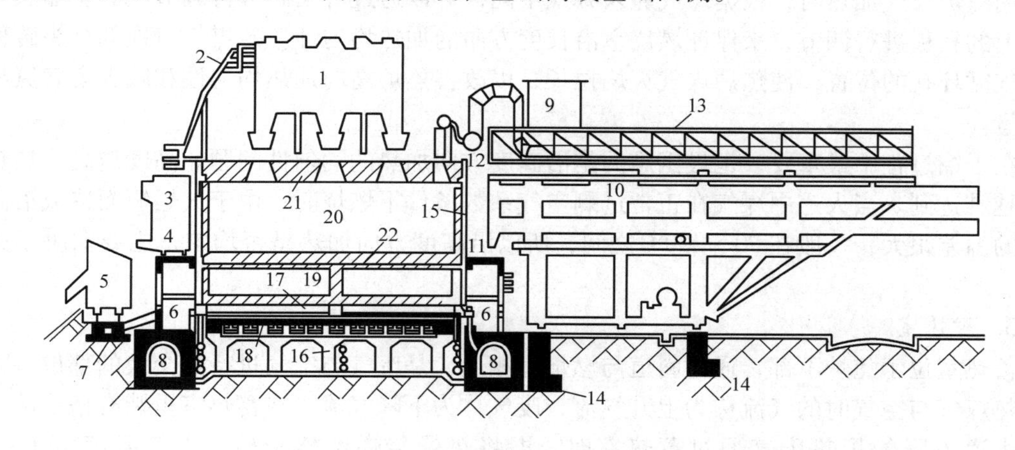

图5-6　JN型焦炉及其基础断面

1—装煤车　2—磨电线架　3—拦焦车　4—焦侧操作台　5—熄焦车　6—交换开闭器　7—熄焦车轨道基础　8—分烟道　9—仪表小房　10—推焦车　11—机侧操作台　12—集气管　13—吸气管　14—推焦车轨道基础　15—炉柱　16—基础构架　17—小烟道　18—基础顶板　19—蓄热室　20—炭化室　21—炉顶区　22—斜道区

1. 炭化室

炭化室是煤隔绝空气干馏的地方，由两侧炉墙、炉顶、炉底和两侧炉门合围起来。炭化室的有效容积是装煤炼焦的有效空间部分，它等于炭化室有效长度、平均宽度及有效高度的乘积。炭化室的容积、宽度与孔数对焦炉生产能力、单位产品的投资及机械设备的利用率等均有重大影响。焦炉有多个炭化室，成一定锥度，与燃烧室相间布置，炭化室顶部还设有1个或2个上升管口，通过上升管、桥管与集气管相连。

为了推焦方便，炭化室宽度是由机侧向焦侧逐渐扩大的，两侧宽度之差称为炭化室锥度。炭化室锥度随炭化室的长度不同而变化，炭化室越长，锥度越大。在长度不变的情况下，其锥度越大越有利于推焦。生产几十年的炉室，由于其墙面产生不同程度的变形，此时锥度大就比锥度小利于推焦，从而可以延长炉体寿命。

2. 燃烧室

燃烧室位于炭化室两侧，其中分成许多火道，煤气和空气在其中混合燃烧加热相邻的炭化室，使其中的煤料发生高温干馏反应。每座焦炉的燃烧室数量比炭化室多一个，长度与炭化室相等，高度比炭化室低，其顶面标高差值称为加热水平，这是为了在上部与下部焦炭同时成熟的条件下，保持适当的炭化室顶部空间温度，减少化学产品在炉顶空间的热解损失。燃烧室的锥度与炭化室相等但方向相反，以保证焦炉炭化室中心距相等。

燃烧室内用横墙分隔成若干立火道，便于控制从机侧到焦侧的温度分布，以便使燃烧室沿长度方向能获得所要求的温度分布，而且又增加了燃烧室砌体的结构强度。对于双联火道带废气循环的焦炉，每对火道的隔墙上部有跨越孔，下部有废气循环孔。废气循环是改善焦炉高向加热的主要措施之一。

燃烧室内的温度分布由机侧向焦侧递增，以配合炭化室焦侧宽、机侧窄的情况，因此燃烧室内每个火道都设置有调节砖，分别用于调节煤气量和空气量，以保证整个炭化室内焦炭能同时成熟。

用焦炉煤气加热时，根据煤气通入方式不同，可以通过灯头砖进行调节或更换加热煤气支管上的孔板进行调节，来保证燃烧室沿长度方向的加热均匀性。砖煤气道顶部灯头砖稍高于废气循环孔的位置，使焦炉煤气火焰拉长，以改善焦炉高向加热均匀性和减少废气氮氧化物含量。

在干馏过程中最重要、也最困难的是沿高度方向加热的均匀性问题。高度越高，加热均匀性越难达到。当火道中煤气在正常过剩空气系数条件下燃烧时，由于火焰短而造成沿高度方向的温差很大，一般在50~200℃之间，所以沿高度方向加热是否均匀，主要取决于火焰长度。

3. 蓄热室

蓄热室位于焦炉下部，通过斜道与燃烧室相通，是废气与空气进行热交换的部位。蓄热室预热煤气与空气时的气流称为上升气流，废气称为下降气流。在蓄热室里装有格子砖，当由立火道下降的炽热废气通过蓄热室时，即将热量传递给格子砖，废气温度由1200~1300℃左右降至300~400℃左右。然后，经小烟道、分烟道、总烟道至烟囱排出。每隔一定时间进行换向，上升气流为冷空气，冷空气或贫煤气进入蓄热室，格子砖便将热量传递给冷空气，被预热至1000~1100℃后进入燃烧室燃烧。通过上升与下降气流的换向，不断进行热交换。

由于蓄热室的作用，有效地利用了废气显热，减少了煤气消耗量，提高了焦炉的热工效率。

4. 斜道区

燃烧室与蓄热室相连接的通道称为斜道。斜道区位于炭化室及燃烧室下面、蓄热室上面，是焦炉加热系统的一个重要部位，进入燃烧室的煤气、空气及排出的废气均通过斜道，斜道区是连接蓄热室和燃烧室的通道区。由于通道多、压差大，因此斜道区是焦炉中结构最复杂，异形砖最多，在严密性、尺寸精确性等方面要求最严格的部位。图5-7所示为JN型焦炉斜道区的结构图，每个立火道底部都有两条通道，一条通向空气蓄热室，另一条通向贫煤气蓄热室。当用焦炉煤气加热时，由两个斜道送入空气和导出废气，而焦炉煤气由垂直砖煤气道进入。当用贫煤气加热时，一个斜道送入煤气，另一个斜道送入空气，换向后两个斜道均导出废气。斜道出口处设有火焰调节砖及牛舌砖，更换不同厚度和高度的火焰调节砖，可以调节煤气和空气接触点的位置，以调节火焰高度，移动或更换不同厚度的牛舌砖可以调节进入的火道空气。

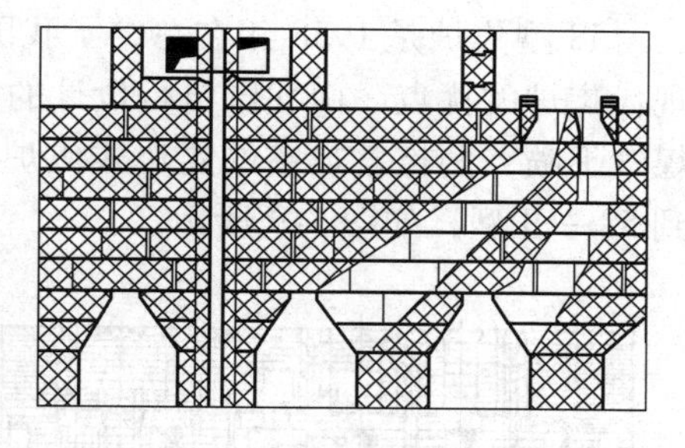

图5-7 JN型焦炉斜道区结构图

5. 烟道与烟囱

蓄热室下部设有分烟道，来自各下降蓄热室的废气流经废气盘，分别汇集到机侧、焦侧分烟道，进而在炉组端部的总烟道汇合后导向烟囱根部，经除尘净化处理后，依靠烟囱抽力排入大气。烟道用钢筋混凝土浇灌制成，内砌勃土衬砖。分烟道与总烟道连接部位之前设有吸力自动调节翻板，总烟道与烟囱根部连接部位之前设有闸板，用以分别调节吸力。焦炉基础平台位于焦炉地基之上，位于炉体的底部，它支撑整个炉体，在焦炉炉幅方向的两端设有钢筋混凝土的抵抗墙，用以保护炉体结构。图5-8所示为下喷式焦炉的基础结构型式。

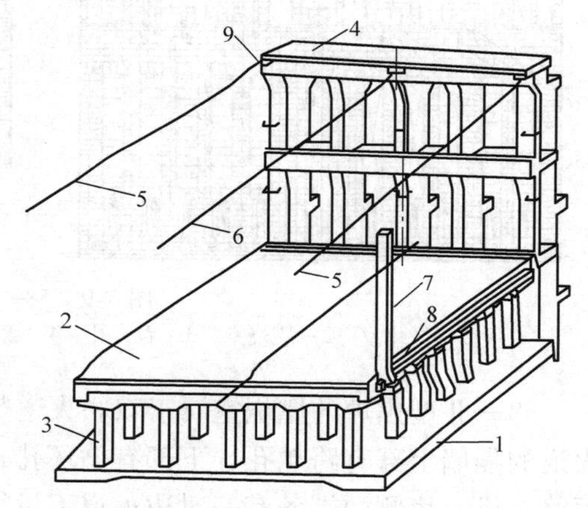

图5-8 下喷式焦炉的基础结构型式
1—焦炉底板 2—焦炉顶板 3—支柱
4—框架式抵抗墙 5—焦炉正面线
6—纵轴中心线 7—直立标杆
8—横标杆 9—拉线卡钉

三、典型焦炉

我国使用的焦炉炉型，在1953年以前主要是恢复和改建新中国成立前遗留下来的奥托式、考贝式、索尔维式等老式焦炉。1958年以前建设了一批原苏联设计的ΠBP和ΠK型焦炉。1958年以后，我国自行设计建造了一大批适合我国实际情况的各种类型的焦炉，形成了大、中、小型的焦炉系列，主要有：

大型的双联火道焦炉。包括JN43—83、JN60—82、JN60—87及高5.5m的大容积焦炉，58—I型和58—Ⅱ型焦炉。

中型焦炉。包括两分下喷复热式焦炉。

小型焦炉。包括66型、70型及红旗3号等炉型。

改革开放以来，我国又引进和自行设计建造了一批具有世界先进水平的新型焦炉，它们是由日本引进的新日铁M型焦炉，鞍山焦化耐火材料设计研究院为宝钢二期工程设计的6m高的下喷式JNX60—87型焦炉及58型焦炉的改造型下喷式JNX43—83，以及1982年设计的6m高焦炉JN60—82型捣固焦炉等。

1. 58—Ⅱ型焦炉

58 型焦炉是 1958 年在总结了我国多年炼焦生产实践经验的基础上，吸取了国内外各种现代焦炉的优点，由我国自行设计的大型焦炉。其结构特点是：双联火道带废气循环，焦炉煤气下喷，两格蓄热室的复热式焦炉。58 型焦炉经过长期生产实践，多次改进，现已发展到 58—Ⅱ型，如图 5-9 所示。

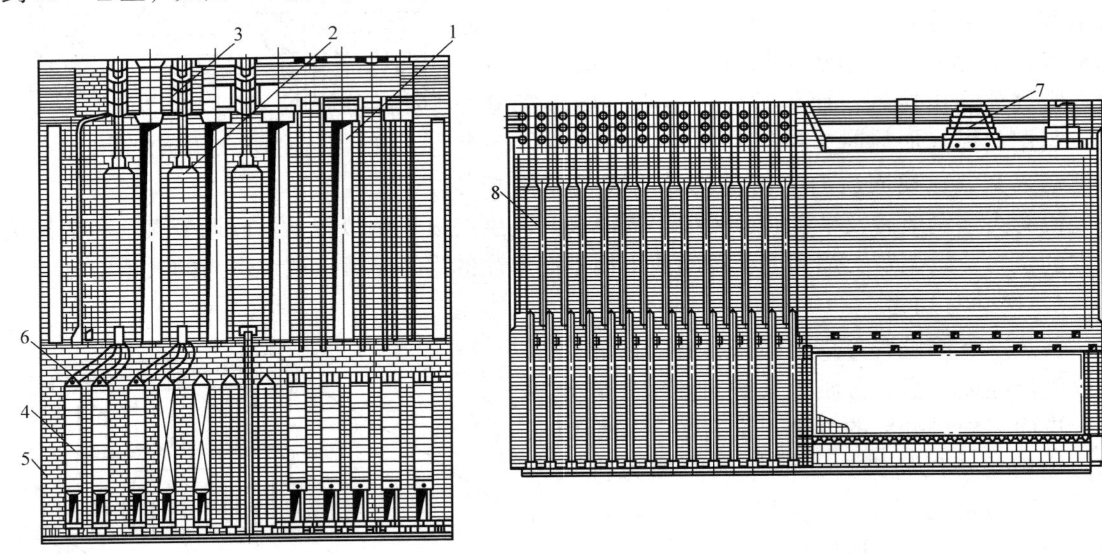

图 5-9 58—Ⅱ型焦炉炉体断面图

1—炭化室 2—燃烧室 3—看火孔 4—蓄热室 5—小烟道 6—斜道 7—加煤孔 8—立火道

58—Ⅱ型焦炉的燃烧室属于双联火道带废气循环式结构，它由 28 个立火道组成，成对火道的隔墙上部有跨越孔，下部有循环孔，但为防止炉头火道低温或吸力过大等原因而造成短路，机、焦侧两端各有一对边火道不设循环孔。

58—Ⅱ型焦炉的炭化室尺寸分为两种宽度，即平均宽为 407mm 和 450mm 两种形式，与其相应的燃烧室宽度为 736mm 和 693mm（包括炉墙），炉墙为厚度 100mm 的带舌槽的硅砖砌筑，相邻火道的中心距为 480mm，隔墙厚度为 130mm。立火道底部的两个斜道出口设置在燃烧室中心线的两侧，各火道的斜道出口处，根据需要的气体量设有可调节且厚度不同的调节砖（牛舌砖）。

58—Ⅱ焦炉每个炭化室底部有两个蓄热室，一个为煤气蓄热室，另一个为空气蓄热室。它们同时与其侧上方的两个燃烧室相连（一侧连单数火道，一侧连双数火道），炉组两端各有两个蓄热室只和端部燃烧室相连。燃烧室正下方为主墙，主墙内有垂直砖煤气道，焦炉煤气由地下室煤气主管经此道送入立火道底部与空气混合燃烧。

由于主墙两侧气流异向，中间又有砖煤气道，压差大且容易串漏，故砖煤气道是用内径为 50mm 的管砖，管砖外用带舌槽的异形砖交错砌成厚 270mm 的主墙。炭化室下部为单墙，用厚 230mm 的标准砖砌筑，蓄热室洞宽为 321.5mm，内放 17 层九孔薄壁型格子砖。为使蓄热室长向气流均匀分布，采用扩散式蓖子砖，根据气体在小烟道内的压力分布，配置不同孔径的扩散或收缩孔。蓄热室隔墙均用硅砖砌筑，由于小烟道内温度变化剧烈，故在其内表层衬有粘土砖。

58—Ⅱ焦炉的气体流动途径如图5-10所示，图中所示为第一种交换状态。用焦炉煤气加热时，走上升气流的蓄热室全部预热空气，焦炉煤气经地下室的焦炉煤气主管1-1、2-1、3-1旋塞，由下排横管经垂直砖煤气道，进入单数燃烧室的双号火道和双数燃烧室的单号火道，空气则由单数蓄热室进入这些火道与煤气混合燃烧。废气在火道内上升经跨越孔沿火道下降，经双数蓄热室、废气盘、分烟道、总烟道，最后由烟囱排入大气。用高炉煤气加热时，气流途径与上述相同，只是两个上升蓄热室中，一个走空气，另一个走煤气。

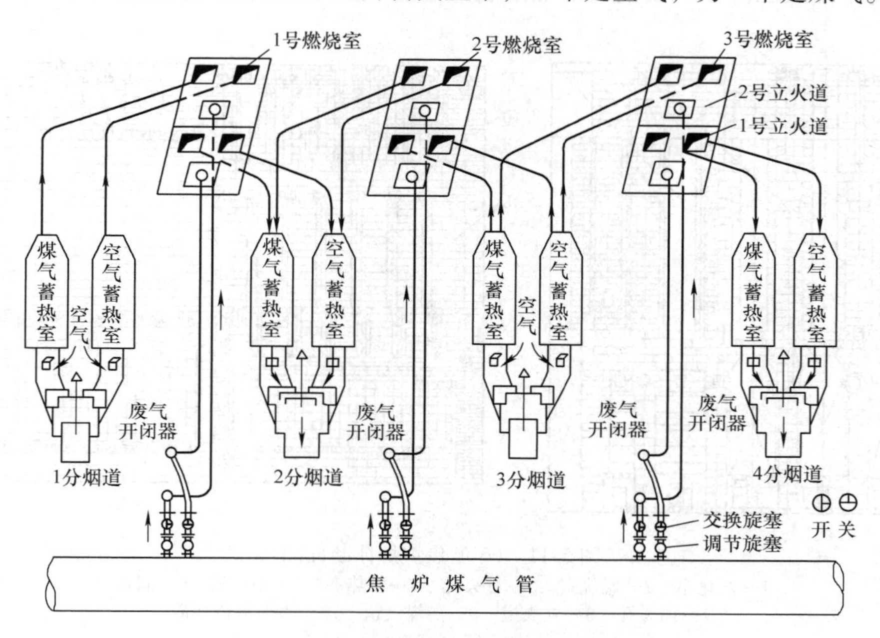

图5-10 58—Ⅱ焦炉气流途径示意图

58—Ⅱ型焦炉采用焦炉煤气下喷，调节准确方便，对改变结焦时间适应性强，垂直砖煤气道比水平砖煤气道容易维修，气体流动途径比国外一些双联火道焦炉简单，便于操作。

58—Ⅱ型焦炉比早期的58—Ⅰ型焦炉又有很大改进，其主要优点如下：

1）炉体结构严密，砖型少，炉体砖型总数为266种（炭化室平均宽为450mm）和271种（炭化室平均宽为407mm），而国外同类型的焦炉砖型一般均在500种以上。标准砖的用量占19%，粘土砖占用砖量的30%以上，从而节省了硅砖，降低了投资。

2）高向、长向加热均匀。由于适当提高了砖煤气道的出口位置，烧焦炉煤气时，提高了火焰高度。在用高炉煤气加热时，因稍挡住废气循环孔，防止了高向的温度过高；取消边火道的循环孔，防止了短路；加大边斜道口的断面积，保证了两端炉头的供气量。

3）根据我国配煤中气煤用量较多的特点，加热水平高度由600mm加大到800mm，降低了炉顶空间温度，减少了化学产品的热解损失。

4）改善了劳动环境。炉顶取消了烘炉水平道，从而降低了炉顶表面温度，并消除了串漏的可能性，改善了炉顶的操作条件。

5）炉头采用直缝结构，能减少炉头的损坏，采用九孔薄壁式格子砖，蓄热面积较大，降低废气的排出温度。

总之，58—Ⅱ型焦炉是我国设计的优良炉型之一，具有结构严密、炉头不易开裂、高向加热均匀、热工效率高、砖型少、投资低等优点。随着生产技术的发展，58—Ⅱ型焦炉必将进一步改进和提高。

2. 66 型焦炉

66 型焦炉是我国自行设计的年产量为 10 万 t 冶金焦的焦化厂推荐炉型，目前已发展到 66—5 型，其结构如图 5-11 所示。其结构特点是：两分式火道，横蓄热室，焦炉煤气侧喷，加热系统为单热式的焦炉。目前，加热系统为单热式的焦加热系统已有改成复热式。

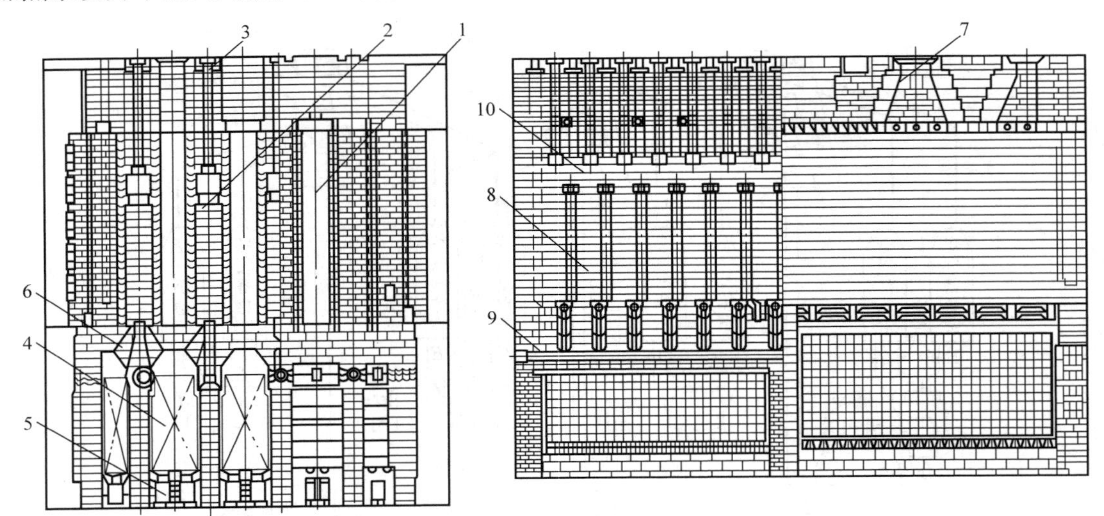

图 5-11 66 型焦炉炉体断面图
1—炭化室 2—燃烧室 3—看火孔 4—蓄热室 5—小烟道 6—斜道
7—加煤孔 8—立火道 9—砖煤气道 10—水平集合烟道

焦炉炭化室顶上有两个装煤孔。炭化室全高为 2520mm，平均宽度为 350mm，为了便于推焦，炭化室的锥度为 20mm，其中机侧宽度为 340mm，焦侧宽度为 360mm。炭化室上部留出 150～200mm 的空间，为荒煤气排出的通道，其装煤高度称为炭化室的有效高度，高度为 2320mm。炭化室全长为 7170mm，其装煤长度称为有效长度，为 6470mm。炭化室的有效容积（炭化室的有效高、有效长和平均宽度三者的乘积）为 $5.25m^3$。

焦炉燃烧室长度与炭化室相同，但高度要略低于炭化室，其顶面标高差值称为加热水平，这是为了在上部与下部焦炭同时成熟的条件下，保持适当的炭化室顶部空间温度，避免干馏产物在炉顶空间因温度过高而造成热解损失，并防止生成大量石墨而造成推焦困难。加热水平决定于炭化室顶部空间高度、煤的收缩性及火焰高度等。燃烧室锥度与炭化室相同，但方向相反，以保持机、焦侧等宽。燃烧室内用横隔墙分隔成 14 个立火道，分别与上部的水平集合烟道相连，在结构上使一侧 7 个火道为上升气流时，另一侧 7 个火道为下降气流。66 型焦炉的加热水平高度为 524mm，水平集合烟道的断面形状为矩形，平均断面为 $289mm^2 \times 308(298 \sim 318)mm^2$，立火道高为 1600mm，平均断面为 $328mm^2 \times 340mm^2$，火道之间的横隔墙厚度为 130mm。

66 型焦炉的炉体结构提供了使用高炉煤气或其他贫煤气加热的可能，因此，每个立火道底部有两个斜道口，分别与两个相邻的蓄热室相连，一个为空气斜道口，另一个为煤气斜道口，分别在燃烧室中心线的两侧。当使用焦炉煤气时，该两个斜道均为空气斜道。

66 型焦炉的蓄热室与炭化室平行布置，即为横蓄热室。每个炭化室下部有一个宽蓄热室（628mm），顶部有左右两排斜道，分别与其上部炭化室两侧的燃烧室相连。炉组两端的蓄热室是窄蓄热室，宽度只有 302mm，顶部只有一排斜道与上面的边燃烧室相连。宽蓄热室内放有两排九孔薄壁式格子砖，窄蓄热室内仅放一排格子砖。

蓄热室隔墙厚为 250mm，因气流向同一方向流动，压差较小，用标准粘土砖砌筑。蓄热室的中心隔墙由于两侧气流方向相反，压差较大，故隔墙较厚，为 350mm。封墙用粘土砖砌筑，中间砌一层隔热砖，墙外抹石棉和白云石混合的灰层，以减少散热和漏气。

66 型焦炉斜道区高为 850mm，其中包括水平设置的砖砌煤气道，煤气由此进入各直立火道。为了平衡分配给各直立火道的煤气量，防止炉头温度偏低，将炉头附近火道的水平砖砌煤气道断面增大，以增加进入边火道的煤气量，保证均匀加热。斜道区的通道多，气体流动方向纵横交错，是焦炉结构中最复杂的部位。

66 型焦炉气流途径如图 5-12 所示。加热用焦炉煤气由煤气主管供给，经过水平砖煤气道均匀分配给各直立的煤气道，之后进入同侧的立火道进行燃烧。燃烧用空气由该侧所有废气盘，经蓄热室的小烟道进入蓄热室的上部空间，被预热至 1000℃左右，然后经斜道进入立火道与煤气混合燃烧。各个燃烧室燃烧后的废气由顶部的水平集合烟道汇集，再从另一侧的立火道下降，由斜道进入蓄热室。释放热量后，废气经小烟道、废气盘进入分烟道、总烟道，最后通过烟囱排入大气。该气流流程每隔 30min 换向一次，换向后，在分烟道之前的气流方向与前相反，以达到蓄热及热能再利用的目的。

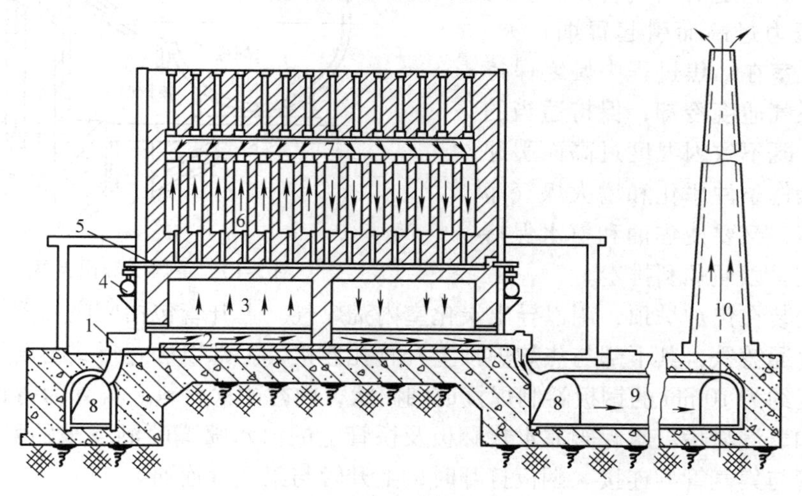

图 5-12　66 型焦炉气流途径示意图
1—废气盘　2—小烟道　3—蓄热室　4—焦炉煤气主管　5—水平砖煤气道
6—立火道　7—水平烟道　8—分烟道　9—总烟道　10—烟囱

66 型焦炉由于采用两分式火道结构，在同一侧的燃烧气流流动方向一样，每 30min 整体换向一次，因而具有异向气流接触面少（仅在蓄热室中心隔墙处，大大减少了串漏的机会）、炉体结构简单、砖型少（全炉仅有 100 多种）、加热设备简单、容易加工、总投资省、易于兴建等优点。但由于采用两分式火道结构，增加了水平集合烟道，气体通过时阻力较大，各火道的压力差也较大，因距离换向位置远近不同而使气流在各立火道及蓄热室分布不均匀。由于机、焦侧各有 7 个火道，焦侧炭化室较宽，供给的煤气量和空气量较多，则下降到机侧时，废气量也较多，再加上部分煤气和空气在机侧燃烧，均会提高机侧的温度，如调节不好，容易出现机、焦侧火道温度反差的现象。

66型焦炉目前已从1型发展到5型，其结构也在不断改进，具体表现为：炭化室及立火道的砖型与58—Ⅱ型焦炉通用，因而减少了砖型；水平集合烟道的断面由腰鼓形改为矩形，使隔墙由原来的150mm减薄为110mm，因而避免了在该处出现生焦；断面尺寸的减小，使进入中部火道的空气量增加，减少了石墨在中部火道烧嘴处沉积的可能；取消了立火道顶部的调节砖，因而减少了气流通过水平集合烟道时的阻力；加热水平由420mm增高到524mm，降低了炉顶空间温度，从而减少了石墨的生成。

四、焦炉的煤气系统

焦炉的煤气系统包括荒煤气导出系统及加热煤气供入系统两部分。

1. 荒煤气导出系统

荒煤气导出系统包括上升管、桥管、阀体、水封盖、集气管、吸气弯管、高低压氨水管道以及相应的操作台等，如图5-13所示。其作用主要是：顺利导出焦炉各炭化室内发生的荒煤气，保持适当、稳定的集气管压力，既不致因煤气压力过高而引起冒烟冒火，又要使各炭化室在结焦过程中始终保持正压；将荒煤气适度冷却，保持适当的集气管温度，既不致因温度过高而引起设备变形、操作条件恶化和增大煤气净化系统的负荷，又要使焦油和氨水保持良好的流动性，以便顺利排走。

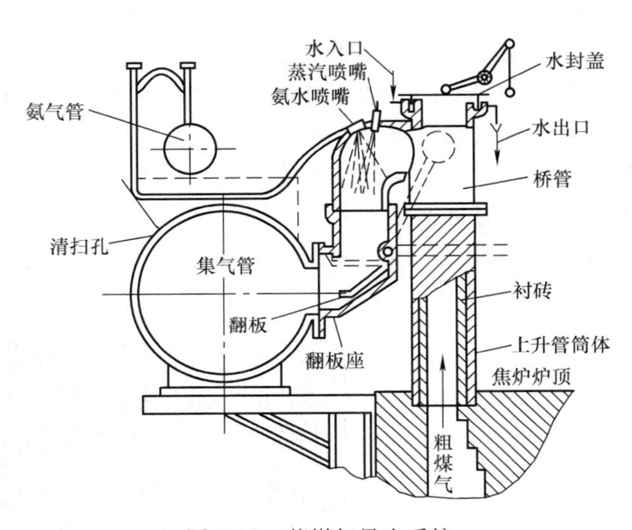

图5-13 荒煤气导出系统

上升管安装在焦炉炉顶，用以导出炭化室内荒煤气。上升管包括底座和筒体两部分。底座一般采用普通铸铁，其下部与焦炉炉顶上升管孔连接，上部以法兰形式与筒体连接。筒体一般采用厚度约为10mm的钢板卷制焊接成圆筒状，内衬耐火材料。桥管为铸铁弯管，桥管上设有氨水和蒸汽喷嘴。水封阀靠水封翻板及桥管上的氨水喷嘴喷洒下来的氨水形成水封，以切断上升管与集气管的连接。翻板打开时，上升管与集气管连通。

由炭化室进入上升管的700℃左右的荒煤气，经桥管上的氨水喷嘴连续不断地喷洒氨水（温度为75~80℃），由于部分氨水蒸发大量吸热，使煤气温度迅速下降。若用冷水喷洒，则氨水蒸发量降低，煤气冷却效果反而不好，并会使焦油粘度增加，容易造成集气管堵塞。

集气管为钢板焊接或铆接成的圆形或槽形管道，为便于焦油和氨水流动，朝向氨水流出方向有6%~10%的倾斜度。沿集气管全长设若干清扫孔，可通过此孔拨动和清扫集气管底沉积的焦油渣。低压氨水喷洒用于喷洒来自上升管的热煤气（荒煤气），使其从700~800℃冷却到90℃以下，同时使其中一部分焦油和氨水冷凝下来。喷洒氨水的压力一般要求为17~25kPa。喷嘴采用高低压合一的喷嘴。高压氨水喷射抽吸装置用于抽吸装煤烟尘。

2. 加热煤气供入系统

焦炉加热煤气的设备有煤气供气管道、煤气预热器、废气盘、煤气交换机，其作用是向炼焦炉输送和调节加热用煤气和空气以及排出燃烧后的废气。一般焦炉采用焦炉煤气加热和贫煤气加热两套系统。加热煤气主管上设有温度、压力、流量的测量和调节装置，各项操作参数的测量、显示、记录、调节和低压报警都由自动控控制仪表来完成。

焦炉煤气供气管道可分为下喷式及侧入式两种。

下喷式煤气管道系统：从煤气总管送来的焦炉煤气，经煤气预热器预热后进入煤气主管，经支管、调节旋塞、交换旋塞、横管、小横管和下喷管，进入垂直砖煤气道，如图 5-14 所示。

侧入式煤气管道系统：一般由总管送来的煤气经煤气预热器，分别送入机、焦侧主管，再经支管、旋塞，水平砖砌煤气道，进入各燃烧室。

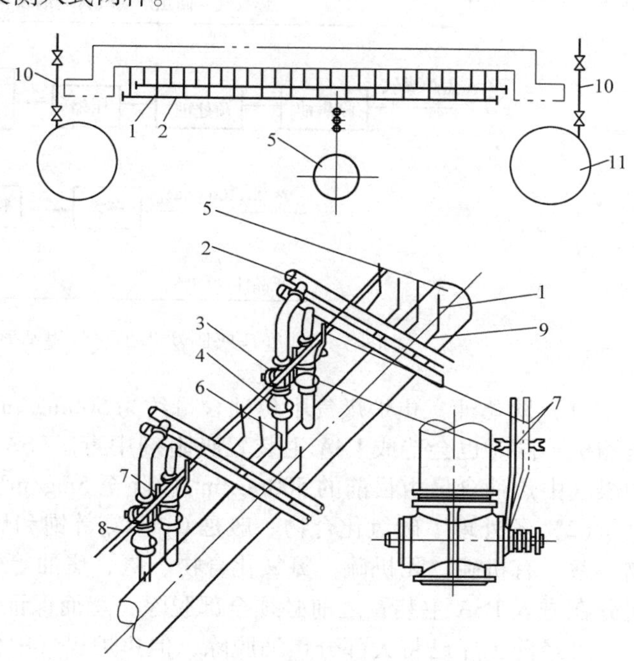

图 5-14 JN 型焦炉入炉煤气管道配置图

1—煤气下喷管 2—煤气横管 3—调节旋塞 4—交换旋塞 5—焦炉煤气主管 6—煤气支管 7—交换搬把 8—交换拉条 9—小横管 10—高炉煤气支管 11—高炉煤气主管

五、焦炉煤气的利用

焦炉煤气是在炼焦过程中，在产出焦炭和焦油产品的同时所得到的可燃气体，是炼焦过程的副产品，其成分除大量的氢气、甲烷外，其他组分相当复杂。随着焦化行业的发展，有大量的焦炉气资源产生。这些焦炉气主要用作城市居民的燃料气，还有一部分通过火炬燃烧放空，不仅造成环境污染，还浪费了大量能源。因此，必须对焦炉煤气进行充分利用，其有效利用途径除作为气体燃料燃烧加热外，还可用于发电、生产纯氢、合成甲醇、制取 LNG 等。

1. 焦炉煤气制取氢气

焦炉煤气是由 H_2、CO、CO_2、O_2、N_2、CH_4 及烃类等多种气体组成的混合物，其中氢气含量高达60%，利用变压吸附（Pressure Swing Adsorption，PSA）技术从焦炉煤气中提取纯氢气，纯度可达 99.999%。变压吸附分离技术是一种非低温的分离技术，利用不同气体在吸附剂上吸附性能的差异，以及同种气体在吸附剂上的吸附性能随压力变化而变化的特性来实现混合气体中各种气体的分离。

利用焦炉煤气 PSA 法制取氢气，其生产技术成熟，经济合理，特别是与水电解法制 H_2 比较，效益更显著。水电解法生产 H_2，耗电量为 6.5kW · h/m^3，而利用焦炉煤气生产 H_2，仅耗电 0.5kW · h/m^3。PSA 气体分离技术是依靠压力的变化来实现吸附与再生的，因而再生速度快、能耗低。并且，该工艺过程简单、操作稳定。

图 5-15 所示为变压吸附法焦炉煤气提纯制取氢气的工艺流程。煤气压缩至 0.2MPa 后进

入除油塔，除去绝大部分焦油和部分烃类物质，再进入预处理塔，除去硫、萘及氨等杂质，处理后的焦炉煤气增压至 1.7MPa 后去 PSA 工段。经 PSA 氢提纯后的氢气纯度大约为 99.9%，送去氢气精制工段。精制后的氢气经脱氧、干燥除水后纯度大于 99.999%，然后送去用户。而预处理工段的再生气源，由吸附塔解吸出来的解吸气去再生预处理塔，对吸附剂进行再生处理，再生后废气返回焦炉煤气管道继续利用。

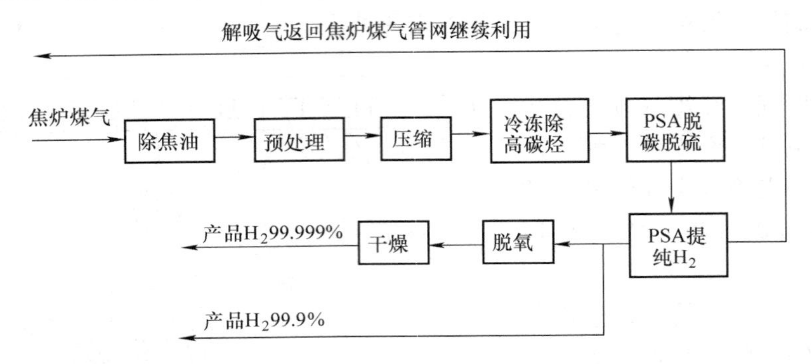

图 5-15 变压吸附法焦炉煤气提纯制取氢气工艺流程图

（1）除焦油　焦炉煤气中焦油含量约为 500mg/m^3，在压缩过程中不但容易堵塞管道和压缩机，同时也会造成 PSA 主装置吸附剂中毒。PSA 工艺中采用了电捕焦油技术，可将焦炉煤气中焦油含量由目前的 500mg/m^3 脱除至 5mg/m^3，并将收集的焦油回收后再利用。

（2）预处理　碳氢化合物一般是 C_2 ~ C_5 等饱和烃和非饱和烃，除此之外还有苯族化合物、萘、有机硫、无机硫、氮氧化合物、氨、焦油等微量组分，通常称之为杂质，其中某些组分在进入 PSA 主装置之前必须全部脱除，从而保证吸附剂的使用寿命。

虽经前工序已将大部分焦油脱除，但焦炉煤气中仍含有少量的高碳烃物质，在压缩过程中也易造成压缩机堵塞。为此，在该工序设置了预处理系统，在精脱焦油的同时脱除部分高沸点杂质。

（3）压缩　目前国内焦炉煤气提纯 H_2 装置多采用活塞式压缩机机组，在机组压缩过程中经常出现高碳烃杂质堵塞活塞机活门。特别是焦炉煤气中的萘组分，在压缩过程中会结晶，堆积在活门表面，其他高碳烃组分也会随压缩温度升高过程出现炭化现象。采用国际先进的螺杆喷油压缩机，可使结晶杂质组分溶于轻油中，彻底根除了结晶和结炭现象，使压缩机机组长期稳定运行。

（4）冷冻脱除高碳烃　高沸点、大分子量的某些组分对吸附剂吸附能力很强，而且难以解吸。即使其含量极少，也会逐渐积累在吸附剂中，导致吸附剂性能下降无法使用。

常规的高碳烃杂质组分脱除大多采用固体吸附剂活性炭进行吸附，吸附剂使用寿命短，更换频繁，运行成本较高，即使是采用加热再生方式，可延长吸附剂的使用寿命，但排出的再生废气自然放散，对环境污染也较严重。

冷冻工艺流程，即通过冷冻降温方式降低高碳烃组分的温度，使其降至沸点以下，使高碳烃组分凝结为液态析出，然后结晶回收。由于是在较低温度下进行回收，完全解决了对环境的污染，同时可对回收的萘组分进行重新加工利用，回收萘的经济价值完全可以抵消冷冻所消耗的电能。

（5）变压吸附（PSA）　一般变压吸附系统由 1 台除油器和 6 台吸附塔组成，采用6-2-

3 变压吸附工艺，其中 2 个吸附塔始终处于进料吸附状态。吸附器所有的压力均衡降是用于其他吸附器的压力均衡升，以充分回收将被再生的吸附器中的氢气。逆放步骤排出了吸附器中吸留的大部分杂质成分，剩余的杂质用顺向降压排出的氢气进行冲洗解吸，其工艺过程由吸附、3 次均压降压、顺放、逆放、冲洗、3 次均压升压和产品最终升压等步骤组成。

经过压缩工序后的焦炉煤气自塔底进入正处于吸附工况的吸附塔，在吸附剂选择吸附的条件下一次性除去氢以外的绝大部分杂质，获得纯度大于 99.9% 的粗氢气，从塔顶排出送至净化工序。

当被吸附的杂质的传质区前沿（称为吸附前沿）到达床层出口预留段某一位置时，停止吸附，转入吸附剂的再生过程。吸附剂的再生过程依次为均压降压过程、顺放过程、逆放过程、冲洗过程、均压升压过程、产品气升压过程，6 个吸附塔交替进行以上的吸附、再生过程（始终有 2 个吸附塔处于吸附状态），即可实现气体的连续分离与提纯。

2. 焦炉煤气制取甲醇

甲醇是重要的有机化工原料，也是一种燃料，在国民经济中占有十分重要的地位。随着甲醇下游产品的开发，特别是甲醇燃料的推广应用，甲醇的需求大幅度上升。以焦炉煤气为原料生产甲醇，具有工艺先进、能耗低、三废少、产品质量高等特点，为甲醇生产开辟了新途径。

由焦炉煤气生产甲醇的关键技术是将煤气中的甲烷转化为氢和一氧化碳。国内经过多年的摸索和研究，开发了纯氧部分氧化制甲醇的技术，包括催化和非催化技术。

（1）纯氧催化部分氧化转化工艺　焦炉煤气转化的部分氧化制甲醇工艺流程如图 5-16 所示。焦炉煤气经湿法脱硫后，增压至 2.1MPa，补充水蒸气后，经干法脱硫后进行焦炉气纯氧催化转化，转化气$(H_2-CO_2)/(CO+CO_2)$基本适合合成甲醇，H_2 略有过剩。转化气回收热量后，通过精脱硫，使其总硫降至 0.1×10^{-6} 以下，再进入压缩机，将混合气压至 5.0MPa 以上，进行低压合成，所产粗甲醇经精馏后得到精甲醇。

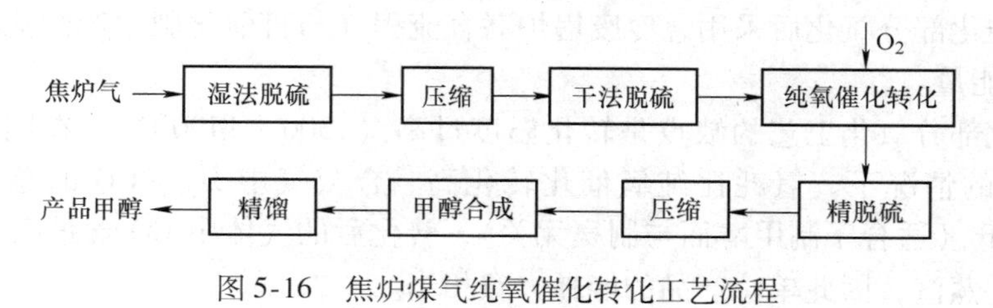

图 5-16　焦炉煤气纯氧催化转化工艺流程

纯氧催化部分氧化转化工艺有以下特点：

1）转化炉中不需要由特殊钢材制造的转化炉管。

2）一台转化炉即可满足要求，其结构类似于传统蒸汽转化的二段炉，结构简单，流程短。

3）采用纯氧自热式部分氧化转化，避免了蒸汽转化法中转化炉的辐射段间接加热的形式，因此转化炉的体积很小。

4）反应速度比蒸汽转化快，有利于强化生产，燃料气消耗低，焦炉气利用率高。反应所需的热量由 CH_4 和 H_2 燃烧提供。

5）目前气化转化压力不够高，通常在 2.5～3.5MPa 之间，后续工艺压力受此影响，合成甲醇时需要采用继续加压，导致流程变长、能耗增加。

6）焦炉煤气的成分是比较复杂的，其中有害杂质较多。为了满足转化催化剂的要求，需在气化炉前设置湿法脱硫、吸附脱硫、有机硫加氢转化、干法脱硫等脱硫步骤。但是，脱硫精度仍然达不到合成甲醇总硫≤0.1×10^{-6}的精度要求，还需在气化炉后再增加干法精脱硫的措施。大量的有机硫加氢转化为无机硫（H_2S），增加了干法脱硫剂用量，而且还增加了对环境的二次污染。

（2）纯氧非催化部分氧化转化工艺　焦炉煤气纯氧非催化转化流程的工艺，如图5-17所示。焦炉煤气经增压至2.1MPa后进行煤气纯氧非催化转化，转化气回收热量后，通过湿法脱硫和精脱硫，使其总硫降至0.1×10^{-6}以下，转化气$(H_2-CO_2)/(CO+CO_2)$基本适合合成甲醇，然后再进入压缩机，将混合气压至5.0MPa以上进行低压合成，所产粗甲醇经精馏后得精甲醇。

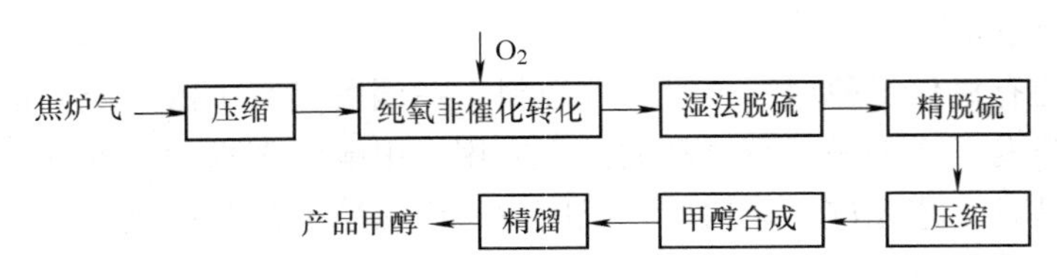

图5-17　焦炉煤气纯氧非催化转化工艺流程

焦炉煤气非催化纯氧部分氧化工艺有以下特点：

1）采用3.5~8.5MPa的高压制气工艺，使全系统流程简化，有可能实现等压或接近等压甲醇合成工艺，节省了气体压缩耗能。

2）采用非催化技术，把不易处理的硫化物等杂质烧掉，变成了易于脱硫等处理的无机硫，在气化炉后面可以方便地用NHD法、低温甲醇洗涤法等湿法脱除。脱除的硫化物可以回收利用，减轻了硫化物对环境的污染。

3）在非催化部分氧化后采用急冷废锅炉联合流程（与目前化肥生产的流程不同）可以回收转化气的能量。

4）非催化部分氧化工艺的缺点是转化温度过高（1300~1400℃），在同等原料气消耗和不补充CO_2的情况下，氧耗比纯氧催化转化高、合成气中H_2+CO的总量相同，但是H_2/CO的比例低（适合于制甲醇而与制氨无关），转化后的气体中CO含量高10%（体积分数）；没有消耗蒸汽，因此单位产品的能耗大致相当。

5）在转化气的净化工艺中选择高温法脱硫工艺必然同时脱碳。如果作为甲醇合成气的原料气，则需补充部分CO_2。

3. 焦炉煤气制取LNG

随着低温分离技术的发展，LNG的原料气已经多元化，煤层气（矿井瓦斯）、合成氨放散气、焦炉煤气等富含甲烷的气体都可以作为LNG的原料。焦炉煤气制取LNG技术的发展能够回收工业焦炉煤气，缓解天然气短缺问题，具有较好的社会效益、环境效益和经济效益。为进一步提高焦炉煤气的综合利用率，中科院理化技术研究所开发了焦炉煤气低温液化生产LNG联产氢气的新技术，关键技术就是将焦炉煤气中的一氧化碳、氮气等和甲烷分离。

焦炉煤气综合利用制取LNG工艺如图5-18所示。焦炉煤气经加压粗脱硫后进入预处理过程，在此除掉煤气中的苯、萘及焦油等杂质后，压缩至较高压力后进入水解脱硫工序，脱除硫化氢，并利用N-甲基二乙醇胺（MDEA）溶液除掉二氧化碳等酸性气体后，经吸附过程脱掉残余硫化物、汞、水分、高碳（C_5以上化合物）即可进入膜分离装置进行氢气的分离。经过膜分离装置的焦炉煤气组分主要为甲烷，以及少量的H_2、N_2、CO，其温度降至-170℃后，进入低温精馏塔，液态甲烷将在精馏塔底部排出，装入液态甲烷槽车。H_2、N_2、CO等将从精馏塔顶部抽出，复热后送蒸汽锅炉燃烧以产生动力用蒸汽，整个系统的绝大多数冷量由一个闭式氮气膨胀制冷循环或氮气甲烷混合物膨胀制冷循环提供。

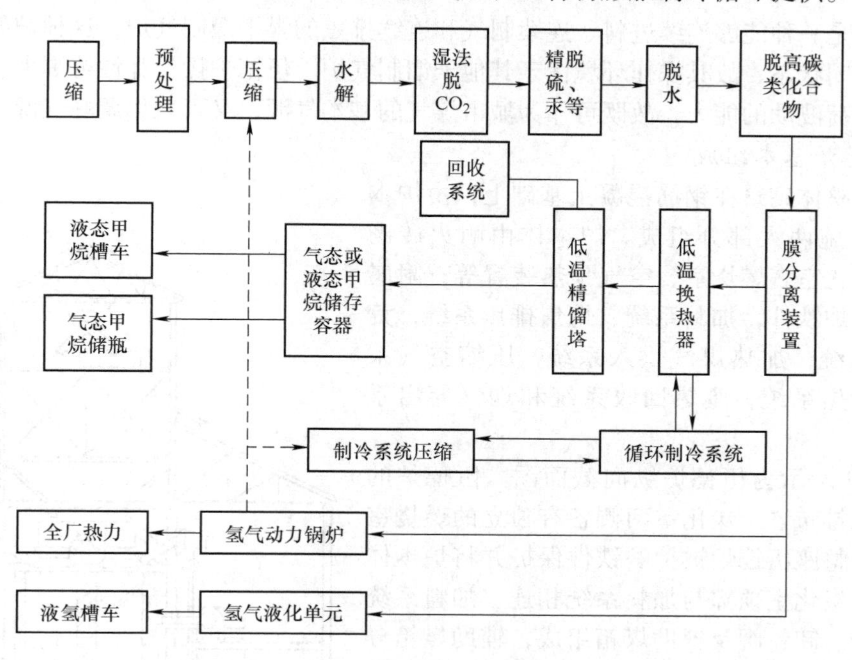

图5-18　焦炉煤气综合利用制取LNG工艺流程

对膜分离产生的高纯氢气，进行综合回收利用。一种途径是直接进入氢气锅炉，为脱碳、脱水单元再生提供热量；推动蒸汽轮机，为原料气压缩机和循环制冷系统压缩机提供动力，从而大大降低生产能耗。另一种途径是生产液氢产品，膜分离后的纯氢压缩后经PSA纯化，得到99.999%的高纯氢，降温液化后进入液氢储槽。

第四节　直立炭化炉煤气生产

连续式直立炭化炉是煤的干馏炭化、焦化工业中唯一能够连续进料、连续排焦和连续制气的设备，简称为直立炉。连续式直立炭化炉一般架空砌筑在钢筋混凝土基础或钢结构组成的梁柱上，炭化室垂直于地面，上口与进煤口相连，下口与排焦口相连。该炉进料和排焦均处于封闭状态，操作环境大大优于焦炉。该炉操作灵活，环保效果好，投资少、能耗低、生产能力大、机械化和自动化水平高。

连续式直立炭化炉具有适应城市供气负荷变动的能力，既可作为城市煤制气厂的基本气源，又可兼做调峰气源。

连续式直立炭化炉按其加热热源不同可分为人工发生炉煤气加热和机械发生炉煤气加热两

类，现代连续式直立炭化炉多为机械发生炉煤气加热，并可分为热煤气与冷煤气加热两种；按空气、煤气预热方式不同，可分为间壁换热与蓄热换热型；按其炭化室水平断面形状不同可分为矩形断面和椭圆形断面型；按其加热煤气种类多少，可分为单热式和复热室两种类型。

连续式直立炭化炉已工业化的炉型多种多样，但基本类型主要为伍德炉和考伯斯炉。

一、伍德炉

伍德炉是一种能够连续进料、连续制气和连续排焦的煤干馏制气炉，这种炉型的进料与排焦处于封闭状态，故其操作环境优于其他干馏制气炉。伍德炉操作弹性范围大，具有适应城市供气负荷波动的能力，故既可作为城市煤气的基本气源，又可兼作调峰气源。

1. 伍德炉基本组成

伍德炉整体砌筑在钢筋混凝土基础上，由炉本体和附属设施两大部分组成。炉本体由耐火砖砌成，包括炭化室、燃烧室、空气预热装置等；附属设施包括护炉铁件，加料系统、熄焦排焦系统，荒煤气导出系统，加热煤气供入系统，压缩空气系统，点炉加焦系统，废热回收系统和烟气导出系统等。

图 5-19 所示为伍德炉纵向截面图。伍德炉的炭化室为双排布置，炭化室两侧各有独立的燃烧室和排焦箱。整座伍德炉被护炉铁件保护并将炉本体架空。每个炭化室顶部与加料系统相连，加料系统由上部煤仓、卸料阀及辅助煤箱组成，辅助煤箱分别对应各自的炭化室执行加料任务。每个炭化室下部与熄焦排焦系统相接，熄焦排焦系统是由排焦箱、蒸汽管，水管和排焦车等组成，主要进行熄焦、控制煤料下降速度和排焦。

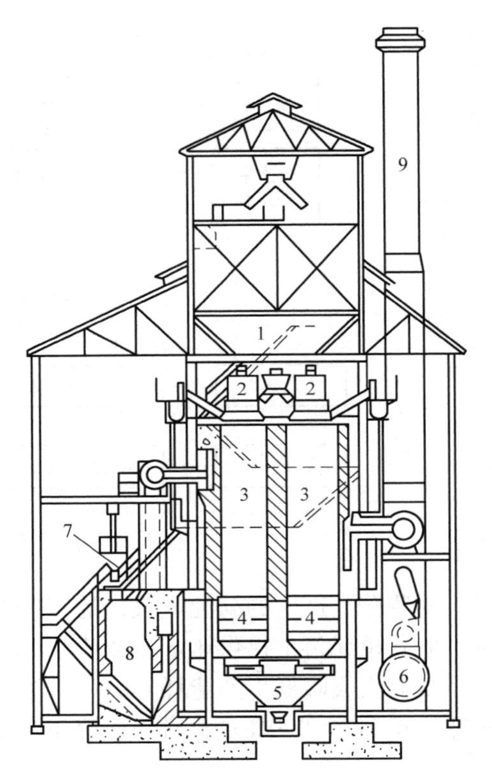

图 5-19 伍德炉纵向截面图
1—煤仓 2—辅助煤箱 3—炭化室
4—排焦箱 5—焦炭转运车 6—废热锅炉
7—加焦斗 8—发生炉 9—烟囱

炭化室上部空间与荒煤气导出系统相接，荒煤气导出系统是由荒煤气导出的上升管、循环氨水管、集气管、煤气主管和一次冷凝液总管等组成，实现炭化室生产的荒煤气收集并进行初步处理的工艺，之后送入净化工艺。

伍德炉利用热发生炉煤气进行加热，其位于伍德炉的下方侧面。整个加热煤气供入系统由发生炉、热煤气总管、煤气方箱等组成。同一侧炉本体中的废气贯穿通道与废气引出、废热回收系统相接，该系统是由废气井、废气总管、废热锅炉、烟气引风机和烟囱等组成，用以确保回收废气的显热、引出废气并将之排入大气以及保持燃烧系统的负压。

2. 伍德炉工艺流程

原料煤由备煤工段通过传动带运输及送至煤仓，煤仓储量为炭化炉 28h 的用煤量。每隔 1h 手动开启锥形料斗下部的卸料阀，将原料煤装入辅助煤箱，经简易计量后靠煤的自重下落加入炭化室。煤在炭化室内，由上而下缓慢经过不同的温度区间向下移动，在移动过程中实现干燥、预热、初次裂解、形成胶质体、固结成半焦、半焦收缩成焦炭的全部过程。上述过程中所需热量来自燃烧室，通过隔墙传入，也有一部分是自下部向上流动的热气流，干馏产生的煤气上升经荒煤气导出管送至集气管。

生成的炽热焦炭，从炭化室底部进入与之密封连接的排焦箱上段，被压力为0.2MPa的水蒸气冷却，使焦炭温度从950℃降低到650℃左右。同时，水蒸气与焦炭发生水煤气反应，生成的水煤气上升至炭化室底部，被炽热焦炭加热后继续上升与干馏煤气混合，将显热带给炉料。在上箱中被冷却的焦炭，落入中箱，在此喷入冷却水进一步熄焦，产生的蒸汽通入上箱，熄好的焦炭落入下箱存储。

来自热煤气站的发生炉煤气，先被送入加热煤气总管，再经煤气方箱引入燃烧室底部，通过隔墙被炭化室下部的焦炭所预热，煤气再上升经调节砖进入立火道。在此，与预热后的空气混合燃烧，放出热量对炭化室煤料进行干馏。为控制火道之间温度均衡，每个立火道上、下部都设有调节砖，一般控制上部温度为1150℃ ±10℃，下部温度为1370℃ ±10℃。离开炉体的废气温度为1000℃左右，经废气井汇集在废气总管，送入废热锅炉回收显热后，再经废气引风机，使温度为200~250℃的废气经烟囱排入大气。

二、考伯斯炉

考伯斯型连续式直立炉（简称考伯斯炉）是既可用贫煤气（高炉煤气、发生炉煤气），又可用炭化炉自身生产的富煤气加热的复热式炉型。其方式是由上而下、由下而上地交替换向加热，克服了伍德炉上下加热不均匀的缺点。考伯斯炉适用的煤种包括无烟煤、贫煤、长焰煤、气煤、气肥煤，既可用洗精煤，也可用原煤。

1. 考伯斯炉基本组成

考伯斯炉的炭化室、燃烧室及上、下蓄热室是用硅砖砌筑，其炉体表面是用粘土砖砌筑而成，采用了直立火道上下交替加热的加热方式，使炭化室竖向温度均匀。因此具有炭化室容积大，生产能力较高，加热耗热量较小，以及快速热分解等特点。同时利用了上、下蓄热室回收废气余热，提高热效率，生产的焦炭质量比其他形式的连续式直立炭化炉要好。

考伯斯炉是由炉本体及附属设施两大部分组成。炉本体由炭化室，燃烧室和蓄热室等组成，附属设施与伍德炉基本相同，只是加热煤气系统、废气引出系统差别较大，图5-20所示为考伯斯炉的纵向截面图。

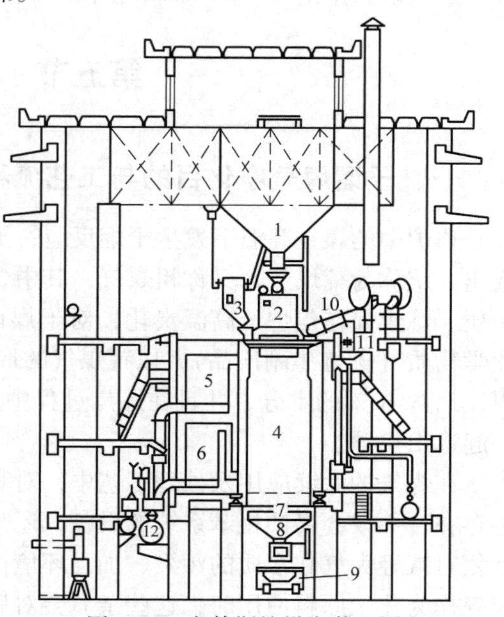

图5-20　考伯斯炉纵向截面图
1—煤仓　2—辅助煤箱　3—深入式煤斗
4—炭化室　5—上蓄热室　6—下蓄热室
7—排焦装置　8—焦斗　9—焦炭转运车
10—上升管　11—集气管　12—废气管

考伯斯炉采用复热方式，增加了蓄热室，所以炭化室设置为单排布置。炭化室与燃烧室占据炉体一侧，称为炭化室侧，蓄热室位于炉体的另一侧，称为蓄热室侧。炭化室沿炉体竖向贯通，其两侧各有自己的燃烧室，蓄热室侧沿炉体竖向有上下两个蓄热室，一端与燃烧室相通，另一端与废气盘相接。

考伯斯炉有两套煤气系统，分别是回炉煤气系统和发生炉煤气系统。前者总管在炭化室侧，在上下两处分别引支管进入燃烧室。后者总管在蓄热室侧，经废气管分别送入上、下蓄热室。废气的引出是由废气盘经分烟道，再由烟囱排入大气。

2. 考伯斯炉工艺流程

原料煤由备煤工段经带式运输机提至炉顶煤仓，煤仓储量可供连续生产28h。煤仓下部为锥式料斗与辅助煤箱相接，每个炭化室与一个辅助煤箱相连，每隔1～1.5h开启卸料阀将煤装入辅助煤箱，计量方式与伍德炉类似。从辅助煤箱向炭化室加煤是通过3个伸入式煤斗进行的，煤在炭化室内下降过程中经历了从干燥、预热、热裂解、形成胶质体、胶质体固化成半焦、半焦收缩成焦炭的全过程。炭化室底部炽热的焦炭，落入排焦箱，利用熄焦所产生的上升的水蒸气可预先降低下落焦炭的温度，并发生水煤气反应使焦炭温度降低。排焦箱出口装有水封，可防止空气进入，每隔2h放焦一次，排出的焦炭由焦炭转运车送入下一工序。

排焦箱所产生的水煤气，上升进入炭化室掺混到干馏煤气中。水煤气的生成量控制范围较宽，可根据用户需要调节。炭化室内产生的混合煤气通过位于炉顶的上升管，经喷洒循环氨水后进入集气管。集气管中未蒸发的循环氨水和冷凝液，经焦油盒分流后进入冷凝液总管，并送往氨水澄清槽。

当考伯斯炉采用回炉煤气加热时，蓄热室全部用于预热空气。当用贫煤气加热时，上下两个蓄热室分别预热空气和贫煤气，在燃烧室立火道上端混合并燃烧，燃烧后的废气向下运动，其温度约为1300℃，进入蓄热室与格子砖换热，废气温度降至300～350℃后经废气盘、分烟道由烟囱排出。每隔30min换向一次，气流方向与上次相反。

第五节　干馏煤气净化

一、干馏煤气净化目的与工艺流程

焦炉中的煤在高温下发生干馏反应，干馏产物的气、液两相组成物都在相当高的温度下逸出，统称为荒煤气，又称粗煤气，其中含有大量的焦油、氨、硫化氢、氰化氢、苯、萘等杂质。炼焦煤在焦炉经高温炭化，对干煤而言，75%左右变成焦炭，另25%左右生成各种化学物质（称炼焦副产品），以荒煤气的形式自上升管逸出。此外，通常炼焦的装炉煤为湿煤，约含10%的水分，并且在炼焦过程中还有化合水生成，这些水都将成为蒸汽随荒煤气一起逸出焦炉。

在煤气的后续应用及处理工艺中，对其使用的煤气含硫量有较高的要求，并且煤气中氨的存在，不仅会腐蚀粗苯系统的设备，还会影响油、水的分离。因此，脱除硫化氢、氰化氢和氨对减轻大气和水质的污染、加强环境保护以及减轻设备腐蚀均具有重要的意义。当焦炉煤气作为化工原料使用时，这些杂质会对后续化工工艺过程中的催化剂造成毒害，导致催化剂部分或完全失活。因此，无论作为工业原料还是民用燃料，高效脱除焦炉煤气中的硫、烯烃、焦油、萘、氰化氢、氨、苯等杂质，是焦炉煤气资源化利用的关键。

在焦炉煤气的净化过程中，经过冷却、吸收、解吸、化学转化、蒸馏分离等化工单元操作，可分离出焦油、氨水、粗苯（或轻苯、重苯），并将煤气和氨水中的氨、硫化氢、氰化氢等有害物质去除且制成有用的化学产品。

燃气净化一般有四重目的：①降温；②脱水；③回收有价值副产品；④除去不需要的有害杂质。

煤气净化的一般性工艺流程如图5-21所示。来自焦炉的荒煤气一般带有大量的焦油和氨水，首先进入气液分离器，分离之后的荒煤气进入冷凝鼓风单元。冷凝鼓风单元的主要任务为：分离出荒煤气中的绝大部分焦油、萘、氨水；将煤气冷却到一定的温度；氨水、焦油、焦油渣的分离；循环水、煤气、焦油等物料的输送。冷凝鼓风单元设立如下工序：气液分离、初冷、电捕焦油、鼓风、冷凝液（氨水、焦油）的分离与输送。之后依次经过脱硫、脱氨、脱苯、脱萘等工艺，达到净化要求送出至用户。煤气净化各工艺装置出口杂质含量一般变化见表5-3。

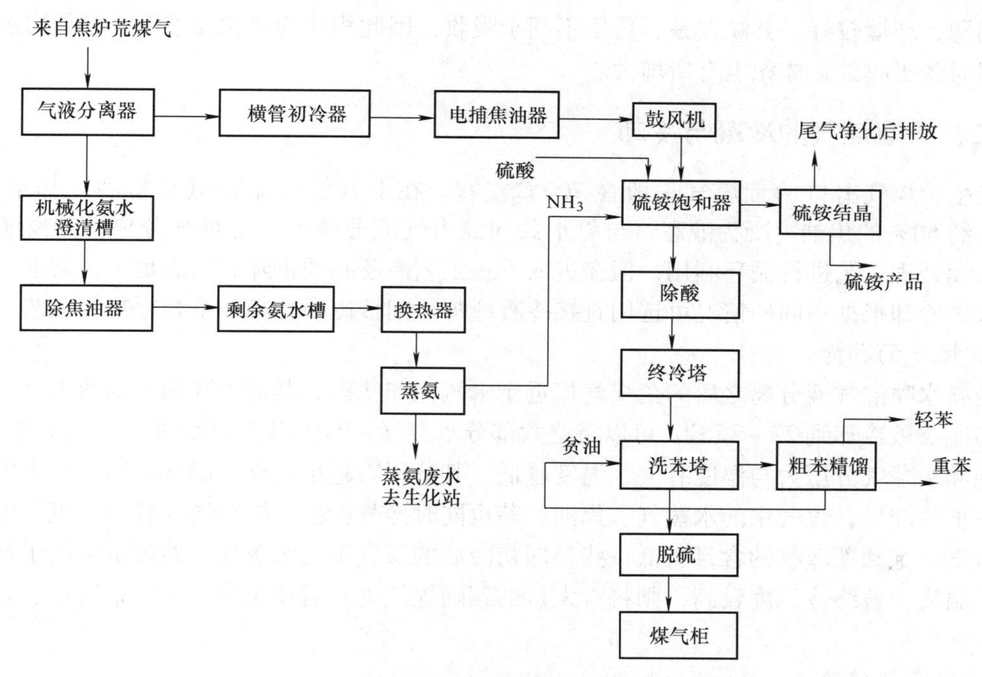

图5-21 煤气净化流程图

表5-3 煤气净化各工艺装置出口杂质含量变化 （单位：g/m^3）

物流点	粗煤气	冷凝冷却后	电捕焦油后	脱硫后	脱氨后	洗苯后	脱萘去用户
温度/℃	80～85	35～40	35～40	18～22	22～25	25	30
压力/Pa	－(78～98)	25000	23500	9000	12000	7000	5000
苯	30～38	30	30	30	30	2	2
氨	8～12	6～10	6～10	6～10	0.05～0.03	0.05～0.03	0.05～0.03
硫化氢	6～20	5～15	5～15	0.02～0.3	0.02～0.3	0.02～0.3	0.02～0.3
氰化物	1～2.5	1.5	1.5	0.07～0.15	0.06～0.10	0.06～0.10	0.06～0.10
焦油	55～60	0.5～2	0.05	0.05	0.05	0.05	0.05
萘	10～12	1～1.5	1	1	0.4～0.5	0.1～0.05	0.05

注：表中数据与各净化工艺密切相关，所选工艺不一样，数据可能有较大差别，仅供参考。

由于脱硫、脱氨、脱萘所选工艺不同，这几个工艺装置及终冷位置会有所变化，若选用氨为碱源的催化脱硫或氨硫循环洗涤流程，由于工艺装置需要在较低温度下操作，终冷放在脱硫前较好；如果选用纯碱作为碱源的脱硫及硫铵或弗萨姆氨回收工艺，煤气终冷应放在洗涤装置前（图5-21）。是否设立终脱萘装置，需要视产品煤气对萘含量的要求而定。要求不高时，可在煤气除冷过程中用电捕焦油器除去大部分萘；在煤气终冷过程中，可采用低萘洗油脱萘；在洗脱苯过程中除萘，可降低净煤气的萘含量。

煤气鼓风机的作用是输送煤气，提供煤气在各处理工艺间运动的动力；同时，鼓风机也是保证焦炉集气管压力稳定的措施之一，以保证稳定生产。

煤气净化系统因煤气鼓风机设置位置不同分为全负压流程和常压流程。煤气鼓风机置于煤气净化系统最末端的工艺流程称为全负压流程，即煤气净化是在负压状态下进行的。其优点是：①不存在鼓风机压缩产生的温升对净化系统的影响；②不存在因压力而产生的煤气外泄的问题，环境较好。其缺点是：负压不利于吸收，因此相同的净化要求下，必须增加液气比，同时各吸收设备体积也有所增大。

二、干馏煤气的冷凝与冷却

发生炉煤气出口的荒煤气一般在700℃左右，在上升管经循环氨水喷洒冷却至82～88℃。约60%的焦油冷凝为液态，与氨水共同经由气液分离器与荒煤气分离，分离液之后进入后续处理工艺进行循环利用，但在进入下一工艺前还必须再降温以满足工艺需求。

煤气冷却根据不同的情况可选用直接冷凝冷却、间接冷凝冷却和组合冷却等工艺。

1. 煤气的初冷

经氨水喷淋气液分离之后的荒煤气接近于水汽饱和状态，其温度比露点温度高1～3℃，进入初冷器被冷却到22～25℃，可以将绝大部分水蒸气、95%以上的焦油、萘等除去。

饱和水蒸气分压力与温度有关，温度越低，其分压力越小，含量越低。同理，煤气在初冷器中被冷却后，煤气中的水蒸气、焦油、萘也同时冷凝析出。终冷温度越低，煤气中的饱和水蒸气、饱和萘蒸气的含量就低一些，即初冷后的煤气中的水蒸气、萘含量取决于初冷器的终冷温度。若终冷温度较高，则将有大量的萘随煤气进入后续工序，会导致管道、设备的堵塞。

2. 煤气的终冷

煤气经鼓风机增压后，一般会有20～30℃的温升，为了满足后续净化工序的需要，必须将其冷却降温。由于该冷却是煤气净化系统中煤气的最后一次冷却，故称为终冷。

最常用的终冷工艺是用循环终冷水直接喷洒冷却煤气，一般采用冷却塔，内置填料，采用逆流方式。煤气由终冷塔的下部进入，自顶部逸出；终冷水自顶部进入，自然喷淋落下，下设接水盘，煤气与终冷水逆流接触，以加强换热。煤气在终冷的同时，其中的一些萘也被终冷水洗去。终冷后的煤气温度取决于终冷水的温度，通常与初冷后的煤气温度相当。

三、焦油雾的脱除

焦油雾是在煤气冷却过程中形成的，它以内充煤气的焦油气泡状态或极细小的焦油颗粒存在于煤气中。由于焦油雾又轻又小，其沉降速度小于煤气流速，因而悬浮于煤气中并随煤气流动。

煤气净化工艺要求煤气中焦油含量低于0.02g/m³，否则将对煤气净化操作产生严重影响。焦油雾如果在饱和器中凝结下来，将使酸焦油量增多，并可能使母液起泡沫，密度减小，有使煤气从饱和器满流槽冲出的危险；焦油雾进入洗苯塔内，会使洗油粘度增大，质量变坏，洗苯效率降低；焦油雾带到洗氨和脱硫设备中容易引起堵塞，影响吸收效率。

清除焦油雾的方法很多，但最为经济可靠的方法是采用电捕焦油器，其效率可达98%以上。初冷后的煤气经过电捕焦油器捕集焦油雾，可使焦油雾含量≤50mg/m³，甚至≤20mg/m³。电捕焦油器主要是进一步脱除粗煤气中的1～7μm的焦油雾滴。

电捕焦油器的原理是在金属导线与金属管壁或平板间施加高压直流电，以维持足以使气体产生电离的电场，使阴阳极之间形成电晕区。当含焦油雾滴等杂质的煤气通过该电场时，吸附了负离子和电子的杂质在电场的作用下，移动到沉淀极后释放出所带电荷，并吸附于沉淀极上，从而达到净化煤气的目的，通常称为荷电现象。当吸附于沉淀极上的杂质量增加到大于其附着力时，会自动向下流淌，从电捕焦油器底部排出，净煤气则从电捕焦油器上部离开并进入下道工序。电捕焦油器按沉淀极结构形式可分为管式、同心圆式和蜂窝式三种。新建煤气厂大都采用先进的横流高压直流电源蜂窝式电捕焦油器，其特点是除焦油效率高。

大型焦化厂多采用管式电捕焦油器，其构造示意图如图5-22所示。

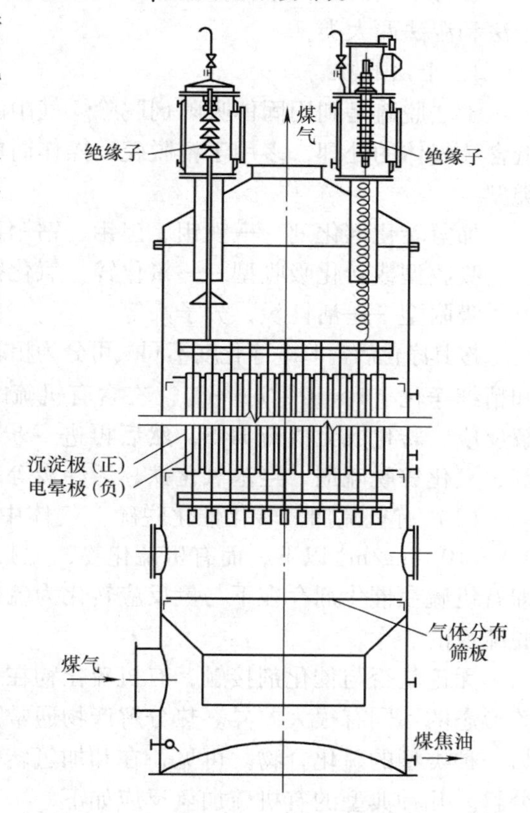

图5-22 电捕焦油器构造示意图

电捕焦油器外壳为圆柱形，底部为带有蒸汽夹套的锥形底或凹形底。在每根沉降极管的中心悬挂着电晕极导线，由上部吊架和下部吊架拉紧，并保持偏心度不大于3mm。煤气自底部进入，通过两块气体分布筛板均匀分布到各沉降管中，净化后的煤气从顶部逸出。从沉降管捕集下来的焦油在底部汇集后排出，因焦油粘度大，通常在底部设有蒸汽夹套，以利于排放。

电捕焦油器根据安装位置不同而分为负压电捕和正压电捕两类，位于煤气鼓风机前的，称为负压电捕；位于煤气鼓风机后的，称为正压电捕。煤气经过鼓风机增压后会有升温现象，这将导致焦油雾的萘升华到煤气中，萘由液态变为气态，而电捕焦油器是不能捕集气相萘的，所以，从降低煤气含萘的角度出发，应尽可能地采用负压电捕。

四、硫化氢的脱除

煤气中通常含有数量不同的无机硫和有机硫化物，其含量和形态取决于煤气化和炼焦所采用的煤种性质、加工方法和工艺条件。一般来说，煤气中的硫含量与其加工处理的煤种硫含量成正比。

煤气中的硫化氢（H_2S）在燃烧时生成二氧化硫（SO_2），SO_2 对人的呼吸道有刺激作用，并且与氮氧化物（NO_x）一样是形成酸雨的主要物质，氰化氢有剧毒，燃烧时生成 NO_x。两种物质都具有很强的腐蚀性和毒性，不仅破坏环境，还会腐蚀设备和管道。在合成氨、炼油制氢和合成甲醇等过程中，烃类转化、低温变换、甲烷化和氨合成、甲醇合成等过程中所用催化剂都对“硫毒”很敏感，因而不论是用于工业原料，还是用于燃料气，都必须按照要求进行脱硫脱氰净化处理，同时回收重要的硫磺资源。

各种不同的煤气净化工艺其本质区别在于脱硫脱氰工艺的不同，按吸收剂的形态可分为干法和湿法两大类。

1. 干法脱硫

干法脱硫是利用固体吸附剂脱除煤气中的硫化氢和有机硫，脱硫的净化度较高，适用于低含硫气体的处理，多用于精脱硫，操作简单可靠。常用的干法脱硫剂按其性质可分为三种类型：

加氢转化催化剂——铁钼、镍钼、钴钼、镍钴钼等。

吸收型或转化吸收型——氧化锌、氧化铁、氧化锰等。

吸附型——活性炭、分子筛等。

按其净化后含 H_2S 净化度不同又可分为粗净化（$1\times10^{-3}kg/m^3$）、中等净化（$2\times10^{-5}kg/m^3$）和精细净化（$1\times10^{-6}kg/m^3$）。在含有机硫的情况下，首先要将有机硫化合物进行加氢或水解反应，转化成无机硫 H_2S，然后再进一步除去。其中能做到精细脱硫的有加氢转化催化剂、氧化锌脱硫剂、羟基氧化铁、活性炭等。

（1）有机硫加氢转化催化脱硫　气体中的硫化氢可用常规的氧化锌精脱的方法脱除至 $0.1\times10^{-6}kg/m^3$ 以下，而有机硫化物，尤其是噻吩类有机硫化物必须采用加氢脱硫的方法，即有机硫在催化剂存在下与氢反应转化为硫化氢和烃，硫化氢再被氧化锌吸收，从而达到精脱硫目的。

无论是否与催化剂接触，有机硫化物在一定程度上都会发生热分解反应，热分解温度因硫形态的不同有很大差异。热分解产物通常是硫化氢和烯烃，也有一些有机硫化物分解生成另一种类型的硫化合物。可见，在和加氢转化催化剂接触之前，在预热段中就会发生一些热分解。几种典型的有机硫加氢反应如下

$$COS + H_2 \rightarrow CO + H_2S$$

$$RSH + H_2 \rightarrow RH + H_2S$$

$$C_6H_5SH + H_2 \rightarrow C_6H_6 + H_2S$$

$$R_1SSR_2 + 3H_2 \rightarrow R_1H + R_2H + 2H_2S$$

$$R_1SR_2 + 2H_2 \rightarrow R_1H + R_2H + H_2S$$

$$C_4H_8S + 2H_2 \rightarrow C_4H_{10} + H_2S$$

$$C_4H_4S + 4H_2 \rightarrow C_4H_{10} + H_2S$$

有机硫加氢转化脱硫工艺流程如图 5-23 所示。含有机硫的煤气原料经压缩机升压至 4.0～4.5MPa 后与氮氢混合气（如循环合成气）混合，使煤气中含 H_2 15%，再经加热炉加热至 400℃左右进入加氢转化炉，将有机硫转化为 H_2S，然后进入氧化锌脱硫槽，使原料气中的硫脱除至 $0.5\times10^{-6}kg/m^3$ 以下，脱硫后的气体送去转化。

原料油与氮氢混合气（如合成气）混合在第一加热炉中加热到 400℃左右，进入第一加

氢转化炉，加氢后的气体经塔底换热器冷却塔冷凝后进入分离器，分离出的气体返回原料槽。轻油自塔顶换热器被加热后进入气提塔用蒸汽气提分离 H_2S，塔顶出来的含有 H_2S 的废气用作加热炉的燃料，塔底轻油（含 H_2S 为 $20\times10^{-6}\sim50\times10^{-6}$）经第二加热炉加热后，进入第二加氢转化炉加氢后再进入脱硫槽进行 H_2S 的精脱（图 5-24）。

近几年新研制的 JT—IG、JT—4、T205 等新型有机硫加氢、烯烃饱和双功能加氢转化催化剂，在采用图 5-25 所示的绝热循环工艺和图 5-26 所示的等温-绝热工艺模式，在 20 多个厂家应用取得了较好的效果。

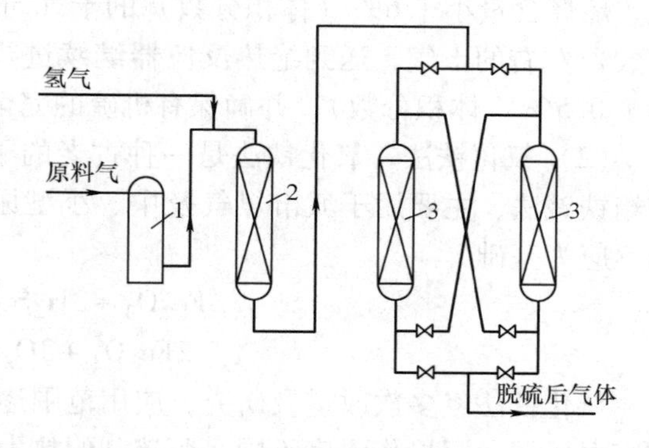

图 5-23 有机硫加氢转化脱硫工艺流程
1—加热炉 2—加氢槽 3—氧化锌槽

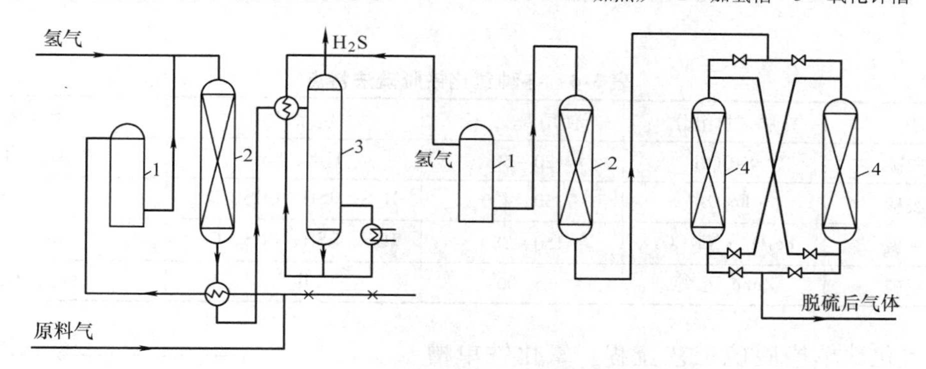

图 5-24 两次加氢转化氧化锌脱硫流程
1—加热器 2—加氢槽 3—气提塔 4—氧化锌槽

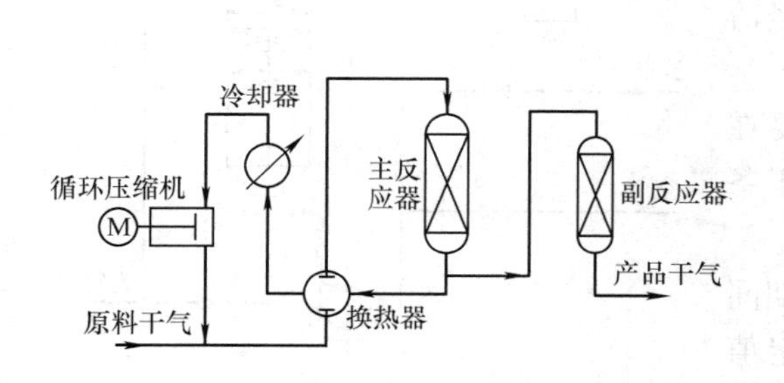

图 5-25 绝热循环工艺流程简图

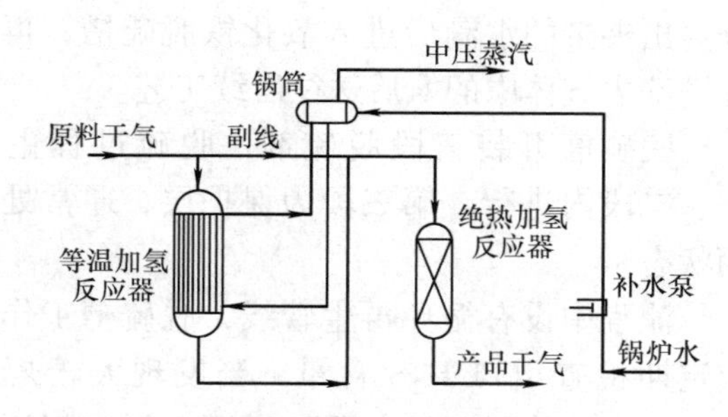

图 5-26 等温-绝热工艺流程简图

绝热循环工艺中原料气在绝热反应器中经有机硫加氢和烯烃加氢后一部分进入下一道工序，另一部分经换热器冷却后再经压缩机返回反应器入口，稀释原料气中的烯烃，使烯烃和有机硫维持在一定范围内，从而确保反应器的温升符合工艺要求，也达到了脱硫及烯烃饱和的目的，这是目前国外多数厂家采用的方法。在烯烃体积分数小于 8%（如焦化干气）时，国内多数厂家采用不循环一次通过的方式，使工艺更加简单。

等温-绝热工艺适用于总硫高达 500×10^{-6} 左右、烯烃高达 6%~25% 的催化干气加氢。原料气经补氢，使氢与总烯烃的摩尔比为 1.8~2.5，进入等温反应器的管程进行催化加氢，使部分有机硫加氢，烯烃体积分数降至6.0%以下。反应热由壳程的水汽化带走，并副产蒸汽。烯烃含量小于6%（体积分数）的干气同副线过来的干气混合成烯烃含量在6%（体积分数）左右的干气，送到绝热反应器继续进行有机硫加氢和烯烃饱和，使干气中烯烃含量小于0.5%（体积分数），并确保有机硫的完全转化。

（2）氧化铁法　氧化铁法是一种古老的干式脱硫法，早先用于城市煤气净化，改进的干箱铁碱法，主要用于城市煤气及中、小型尿素装置 CO_2 脱 H_2S。该法的生产过程是以下列反应为基础

$$Fe_2O_3 + 3H_2S \rightarrow Fe_2S_3 + 3H_2O$$

$$2Fe_2O_3 + 3O_2 \rightarrow 2Fe_2S_3 + 6S$$

氧化铁法经多次改进及研究，应用范围逐渐扩大，目前氧化铁脱硫已从常温扩大到中温和高温领域。因操作温度不同，脱硫剂的热力学状态、脱硫的反应机理、脱硫性能均有所不同。为了使用方便，将氧化铁脱硫过程按温度不同划分为三种温区，表5-4给出了各种方法的特点。

表5-4　各种氧化铁脱硫法特点

方法	脱硫机组分	使用温度/℃	脱除对象	生成物
常温脱硫	FeOOH	20～50	H_2S、RSH	$Fe_2O_3 \cdot H_2O$
中温脱硫	Fe_2O_3	350～400	H_2S、RSH、COS、CS_2	FeS、FeS_2
中温铁碱	$Fe_2O_3 \cdot Na_2CO_3$	150～280	H_2S、RSH、COS、CS_2	Na_2SO_4
高温脱硫	$ZnFe_2O_4$ 等	>500	H_2S	FeS、ZnS

1）氧化铁单槽脱硫工艺流程。氧化铁单槽脱硫工艺流程如图5-27所示，主要用于碳化后精脱硫，原料气自碳化工段回收塔来，经水分离器分离出夹带的水滴后进入氧化铁脱硫槽，再经清洗塔洗去气体中的氨后送往后续工艺。

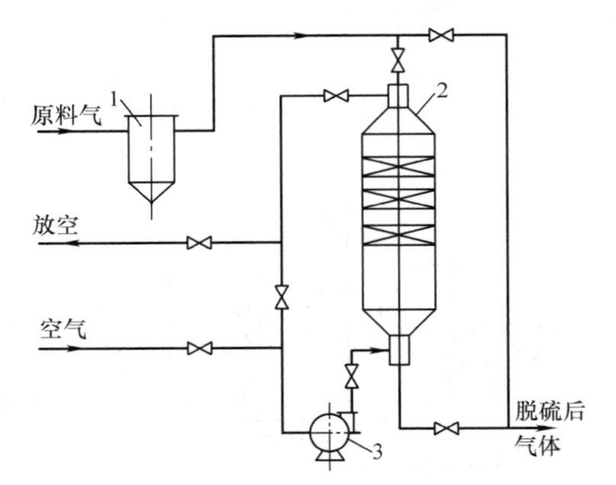

图5-27　氧化铁单槽流程
1—水分离器　2—脱硫槽　3—循环鼓风机

脱硫槽可装三段脱硫剂，脱硫过程主要在一、二段内进行。第三段为保护层，通常处于备用状态。

流程中设有循环再生管线，脱硫槽工作期间应定期检查出口 H_2S 含量，当发现大于规定值时，应立即将脱硫槽与系统切断，用空气逐步导入原料气中进行再生，开动循环鼓风机使含氧气体在脱硫槽内循环。

脱硫槽设在清洗塔前可使气体中含有较高的氨，对提高脱硫剂的活性有利。如有粉状脱硫剂带出，可在清洗塔中一并除去。

2）氧化铁双槽脱硫工艺流程。氧化铁双槽脱硫工艺流程如图5-28所示，串联使用时，脱硫主要在Ⅰ槽进行。当系统出口开始泄硫，则将Ⅰ槽从系统中切断出来进行再生，原料气仅通过Ⅱ槽。再生结束后再恢复正常运行。

Ⅰ槽脱硫剂经过多次脱硫、再生，当硫容量大于30%后便可报废，或用作制 H_2SO_4 的

原料，更换新脱硫剂，此时可将两槽倒换使用。

并联使用时，气速低、阻力小，脱硫剂利用情况不如串联使用好。

2. 湿法脱硫

湿法脱硫是利用液体脱硫剂脱除煤气中的硫化氢和氰化氢。按溶液的吸收和再生性质分为湿式氧化法、化学吸收法、物理吸收法以及物理-化学吸收法。

湿式氧化法是借助于吸收溶液中载氧体的催化作用，将吸收的 H_2S 氧化成为硫磺，从而使吸收溶液获得再生。该法主要有改良 ADA 法、栲胶法、氨水催化法、PDS 法及络合铁法等。

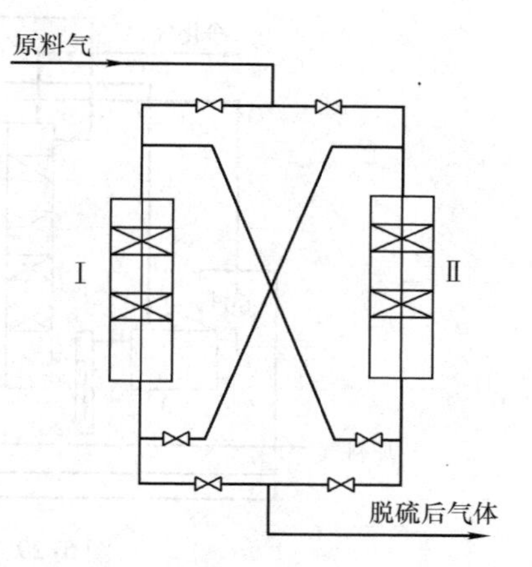

图 5-28 氧化铁双槽脱硫工艺流程

化学吸收法是以弱碱性溶液为吸收剂，与 H_2S 进行化学反应而形成有机化合物。当吸收富液温度升高，压力降低时，该化合物即分解放出 H_2S。烷基醇胺法、碱性盐溶液法等都是属于这类方法。

物理吸收法常用有机溶剂作吸收剂，其吸收硫化物完全是一种物理过程，当吸收富液压力降低时，则放出 H_2S。属于这类方法的有冷甲醇法、聚乙醇二甲醚法、碳酸丙烯酯法以及早期压水洗法等。

物理-化学吸收法，该法的吸收液由物理溶剂和化学溶剂组成，因而其兼有物理吸收和化学反应两种性质，主要有环丁砜法、常温甲醇法等。

各种湿法脱硫工艺中所脱除的 H_2S，只有湿式氧化法在再生时能够直接回收硫磺，其他各种物理和化学吸收法，在其吸收液再生时会放出含高浓度 H_2S 的再生气，对此还必须采取相关技术对其进一步进行硫回收处理过程，以达到环保要求的排放标准。

（1）蒽醌二磺酸钠法（改良 ADA 法） 蒽醌二磺酸钠法也称 ADA 法，国外称为 Stretford 法，主要应用于煤气、天然气、焦炉气及合成气等多种工艺气体的脱硫。早期的 ADA 法是在碳酸钠稀碱液中加入 2、6 或 2、7 蒽醌二磺酸钠作催化剂，但由于其析硫反应速度慢，溶液的吸收硫容量低，使该法的应用范围受到限制。随后利用给溶液中添加适量的偏钒酸钠和酒石酸钠钾，使溶液吸收和再生的反应速度大大增加，同时也提高了溶液的吸收硫容量，这样使 ADA 法的脱硫工艺更加趋于完善，称为改良 ADA 法。改良 ADA 法可用于常压和加压条件下煤气、焦炉气及天然气等工业原料气的脱硫。

溶液吸收 H_2S 是一种瞬时反应，吸收液的总碱度和碳酸钠浓度是影响吸收的主要因素，随着溶液总碱度和碳酸钠浓度的增高，溶液的传质速度系数增大。溶液中 HS^- 的氧化速度是相当快的，在液相中 HS^- 转化为元素硫的量与钒含量成正比，同时，HS^- 的氧化速度还随着吸收溶液的 pH 值与温度的增高而加快。

图 5-29 所示为采用塔式再生改良 ADA 法脱除合成氨原料气中的 H_2S 的工艺流程图。煤气进入吸收塔后与从塔顶喷淋下来的 ADA 脱硫液逆流接触，脱硫后的净化气由塔顶引出，经气液分离器后送往下道工序。

吸收 H_2S 后的富液从塔底引出，经液封进入溶液循环槽，进一步进行反应后，由富液泵经溶液加热器送入再生塔，与来自塔底的空气自下而上并流氧化再生。再生塔上部引出的贫液经液位调节器，返回吸收塔循环使用。再生过程中生成的硫磺被吹入的空气浮选至塔顶

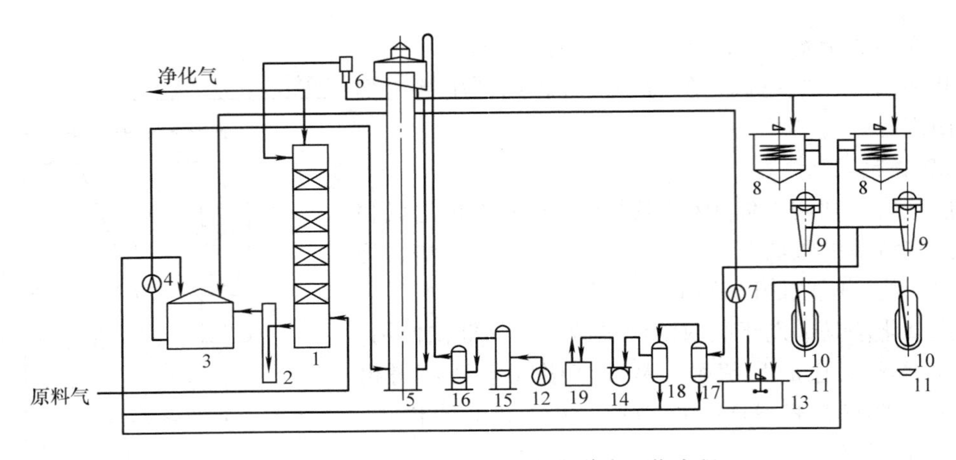

图 5-29 塔式再生改良 ADA 法脱硫工艺流程

1—吸收塔 2—液封 3—溶液循环槽 4—富液泵 5—再生塔 6—液位调节器 7—泵 8—硫泡沫槽 9—真空过滤机 10—熔硫釜 11—硫磺铸模 12—空气压缩机 13—溶液加热器 14—真空泵 15—缓冲罐 16—空气过滤器 17—滤液收集器 18—分离器 19—水封

扩大部分，并溢流至硫磺泡沫槽，再经过加热搅拌、澄清、分层后，其清液返回循环槽，硫泡沫至真空过滤器过滤，滤饼投入熔硫釜，滤液返回循环槽。

图 5-30 所示为一种采用喷射再生器进行再生的工艺流程。吸收 H_2S 后的富液从吸收塔底排出，经溶液循环槽，用富液泵加压后送往喷射器。在喷射器中，脱硫液高速通过喷嘴，产生局部负压将空气吸入，富液与吸入的空气充分混合，在较短的时间内完成再生反应。由浮选槽溢出的硫泡沫，用与塔式再生流程相同的工序完成对硫磺的回收。从浮选槽上部引出的贫液，经液位调节器、贫液槽送回脱硫塔循环使用。通常认为喷射再生工艺用于加压吸收工况最为优越，因为这样可利用富液具有的压力，将富液送往喷射器。

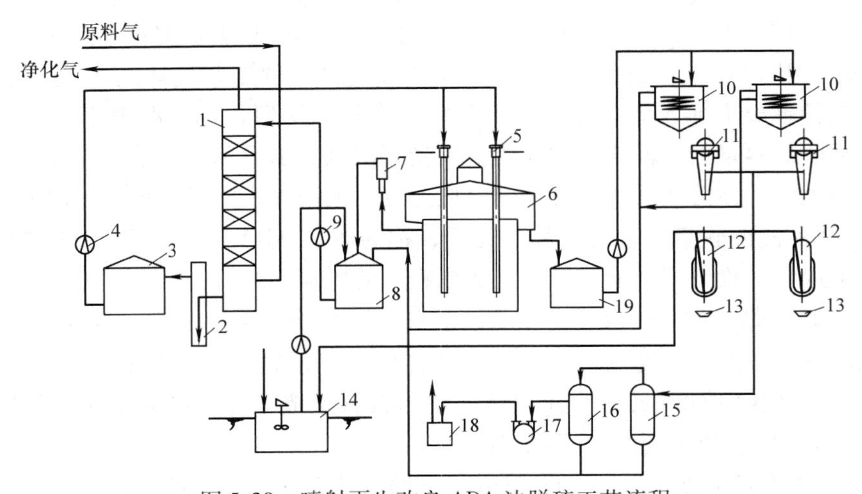

图 5-30 喷射再生改良 ADA 法脱硫工艺流程

1—吸收塔 2—液封 3—溶液循环槽 4—富液泵 5—喷射器 6—再生槽 7—液位调节器 8—贫液槽 9—泵 10—硫泡沫槽 11—真空过滤 12—熔硫釜 13—硫磺铸模 14—溶液制备槽 15—滤液收集器 16—分离器 17—真空泵 18—水封 19—硫泡沫收集槽

图 5-31 所示为一种无废液排放的改良 ADA 法工艺流程。从过滤器引出一部分滤液进入燃烧炉顶部喷洒，燃料气在一垂直向下流动的燃烧炉内，燃烧产生约为 850℃的高温。给燃

烧炉通入的空气量小于燃烧煤气所需的理论量，迫使燃烧炉处于还原气氛条件下，这时将有约为90%的硫代硫酸钠，95%的硫氰化钠还原成碳酸氢钠和碳酸钠，还有60%的硫酸钠还原成硫化钠，硫变成H_2S。

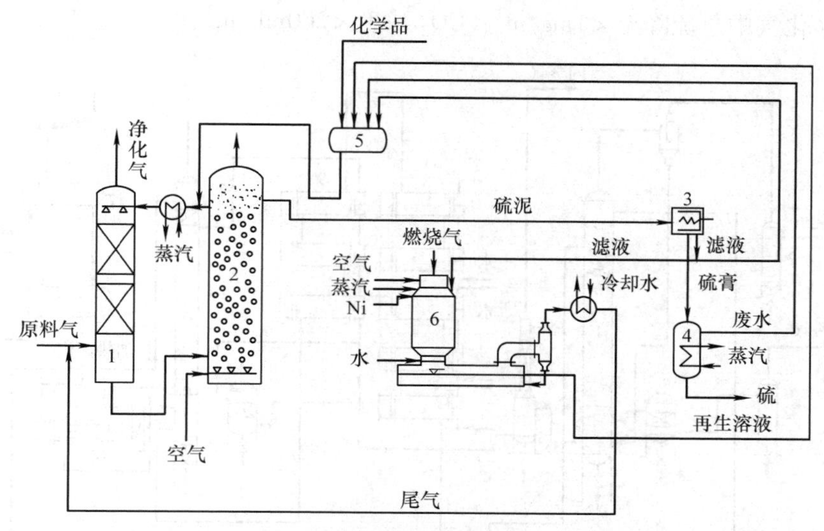

图5-31 无废液排放的改良ADA法工艺流程

1—H_2S吸收塔 2—氧化塔 3—过滤器 4—熔硫釜 5—制备槽 6—燃烧炉

燃烧后的气体夹带碳酸钠及其他钠盐一起通过燃烧器，进入盐类回收器，器内盛水使通过回收器的气体温度降至将近90℃，且让钠盐溶解于水中，水溶液再返回作脱硫使用。排放出的气体含有大量水蒸气，经冷却器冷凝后，含H_2S的气体返回脱硫塔进口。

（2）环丁砜法（Sulfinol法） 环丁砜法是一种物理-化学吸收法。该法吸收溶液由化学溶剂烷基醇胺、物理溶剂环丁砜和水混合而成，可使用的烷基醇胺包括MEA（一乙基醇胺）、MDEA（甲基二乙醇胺）及DIPA（二异丙醇胺）。一般采用较高的醇胺浓度，而环丁砜与水的比例按其用途确定。该法最初大多用于天然气脱硫，后来也用于煤气、重油裂解气等工艺气体的净化。

环丁砜化学名是1，1—二氧化四氢噻吩。H_2S、CO_2等酸性气体能通过物理作用溶解于环丁砜溶液中，在一定温度下，其溶解度随着酸性气体分压的升高而增大。在相同条件下，H_2S在环丁砜中溶解度比在水中高7倍。

环丁砜法脱硫的工艺流程如图5-32所示。含硫原料气经分离器和过滤器后，进入吸收塔底部，与塔顶引入的贫液逆流接触，净化气由塔顶引出，经分离器送入下游管线。来自吸收塔底部的富液，在闪蒸罐中减压闪蒸，解吸富液中的烃类，然后进入换热器，换热后经过滤进入再生塔上部，与从煮沸器上升的蒸汽接触而得到再生。再生塔出来的贫液，经换热器和冷却器后，由溶液循环泵打入吸收塔顶部。再生塔顶引出的酸性气体，经冷却和分离后，供硫磺回收装置使用。

（3）常温甲醇法（Amisol法） 常温甲醇法以甲醇为基本溶剂，加入适量的DEA（二乙基醇胺）或其他烷基醇胺，典型的溶液组成为：甲醇60%、DEA 38%、水2%。常温甲醇吸收溶剂，在吸收过程中，一方面H_2S或CO_2等酸性气体溶解于甲醇，另一方面DEA等

烷基醇胺与 H_2S、CO_2、COS 等酸气组分起化学反应。在酸气分压高时，以物理吸收为主，在酸气分压低时，以化学吸收为主，兼有物理-化学吸收法的特点，具有净化度高的优势。溶液吸收在常温和加压条件下进行，能够同时脱除气体中的 H_2S、CO_2、COS 及其他有机硫化物，可使净化气中总硫降至 $<1mg/m^3$，CO_2 浓度 $<200mL/m^3$。

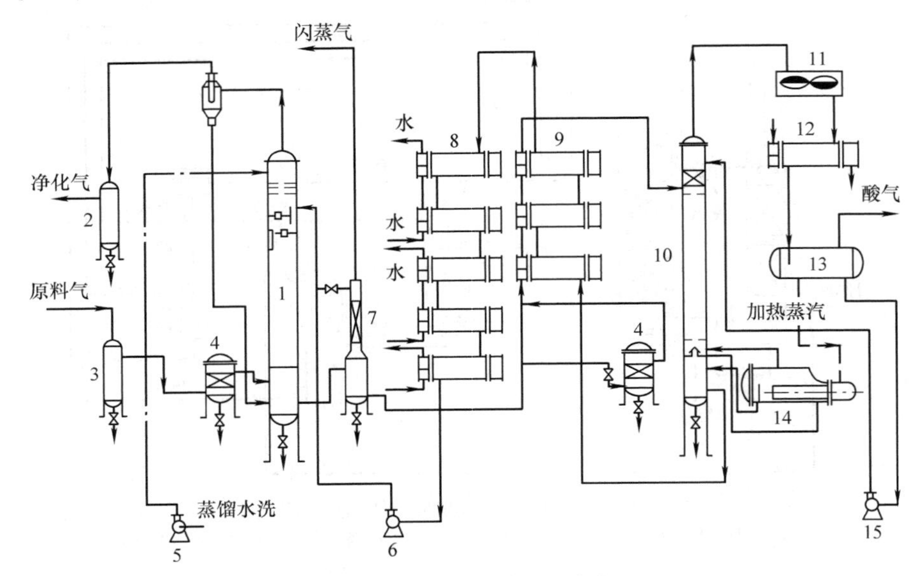

图 5-32 环丁砜法脱硫工艺流程

1—吸收塔 2—净化气分离器 3—原料气分离器 4—过滤器 5—水洗泵 6—溶液循环泵 7—二闪蒸罐 8—冷却器 9—换热器 10—再生塔 11—空气冷却器 12—水冷却器 13—分离器 14—煮沸器 15—回流泵

常温甲醇法的脱硫工艺流程如图 5-33 所示。原料气在温度为 48℃，压力为 5.3MPa 的条件下进入吸收塔底部。该吸收塔由三段组成：下部为预洗段，在其中原料气体与精甲醇接触，气体被脱水干燥；中部为主洗段，气体与 Amisol 溶液逆流接触，脱除其中的大部分 H_2S 和 CO_2；上部为终洗段，气体再与深度再生的吸收液接触，最终脱除酸性气体。脱硫后的气体进入水洗塔用水洗涤，将净化气中的甲醇回收。

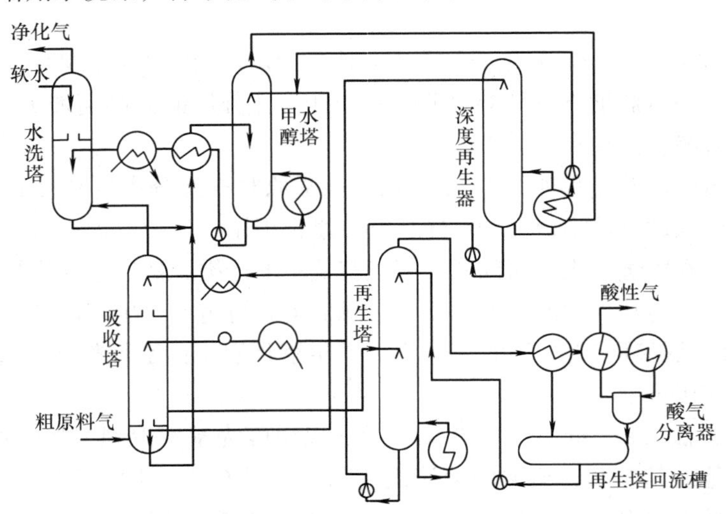

图 5-33 常温甲醇法脱硫工艺流程

吸收塔主洗段出来的富液减压后送入再生塔，在塔中被溶液吸收的大部分酸性气体被上升的甲醇蒸气所解吸，甲醇蒸气和酸性气体从塔顶出来，经水冷和氨冷后放出处理。再生后的吸收液从塔底排出，大部分由贫液泵送至吸收塔主洗段，少部分则送至深度再生塔顶部，从深度再生塔底部出来的溶剂，用另一泵打至吸收塔顶部精洗段。深度再生塔下部再沸器的热源由甲醇水塔顶部排出的甲醇蒸气冷凝提供。

本方法的吸收温度在35℃左右，再生温度为85～90℃，因而可利用低位能废热；溶液对酸性气体的吸收容量大，可用于煤气及重油部分氧化法合成气的脱硫。常温甲醇法的优点是：能同时脱除 H_2S、CO_2、有机硫化物、不饱和烃及水等各种杂质，且净化度高；再生热量消耗比其他方法低；溶液稳定性好，无腐蚀作用，副反应少。缺点是当气体中同时存在 H_2S 和 CO_2 时，选择性脱除 H_2S 能力比较低，这种再生气中 H_2S 含量低，对硫回收不利，同时常温下甲醇的蒸气压较高，因而溶剂消耗也比较大。

3. 高温脱硫

目前，国内外对燃气中硫化氢的脱除，无论采用干法或湿法，其操作温度一般是在常温至120℃下进行，这对于可直接利用高温洁净燃气的用户，就必须把出炉燃气先冷却到较低温度后再进行脱硫，这会造成能源浪费并降低热效率。近年来，为克服上述存在的问题，开发出了高温脱硫方法，如煤气联合循环发电（IGCC）高温脱除 H_2S 技术的应用，可以避免湿法洗涤中能量的损失，回收了高温煤气中10%～20%的显热，提高效率4%～5%，防止了 H_2S 对燃气轮机产生的腐蚀和环境污染。高温脱硫还可用于燃料电池及制造合成气等工艺中。

高温煤气脱硫主要是借助于可再生的单一或复合金属氧化物与硫化氢或其他硫化物的反应来完成的，在400～1200℃内可用作脱硫剂的金属元素有Fe、Zn、Mn、Mo、V、Ca、Cu和W。在过去二十多年中，人们对许多金属氧化物或复合金属氧化物作为高温脱硫剂进行了研究，其中氧化铁、氧化锌、氧化铜、氧化钙、铁酸锌、钛酸锌以及近年来出现的第二代脱硫剂氧化铈等。它们脱硫的总体反应式可以表示为

$$MO_x + xH_2S = MS_x + xH_2O$$

$$MS_x + 3x/2O_2 = MO_x + xSO_2$$

另外，由于煤气中含有 H_2、CO等还原性气体，在高温下金属氧化物可能先被还原，反应如下

$$MO_x \rightarrow MO_y \quad (0 \leqslant y < x)$$

尽管许多金属氧化物都可以作为高温煤气脱硫剂，但每种都有自己的优势和劣势，实际选择时应根据脱硫温度、硫含量、要求的脱硫精度、煤气成分（如 H_2O、CO、H_2）和脱硫剂的价格等综合考虑。表5-5给出了几种高温煤气脱硫剂的优缺点。

表5-5 几种高温煤气脱硫剂的优缺点

脱硫剂	优 点	缺 点
Fe_2O_3	高硫容，高反应活性，可再生，廉价	脱硫平衡常数小、脱硫效率低、再生易形成硫酸盐
ZnO	脱硫反应平衡常数大，脱硫率高	脱硫反应速度慢，脱硫反应温度高时锌易挥发，再生时易形成硫酸盐并且比表面积减少，价格昂贵

（续）

脱硫剂	优点	缺点
$ZnFe_2O_4$	高脱硫率，高硫容，再生性好	高温时易挥发（≥677℃）再生时易形成硫酸盐并且比表面积减少
Zn-Ti-O	高脱硫率，能阻止高温时锌挥发，比 $ZnFe_2O_4$，有更强的使用持久性，抗磨损和抗粉化性能好	硫容低
CuO 基脱硫剂	高脱硫率，比锌基脱硫剂使用温度更高	价格昂贵，不十分稳定，易被还原成金属铜
CaO 基脱硫剂	反应速度快，高硫容，价格低	几乎不可能再生
CeO_2 基脱硫剂	再生时可直接生成单质硫	脱硫反应温度高（700～850℃），脱硫率低

氧化铁法高温干式脱硫工艺流程如图 5-34 所示。该工艺装置主要由脱硫吸收塔、氧化铁系的氧化再生塔、二氧化碳还原塔及硫磺冷凝器组成。

吸收塔和再生塔分别采用两段流化床方式，二氧化硫还原塔采用移动床方式。使用的脱硫剂是经破碎至直径在 150μm 左右的铁矿石颗粒，或使用相同粒度的附有氧化铁系脱硫剂的载体。从气化炉出来的粗煤气，从吸收塔下部进入，在温度约为 460℃的二段流化床内与脱硫剂颗粒逆流接触，燃气中的硫化氢与氧化铁进行反应，生成硫化铁，被脱除硫化氢的燃气从吸收塔顶部排出送至用户。生成硫化铁的脱硫剂从吸收塔底部引出，经气流升降器被由鼓风机来的二氧化碳气体送至分离器进行气固分离后，气体经冷却循环使用，硫化铁进入再生塔，通过空气氧化生成二氧化硫和氧化铁，再生温度约为 750℃。再生后的氧化铁再进入吸收塔循环使用，生成的二氧化硫则从再生塔的顶部排出，进入二氧化硫还原塔，通过碳还原成元素硫，元素硫在硫磺冷凝器中凝缩成硫磺。

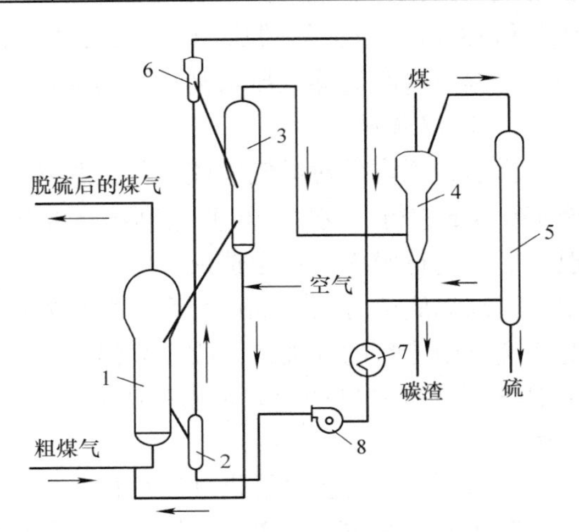

图 5-34 高温干式脱硫工艺流程示意图
1—吸收塔 2—气流升降器
3—氧化再生塔 4—二氧化碳还原塔
5—硫磺冷凝器 6—分离器
7—冷却器 8—风机

五、氨的脱除与回收

煤在高温干馏过程中，氮元素与氢元素通过重组生成氨（$N_2 + 3H_2 \rightarrow 2NH_3$）。当温度在 700～800℃时，氨的生成量最大。如温度过高，生成的氨又会和炽热的焦炭接触生成氢和氰化氢（$NH_3 + C \rightarrow H_2 + HCN$）。一般配煤中约有 60% 的氮存在于焦炭中，约有 15%～20% 的氮与氢化合生成氨。

煤气中的氨若不回收是十分有害的，它溶于水中会严重污染水体，若随煤气燃烧会产生大量污染大气的 NO_x，若随煤气输送还会腐蚀管道和设备，因此必须从粗煤气中回收氨。煤气回收氨主要有水洗氨法、硫酸吸氨法和磷酸吸氨法三种。

1. 水洗氨法

用水吸收煤气中的氨，主要是氨在水中的溶解过程。溶解在水中的氨分子，由于分子的

极性作用与水分子发生如下反应

$$NH_3 + H + (OH)^{-1} \longleftrightarrow NH_4^+ + (OH)^{-1}$$

由于氨分子的极性较弱，水分子的解离度也不大，所以溶液中的氨大部分以氨分子状态存在，仅有少量的 $(NH_4)^+$ 和 $(OH)^-$ 是以离子状态存在，故溶液呈弱碱性。

氨在水中的溶解度是随温度升高而急剧降低。因此洗氨塔中的煤气与水的温度应尽可能低，在较低的洗氨操作温度下，可使氨被吸收得较完全；同时，塔后煤气中腐蚀性的物质含量也可相应减少。

水洗氨法以软水为吸收液回收煤气中的氨，回收的氨制成氮肥或进行分解。这类方法有：制浓氨水法、间接法、联碱法和氨分解法。水洗氨法回收氨的优点是，产品可按市场需要调整，适应性强；缺点是，流程长，设备多，占地面积大。水洗氨法的主要设备有洗氨塔和蒸氨塔。

（1）制浓氨水法　制浓氨水法以软水为吸收液回收焦炉煤气中的氨，氨水经蒸馏得到浓氨水，其工艺流程如图 5-35 所示。

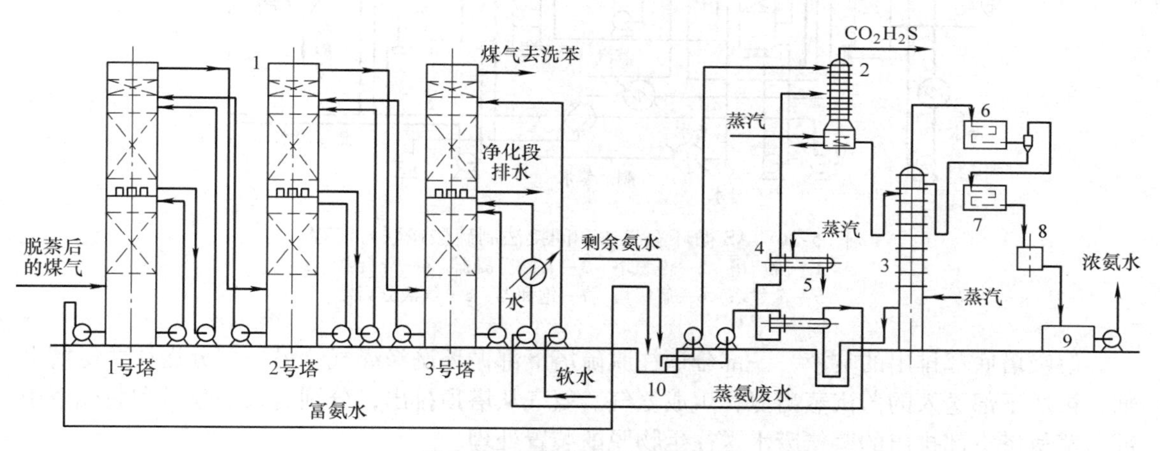

图 5-35　制浓氨水法工艺流程
1—洗氨塔　2—分解器　3—蒸氨塔　4—预热器　5—换热器　6—分凝器
7—冷凝器　8—计量槽　9—浓氨水槽　10—原料氨水池

脱萘后的煤气依次经过 3 个串联的洗氨塔，每个塔分为两段。3 号塔的上段为净化段，在净化段内煤气用新鲜软水净化，使其含氨量降到 $0.1g/m^3$ 以下，再去洗苯塔。从 3 号塔下段送入蒸氨废水，洗氨水与煤气逆流接触。净化段排出的水送生物脱酚装置处理。为了提高洗氨塔各段的喷淋密度，每段均设有单独的循环泵。从 1 号塔下段排出的富氨水与剩余氨水一并送入原料氨水池，再由氨水池用泵送出与蒸氨废水换热，经预热器加热至 85 ~ 90℃，送往分解器中部。分解器底部设有加热器，原料氨水中的挥发铵盐在此被分解，分解出的 CO_2、H_2S 等气体从器顶逸出。为了减少氨的损失，用冷回流泵将 10% 的原料氨水直接送入分解器顶部，以降低器顶温度，使顶部外排气体主要为二氧化碳和硫化氢，经分解器自流入蒸氨塔顶部的原料氨水被从塔底直接送入的蒸汽蒸出氨，蒸出的氨进入分凝器。将分凝器出口温度控制在 88 ~ 92℃，即可得到含氨 18% ~ 20%（体积分数）的氨气。氨气经冷凝器冷凝，得到浓氨水。蒸氨塔底排出的废水，经换热器降温后送往洗氨塔洗氨，多余的废水送生物脱酚装置处理。

(2) 间接法　间接法以软水为吸收液回收焦炉煤气中的氨，氨再经蒸氨制取硫酸铵。

欧洲焦化厂广泛采用AS循环洗涤法和间接法制硫酸铵的联合流程，如图5-36所示。从电捕焦油器来的焦炉煤气由下部进入脱硫塔，洗氨塔产生的富氨水从上部送入脱硫塔，二者逆流接触，除去煤气中的硫化氢和氰化氢，煤气从塔顶排出，进入洗氨塔，脱除其中的氨；塔底排出的富液送入解吸塔，在解吸塔内解吸出富油中所含的氨和硫化氢、氰化氢等酸性气体，之后再进入饱和器。在此，氨被硫酸吸收生成硫酸铵，而酸性气体排出后，经气液分离器送往硫酸装置制取硫酸，或送往克劳斯炉制取元素硫。

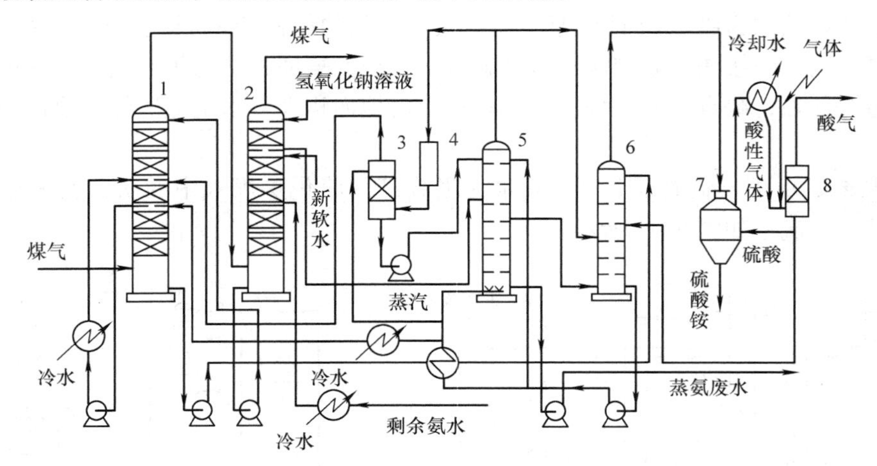

图5-36　AS循环洗涤法和间接法制硫酸铵联合流程

1—脱硫塔　2—洗氨塔　3—直冷分凝器　4—分凝器

5—蒸氨塔　6—解吸塔　7—饱和器　8—气液分离器

解吸塔底部排出的贫液，一部分送往脱硫塔下部循环洗涤煤气，另一部分送往蒸氨塔上部，被塔下部送入的蒸汽蒸出氨，生成氨气。氨气从塔顶排出，分别送入解吸塔和脱硫塔中部。蒸氨塔下部排出的蒸氨废水送往生物脱酚装置处理。

(3) 联碱法　联碱法是以焦化厂生产的浓氨水为原料，用氯化铵与碱联合生产的方法将浓氨水加工成氯化铵。

联碱法的工艺流程如图5-37所示。浓氨水和生产过程中生成的循环母液按一定比例配制成原料氨水，用泵送入化盐塔中制成铵盐水，铵盐水用泵送入碳化塔，在塔中与压缩机送入的二氧化碳气体进行碳化反应，生成碳酸氢钠结晶和氯化铵母液（取出液），再经真空过滤器分离得到重碱和氯化铵母液。重碱经湿式分解塔加热分解为碳酸钠溶液和二氧化碳气体，后者送回碳化塔使用。氯化铵母液经母液塔蒸出挥发氨，冷凝成为氨水。氨水流入循环母液槽，热母液则经真空蒸发器浓缩和在真空结晶器内低温结晶，生成氯化铵结晶浆液。再用离心机过滤结晶浆液，得到氯化铵（纯度为97%）产品。碳化反应消耗的二氧化碳气体由石灰窑提供，在石灰窑内用石灰石和焦炭作原料，生产二氧化碳气体和石灰。

(4) 氨分解法　氨分解法是以软水为吸收液回收焦炉煤气中的氨，并在高温和催化剂作用下将氨分解为氮和氢。

氨分解法的工艺流程如图5-38所示。焦炉煤气在终冷塔降温后，进入两台串联的洗氨塔，煤气中的氨被喷洒的软水回收。从1号洗氨塔排出的富氨水经换热送入蒸氨塔，被塔下部送入的蒸汽蒸出氨，氨气从塔顶排出，蒸氨废水经换热和冷却后送入洗氨塔循环使用。蒸氨塔顶排出的氨气进入氨分解炉，在高温和催化剂作用下，氨气中的氨和氰化氢分解为氮、氢、一氧化碳和水蒸气。

炉内产生的高温废气首先在余热锅炉内冷却至280℃，再由锅炉软水冷却至200℃，然后送至焦炉煤气初冷器前的吸煤气管道，余热锅炉回收的废气热量能生产1.05MPa的中压蒸汽。分解炉用焦炉煤气加热，以维持炉温在110～150℃。当分解炉短时间停产时，氨气可自动返回粗煤气管道。分解炉装有火焰监测器和安全联锁装置，一旦出现煤气、空气压力过低或锅炉水位过低等不正常状态，分解炉便自动熄火。

氨分解法的特点是：氨分解率高，可达100%；氰化氢分解率也达100%。废气送入吸煤气管道，不污染大气。

2. 硫酸洗氨法

硫酸洗氨主要是基于氨和硫酸的中和反应

$$2NH_3 + H_2SO_4 \rightarrow (NH_4)_2SO_4$$

硫酸洗氨法以硫酸为吸收液回收煤气中的氨，同时制成硫酸铵，硫酸洗氨法回收氨有饱和器法和酸洗塔法两种。

（1）饱和器法　饱和器法以硫酸为吸收液，在饱和器中吸收煤气中的氨，生成硫酸铵结晶。

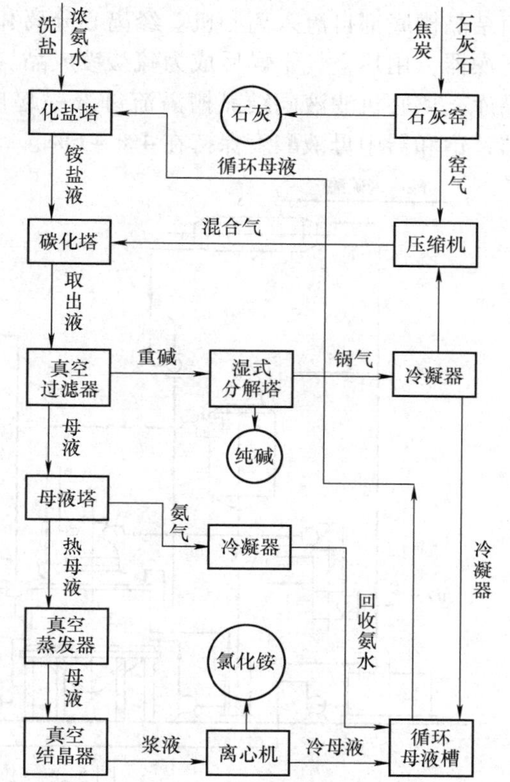

图5-37　联碱法工艺流程

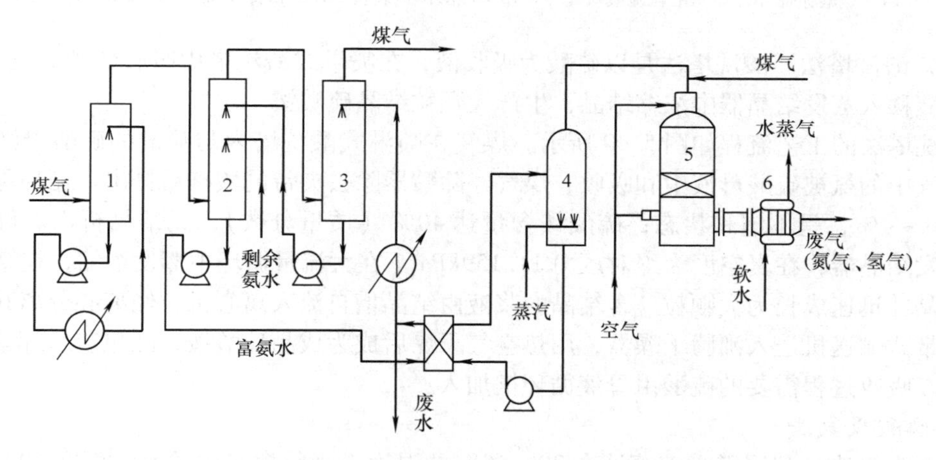

图5-38　氨分解法的工艺流程

1—终冷塔　2—1号洗氨塔　3—2号洗氨塔　4—蒸氨塔　5—氨分解炉　6—余热锅炉

饱和器法的工艺流程如图5-39所示。由电捕焦油器捕除焦油雾后的煤气在预热器中预热到55～70℃，与剩余氨水经过蒸氨、分凝后的氨气一起进入饱和器，在饱和器中煤气中的氨被硫酸母液中和吸收，生成硫酸铵结晶。煤气经除酸器除去夹带的酸雾后排出，此时煤气中氨的浓度小于0.1g/m³。沉在饱和器底部的结晶随同母液一起被结晶泵送入结晶槽，再由结晶槽底部自流入离心机。经离心分离和用温水洗涤的硫酸铵结晶用螺旋输送机送入沸腾干燥器，用热空气干燥后成为硫酸铵成品。硫酸铵被送入硫酸铵贮斗，经包装、称量送入成品库，离心机滤液同结晶槽溢流母液一起自流入饱和器，硫酸从硫酸高置槽中自流入饱和器，饱和器中母液酸度保持在4%～6%。

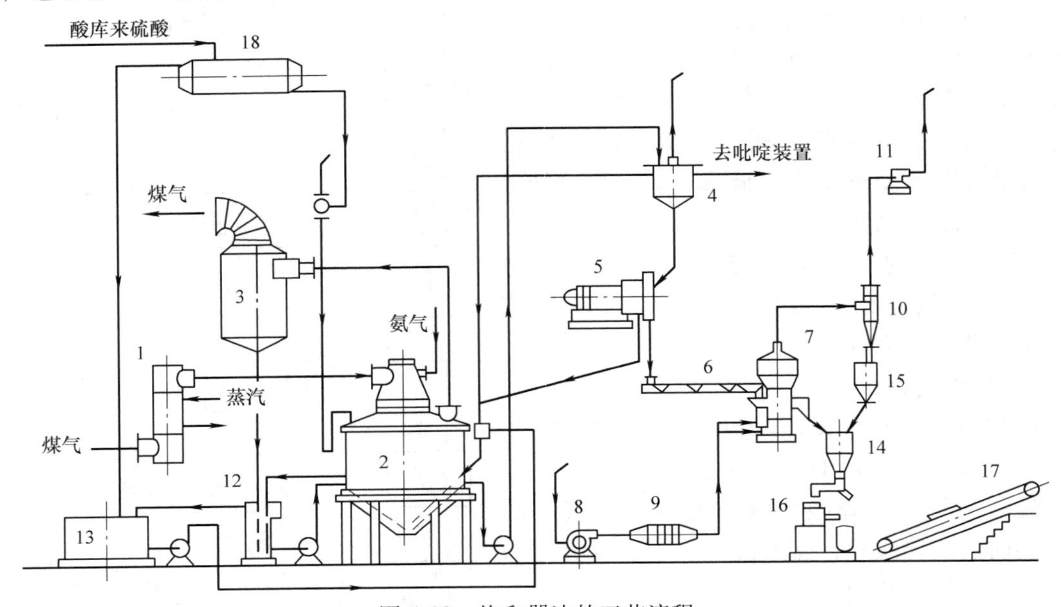

图5-39 饱和器法的工艺流程

1—煤气预热器 2—饱和器 3—除酸器 4—结晶槽 5—离心机 6—螺旋输送机 7—沸腾干燥器 8—送风机 9—热风器 10—旋风分离器 11—排风机 12—溢流槽 13—母液储槽 14—硫酸铵储斗 15—细粒硫酸铵储斗 16—硫酸铵包装机 17—带传动机 18—硫酸高置槽

（2）酸洗塔法 酸洗塔法是以硫酸为吸收液，在喷淋式酸洗塔中吸收焦炉煤气中的氨，再将母液移入蒸发结晶器中浓缩结晶，生产大颗粒结晶硫酸铵。

酸洗塔法的工艺流程如图5-40所示。煤气在喷淋式酸洗塔内与喷淋的硫酸母液逆流接触，煤气中的氨被硫酸母液中和吸收，煤气经除酸器除去夹带的酸雾后排出。循环母液的酸度为1%～4%，呈不饱和状态；硫酸铵含量达40%（质量分数），无结晶析出。母液用泵送入蒸发结晶器，在真空度为绝对压力11.159kPa下在大流量循环中蒸发浓缩，在结晶槽中生成结晶并迅速成长为大颗粒。含结晶的浆液由结晶槽自流入离心机，经离心分离和温水洗涤后用带式输送机送入沸腾干燥器，用热空气干燥后成为成品硫酸铵，经包装、计量，送入成品库。吸收过程需要的硫酸由母液循环槽加入。

3. 磷酸吸氨法

磷酸吸氨法是利用磷酸铵溶液在30～60℃的温度下吸收煤气中的氨，而在100～120℃的温度下又能进行较完全解吸的特点为依据。

磷酸铵溶液是指磷酸二氢铵（$NH_4H_2PO_4$）和磷酸氢二铵[$(NH_4)_2HPO_4$]按一定比例混合的水溶液。其吸氨的基本原理是：溶液中的部分磷酸二氢铵吸收焦炉煤气中的氨生成磷酸氢二铵；在蒸氨时，溶液中的部分磷酸氢二铵在蒸氨塔里受热解吸出所吸收的氨，还原为磷酸二氢铵，溶液重新返回吸氨塔循环使用。其反应式为

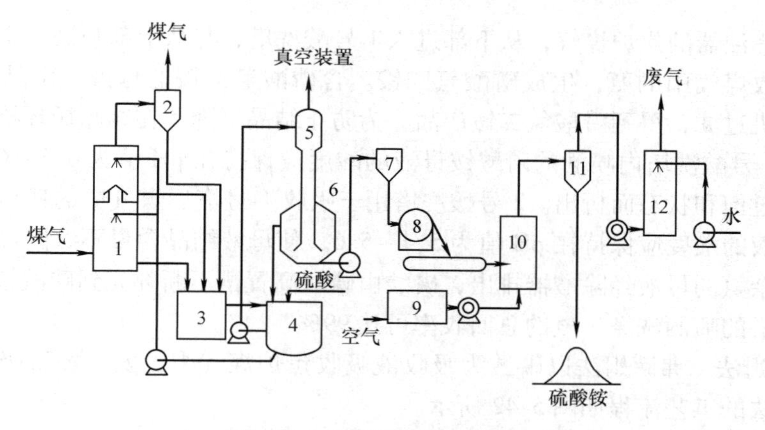

图5-40 酸洗塔法的工艺流程

1—酸洗塔 2—除酸器 3—除焦油器 4—硫酸母液循环槽 5—蒸发器 6—结晶槽 7—浆液槽 8—离心机 9—热风器 10—沸腾干燥器 11—旋风分离器 12—洗净塔

$$NH_4H_2PO_4 + NH_3 \leftrightarrow (NH_4)_2HPO_4$$

当溶液加热时则进行解吸，解吸出来的氨蒸气经蒸馏提制无水氨。

磷酸吸氨法以磷酸溶液为吸收液，回收焦炉煤气中氨，使煤气净化同时回收的氨制成磷肥或无水氨。这类方法分为制磷酸氢二铵法和回收氨制无水氨的弗萨姆法。制磷酸氢二铵法需要大量优质磷酸，只有少数国家采用；弗萨姆法仅需要少量的优质磷酸补充循环过程中的消耗，目前各国都已采用。

（1）制磷酸氢二铵法　制磷酸氢二铵法是以磷酸为吸收液吸收焦炉煤气中的氨，直接得到磷酸氢二铵。制磷酸氢二铵法的工艺流程如图5-41所示。

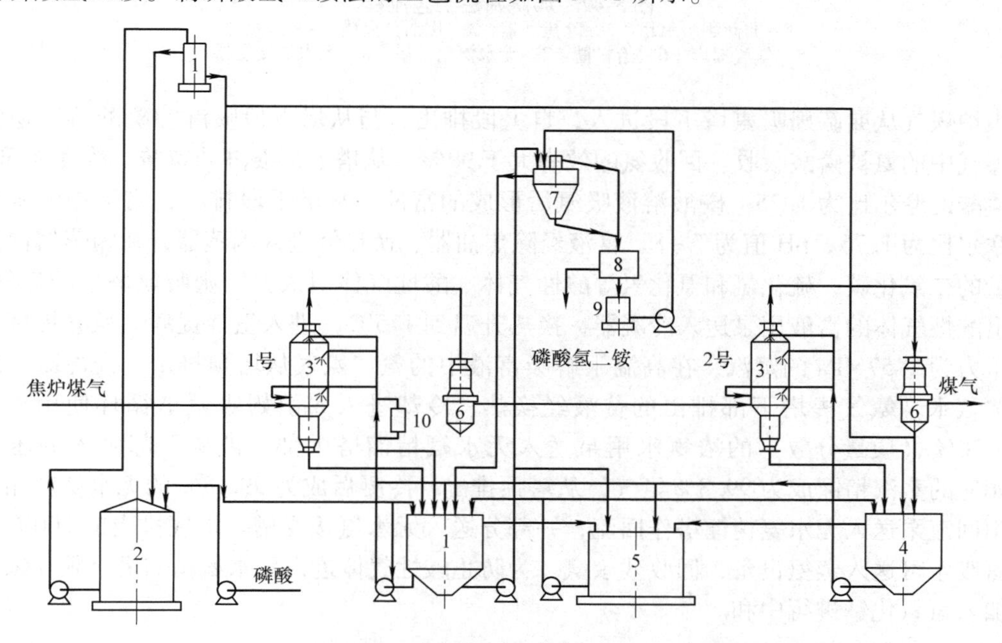

图5-41 制磷酸氢二铵法的工艺流程

1—磷酸高置槽 2—磷酸槽 3—酸洗塔 4—结晶循环槽 5—母液槽 6—除酸器 7—晶液槽 8—离心机 9—滤液槽 10—母液预热器

来自电捕焦油器的焦炉煤气，从下部进入1号酸洗塔，与从上部喷洒的磷酸铵母液逆流接触，母液吸收煤气中的氨，生成磷酸氢二铵。含磷酸氢二铵的母液，用晶液泵送入晶液槽，再经离心机过滤，得到磷酸氢二铵产品。为防止结晶沉降，在结晶循环槽和晶液槽中都设有搅拌器。1号酸洗塔内喷洒的磷酸铵母液的酸度应保持在pH值为6.3~6.5，以使母液结晶长大，成过饱和状态而析出。2号酸洗塔用于吸收1号塔后煤气中的残留氨。因此，喷洒的磷酸铵母液的酸度应保持在pH值为5.4~5.6，使母液结晶含量不致因过饱和而析出结晶。吸收了残余氨的母液经除酸器排出，磷酸由磷酸高置槽不断补充到磷酸铵母液中去。焦炉煤气经过两塔的喷洒洗涤，氨的总回收率可达99%。

(2) 弗萨姆法　弗萨姆法以磷酸为吸收液吸收焦炉煤气中的氨，经解吸、精馏制取无水氨。弗萨姆法的工艺流程如图5-42所示。

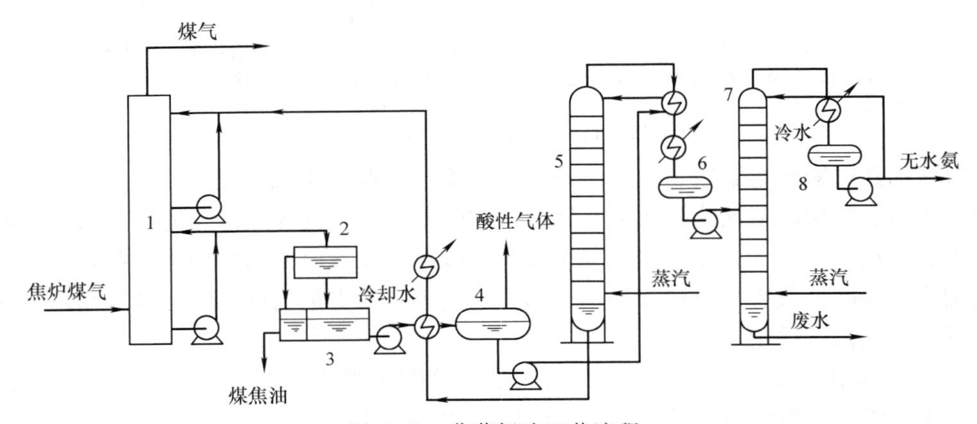

图5-42　弗萨姆法工艺流程
1—弗萨姆吸氨塔　2—除焦油器　3—焦油分离槽　4—闪蒸器
5—氨气提塔　6—给料槽　7—无水氨精馏塔　8—无水氨接受槽

焦炉煤气从弗萨姆吸氨塔下段进入，自上段排出，与从塔上段喷淋的磷酸溶液逆流接触，煤气中的氨被磷酸吸收。回收氨的效率大于99%。从塔上部喷淋的磷酸，浓度为30%，氨与磷酸的摩尔比为1.25。磷酸溶液吸氨后形成的富液，从塔下段排出，富液中的氨与磷酸的摩尔比为1.75，pH值为7~8。富液经除焦油器、换热器进入闪蒸器，在闪蒸器内蒸出极少量的二氧化碳、硫化氢和氰化氢等酸性气体。酸性气体引入弗萨姆吸氨塔前的煤气管，闪蒸出酸性气体的富液用泵送入冷凝器，换热升温到175℃，进入氨气提塔。氨气提塔下部供入压力为1.57MPa的蒸汽，在高温下解吸富液中的氨，氨气从塔顶排出，经冷凝、冷却成为浓氨水。氨气提塔下部排出的贫液经换热、冷却进入弗萨姆吸氨塔循环使用。含氨18%~20%（质量分数）的浓氨水用泵送入无水氨精馏塔中部，被从下部供入的压力为1.57MPa的蒸汽精馏成为99.8%氨气，从塔顶排出，冷凝后成为99.8%的无水氨产品，一部分用回流泵送入无水氨精馏塔作回流，一部分送入无水氨接受槽。塔底排出的200℃左右的含氨废水可送入蒸氨设备，回收残余氨。为防止酸性气体进入无水氨精馏塔，须在浓氨水槽内加入氢氧化钠进行中和。

六、苯的脱除与回收

从焦炉出来的荒煤气中含有苯系化合物，其中以苯含量为主，称为粗苯。其主要成分为苯、甲苯、二甲苯及三甲苯等，此外，还含有一些不饱和化合物。

配合煤挥发分越高，则粗苯产率就越高，煤气中粗苯含量波动于28～42g/m³，粗苯产率为干煤的0.8%～1.2%。粗苯的各主要组分都在180℃前馏出，高于180℃馏出物称为溶剂油。粗苯为淡黄色的透明液体，比水轻，不溶于水，易与水分离。

苯是一种重要的化工原料，弃之可惜，因此一般焦化工厂都对焦炉煤气中的苯进行回收，回收的方法是利用焦油洗油或石油洗油（轻柴油）在较低温度下对苯有较强吸收性能，并对其加热到一定温度苯则从吸收溶剂中解析出来的特点，作为吸收剂循环使用。

洗油吸收法根据操作压力不同可分为：加压吸收法、常压吸收法和负压吸收法。加压吸收法主要适用于煤气远距离输送或作为合成氨厂的原料。负压吸收法主要应用于全负压煤气净化系统。我国普遍采用的是常压吸收法，其操作压力稍高于大气压。吸收了煤气中粗苯的洗油通常被称为富油，从富油中脱除粗苯时，按压力不同又可分为常压水蒸气蒸馏法和减压蒸馏法。

常压吸收法主要包括洗苯、脱苯两个部分。洗苯即使用焦油洗油，将终冷后的焦炉煤气中大部分的苯洗去，然后将煤气送往各用户使用；脱苯即将洗苯后的富油脱苯，所得粗苯分别装车外售，脱苯后的贫油返回洗苯塔循环使用。

洗苯过程的温度一般控制在25℃以下，温度升高，则苯回收率下降，出洗苯塔的粗煤气中苯含量增高；温度太低，则洗油中析出萘结晶易造成塔、管道堵塞。为防止粗煤气中水蒸气冷凝，洗油温度应高于煤气温度2～4℃。

焦油洗油和石油洗油与粗苯属同类物质，分子结构同属芳香烃结构。根据物质特性，同类物质互溶性好，相对分子质量大小不一样，故其沸点高低就有差别，这样就可以利用其沸点的差别将它们蒸馏分离。

在洗苯塔吸收苯后的洗油称之为富油。富油脱掉吸收的粗苯，称为贫油，贫油在洗苯塔吸收粗苯又成为富油。富油含苯2%～2.5%（质量分数），贫油含苯0.2%～0.4%。从富油中脱出苯常采用水蒸气蒸馏法，其主要原理是利用直接蒸气蒸馏，降低粗苯的沸点，气相中水蒸气分压越高，苯蒸气分压越低，蒸出的粗苯越多。为防止水蒸气冷凝进入贫液中，要通入适当的过热蒸汽；为减少蒸汽消耗，富油一般预热至180℃左右。

焦油洗油和石油洗油（轻柴油）作为吸苯溶剂油的特性比较见表5-6。脱苯工艺主要有水蒸气加热蒸馏法和管式炉加热蒸馏法两种。其比较见表5-7。

表5-6　焦油洗油和石油洗油吸苯特性比较

项目名称	焦油洗油	石油洗油
来源	焦化厂自产	石油炼厂加工产品
相对密度	1.04～1.07	0.89
沸点	300℃前馏出量>90% 230℃前馏出量<3%	350℃前馏出量≥95% 180℃前馏出量比焦油洗油多
化学稳定性	稳定性差，相对密度、粘度、相对分子质量变大	稳定性好，长期使用不变质
吸苯能力	强	比焦油洗油差
吸萘能力	比石油洗油差	强

表5-7 水蒸气加热蒸馏法与管式炉加热蒸馏法比较

项目名称	管式炉加热蒸馏法	水蒸气加热蒸馏法
脱苯原理	在脱苯塔中加入直接蒸汽，降低苯沸点	在脱苯塔中加入直接蒸汽，降低苯沸点
流程特点	富油经油-气换热器、贫油换热器加热至110℃，然后用管式炉将富油加热到180℃入脱苯塔，设有脱水塔、富液再生器、两苯塔水分离器，有一种苯和两种苯两种生产流程，两苯塔气相进料，可以在两苯塔侧线切取重苯也可以在两苯塔底取得重苯	富油经分缩器、贫油换热器、富油预热器加热140℃左右入脱苯塔，设有富油再生器，有两苯塔水分离器，有一种苯和两种苯两种生产流程，两苯塔气相进料

脱苯工艺流程广泛采用管式炉加热蒸馏法，现以此为例加以说明。

1）管式炉加热蒸馏法生产一种苯工艺流程，在分凝器前与生产两种苯相同，其流程如图5-43所示。

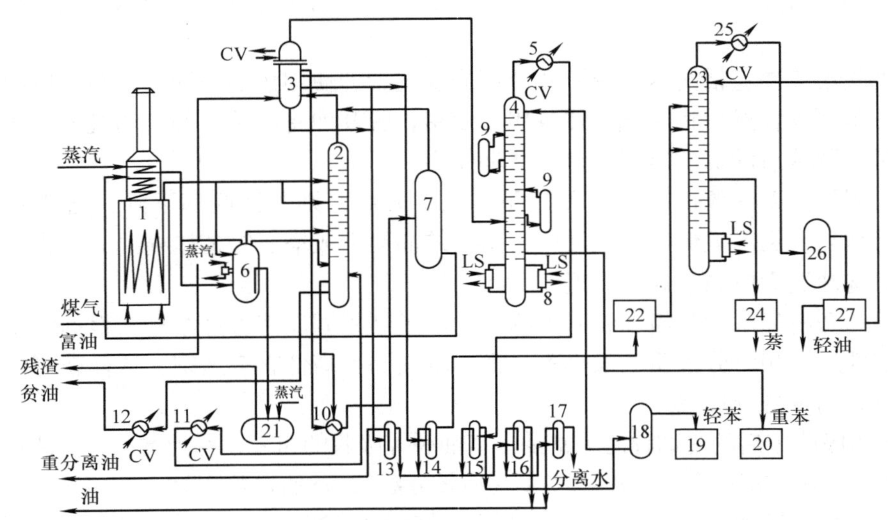

图5-43 管式炉法生产两种苯与提取萘工艺流程图

1—管式炉 2—脱苯塔 3—分凝器 4—两苯塔 5—轻苯冷凝冷却器 6—再生器 7—脱水塔 8—两苯塔加热器 9—两苯塔油水分离器 10—贫富油换热器 11— 一段贫油冷却器 12—二段贫油冷却器 13—重分缩油分离器 14—轻分缩油分离器 15—轻苯分离器 16—轻油控制分离器 17—重油控制分离器 18—轻苯回流槽 19—轻苯槽 20—重苯槽 21—残液回流槽 22—轻缩分储槽 23—蒸馏塔 24—萘储分槽 25—冷凝冷却器 26—轻油分离器 27—轻油储槽

洗苯塔来的富油先经油气换热器被脱苯塔顶来的苯蒸气加热至70～80℃，然后进入贫油换热器换热至110～113℃，再经脱水塔将富油中的水脱至0.5%左右进入管式炉加热至180～190℃，最后进入脱苯塔。脱苯塔底的贫油进入贫油换热器与富油换热后，送入贫油冷却器冷却到25℃以下送至洗苯塔。

从脱苯塔出来的苯蒸气进入油气换热器与富油换热后，温度从90～93℃降至73℃左右，然后依次进入冷凝冷却器、油水分离器、粗苯回流槽和粗苯中间槽。

脱苯塔顶部出来的含量为40%（质量分数）左右的萘和洗油气体进入脱苯塔第16塔板。由于脱苯塔顶温度控制较低，会生成大量冷凝水，从所在塔的上部抽出部分液体到油水分离器脱水，分离出的油进入塔的下一层塔板，水排入污水系统处理。

为保证循环洗油质量，应设富油再生器，需再生的富油从管式炉富油管出口抽出，底部用间接蒸汽加热，使塔底温度保持在190~200℃，再生器底出来的残渣外送处理。

管式炉下段加热富油，上段为蒸汽过热段，将蒸汽过热至400℃，管式炉底部燃烧焦炉煤气。

2）管式炉加热蒸汽蒸馏法生产两种苯的工艺流程。其流程如图5-43所示。

富油经脱苯塔、粗苯蒸气分凝器换热至50~60℃后进入贫油换热器，加热到120~130℃送至脱水塔。经脱水的富油（含水0.5%左右）进入管式炉加热，脱水塔顶出来的水蒸气送至脱苯塔。出管式炉的富油温度约为180℃，送入脱苯塔上部。管式炉设有蒸汽过热段，将蒸汽加热至400℃，过热蒸汽大部分用于脱苯塔蒸馏直接蒸汽，另一部分送再生器对从管式炉出口管抽出的小部分富油进行再生，再生器顶出来的苯蒸气送脱苯塔，底部残渣外送处理。

脱苯塔为板式塔盘，约有14~18块塔板，其中提馏段为12~14块浮阀塔板，无回馏，粗苯出塔温度为170~175℃，经分凝器降至88~92℃后气相进入两苯塔精馏段第一块塔板。

第一分凝器出来的重分缩油经重分缩油分离器分离出重分缩油；第二分凝器分离出来的轻分缩油进入轻分缩油分离器分离出轻分缩油，两种分缩油外送加工处理。

脱苯塔出来的贫油温度约为170~175℃，进入贫富油换热器，温度降至100~110℃，最后经水冷却器冷至25℃以下送洗苯塔。

进入两苯塔精馏段第一块塔板的粗苯，由于精馏段温度逐渐降低，特别是受精馏段顶部冷回流轻苯温度约为30℃的影响，大量加入的直接蒸馏蒸汽逐步被冷凝下来。为了塔内水平衡，保证正常操作，在精馏段上部塔板处引出部分轻质馏分进入轻苯水分离器分离出水分。出两苯塔顶部的气体温度为73~78℃，经轻苯冷凝冷却器冷至30℃进入轻苯分离器，分离出的轻苯送储槽。精馏塔下部为提馏段，两苯塔底设有蒸汽间接加热，使塔底温度保持在140~150℃，重苯由两苯塔底抽出经重苯冷却器冷至70~80℃送至重苯储槽。

七、萘的回收

萘是煤高温裂解的二次反应生成物，因而焦炉煤气中萘的含量与炼焦煤质量、炼焦条件以及煤气精制工艺等许多因素有关。萘的熔点为80.5℃，不溶于水。

在煤气净化及输送过程中，由于煤气温度的下降或悬浮萘的挂料，很容易使设备、管道堵塞。例如，在直冷塔中，由于煤气温度由45~55℃下降到25~30℃，此时煤气中的悬浮萘及降温过程中析出的萘容易粘在塔的内件上，使直冷塔阻力增加，导致煤气净化与输送困难。此外，如果进入脱硫塔的煤气中的萘含量高，就容易造成脱硫塔堵塞。在冬季严寒长距离煤气输送过程中，特别在较小管道输送时，萘更容易析出，造成煤气输送困难。

根据除萘工艺的位置不同，煤气净化系统除萘的方法可分为煤气初冷过程的除萘、初冷与终冷过程中间的油洗萘和煤气终冷的油洗萘，将煤气中的萘逐步除去，由约10g/m^{3}降至满足用户需求的0.05g/m^3。

在我国一些老的焦化厂，温度约为85℃的煤气首先进入气液分离器，在此煤气与焦油、氨水、焦油渣分离，然后进入立管式初冷器，用水间接冷却，煤气被冷至25~40℃，绝大部分焦油气、水气和萘被冷凝下来。萘溶解于焦油中被除去，之后煤气再经过终冷塔被冷水直接冷却到20~36℃，此时煤气中的萘被析出在冷却水中，通过萘沉淀池把萘回收。煤气出终冷塔后进入吸苯塔，用洗油吸收煤气中的萘和苯，使出塔煤气中萘含量冬天约在50mg/m^3，夏天约在

100mg/m³ 左右。若煤气要长距离输送，则还需精脱萘，一般采用柴油作吸收剂，把煤气中的萘脱除到小于 50mg/m³。

20 世纪 80 年代我国引进德国 AS 法脱硫脱氰技术。AS 法即用低温氨水来脱除焦炉煤气中硫化氢和氰化氢，所以要求出横管式煤气初冷器温度在 20 ~ 22℃。由于出横管式初冷器煤气温度很低，而且在横管式初冷器中又采用喷淋轻质焦油含量为 50% ~70%（质量分数）的氨水冷凝液，煤气中萘溶解在轻质焦油中，使出横管式初冷器的煤气含萘可达到 0.4 ~ 0.5g/m³，已基本满足脱硫脱氰工艺对煤气含萘的要求。

煤气中萘的回收有两个目的，首先是为了降低贫油含萘，保证煤气中含萘降至用户许可范围；其次是从脱苯塔侧线取萘或从富集萘的轻分缩油中回收萘可获得一定的经济效益。

从轻分缩油提取萘馏分的工艺流程如图 5-43 所示。合格的轻分缩油在 60 ~ 80℃时进入蒸馏塔，塔底用间接蒸汽加热，使塔底温度达到 173 ~ 183℃，同时，向塔供入适量的直接蒸汽连续蒸馏。从塔顶出来的轻油蒸气温度为 110 ~ 120℃，经冷却后温度降至 40 ~ 60℃进入油水分离器。一部分轻油作塔顶回流，回流比控制在每千克原料 0.4 ~ 0.6kg。从蒸馏塔底连续切取含萘 60%（质量分数）的馏分送焦油加工车间。

第六章

气 化 煤 气

煤气化是指把经过适当处理的煤送入气化炉内，在一定的温度和压力下，通过气化剂（空气或氧气和蒸气）以一定的流动方式（移动床、流化床或气流床）转化成气体，得到粗制水煤气，通过后续脱硫脱碳等工艺可以得到精制一氧化碳气体的过程，所得可燃混合气体称为气化煤气。

第一节　气化过程的物理–化学基础

一、气化的基本反应

在气化炉中进行的气化反应，主要是固体燃料中的碳与气化剂中的氧、水蒸气、氢之间的反应，也有碳与产物以及产物之间进行的反应。

1. 碳与氧的反应

$$C + O_2 \rightarrow CO_2 + Q$$
$$2C + O_2 \rightarrow 2CO + Q$$

2. 碳与水蒸气的反应

$$C + H_2O \rightarrow CO + H_2 - Q$$
$$C + 2H_2O \rightarrow CO_2 + 2H_2 - Q$$

这是制造水煤气的主要反应，前一反应称为水煤气反应。

3. 碳与二氧化碳的反应

$$C + CO_2 \rightarrow 2CO - Q$$

这是非常强烈的吸热反应，必须在高温条件下才能进行。

4. 甲烷生成反应

$$C + 2H_2 \rightarrow CH_4 + Q$$
$$CO + 3H_2 \rightarrow CH_4 + H_2O + Q$$
$$2CO + 2H_2 \rightarrow CH_4 + CO_2 + Q$$
$$CO_2 + 4H_2 \rightarrow CH_4 + 2H_2O + Q$$
$$2C + 2H_2O \rightarrow CH_4 + CO_2 + Q$$

所有合成甲烷的反应都是体积缩小的反应，都是在催化剂存在的情况下进行的。

5. 变换反应

$$CO + H_2O \leftrightarrow CO_2 + H_2$$

该反应称为一氧化碳变换反应，或称水煤气平衡反应。

二、气化反应的化学平衡

气化反应大部分是可逆反应，其化学平衡主要反映气化反应的方向和限度。在可逆反应中，当正反应速度与逆反应速度不相等时，表示气化反应尚未达到平衡状态，它有向着平衡状态变化的推动力。当正反应速度与逆反应速度相等时就达到了化学平衡，即达到了反应的限度，这时，从宏观表现来看气化反应已停止了。

1. 气化反应的平衡常数

对于可逆的气化反应，在给定条件下，达到反应平衡时，生成物和反应物的浓度将保持不变，各生成物浓度的化学计量数次幂的乘积除以各反应物浓度的化学计量数次幂的乘积所得的比值是个常数，用 K 表示，这个常数叫化学平衡常数。由于平衡常数是描述反应处于平衡状态的一个特性数据，所以平衡常数是研究气化反应平衡问题的核心。

假设气化炉内进行的可逆化学反应，由下式表示

$$mA + nB \leftrightarrow pC + qD$$

式中 A、B——气化反应物；

C、D——气化生成物；

m、n、p、q——分别表示反应物与生成物的计量数。

根据质量作用定律，化学反应的速度和反应物质的有效质量成正比。假设气化炉内的气体介质按理想气体考虑，那么可以把反应物组分浓度作为有效质量，这样正反应速度就可用下述方程式确定

$$W_1 = k_1 C_A^m C_B^n \tag{6-1}$$

式中 W_1——正反应速度，mol/s；

k_1——正反应速度常数；

C_A、C_B——反应物质 A、B 的摩尔浓度。

相应的逆反应速度可由下述方程式确定

$$W_2 = k_2 C_C^p C_D^q \tag{6-2}$$

式中 W_2——逆反应速度，mol/s；

k_2——逆反应速度常数；

C_C、C_D——气化产物 C、D 的摩尔浓度。

显然，随着反应的进行，正反应速度 W_1 将因反应物的不断减少而降低，而逆反应速度 W_2 则因生成物的增加而上升，当正反应速度与逆反应速度相等时，则反应达到了动态平衡。即

$$W_1 = W_2$$

或

$$k_1 C_A^m C_B^n = k_2 C_C^p C_D^q$$

则

$$K_C = \frac{k_1}{k_2} = \frac{C_C^p C_D^q}{C_A^m C_B^n} \tag{6-3}$$

式中 K_C——以摩尔浓度表示的平衡常数。

在气相反应中，因气体的摩尔浓度与分压成正比，所以在气相反应中计算平衡常数时，

也可用各组分的气相分压表示

$$K_P = \frac{p_C^p p_D^q}{p_A^m p_B^n} \tag{6-4}$$

式中 K_P——以气相分压表示的平衡常数；

p_A、p_B——反应物的气相分压；

p_C、p_D——生成物的气相分压。

计算平衡常数时也可用摩尔分数来表示

$$K_y = \frac{y_C^p y_D^q}{y_A^m y_B^n} \tag{6-5}$$

式中 K_y——以气相分压表示的平衡常数；

y_A、y_B——反应物的摩尔分数；

y_C、y_D——生成物的摩尔分数。

平衡常数 K_C、K_p 及 K_y 之间存在下列关系

$$K_p = K_C(RT)^{\Delta n} \tag{6-6}$$

$$K_y = K_C\left(\frac{RT}{p}\right)^{\Delta n} \tag{6-7}$$

式中 Δn——反应前后物质的量改变值，$\Delta n = (p+q) - (m+n)$；

R——通用气体常数；

T——反应系统绝对温度，K；

p——反应系统总压力，Pa。

平衡常数 K_C、K_p 只与温度有关，与压力无关。但是平衡常数 K_y 不仅与温度有关，还与系统总压力 p 有关。若反应前后气体物质的量不变，则各平衡常数均相等且只与温度有关。即 $\Delta n = 0$，则

$$K_C = K_p = K_y$$

平衡常数可从上述各式计算外，也可按下式计算

$$\Delta G^0 = -RT\ln K_p \tag{6-8}$$

式中 ΔG^0——标准反应自由焓，kJ。

平衡常数在气化反应中很重要，若已知平衡常数，就可以根据反应物浓度，计算出气化反应的平衡组成，确定气化过程的最大产率和固体燃料平衡转化率，在工艺计算时具有很大意义。

以上讨论的平衡常数是指理想状态下的均相系统，所得出的一些有关气化反应化学平衡的基本方程是适用于气化炉操作压力不高，气化介质可按理想气体考虑的情况。而气化炉内的反应主要是非均相（也称异相）反应，对于异相反应系统，则涉及固体物质，同时还存在大量高压气化。因此，应将固体与其蒸气压之间的平衡，以及其蒸气压与气体之间的平衡综合考虑。现代化学热力学常用计算方法来判断气化反应进行的方向和平衡状态。

2. 逸度及逸度系数

上述表示平衡的方程式，实际上都是以理想气体化学势的表达式为出发点，再结合平衡

条件 $\Delta G=0$ 而导出的。因此，若想使这些平衡方程式保持原来的形式但也能适用于实际气体，则首先须对化学势表达式进行修正，即采用一个新函数——逸度 f 来代替化学势表达式中的压力，它的单位与压力单位相同。由于在理想气体混合物中，每一组分的逸度等于它的分压，故从物理意义讲，把逸度视为热力学压力是可行的。在这里，逸度用于修正非理想性的分压。

恒温下理想气体化学势可由下式表示

$$d\mu = RT d\ln p \tag{6-9}$$

式中 μ——理想气体的化学势，kJ/kmol。

为了使上述表达方程式，也同样适用于真实气体而使之成为普遍适用的公式，则采用新函数逸度来代替压力。即恒温下

$$d\mu = RT d\ln f \tag{6-10}$$

式中 f——气体的逸度，它的单位与压力单位相同。

对于理想气体这一特殊情况，有

$$RT d\ln f = RT d\ln p$$

积分得

$$\ln f = \ln p + \ln C \text{ 或 } f = Cp$$

其中 C 是常数。如果令 $C=1$，即对理想气体来说，令逸度等于压力。因为在压力趋近于 0 时，真实气体状态就变为理想气体状态，因此

$$\lim_{p \to 0} \frac{f}{p} = 1 \tag{6-11}$$

式（6-10）和式（6-11）即是逸度的完整定义。按此定义，显然理想气体的逸度总是等于压力，其中组分 i 的逸度总是等于 i 的分压。

上述逸度与压力的比值称为逸度系数，即

$$\frac{f}{p} = \varphi \tag{6-12}$$

$$\frac{f_i}{py_i} = \frac{f_i}{p_i} = \varphi_i \tag{6-13}$$

式中 φ、φ_i——分别为纯气体及混合气体中组分 i 的逸度系数，它没有单位。即理想气体的逸度系数等于 1，真实气体逸度系数偏离 1 的程度，反映了它的非理性大小。在一般温度下，压力较小时 $\varphi<1$，压力较大时 $\varphi>1$。

对于真实气体的平衡常数可按下式求得

$$\Delta G^0 = -RT\ln K_t \tag{6-14}$$

例如，对于反应

$$m\text{A} + n\text{B} \leftrightarrow p\text{C} + q\text{D}$$

因为 $f_i = p_i q_i$，所以

$$K_f = \frac{f_C^p f_D^q}{f_A^m f_B^n} = \frac{p_C^p p_D^q}{p_A^m p_B^n} \cdot \frac{\varphi_C^p \varphi_D^q}{\varphi_A^m \varphi_B^n} = K_p K_\varphi \tag{6-15}$$

式中 K_f——以逸度表示的反应平衡常数；

K_{φ}——以逸度系数表示的反应平衡常数。

3. 影响化学平衡的因素

（1）温度对化学平衡的影响 化学反应速度常数是温度的函数，而反应的平衡常数是正反应与逆反应速度常数的比值，所以，化学反应的平衡常数也是温度的函数，两者关系可由下列方程式确定

等容反应
$$\frac{\mathrm{d}\ln K_{C}(v)}{\mathrm{d}T}=\frac{-Q_{v}}{RT^{2}} \tag{6-16}$$

等压反应
$$\frac{\mathrm{d}\ln K_{p}(p)}{\mathrm{d}T}=\frac{-Q_{p}}{RT^{2}} \tag{6-17}$$

式中 Q_{v}——等容反应热（放热时取正值）；

Q_{p}——等压反应热（放热时取正值）；

$K_{C}(v)K_{p}(p)$——以生成物摩尔浓度（或分压）为分子，反应物摩尔浓度（或分压）为分母表示的等容及等压平衡常数。

对于吸热反应，$Q<0$，则$\frac{\mathrm{d}\ln K}{\mathrm{d}T}>0$，即反应的平衡常数值随着温度上升而增加。对于放热反应，$Q>0$，则$\frac{\mathrm{d}\ln K}{\mathrm{d}T}<0$，即反应的平衡常数值随着温度的上升而减少。由此可见，提高温度，会促使气化反应平衡趋向吸热方向进行，而降低温度则使平衡趋向放热方向进行。

（2）压力对化学平衡的影响 当温度一定时，虽然平衡常数 K_{p} 和 K_{C} 与压力无关，但系统的压力改变，可使平衡混合物的浓度也相应改变。当系统压力增加 n 倍时，则系统中各组分分压都增加 n 倍，故平衡混合物的浓度也就相应增加 n 倍，则此时的平衡常数 K_{Cn} 为

$$K_{Cn}=\frac{(nc_{C})^{p}\cdot(nc_{D})^{q}}{(nc_{A})^{m}\cdot(nc_{B})^{n}}=n^{(p+q)-(m+n)}\cdot K_{C}$$

即

$$K_{Cn}=n^{\Delta m}K_{C} \tag{6-18}$$

式中 $\Delta m=(p+q)-(m-n)$。

根据式（6-18）可以看出：

$\Delta m=0$ 时，即反应前后体积不变，则 $K_{Cn}=K_{C}$，故压力对反应的平衡关系没有影响。

$\Delta m<0$ 时，正反应使体积缩小，则压力变时就会破坏系统的平衡，反应重新进行使组分浓度改变，从而达到新的平衡。这时，由于 $n^{\Delta m}<1$，使 $K_{Cn}<K_{C}$，故系统压力增加，使反应远离平衡点，反应自动向体积缩小的方向进行。例如，$C+2H_2 \rightarrow CH_4$ 的反应是体积缩小的反应，当系统压力增高时，有利于甲烷生成，所以现代气化炉是向高压方向发展。

$\Delta m>0$ 时，正好与上述情况相反，当系统压力增加，$K_{Cn}>K_{C}$，平衡点向体积缩小的方向移动，不利于反应的继续。

（3）浓度对化学平衡的影响 化学反应的平衡常数，是生成物浓度积与反应物浓度积的比值。当其中某一个组分的浓度发生改变，则平衡被破坏，反应将继续进行，直至达到新的平衡。

例如，$CO_2+H_2 \leftrightarrow CO+H_2O$ 的反应，其平衡常数 $K_{C}=\frac{c_{CO}c_{H_2O}}{c_{CO_2}c_{H_2}}$，若将 CO 的浓度减少，

则为了保持 K_C 值不变，则必须降低 CO_2 及 H_2 的浓度，提高 CO 及 H_2O 的浓度。这时反应将向生成 CO 的方向发生，直至重新达到新的平衡状态。因此，从气化炉中不断引出 CO，将有利于 CO 的生成。

第二节 发生炉煤气

以煤或焦炭为原料，以空气和水蒸气为气化剂，在发生炉中制得的煤气称为发生炉煤气。由于将炉底的空气加以限制，使煤不能完全燃烧，从而产生大量的一氧化碳，故这种方法使炉中排出的气体主要是一氧化碳、二氧化碳和氮气。煤气组成中无效气体占 60% 左右，热值约为 5 ~6MJ/m^3。由于其热值低，主要用做工业燃气，亦可作为民用燃气的掺混气。由于可燃组分为 30% 左右的一氧化碳，一般不单独作为民用煤气使用。

一、制气原理

煤与空气、水蒸气在发生炉内先后发生碳与氧、碳与水蒸气、碳与二氧化碳的反应，并伴随有碳与氢的反应。理想的制气过程，应在炉内实现碳与氧所生成二氧化碳全部还原为一氧化碳，同时放出热量，其基本的化学反应为

$$2C + O_2 + 3.76N_2 \rightarrow 2CO + 3.76N_2$$

$$C + H_2O \rightarrow 2CO + H_2$$

假设气化过程在下述理想条件下进行，其所得为理想发生炉煤气。

1）气化纯碳，且碳全部转化为一氧化碳。

2）按化学计量方程式供给空气与水蒸气，且无过剩。

3）气化过程无热损失，系统内实现热平衡。

理想发生炉煤气的组成决定于以下两个反应的热平衡条件，即放热反应的热效应等于吸热反应的热效应。因此满足热平衡时的方程式为

$$1.2C + \frac{1}{2} \times 1.2O_2 + \frac{3.76}{2} \times 1.2N_2 \rightarrow 1.2CO + 2.26N_2 \qquad \Delta H^0 = -132.6\text{MJ/kmol}$$

$$C + H_2O \rightarrow 2CO + H_2 \qquad \Delta H^0 = +132.6\text{MJ/Kmol}$$

其综合反应式为

$$2.2C + \frac{1.2}{2}O_2 + H_2O + 2.3N_2 \rightarrow 2.2CO + 2.3N_2 + H_2 \qquad \Delta H^0 = 0$$

根据综合反应式可以计算出理想发生炉煤气的组成。其容积分率为

$$CO = \frac{2.2}{2.2 + 1 + 2.3} = 40\%$$

$$H_2 = \frac{1}{2.2 + 1 + 2.3} = 18.2\%$$

$$N_2 = \frac{2.3}{2.2 + 1 + 2.3} = 41.8\%$$

理想发生炉煤气的热值为

高热值（H_h）

$$H_h=(0.4\times12640+0.182\times12740)\mathrm{kJ/m^3}=7374\mathrm{kJ/m^3}$$

低热值（H_l）

$$H_l=(0.4\times12640+0.182\times10780)\ \mathrm{kJ/m^3}=7017\mathrm{kJ/m^3}$$

理想发生炉煤气产率（V_g）

$$V_g=\frac{(2.2+2.3+1)\times22.4}{2.2\times12}\mathrm{m^3/kg(碳)}=\frac{5.5\times22.4}{2.2\times12}\mathrm{m^3/kg(碳)}=4.67\mathrm{m^3/kg(碳)}$$

实际气化过程与理想情况有较大差异。首先，气化原料并非纯碳，含有大量水分、挥发分及灰分等，气化后不可能都转化成一氧化碳。气化剂量也无法按化学方程式完全配比，且气化过程不可能达到完全平衡。碳更不可能完全气化，水蒸气也不可能完全分解，二氧化碳也不可能全部还原。因而煤气中的一氧化碳、氢气含量要低于理想状态。同时，气化过程不可避免有热损失，如散热损失，生成煤气、带出物和炉渣带出的热损失等。因而，气化效率不可能达到100%，一般随煤种的改变而改变，约为70%～75%。部分煤种的气化数据见表6-1。

表6-1 典型煤种的实际气化数据

项目	典型煤种			
	抚顺长焰煤	鹤岗气煤	大同煤	焦作无烟煤
原料性质				
水分（%）	3.84	2.79	4.92	4.32
灰分（%）	9.95	18.89	3.27	19.13
挥发分（%）	41.02	35.22	30.14	5.62
粒度/mm	20～70		30～60	13～25
低热值/(MJ/kg)	29.10	25.36	29.14	26.13
煤气组成（%）				
CO	28.14	27.3	29.8	25.9
H_2	10.49	13.98	14.0	15.3
CH_4	3.44	2.9	2.2	0.8
C_mH_n	0.93	—	0.6	—
O_2	0.15	0.1	0.2	0.1
H_2S	0.08	—	0.1	0.04
CO_2	3.75	4.78	4.7	6.63
N_2	53.7	51.04	48.4	51.23
干煤气低热值/($\mathrm{MJ/m^3}$)	6.49	6.03	6.46	5.23
空气消耗量/($\mathrm{m^3/kg}$)	2.7	1.94	2.0	2.3
蒸汽消耗量/(kg/kg)	0.27	0.33	0.17	0.51
干煤气产率/($\mathrm{m^3/kg}$)	3.1	3.03	3.42	3.54
气化强度/[$\mathrm{kg/(m^2\cdot h)}$]	310	-	350～500	250
气化效率(%)	69	72	78.7	71

二、气化过程指标及其影响因素

发生炉中气化过程经济性的主要评价指标为：气化强度、煤气质量、煤气产率、过程中的燃料损失和气化剂的比消耗量等。其目的在于根据原料和对煤气的要求，选择合适的炉型，获得较高的气化效率。

1. 气化强度

气化强度为单位时间、单位气化炉横截面上所气化的原料煤质量或产生的煤气量。气化强度指气化炉内单位横截面积上的气化速度，可以用消耗的原料煤质量表示，也可以用生产的煤气量表示，或者用生产煤气的热值表示。气化强度越大，炉子的生产能力越大。气化强度与煤的性质、气化剂供给量、气化炉炉型结构及气化操作条件有关。

2. 煤气质量

煤气质量指煤气的各组成成分含量和总热值。质量好的标志为煤气中 CO、H_2、CH_4、C_mH_n 等含量高，相应的煤气热值也高。

3. 煤气产率

煤气产率指每千克原料煤在气化后转化为煤气的体积数。煤气产率可分为湿煤气产率与干煤气产率，前者为单位数量原料煤产生的湿煤气体积（包括水分在内的湿煤气量），后者为产生的干煤气体积量。影响煤气产率的主要因素是原料煤的物理、化学性质，以及炉型及操作条件。原料煤中的水分、灰分和挥发分都直接影响气化过程的煤气产率。原料煤中惰性组分（水分与灰分）高，则有机组分就低，气化后煤气产率则低。原料煤中的挥发分，在干馏层转化成干馏煤气及焦油，由于干馏煤气产率远低于气化煤气产率，而且转化成焦油的有机物质不包含在煤气中，所以煤的挥发分越高，煤气产率则越低。原料煤中灰分越高，煤气产率越低。

4. 原料损失

煤气化过程中原料损失是指原料煤在气化炉内未经气化反应而直接排出炉体的情况，主要包括带出物损失和耙出物损失。原料中未经气化反应的碳随煤气一起被带出的损失称为带出物损失，通常用绝对干燥基的百分比表示。

气化原料的物理-化学性质对带出物损失的影响很大，当原料煤粒度小、机械强度低和热稳定差时，气化时的带出物损失较大。影响带出物损失的直接因素是鼓风线速度，当气流速度大于原料颗粒的沉降速度时，将使原料颗粒被气流带出。鼓风线速度越大，则带出物损失也越大。炉体结构不同，带出物损失也不一样，带机械搅拌装置的发生炉比不带机械搅拌装置的发生炉的带出物损失要大一些。

随炉渣耙出的未经气化反应的碳称为耙出物损失，通常用灰渣含碳量的质量百分比表示。原料灰分高低、灰分性质对耙出物损失的影响很大。灰分高，易结渣的煤气化时耙出物损失大。气化炉操作温度低或水蒸气喷入量大时，也会使耙出物损失增高。

5. 比消耗量

比消耗量为每千克原料煤在气化时所消耗的水蒸气、空气或氧气量。为了对比各种气化方法，也以制造每标准立方米煤气或纯 $CO+H_2$ 为基准，它是煤气发生站设计的重要技术经济指标。

气化用煤的组成不同，其比消耗量也不同，与原料煤的碳含量直接相关，碳含量越高，比消耗量就越高。水分大、灰分高，则碳含量低，比消耗量就低。挥发分高，则进入气化区的半焦量少，所以它的比消耗量也低。灰熔点低的原料，为控制气化反应温度将使喷入的水蒸气量增加，会增加比消耗量。提高气化强度也将使比消耗量有所增加。

三、煤气发生炉

煤气发生炉的形式很多，通常可根据气化原料种类、加料方法、排渣方法及操作方式进行分类。目前常用的机械化常压煤气发生炉有两类：M 型与 W—G 型。

1. M 型煤气发生炉

M 型发生炉具有均匀布风的凸型炉箅，采用机械加煤和排灰。炉体包括耐火砖砌体和水夹套，水夹套生产的蒸汽可作为补充气化剂。炉盖上设有探火孔，用以观察炉内情况及必要时疏通料层。较普遍使用的有两种形式，即适用无烟煤、焦炭等不粘结性燃料的 3M—21 型和适用弱粘结烟煤的 3M—13 型。这两种发生炉都是湿法排灰，下部结构相同。

M 型煤气发生炉下部包括炉篦、灰盘及传动装置、排灰刀、鼓风箱等。为保证顺利排灰和均匀分布气化剂，下部设旋转炉栅，由四个支柱支撑在基础上，其中一个支柱是活动支柱，可以拆下，以便更换炉箅和灰盘。凸型炉栅坐落在转动的灰盘上，整体插入盛满水的灰盘中构成水封，以保证在灰盘转动时炉膛内的气密性，同时还起到防爆作用。灰盘底部固接大齿轮，由电动机、减速器、涡轮、涡杆带动，也可液压传动。大齿轮与基础之间为滚珠或滚柱支撑，以减少转动摩擦力。气化剂引入管固定在基础中，在旋转的炉栅底部又设一环形水封，以保证气化剂不外漏。

3M—13 型煤气发生炉为带破粘装置的发生炉，构造如图 6-1 所示。上部加煤机构为双滚筒加料装置，破粘装置为一个安装于炉膛上部的搅拌耙。搅拌耙由电动机通过蜗轮、蜗杆带动在煤层内转动，以破坏煤的粘结性。搅拌耙可以在煤层内上下移动一定距离。为防止搅拌耙烧坏，其采用中空结构，由蜗杆内通入循环软化水进行冷却。该炉型适用于烟煤、贫煤，其破渣能力较强，也适用于弱粘结性煤。

2. W-G 型煤气发生炉

W-G 型为威尔曼-格鲁夏（Wellman-Galusha）型的简称，是具有液压加料、连续供料、干法除灰、全水套结构的煤气发生炉，如图 6-2 所示。炉体水套的套空层在炉顶，空气先进入水套空层，与蒸汽混合后导出送至炉栅下。煤由料仓落入煤箱，之后通过四个加料管连续送入炉膛，料仓与煤箱之间、煤箱与加料管之间，均设有液压传动的偏心盘开闭器，以实现自动控制。煤气引出口在炉顶，这样可以增加料层高度。炉顶设八个探火孔。炉栅为偏心的三层 T 型（亦称宝塔型）炉箅构成，坐落在转动灰盘上。灰盘由电动机、减速器、蜗轮、蜗杆带动，传动蜗杆与静止的炉壁之间采用轴密封，这样炉底鼓风压力可以提高。灰盘中心通过滚珠架在竖向支撑柱上，支柱接在垂直交叉与炉壁相接的钢梁上。炉渣由灰盘带动旋转时，遇到固接在炉壁上的灰刀而落入灰箱内，定期干法除灰。

根据使用燃料不同，W-G 型炉分为两种结构：一种是适用无烟煤、焦炭的不带破粘装置的发生炉，在炉顶中心设一探火孔；另一种是适用弱粘性烟煤的气化炉，增加了搅拌耙，其结构与 3M—13 型煤气发生炉类似。

3. 两段式煤气发生炉

在常规的煤气发生炉上加装一个干馏段，与原有的固定床气化炉组成一个总的气化装置

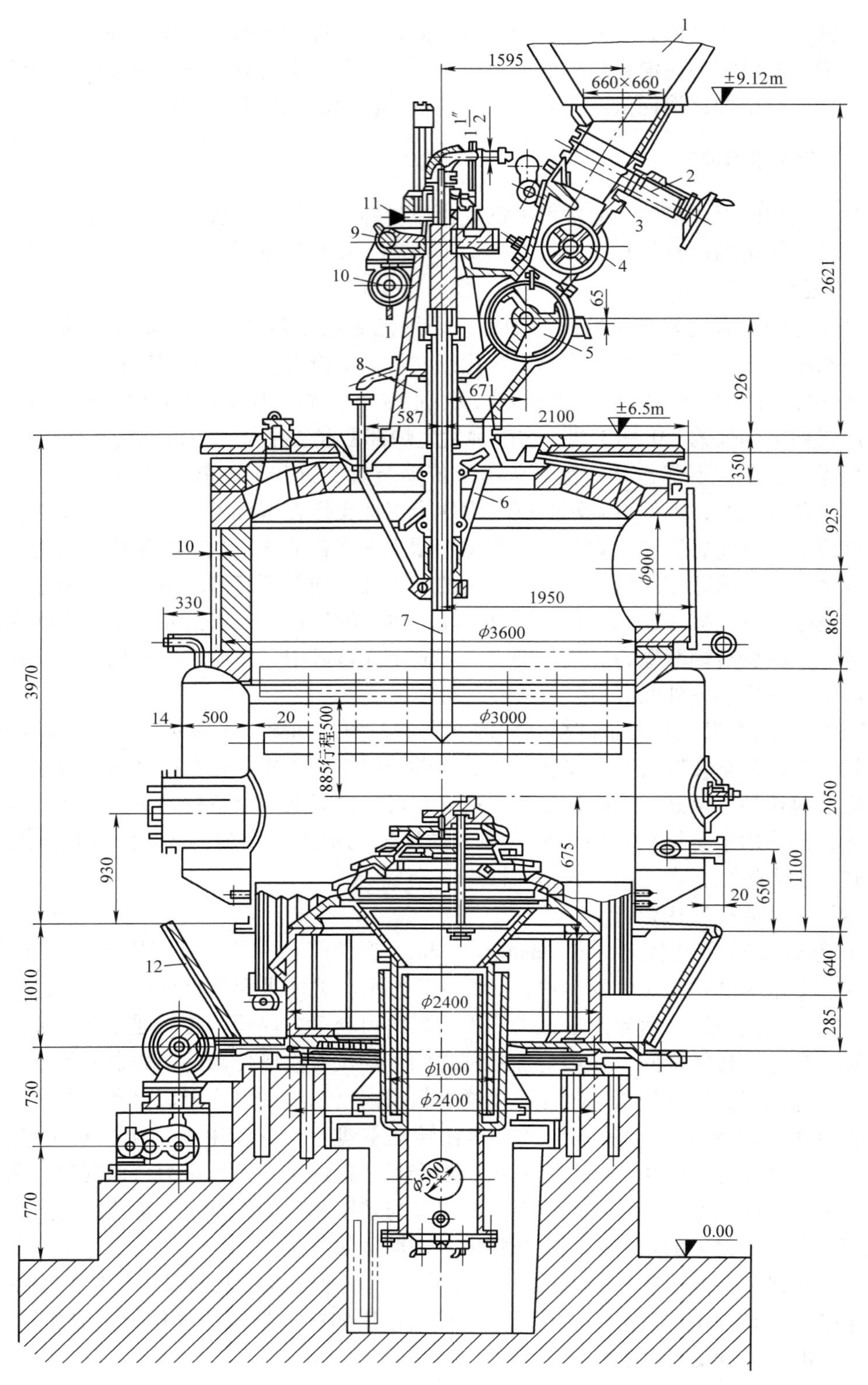

图 6-1 3M—13 型煤气发生炉（单位：mm）

1—煤斗 2—煤斗闸门 3—伸缩节 4—计量给煤器 5—计量锁气器 6—托盘和三脚架 7—搅拌装置 8—空心柱 9—蜗杆减速机 10—圆柱减速机 11—四头蜗杆 12—灰盘

即称为两段式煤气发生炉。上段进行煤的干燥干馏过程，产生半焦。半焦进入下部气化段进行气化反应。煤中挥发物通过干馏段引出，也可以将干馏煤气和气化煤气一起由顶部引出。

两段式煤气发生炉使用含有大量挥发分的弱粘结性烟煤及褐煤来制取煤气，即把煤的干馏和气化在一个炉体内分段进行。两段炉具有比一般发生炉较长的干馏段，加入炉中的煤的加热速度比一般发生炉慢，干馏温度也较低，因而获得的焦油质量较轻，在净化过程中较易处理。

两段式煤气发生炉如图6-3所示。气化段（下段）和一般发生炉相同，包括水套、转动炉算、湿式灰盘等。水套以上为干馏段（上段），其炉壁由钢板外壳内衬耐火砖构成，内部用格子砖在径向分成数格（一般分成四格），砌成十字拱形隔墙，隔墙中空，外壳衬砖有环状空间与此相通，较小直径的干馏段不设分隔墙。干馏段的上口小，下口略大，以防搭桥悬料。当使用弱粘结性煤时，下段产生的煤气经环状通道将热量通过隔墙传给干馏段，以防止煤粘在壁上。

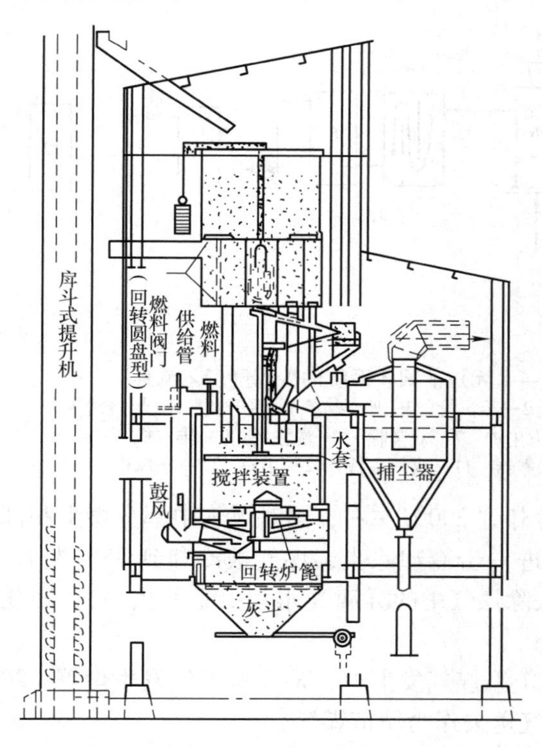

图6-2 威尔曼-格鲁夏煤气发生炉

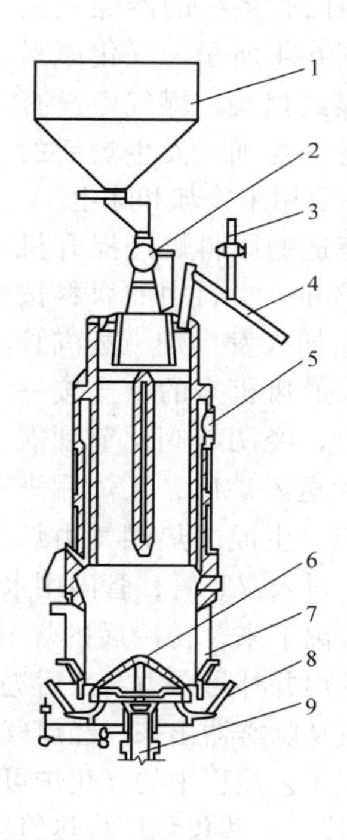

图6-3 两段式煤气发生炉
1—煤斗 2—加煤机 3—放散管
4—上段煤气出口 5—下段煤气出口 6—炉算
7—水套 8—灰盘 9—空气蒸汽入口

两段式发生炉同样采用空气和水蒸气为气化剂。下段产生的发生炉煤气一部分由位于气化炉上部的下段煤气出口引出，称为下段煤气，温度约为500～600℃。另一部分煤气则自下而上进入干馏段煤层，利用其显热对煤进行干馏。煤气由上段煤气出口排出，称为上段煤气，其出口温度约为100～150℃。由于干馏过程的温度较低，所以上段煤气中所含的焦油为轻质焦油。经电捕焦油器，焦油即可由煤气中分离出来。上、下段煤气混合后，煤气高热值约为 6.0 ~ 7.5MJ/m³。

四、煤气发生站

煤气发生站是以煤、焦炭为原料，以饱和空气为气化剂，采用常压固定床煤气发生炉连续制取工业用煤气所设置的生产和辅助生产设施的总称。一般以煤气发生炉为主，包括燃料准备、煤气净化、空气鼓风和煤气输送等设施，简称煤气站。按气化原料性质及所使用煤气的要求不同，一般可分为以下四种。

1. 热煤气站

热煤气站的工艺流程无冷却装置，从气化炉出来的热煤气直接作为燃料气。热煤气流程简单，从气化炉出来的热煤气经过旋风除尘后即送给用户，距离短、热损失较小，可以使能量充分利用。但其供气质量不高，煤气附加产物浪费严重。

2. 无焦油回收系统的冷煤气站

无焦油回收系统的冷煤气工艺流程如图 6-4 所示。气化原料采用无烟煤或焦炭，煤气中没有或仅有少量的焦油，发生炉后的净化系统主要用来冷却和除尘。

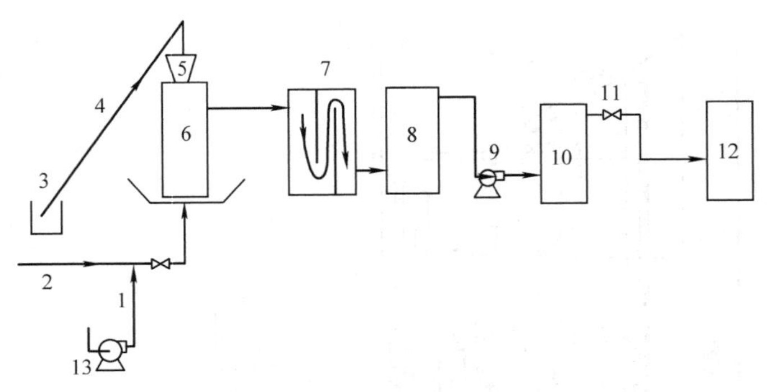

图 6-4 无焦油回收系统的冷煤气工艺流程
1—空气管 2—蒸汽管 3—原料坑 4—提升机 5—煤料储斗 6—发生炉 7—双竖管 8—洗涤塔 9—排送机 10—除雾器 11—煤气主管 12—用户 13—送风机

经过筛选的原料煤经提升机送入煤料储斗，煤料中的煤料按要求间歇地加入发生炉。蒸汽管来的蒸汽和鼓风机来的空气按一定比例混合，经调节阀调节到需要的流量后送入炉底，入炉后进行气化反应。生成的热煤气由炉上部导出，进入双竖管，管内用水喷淋，煤气冷却到 200℃左右，同时煤气中部分煤尘和部分焦油被分离下来，初冷后的煤气进入洗涤塔进一步冷却除尘，煤气被冷却到 35℃左右，由排送机抽出并补足压力，然后进入除雾器，去除煤气中的雾滴（水和少量的焦油），净化后的冷煤气从除雾器出来，经煤气主管送给用户。

冷煤气工艺流程中的气化炉可以采用 3M—21 型煤气发生炉、W-G 型煤气发生炉等。20 世纪 80 年代，一些焦化厂将热值较高的干馏煤气送去作为城市煤气。

3. 有焦油回收系统的冷煤气站

有焦油回收系统的冷煤气工艺流程与无焦油回收系统的冷煤气工艺流程相比，在洗涤塔前增加了电捕焦油器除焦油工艺，其流程如图 6-5 所示。

当气化烟煤和褐煤时，气化过程中产生的大量焦油蒸气会随同煤气一起排出。这种焦油冷凝下来会堵塞煤气管道和设备，所以必须从煤气中除去。

原料煤经过粗碎、破碎、筛分等准备阶段，输送到气化炉厂房上部的煤料储斗，经过给料机落入气化炉内，与炉底鼓入的气化剂反应。气化产生的煤气由气化炉出来后，首先进入双竖管，煤气被增湿降温到 85 ~ 90℃，在此除去大部分粉尘和部分粒度较大的焦油雾滴，但细小的焦油雾滴难以去除，所以煤气被进一步送入除油雾效率较高的电捕焦油器将雾滴脱除，然后进入洗涤塔使煤气去湿降温到35℃左右，经排送机加压后进一步去除雾滴，净化后的煤气送给用户。

4. 两段式冷煤气站

从两段式煤气发生炉中生产出来的上段煤气（其温度约为80～120℃，热值约为7100～7500kJ/m³），经上出口至电捕焦油器除焦油，之后送入洗涤塔。下段煤气（炉出口温度约为500℃，热值约为5016～5643kJ/m³）经下出口输出，经旋风除尘器除去大部分粉尘，同时利用旋风夹套把酚水蒸发，然后进入洗涤塔，温度降至80～120℃，与上段煤气混合进入间冷器冷却，至电捕轻油器除去轻油，至此煤气中的焦油和灰尘含量均小于30mg/m³。经过处理的冷净煤气混合到低压煤气总管，经煤气加压机增压后进入脱硫系统脱硫后进入煤气高压总管，输送到用气设备及用户。在整个工艺中，采用两级捕焦，确保煤气中焦油和粉尘含量之和低于60mg/m³。其工艺流程如图6-6所示。

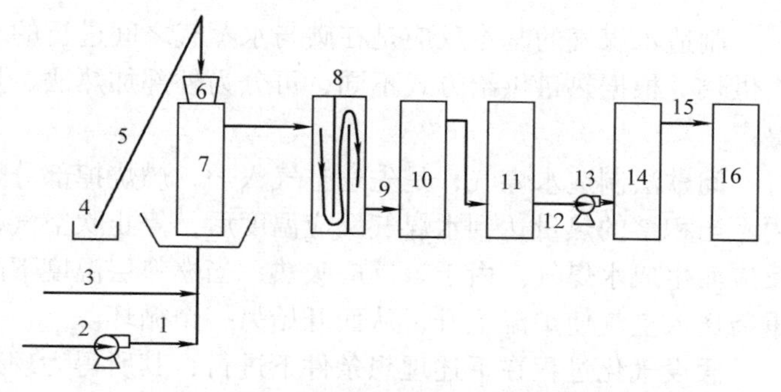

图6-5　有焦油回收系统的冷煤气工艺流程

1—空气管线　2—送风机　3—蒸汽管线　4—原料煤坑　5—提升机　6—煤料储斗　7—煤气发生炉　8—双竖管　9—初净煤气总管　10—电捕焦油器　11—洗涤塔　12—低压煤气总管　13—排送机　14—除雾器　15—高压煤气总管　16—用户

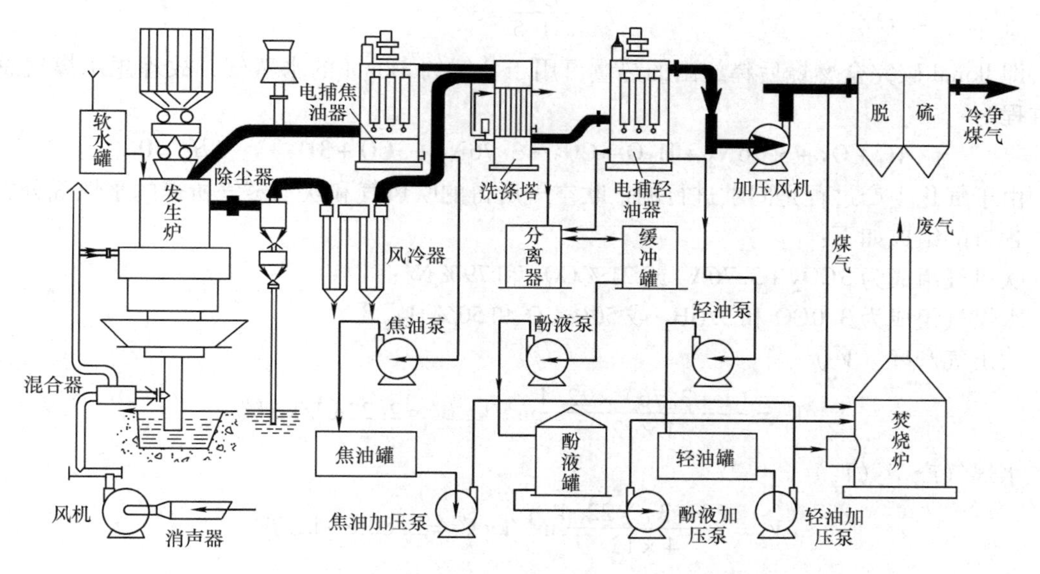

图6-6　两段式煤气发生炉冷煤气站工艺流程

第三节　水　煤　气

以煤或焦炭为原料，以空气和水蒸气作为气化剂，周期性通入发生炉内与高温焦炭发生反应制得的煤气称为水煤气。水煤气是一种低热值煤气，其主要成分为氢气和一氧化碳。

一、制气原理

制造水煤气的基本反应是在碳与水蒸气之间进行的，均为吸热反应，因此必须向气化炉内供热。根据热量供给方式不同，可分为外部加热法、热载体法和间歇法。其中间歇法应用最广。

间歇法制造水煤气，是先送空气入炉，燃烧掉部分燃料，将热量储存在燃料层和蓄热室内。当积蓄的热量达到水煤气反应温度后，停止吹空气，改吹水蒸气，使水蒸气与灼热的碳反应而生成水煤气。由于该反应吸热，当燃料层温度下降至一定温度时，停止吹水蒸气，又重新送入空气使炉温上升，从而开始另一个循环。

假设气化过程在下述理想条件下进行，其所得为理想水煤气。

1）气化纯碳，通空气时只产生二氧化碳，通水蒸气时只产生一氧化碳和氢。

2）气体反应物按化学反应方程式计量提供，燃料无损失，空气、水蒸气不过剩。

3）气化过程无热损失，系统内实现热平衡。

根据上述理想条件，只发生以下两个反应

$$C + O_2 + 3.76N_2 \rightarrow CO_2 + 3.76N_2 \qquad \Delta H^0 = -394 \times 10^3 \text{kJ/mol}$$

$$C + H_2O \rightarrow CO + H_2 \qquad \Delta H^0 = +131.5 \times 10^3 \text{kJ/mol}$$

根据能量自身平衡，存在下述关系

$$\frac{394}{131.5} = 3$$

即 1kmol 碳完全燃烧后释放出的热量可用于分解约 3kmol 的水蒸气，故理想水煤气总反应方程为

$$4C + O_2 + 3.76N_2 + H_2O \rightarrow CO_2 + 3.76N_2 + 3CO + 3H_2 \qquad \Delta H^0 = 0$$

由于气化生产过程是间歇进行的，吹空气所得的吹风气和吹水蒸气所得的水煤气分别引出，各自的组成如下：

吹风气组成为 $3CO_2 + 3.76N_2$ 或 21% CO_2 和 79% N_2；

水煤气组成为 3.0CO 和 3.0H_2 或 50% CO 和 50% H_2。

吹出气产率（V_c）

$$V_c = \frac{(1+3.76) \times 22.4}{4 \times 12} \text{m}^3/\text{kg 碳} = 2.22 \text{m}^3/\text{kg 碳}$$

水煤气产率（V_g）

$$V_g = \frac{(3+3) \times 22.4}{4 \times 12} \text{m}^3/\text{kg 碳} = 2.80 \text{m}^3/\text{kg 碳}$$

水蒸气消耗量（G_h）

$$G_h = \frac{3 \times 18}{4 \times 12} \text{m}^3/\text{kg 碳} = 1.13 \text{m}^3/\text{kg 碳}$$

理想水煤气热值

高热值（H_h）

$$H_h = (0.5 \times 12.64 + 0.5 \times 12.74) \text{MJ/m}^3 = 12.69 \text{MJ/m}^3$$

低热值（H_l）

$$H_1 = (0.5 \times 12.64 + 0.5 \times 10.78)\ \mathrm{MJ/m^3} = 11.71\mathrm{MJ/m^3}$$

气化效率（η）

$$\eta = \frac{2.8 \times 11.71 \times 100}{394/12}\% = 99.86\%$$

实际气化过程与理想情况存在很大差别。在实际生产过程中，在吹风阶段，碳不可能完全燃烧成CO_2，在制气阶段，水蒸气也不可能完全分解。同时，在吹气阶段和制气阶段不可避免有热损失存在。因此，吹风阶段产生的热量也不能完全用于制造水煤气，故实际生产中水煤气的气化效率不可能达到100%，且受多种条件制约，一般仅为60%左右。实际气化焦炭和无烟煤的水煤气指标见表6-2。

表6-2　气化焦炭和无烟煤的水煤气指标

项目 / 原料性质	焦炭		无烟煤	
水分（%）	4.5		5.0	
灰分（%）	11.5		6.0	
碳质量分数（%）	81.0		83.0	
挥发分（%）（体积分数）	2		4	
高热值/（MJ/kg）	28.05		30.14	
低热值/（MJ/kg）	27.65		29.62	
煤气组成（%）	水煤气	吹风气	水煤气	吹风气
CO	37.0	5.0	38.5	8.8
H_2	50	1.3	48.0	2.5
CH_4	0.5	—	0.5	0.2
C_mH_n	—	—	—	—
O_2	0.2	0.2	0.2	0.2
H_2S	0.3	0.1	0.4	0.1
CO_2	6.5	17.5	6.0	14.5
N_2	5.5	75	6.4	73.7
高热值/（MJ/m^3）	11.43	0.837	11.30	1.537
低热值/（MJ/m^3）	10.47	0.795	10.38	1.482
空气消耗量/（m^3/kg）	2.6		2.86	
蒸汽消耗量/（kg/kg）	1.2		1.7	
蒸汽分解率（%）	50		40	
水煤气产率/（m^3/kg）	1.5		1.65	
吹风气产率/（m^3/kg）	2.7		2.9	
气化效率（%）	60		61	
热效率（%）	54		53	

二、间歇法水煤气生产

间歇法生产水煤气，主要由吹空气（蓄热）阶段和吹水蒸气（制气生产）阶段组成。但是为了工业生产，节约原料，保证水煤气质量和安全生产，还必须包括一些辅助阶段。通常由六个阶段组成一个工作循环，如图 6-7 所示。

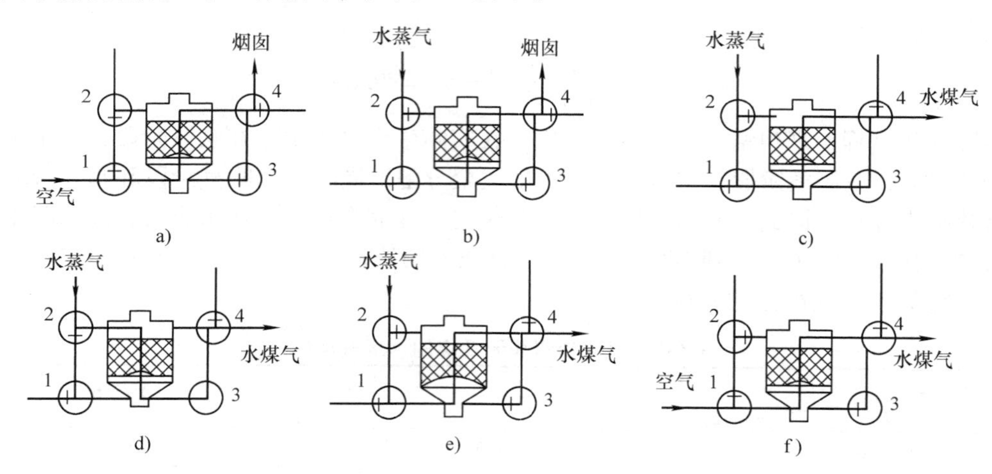

图 6-7　六阶段循环的气流路线图

第一阶段为吹空气阶段。其目的是为了加热燃料层，并积蓄热量。开启 1、4 阀，其余阀门关闭。空气由阀门 1 进入发生炉底部，经炉栅进入料层燃烧，产生的热量主要积蓄在料层，吹风气经阀门 4 由烟囱排出。

第二阶段为水蒸气吹净阶段。其目的是将发生炉上部空间及管道系统中残余的吹风气从烟囱排尽，以免混入水煤气而降低水煤气质量。在上一步基础上，转动阀门 1，切断空气与发生炉的通路，开启水蒸气阀门 2，水蒸气通过阀门 2、1 进入发生炉底部，将残余吹风气经法门 4 排至烟囱。此阶段仅用于排净系统中残余的吹风气，故执行时间较短。如对水煤气生产要求不高，该阶段可以省略，单系统中残余的吹风气将会在下一阶段随制取的水煤气一起进入水煤气系统。

第三阶段为一次上吹制气阶段。其目的是生产水煤气。转动阀门 4，水蒸气仍经阀门 2、1 引进发生炉底部，经炉栅进入炉膛，在高温下发生水煤气反应，制得的水煤气经阀门 4 进入净化和冷却系统，然后进入储气罐。

第四阶段为下吹制气阶段。其目的是为生产水煤气。由于上一阶段水煤气反应在燃烧层下部进行，故下部温度降低而上部温度偏高，为了更好地利用料层积蓄的热量产生水煤气，故本阶段从上部向下吹蒸汽。转动阀门 2、3、4，水蒸气经阀门 2 由发生炉上部引入，与高温料层接触产生的水煤气通过炉栅由发生炉下部引出，再经阀门 3、4 送入净化系统。

第五阶段为二次上吹制气阶段。其目的也是生产水煤气，同时把炉底的煤气排净，为再次吹入空气作准备，防止空气进入时发生爆炸。该阶段的阀门位置及气流路线与第三阶段相同。

第六阶段为空气吹净阶段。其目的是将残存在发生炉上部空间的水煤气排净。只开启阀门 1、4，其余阀门关闭。空气经阀门 1 从发生炉底部进入，通过炉栅分布到炉膛，燃烧后产生的废气将系统内残存的水煤气吹赶到净化系统。这个阶段的时间很短，是为下一循环作准备的。

上述六个阶段构成制造水煤气的一个工作循环。

每一个工作循环所需的时间称为循环时间。循环时间长，则气化层温度和煤气的产量、质量的波动很大。反之，循环时间短，气化层温度波动小，煤气的产量及质量较稳定，但开闭阀门占用的时间相对加长，影响发生炉气化强度，且阀门因开启和关闭过于频繁，容易损坏，特别是当人工开闭阀门时更会占用较多的制气时间及损坏阀门。根据自动控制水平和维持炉内生产较为稳定的原则，一般采用自动控制阀的循环时间为2.5~4.5min，采用人工控制阀的循环时间为6~10min。循环时间与原料的性质有关，活性差的原料需要较长的循环时间，活性好的原料进行气化时，反应很快，料层温度下降快，应适当缩短循环时间。在生产操作中，循环时间一般不随意调整，可由改变工作循环中各阶段的时间分配来改善气化炉的工况，以适应原料及操作条件，提高产量。

表6-3所示为制造水煤气六阶段循环时间分配表。循环中各阶段的时间分配，可根据燃料性质和工艺操作的具体要求而适当调整。其中的吹空气阶段、一次上吹制气阶段、下吹制气阶段为主要的煤气生产阶段，二次上吹制气为辅助生产阶段，其工作时间分配以实现燃料充分气化、热量合理分配、温度波动小、气化区产气稳定为原则。水蒸气吹净阶段、空气吹净阶段为辅助工艺，其时间分配以排净系统内残存的吹风气或水煤气为原则。

表6-3　制造水煤气六阶段循环时间分配表

阶段名称	自动控制阀的发生炉				人工控制阀的发生炉（7min循环）	
	时间/s		分配比（%）		时间/s	分配比（%）
	4min循环	3min循环	4min循环	3min循环		
吹空气	66	52.2	27.5	29.0	114	27.2
水蒸气吹净	4	5.4	1.7	3.0	6	1.4
一次上吹制气	78	28.8	32.5	16.0	10	2.4
下吹制气	72	61.2	30.0	34.0	240	57.1
二次上吹制气	16	28.8	6.7	16.0	44	10.5
空气吹净	4	3.6	1.6	2.0	6	1.4
总计	240	180	100.0	100.0	420	100

三、水煤气发生炉

1. UGI水煤气发生炉

水煤气发生炉的构造与混合煤气发生炉相似。但因水煤气发生炉采用强制鼓风，其鼓风压力高达0.176MPa，因而不能用水封，而采用干法排渣，代表性炉型是UGI型水煤气发生炉。

UGI水煤气发生炉是一种常压固定床煤气化设备，主要以无烟煤或焦炭为生产原料，可选用多种气化剂进行生产。其特点是可以连续生产发生炉煤气，或者采用间歇方式生产半水煤气或水煤气，结构如图6-8所示，可大致分为炉体、夹套锅炉、底盘、机械除灰装置、传动装置。

发生炉主体为直立圆筒形结构，炉体用钢板制成，上部衬有耐火砖和保温硅藻砖，使炉壳免受高温的损害。夹套锅炉外壁包有石棉制品隔热保温层，防止热量损失。夹套锅炉的作用主要是降低氧化层温度，以防止熔渣粘壁，并副产蒸汽，其两侧设有探火孔，用于测量火层分布和温度情况。

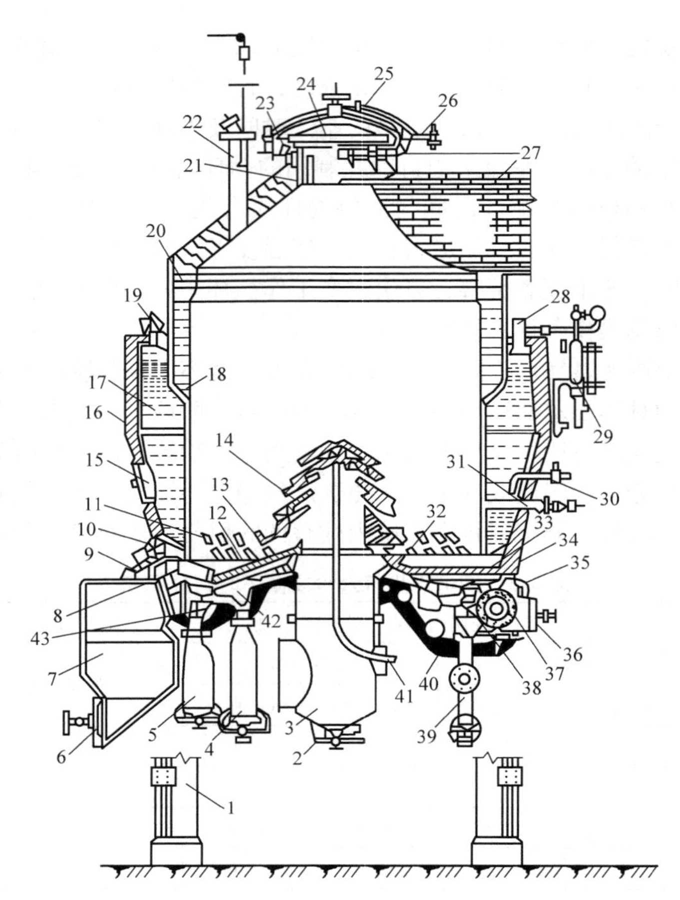

图 6-8 UGI 水煤气发生炉

1—支柱 2—炉底三通圆门 3—炉底三通 4—长灰瓶 5—短灰瓶 6—灰斗圆门 7—灰槽 8—灰犁 9—圆门 10—夹层锅炉防水器 11—破碎板 12—小推灰器 13—大推灰器 14—宝塔型炉条 15—夹层锅炉入口 16—保温层 17—夹层锅炉 18—R 型连接板 19—夹层锅炉安全阀 20—耐火砖 21—炉口保护圈 22—探火装置 23—炉口座 24—炉盖 25—炉盖安全联锁装置 26—炉盖轨道 27—出气口 28—夹层锅炉出气管 29—夹层锅炉液位报警器 30—夹层锅炉进水器 31—试火管及试火考克 32—内灰盘 33—外灰盘 34—角钢挡灰圈 35—蜗杆箱大方门 36—蜗杆箱小方门 37—蜗杆 38—蜗轮 39—蜗杆箱灰瓶 40—炉底壳 41—热电偶接管 42—内刮灰板 43—外刮灰板

发生炉底盘和炉壳通过大法兰连成一体，底盘底部有气体中心管与吹风和下吹管线呈倒 Y 形连接，中心管下部装有通风阀和清理门。底盘两侧有灰斗，底盘上设有溢流排污管和水封桶，可以排泄冷凝水和油污，并防止气体外漏，起安全保护作用。

发生炉炉底设转动炉箅排灰。气化剂可以从底部或顶部进入炉内，生成的水煤气相应地从顶部或底部引出。因采用固定床反应，要求气化原料具有一定块度，以免堵塞煤层或气流分布不均匀而影响操作。

UGI 炉用空气生产空气煤气或以富氧空气生产半水煤气时，可采用连续式操作方法，即气化剂从底部连续进入气化炉，生成气从顶部引出。以空气、蒸汽为气化剂制取半水煤气或水煤气时，采用间歇式操作方法。

UGI 炉的优点是设备结构简单，易于操作，一般不需用氧气作气化剂，热效率较高。缺点是生产强度低，对煤种要求比较严格，采用间歇操作时工艺管道比较复杂。

2. 两段式水煤气发生炉

两段式水煤气发生炉是在现有水煤气炉上部增设干馏段。原料煤在干馏段进行低温干馏，生成的半焦落入气化段，再用空气、水蒸气间歇通入制取水煤气。煤在干馏段受鼓风气、下吹制气用的过热蒸汽的间接加热和上吹制气的水煤气直接加热，使原料煤的终温达500~550℃，生成半焦。每1t煤可得1500~1600m^3热值约为12.55MJ/m^3的煤气。当煤气用重油增热后，其热值可适合城市煤气需要。煤气中的CO含量较高，需要进行变换工艺。

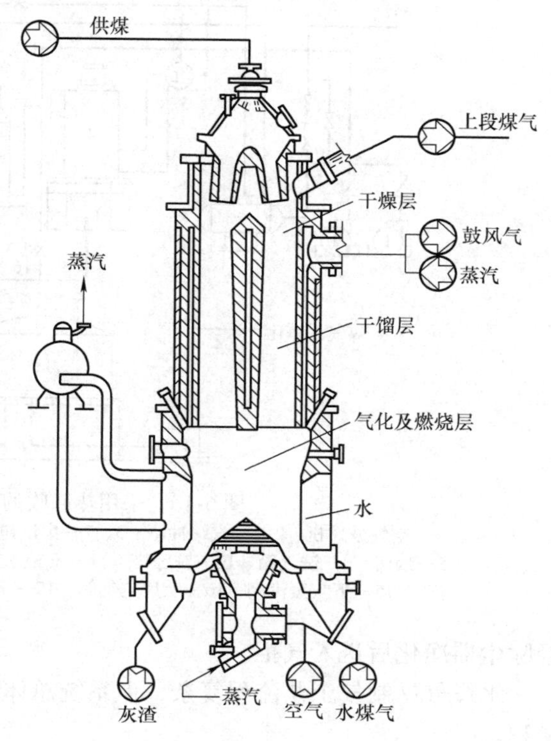

图6-9　两段式水煤气发生炉

两段式水煤气发生炉和两段式煤气发生炉相似。它包括加料装置、干馏段、气化段、回转炉箅及排灰装置，如图6-9所示。以ϕ3250mm的气化炉为例，干馏段上部直径为2850mm，下部直径为3250mm，以利于原料煤顺利下降。干馏段在铁壳内由耐火材料砌成，内设3~5个隔墙，外墙和隔墙均有垂直通气道，以确保鼓风气与下吹制气用过热蒸汽流通，向原料煤供热。这不但可以有效地利用热能，而且可以保持墙温700~800℃，为使用若干膨胀性煤创造条件，使其塑性减弱而产生收缩，有利于煤层的顺利下降。

四、水煤气站流程

煤气发生站的工艺流程根据气化原料性质及所使用煤气的要求不同，可分为热煤气工艺流程、无焦油回收的冷煤气工艺流程及有焦油回收的冷煤气工艺流程。

采用间歇法生产水煤气，吹出气和水煤气带出大量废热，为了提高过程的热效率，应充分考虑这部分废热的回收利用。图6-10所示为采用热回收的典型水煤气站工艺流程。

在吹空气阶段，从炉顶出来的高温吹风气进入燃烧室与二次空气混合，其中的一氧化碳燃烧放出热量，燃烧放热积蓄在燃烧室格子砖内，燃烧后的烟气进入废热锅炉以生产高压蒸汽，换热后的废气降至250℃左右，由烟囱排入大气。

一次上吹制气阶段，水蒸气自下而上通过料层进行反应，水煤气温度约为500~650℃时进入蓄热室，经格子砖水煤气被加热至800℃左右，然后将其显热传给高、低压蒸汽过热器及废热锅炉，温度降至200~250℃，之后由洗气箱、洗涤塔经除尘冷却后送入气柜。

下吹制气阶段，水蒸气由燃烧室顶部，经过燃烧室预热后，进入发生炉顶部，自上而下通过料层。水煤气出炉温度为350~400℃，经蓄热室被加热至700℃左右，然后进入废热锅炉回收热量，煤气温度亦降至250℃左右，之后经净化送入气柜。

二次上吹制气阶段，因时间短且出炉水煤气温度较低，不再经过蓄热室、废热锅炉，只

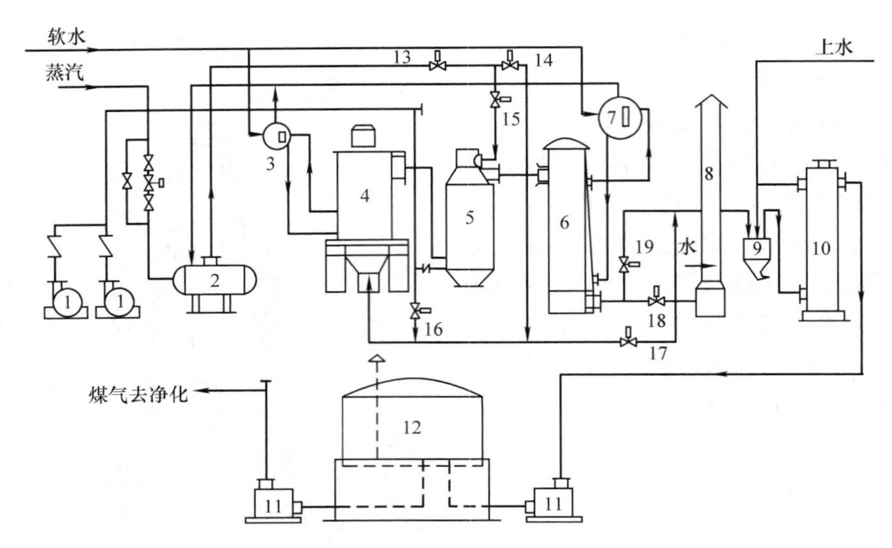

图6-10 采用热回收的典型水煤气站工艺流程

1—空气鼓风机 2—蒸汽缓冲罐 3、7—集汽包 4—水煤气发生炉 5—燃烧室 6—废热锅炉 8—烟囱 9—洗气箱 10—洗涤塔 11—气柜水封 12—气柜 13—蒸汽总阀 14—上吹蒸汽阀 15—下吹蒸汽阀 16—吹风空气阀 17—下行煤气阀 18—烟囱阀 19—上行煤气阀

经除尘器净化后送入气柜。

水煤气站制气工艺流程复杂，但系统总体热效率高，是大、中型水煤气站常采用的工艺流程。

第四节 移动床加压气化煤气

一、移动加压气化基本原理

早期的气化炉是以块煤为原料进行煤气生产的，随着机械炉排的发明，固定床变为移动床，以后又陆续出现移动床加压气化炉。移动床煤气化技术是指一定粒度范围（5~50mm）的碎煤，在1.0~3.0MPa的压力下从炉的顶部加入，与自下而上的气化剂逆流接触，发生气化的反应过程。

在移动床加压气化炉内，原料煤从炉顶加入，经过干燥、干馏、半焦气化和残炭燃烧等过程，生成的炉渣由炉底排出，煤气由气化炉上部引出，作为气化剂的氧气和水蒸气由气化炉下部鼓入。气化炉内的燃料床层按其反应特性自下而上可分为灰渣层、第一反应层（燃烧氧化层）、第二反应层（气化还原层）、甲烷层、干馏层和干燥层，加压气化炉内各床层的主要反应如图6-11所示，它与移动床常压气化的主要差别在于多了甲烷层。气化炉内的反应十分复杂，大部分反应相互交融在一起，各层之间并无明确的界面。

过热蒸汽与氧气混合后由底部进入气化炉，通过炉箅均匀地在灰渣层中分布，与灰渣换热，灰渣由1200℃左右被冷却到比气化剂温度高约50℃，排入灰盘。气化剂被加热后上升到第一反应层。

在第一反应层中，主要是进行碳和氧的放热反应为气化反应提供所需的热量。上升的气

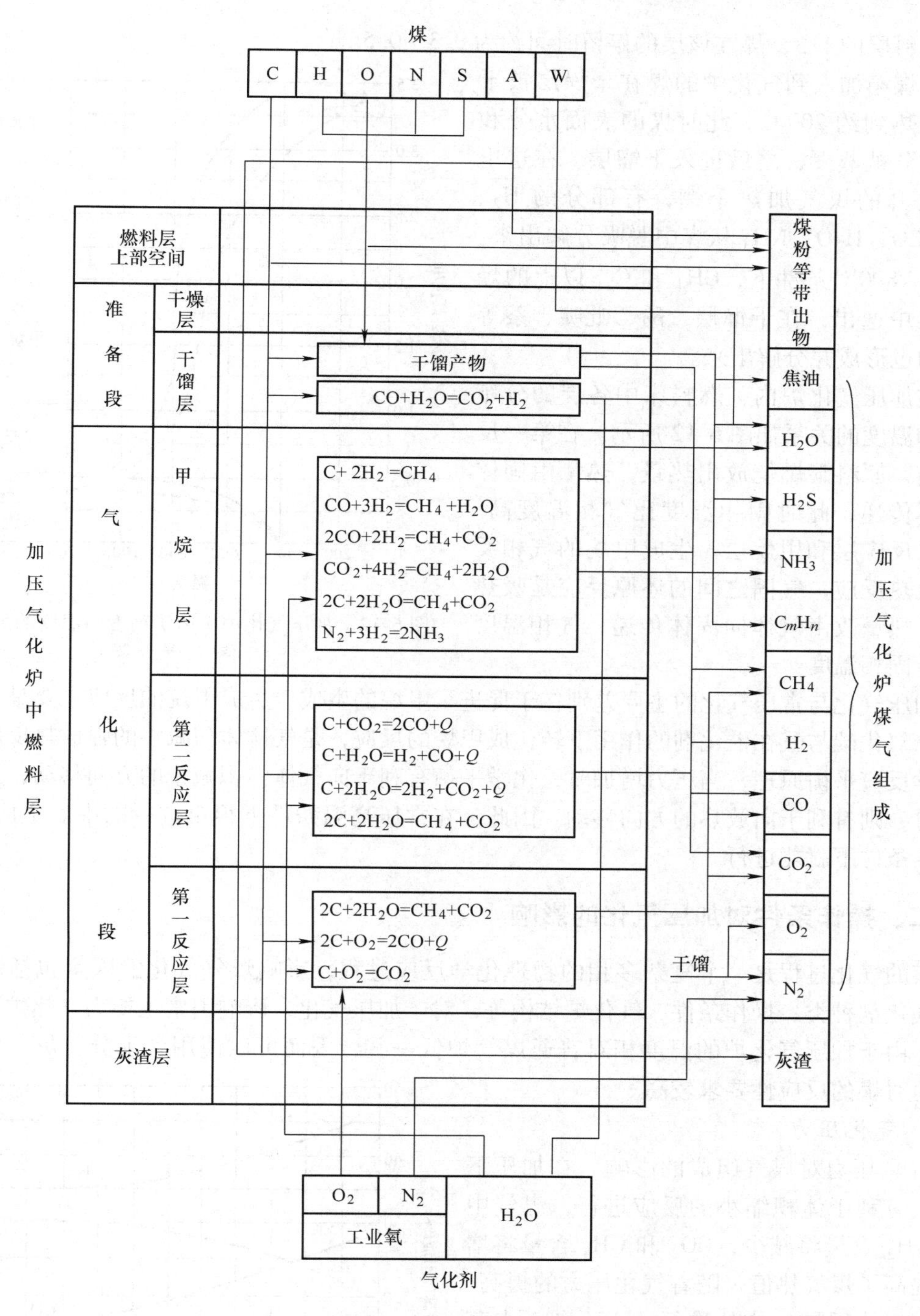

图 6-11 加压气化过程简图

化剂被加热到约 1100℃，下降的灰的温度接近 1200℃。在第二反应层中，二氧化碳被还原，水蒸气发生分解，生成大量一氧化碳和氢。由于灰渣中催化剂的作用，这两层中都伴随有碳与蒸汽生成甲烷和二氧化碳的反应。甲烷层中主要进行一氧化碳与氢、碳与氢气之间生成甲烷的反应。与前两层的反应相比，生成甲烷的反应速度要小得多，因此甲烷层较厚，差不多占整个料层的1/3，煤在该层的停留时间约为0.3～0.5h。

由煤箱加入到气化炉的煤在干燥层被干燥并加热到约200℃。此时煤的表面水分和吸附水分被蒸发，之后进入干馏层。在这里煤被上升的煤气加热干馏，有部分的H_2、CO_2、CO、H_2O、NH_3从煤中脱吸分解出来。在500～800℃条件下，CH_4和C_2^+以上的烃类从煤中逸出，在干馏层，酚、吡啶、萘等有机物也形成并分解出来。

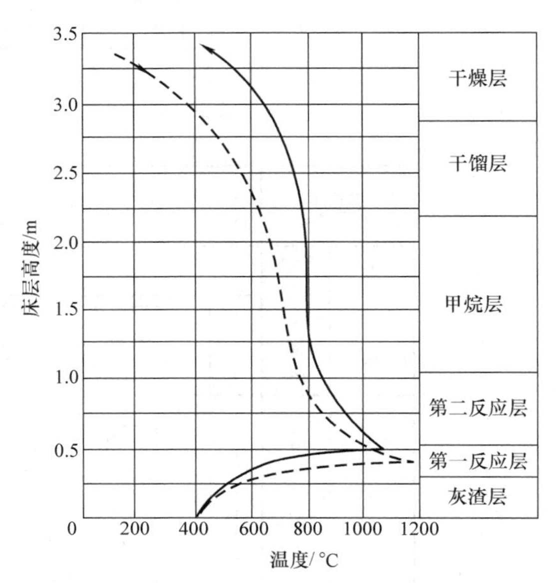

图6-12 加压气化炉中床层高度与温度的关系

- - - - - 煤 ——煤气

在加压气化炉内，燃料床中各层的分布状况和温度的关系如图6-12所示。在第一反应层内，原料碳燃烧放出热量，热量由固体向气体传递，此时固相温度比气相温度高。在第二反应层和甲烷层，生成甲烷的气相反应是放热反应，气固之间的还原反应是吸热反应，热量改由气体向固体传递，气相温度则高于固相温度。

加压气化与常压气化的主要差别在于促进了甲烷的生成。生成甲烷的反应主要是一氧化碳、二氧化碳与氢在催化剂的作用下转化成甲烷的反应，是气体体积减小的强放热反应，按照化学反应平衡原理，当压力增加时，化学平衡有利于向气体体积减小的方向移动；当温度降低时，则有利于向放热的方向移动。因此，在常压高温条件下很难进行的甲烷生成反应，在加压条件下就能进行。

二、操作条件对加压气化的影响

煤的气化过程是一个复杂多相的物理化学反应过程，影响煤气气化的因素包括原料性质、气化剂种类、操作条件、气化炉结构等，对于加压气化，影响因素主要为气化炉压力和温度。由于加压气化炉的温度相对普通煤气炉低一些，因而可以使用含水分、灰分较高的煤，但对煤的反应性要求较高。

1. 气化压力

（1）压力对煤气组成的影响 在加压下气化，有利于体积缩小的反应进行，煤气中CO和H_2含量将减少，CO_2和CH_4含量将增加，提高了煤气热值。随着气化压力的提高，有利于生成甲烷反应的进行，而不利于水蒸气分解反应和二氧化碳还原反应。因而在加压气化煤气中，甲烷与二氧化碳含量增加，氢气和一氧化碳含量减少。加压气化煤气组成随压力变化如图6-13所示。

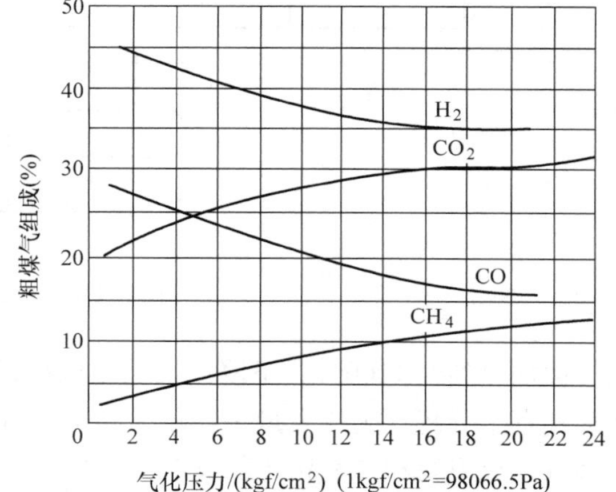

图6-13 粗煤气组成与气化压力的关系

当压力为2.0MPa时，得到的净煤气中

CH_4 含量约 14% ~18%（体积分数），CO 约为 25%，H_2 约为 50% ~55%，煤气低热值约为 16.7MJ/m^3。相比常压气化炉所产煤气，热值有显著提高，非常适合作为城市煤气使用。

（2）压力对气化炉生产能力的影响 移动床气化炉的生产能力常以控制一定的带出物数量为限度，而带出物数量又与炉内煤气流速密切相关。在煤料颗粒度、密度相同的条件下，床层颗粒速度在湍流条件下近似地与$\sqrt{p}$成反比。而同样直径的气化炉，它的生产能力正比于气流速度。因而

$$\frac{V_2}{V_1}=\frac{w_2}{w_1}=\sqrt{\frac{\rho_1}{\rho_2}} \tag{6-19}$$

式中 V——气化炉生产能力，m^3/s；

w——气体流速，m/s；

ρ——气体密度，kg/m^3。

假设气化炉生成的煤气为理想气体，则

$$\frac{\rho_1}{\rho_2}=\frac{p_1T_2}{p_2T_1}$$

即

$$\frac{V_2}{V_1}=\sqrt{\frac{p_1T_2}{p_2T_1}} \tag{6-20}$$

如将生产能力换算成标准状态下的数值，并分别用 V_{10} 和 V_{20} 表示

$$V_{10}=\frac{p_1T_0}{p_0T_1}V_1,\ V_{20}=\frac{p_2T_0}{p_0T_2}V_2$$

则

$$\frac{V_{20}}{V_{10}}=\frac{p_2T_1}{p_1T_2}\cdot\frac{V_2}{V_1}=\sqrt{\frac{p_2T_1}{p_1T_2}}$$

分别将常压和加压气化的参数下标标记为 1 和 2，通常 $T_1/T_2=1.1\sim1.25$，$p_1=1.1p_0$，所以

$$V_{20}\approx\sqrt{\frac{p_2}{p_1}}V_{10} \tag{6-21}$$

即加压气化的生产能力比常压气化提高 $\sqrt{p/p_0}$ 倍。如气化压力为 2.5MPa 时，生产能力约为常压气化的 5 倍。此外，由于气化压力的提高，一方面反应气体浓度增大，使气化反应速度加快，还可以获得较大的生成甲烷的反应速度；另一方面线速度降低，又增加了气固反应的接触时间，这有利于气化强度的提高。

（3）压力对煤气产率的影响 随着压力的提高，各气化反应均向生成物气相体积减小的方向进行，因而煤气产率下降，如图 6-14 所示。这是因为生成气中甲烷含量增多，从而使煤气总体积减小。图中净煤气产率下降幅度比粗煤气更大，是因为煤气中二氧化碳含量随压力增高而增加，脱除二氧化碳后的净煤气体积将减少更多。

（4）压力对氧气消耗量的影响 当气化压力提高时，生成甲烷反应速度加快，反应释放出的热量增加，从而减少了碳燃烧反应的耗氧量，提高了氧气利用率。如用消耗 1m^3 氧气所制得煤气的化学热作为氧气利用率指标，气化压力与氧气消耗量、氧气利用率的关系如

图6-15所示。为了生产相同热量的煤气，2.0MPa压力下气化时的耗氧量比常压气化降低约三分之一。

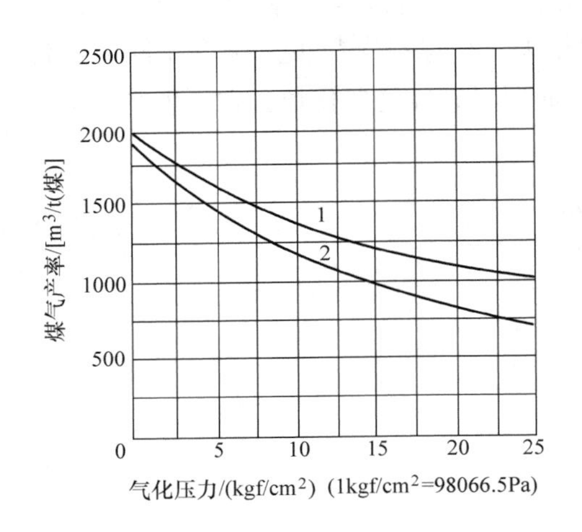

图6-14 气化压力与煤气产率的关系
1—粗煤气 2—净煤气

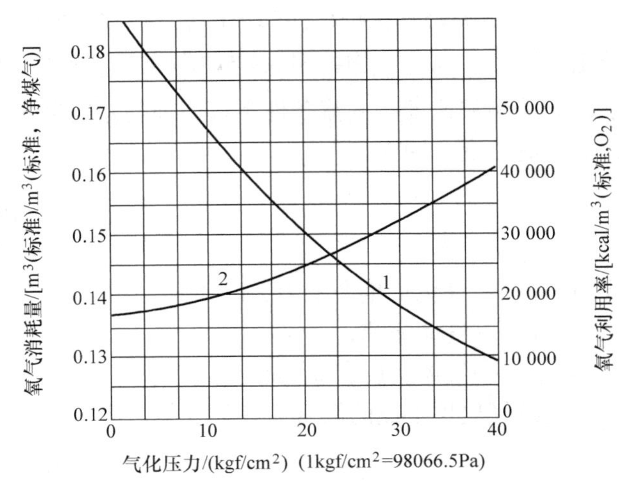

图6-15 气化压力与氧气消耗量、氧气利用率的关系
1—氧气消耗量 2—氧气利用率

（5）压力对水蒸气耗量的影响 由于压力的提高，生成甲烷所耗氢量增加，因而需要分解更多的水蒸气。水蒸气的分解反应和二氧化碳的还原反应都是体积增大的反应，当压力提高时，一氧化碳的获得量和水蒸气的分解率都要下降，因而加压气化时水蒸气耗量大大高于常压气化。图6-16所示为气化压力与水蒸气耗量的关系，从图中可以看出，2.0MPa压力下气化时水蒸气耗量约比常压时高一倍多。

在炉内气化温度为1000℃，入炉蒸汽温度为500℃条件下，对热值为19.65 MJ/kg的褐煤进行不同压力下的气化试验，其结果见表6-4。加压气化炉的生产能力比常压气化大约高出$\sqrt{p}$倍。

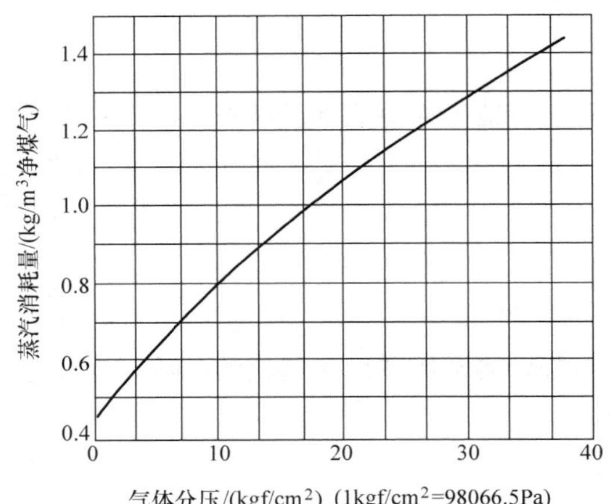

图6-16 气化压力与水蒸气耗量的关系

表6-4 褐煤在各种压力下的试验结果

指标	气化压力/MPa				
	0.1	1.0	2.0	3.0	4.0
粗煤气（湿）（%）					
CH_4	2.2	5.6	9.4	12.6	16.1
H_2	40.7	33.5	27.2	20.4	15.8
C_mH_n	0.2	0.25	0.4	0.8	2.2

（续）

指标	气化压力/MPa				
	0.1	1.0	2.0	3.0	4.0
CO	27.1	19.5	14.2	13.1	9.2
CO_2	19.3	22.55	23.8	25.6	26.2
H_2O	10.5	18.6	25.0	27.6	30.5
粗煤气（干）（%）					
CH_4	2.4	6.5	12.5	18.5	24.1
H_2	45.6	41.3	36.3	29.7	23.4
C_mH_n	0.2	0.3	0.5	1.1	2.8
CO	30.2	23.9	18.9	16.1	13.8
CO_2	21.6	27.7	31.8	33.6	35.9
净煤气（干）（%）					
CH_4	2.7	9.4	17.8	29.4	38.8
H_2	58.05	56.8	53.9	44.5	37.6
C_mH_n	0.25	0.4	0.7	1.7	3.1
CO	39.0	33.4	27.6	24.4	20.5
净煤气热值/(MJ/kg)	12.32	14.83	17.16	19.36	21.79
氧气消耗量/[m^3/m^3（净煤气）]	0.186	0.169	0.154	0.138	0.127
水蒸气消耗量/[kg/m^3（净煤气）]	0.464	0.807	1.03	1.28	1.46
净煤气产率/(m^3/kg)	1.45	1.05	0.71	0.64	0.56
水蒸气分解率（%）	64.7	50.3	37.5	30.1	29.0
气化强度/[kg/(m^2·h)]	420	750	1500	1800	2200

2. 气化温度和气化剂温度

气化层温度降低，有利于放热反应的进行，也就是有利于甲烷的生成反应，使煤气热值提高。但温度降的太多，如在650～700℃时，无论是甲烷生成反应或其他气化反应的反应速度都非常缓慢。对反应性好的煤，气化温度可以低一些。通常，生产城市煤气时，气化层温度一般在950～1050℃，生产合成原料气时可以提高到1200～1300℃。气化层温度的提高主要受灰熔点的限制，在固态排渣炉中，气化温度必须低于灰熔点，以免结渣。实际影响气化温度的因素很多，主要是氧气和水蒸气耗量。当汽氧比下降时，会加快燃烧反应，使气化温度提高。

气化层温度过低不但会降低反应速度，也会使灰中残余碳量增加，增大了原料损失；同时，低温还会使灰变细，增大床层阻力，降低气化炉的生产能力。一般情况下在气化原料煤种确定后，根据灰熔点来确定气化层温度。

气化剂温度是指气化剂入炉前的温度。提高气化剂温度可以减少用于预热气化剂的热量消耗，从而减少耗氧量，提高氧气利用率。气化剂温度取决于水蒸气的过热程度和汽氧比，水蒸气过热度太低，不仅增加耗氧量，而且灰渣表层和炉底易产生冷凝水，使糊状灰渣粘聚造成阀门关闭不严。

3. 汽氧比

汽氧比是指气化剂中水蒸气与氧气的组成比例，它是控制气化温度的重要操作条件，是影响气化过程最活泼的因素。同一煤种，汽氧比的不同，所产生的煤气组成也不同。同一汽氧比下，若煤种不同，生产出的煤气组成也不同。

改变汽氧比，实际上是通过改变气化剂中水蒸气与氧气的比例关系从而调整与控制气化过程的温度。随着汽氧比的增加，气化温度将降低，水蒸气分解率下降，水蒸气耗量增加。

由于调整汽氧比便是改变汽化温度，因此，汽氧比的改变对煤气组成的影响很大。由于汽氧比的加大，气化温度降低，致使气化炉内生成 CH_4 及 $CO + H_2O$ 置换 $CO_2 + H_2$ 的反应加强，最终导致粗煤气组成中 CO_2 和 CH_4 含量增加，CO 减少，H_2 减少变化不大。

不同煤种因其反应性不同，要求不同的反应温度，应选择不同的汽氧比。反应性好的煤可在较低的温度下气化，因而耗氧量减少，汽氧比相对增大。各种煤适用的汽氧比范围大致是：褐煤为 6 ~ 8，烟煤为 5 ~ 7，无烟煤和焦炭为 4.5 ~ 6。

三、典型加压气化炉

移动床加压气化按照排渣方式可以分为固态排渣法和液态排渣法。鲁奇炉（Lurgi）是移动床加压气化炉的典型炉型。这种气化炉适用于多煤种，尤其适用于灰熔点较高、不粘结和有一般粘结性的煤，如褐煤、次烟煤、贫煤、瘦煤。根据煤种的不同，煤在炉中以 2.6 ~ 6.2cm/min 的速率向下移动，经过预热、干燥、干馏、气化和燃烧 5 个区域，最终灰分以固态形式排出炉外。

1. 固态排渣鲁奇炉

典型的固态排渣加压气化鲁奇炉的结构如图 6-17 所示，包括加煤及搅拌装置、炉体、炉栅及排渣装置等。

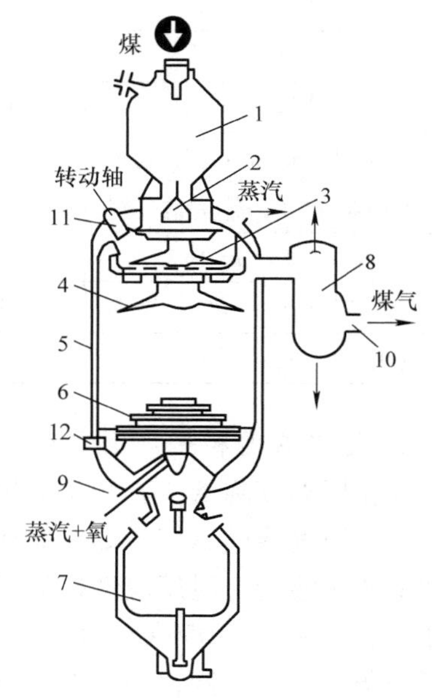

图 6-17 固态排渣加压气化鲁奇炉
1—加煤箱 2—钟罩阀 3—布煤器 4—搅拌器 5—夹套锅炉 6—塔节型炉篦 7—灰箱 8—洗涤冷却器 9—气化剂入口 10—煤气出口 11—布煤器传动装置 12—炉箅传动装置

鲁奇炉在炉内上部设置了布煤器与搅拌器，以适用于有一定粘结性的煤种。它们安装在同一空心转轴上，其转速根据气化用煤的粘结性及气化炉生产负荷来调整，一般为 10 ~ 20r/h，原料煤通过布煤器上的两个布煤孔进入炉膛内，平均每转布煤 15 ~ 20mm 厚，加煤箱内大约能储存 0.5h 气化炉用煤量，以缓冲加煤箱在间歇充、泄压加煤过程中的气化炉连续供煤。

在炉内，搅拌器安装在布煤器的下面，其搅拌桨叶一般设有上、下两片桨叶。桨叶深入到煤层里的位置与煤的结焦性能有关，其位置深入到气化炉的干馏层，以破除干馏层形成的焦块。桨叶的材质采用耐热钢，其表面堆焊硬质合金，以提高桨叶的耐磨性能。为防止高温对搅拌器的损害，桨叶和搅拌器、布煤器都采用中空结构，外供锅炉给水通过搅拌器、布煤器，最后从空心轴内中心管，首先进入搅拌器最下底的桨叶进行冷却，然后再依次通过冷却上桨叶、布煤器，最后从空心轴与中心管间的空间返回夹套形成水循环。该锅炉水的冷却循环对搅拌器的正常运行非常重要。因为搅拌桨叶处于高温区工作，水的冷却循环不正常将会使搅拌器及桨叶超温烧坏造成漏水，从而造成气化炉运行中断。

当该炉型用于气化不粘结性煤种时，将不安装搅拌器，整个气化炉上部传动机构取消，只保留加煤箱下料口到炉膛的储煤空间，结构简单。

炉箅分为五层，从下到上逐层叠合固定在底座上，顶盖呈锥形，炉箅材质选用耐热、耐磨的铬锰合金钢铸造。最底层炉炉箅的下面设有三个灰刮刀安装口，灰刮刀的安装数量由气化原料煤的灰分含量来决定，灰分含量较少时安装 1~2 把刮刀，灰分含量较高时安装 3 把刮刀。支承炉箅的推力轴承体上开有注油孔，由外部高压注油泵通过油管注入推力轴承面进行润滑。该润滑油为耐高温的过热缸油。炉箅的传动采用液压电动机（采用变频电动机）传动。液压传动具有调速方便，结构简单，工作平稳等优点。由于气化炉直径较大，为使炉箅受力均匀，采用两台电动机对称布置。

2. 液态排渣鲁奇炉

液态排渣鲁奇炉属于第二代煤炭气化新工艺，是由固态排渣鲁奇炉改制的。液态排渣的基本原理就是只向气化炉提供最少量的水蒸气，使氧化区的温度提高到灰熔点以上，灰渣被熔融后以熔渣形式排出。

液态排渣气化炉又称熔渣气化炉，结构如图 6-18 所示。炉体以耐高温的碳化硅耐火材料作内衬，气化压力为 2.0~3.0MPa，气化炉上部设有布煤搅拌器，可气化较强粘结性的烟煤。炉膛下部沿径向均匀布置八个向下倾斜的、带水冷套的钛钢喷嘴。从喷嘴喷入气化剂并汇集于排渣口上，使之产生高温区。气化时，灰渣在高于煤灰熔点温度下呈熔融状态排出，熔渣快速通过气化炉底部出渣口流入急冷器，在此被水急冷而成固态炉渣，然后通过灰盘排出；同时，煤气中焦油、轻油及煤粉回收后，也通过喷嘴循环回炉。

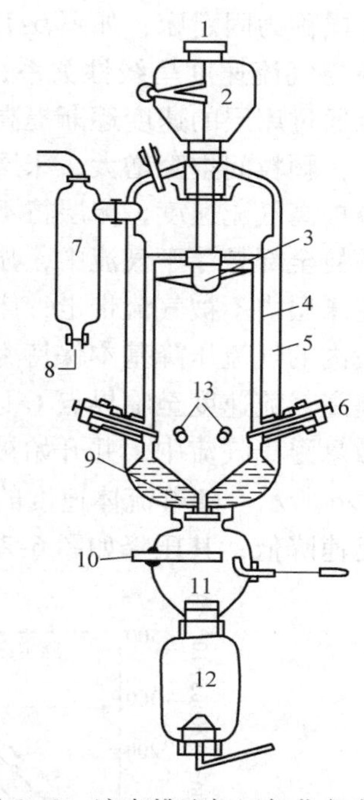

图 6-18 液态排渣加压气化鲁奇炉
1—加煤口 2—煤箱
3—布煤搅拌器 4—耐火砖衬
5—水夹套 6—蒸汽-氧气吹入口
7—洗涤冷却器 8—煤气出口
9—耐压渣口 10—循环熄渣水
11—熄渣室 12—渣箱 13—风口

炉体底部设置熔渣池，取消炉栅。熔渣通过排渣口落入充满循环冷却水的熔渣急冷器，使熔渣淬冷而形成固态渣粒，待积聚到一定程度后转运到灰箱再排出。

与固态排渣法相比较，液态排渣加压气化法的主要特点是：

1）气化层反应温度高，气化强度大，生产能力提高 3~4 倍。

2）煤气中的带出物大为减少，灰渣中碳含量低于 2%（质量分数）。

3）煤气中的 $CO + H_2$ 组分提高 25% 左右，但 CH_4 含量较少。

4）水蒸气分解率提高，其消耗量相应减少。

5）煤种适应性强。

6）降低了煤耗。

7）对环境污染小，减少污染物排放。

液态排渣法加压气化具有一系列优点，但由于高温高压的操作条件，对于炉衬材料、溶渣池的结构和材质以及熔渣排出的有效控制都有待于不断改进和完善。

第五节　流化床气化煤气

一、流化原理及特点

在气化炉内，当气流自下而上连续向上流动通过固体颗粒床层时，随着气流流速的增大，床层会呈现出三种不同的状态，即固定床、流化床和气流床。

当气流流速较低时，固体颗粒静止不动，气流仅在颗粒间的缝隙中通过，床层高度基本上保持不变，这时的床层称为固定床，如图6-19a所示。在本阶段的气流压降与气流速度呈线性关系，如图6-20中的*AB*段。当气流通过床层的速度逐渐提高至*B*点时，固体颗粒出现松动，颗粒间空隙增大，床层体积出现膨胀。如果再进一步提高气流速度，床层将不能维持固定床状态，此时，颗粒全部悬浮于气流中，显示出不规则运动，但仍逗留在床层内不被气流带走，床层的这种状态类似液态，称为流化床，如图6-19b所示。在本阶段内的气流压降基本保持为定值，与气流速度关系不大，如图6-20中*BC*段。如果再进一步提高气流速度至临界点*C*以上，床层已不能保持流化状态，上界面不再存在，固体颗粒分散悬浮于气流中，并开始被带出，这时固体颗粒分散流动，类似气态，称为气流床，如图6-19c所示。随着流体速度的提高，固体颗粒不断被带出，床层颗粒密度急剧减小，床层压降迅速降低，其压降如图6-20中*CK*段所示。

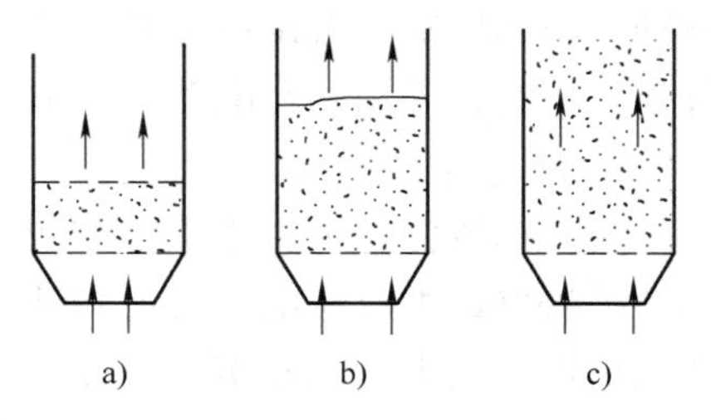

图6-19　不同流速下床层状态的变化
a）固定床　b）流化床　c）气流床

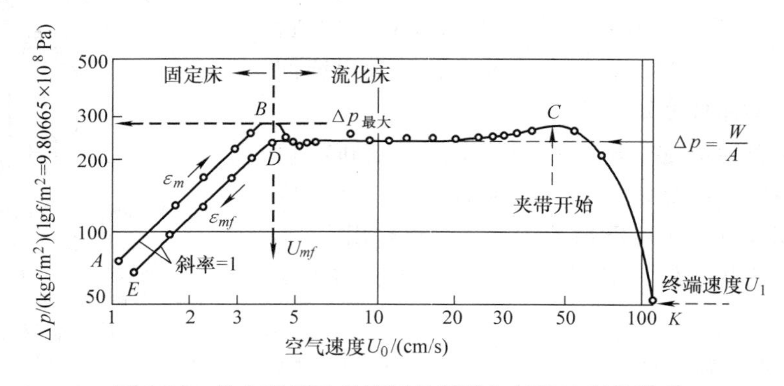

图6-20　均匀粒度砂粒床层的压降与气流速度的关系

在固定床阶段，燃料以很小的速度向下移动，气化剂由下而上与其逆流接触。当气流速度提高到一定程度时，床层膨胀，燃料颗粒被气流带动悬浮起来。适当控制气流速度，当床层内的颗粒全部悬浮起来而又不被带出气化炉时，这种气化方法即为流化床气化工艺。在流化床阶段，床层上有一明显的上界面，看起来很像沸腾的液体，并且在多方面呈现出类似液体的性质，故也称为沸腾床。

流化床气化以细颗粒煤为原料，气化剂从气化炉下方送入，其气流速度使得原料煤床层处于完全流化状态。炉内气固之间有良好的接触和返混，其传热和传质速率均很高，且温度场和炉内物料组成相比固定床更加均匀。流化床气化的主要特点如下：

1）原料煤须粉碎后加入炉内，在炉内是沸腾状燃烧。

2）充分利用了粉煤资源。由于流化床气化工艺过程有较宽的操作区，有条件气化各种原料煤，包括灰分较高和机械强度很低的煤及移动床难以气化的褐煤。对于粘结性煤，可以通过简单的预处理破粘后也可使用。原料煤只要粉碎至6mm以下就可送入炉内，还可以直接使用碎粉煤，所以流化床气化能充分利用煤资源。

3）气化强度高，生产能力大，气化效率高，负荷调节能力范围宽。常压流化床气化炉的生产能力大约是相同直径的常压移动床气化炉的三倍。随着技术的进步，新型流化床的气化效率一般都在80%以上，碳转化率超过96%。但气化炉设备庞大，一次投资高，适合于大、中型企业生产。

4）流化床内的煤粒在高速气流的带动下始终处于运动状态，故进料和排灰容易，可均匀连续进行。

5）采用流化床气化生产的粗煤气基本上不含焦油、酚类，因此后续净化工艺和设备简单，不需大量处理废水，对环境污染小。

6）由于整个床层温度均匀，出炉煤气的温度较高，其带出的热量损失较大。为了提高热效率，一般采用辐射式或对流式废热锅炉进行余热回收。

7）碳损失较大。由于气流速度相对较高，煤料中的小颗粒因其极限沉降速度小于气流速度，会被出炉煤气带出而来不及气化，造成碳损失。

8）由于流化床处于“沸腾”状态，炉内颗粒混合均匀，灰分难以分离。

二、影响流化床气化的因素

影响流化床气化过程的因素主要有三个方面：原料性质、操作条件和气化炉结构。

1. 原料性质的影响

为了保持流化床床层的稳定及减少带出物损失，一般要求将原煤破碎成小于10mm粒径的碎煤。但气化原料的粒度不能太小，小于1mm粒径细粉应控制在10%以内，而且应尽可能均匀。原料进炉以前要经过干燥去除大部分外在水分，其含水量应小于5%。煤中水分高时，会降低床层气化温度和增加热量损耗，并使加料困难。原料的反应性是影响煤气质量的重要因素，主要包括煤的热解反应、热解气体的二次反应等。流化床气化的操作温度通常比移动床料层温度要低，并且停留时间较短，应尽量选用活性较好的煤。流化床床层对煤的粘结性没有严格的限制，但气化炉的加料口处于高温区，当煤的粘结性强时，会因粘结造成加料口阻塞。当使用粘结性的煤料时，需进行预处理以破除粘结性。例如U-gas工艺在气化粘结性煤时，煤在进入气化炉之前先送至一个在370～430℃温度下操作的流化床，使之与空气接触。这样，煤粒表面形成了氧化层，降低了粘性，可以防止气化炉烧结和加料口堵塞。

煤中的灰分越高，随灰渣带走的碳量就越多，会降低煤气产率和气化效率，故煤中灰分含量不宜过高。煤灰的熔融温度对流化床气化的操作温度有直接的影响。所以，煤灰熔融温度也不宜过低，否则影响气化操作温度的提高。

2. 操作条件的影响

流化床操作条件中对气化过程影响最大的是温度和压力。

(1) 温度　在流化床气化炉中，气泡相与乳化相之间不断进行传质过程，扩散系数很大，而且煤粒小，增大了接触表面，造成良好的扩散条件。所以通常气化反应接近于非均相反应的化学动力学控制区，对于小颗粒煤来说，甚至达到内部化学动力学控制区。也就是说，反应总速度常数接近于化学反应速度常数。提高操作温度可提高煤气中 H_2 和 CO 的含量，进而提高煤气热值，同时提高了碳转化率和冷煤气效率。由此可见，在流化床气化炉内，提高气化炉的操作温度，对于提高总反应速度，以及提高气化炉的气化强度是十分有效的。

对流化床操作温度的选择，是一个技术、经济的问题，取决于加热费用和煤气热值提高带来的效益的比较。而对流化床气化工艺而言，气化剂预热温度过高可能会造成床内高温结焦，建议气化剂预热温度不高于1000℃。

(2) 压力　煤的气化反应与压力直接相关，当气化压力增大时，气体密度 ρ 也随之变大，但固体与气体的密度差 $\rho_x-\rho$ 仍几乎不变。则最小流化速度和颗粒带出速度均将降低。实验也证明，由于增压运行，炉内空气压力高且密度大，使床的表观流速大大降低，约为1m/s，减轻了床内磨损。可用的床层压降较高，允许深床运行。低流速和高床深使气体在床内的停留时间大大延长，从而降低了带出物损失，提高了燃烧效率和脱硫剂的利用率。

气化剂的质量流量与其密度和线速度成正比。随着压力的增大，虽然线速度有所减少，但气化剂密度呈线性增加，因而气化剂的质量流量仍有较大增加，有利于提高产能。实验证明，气化强度与压力的平方根值成正比。因此，在流化床气化与固定床相同条件下，提高床层压力，可提高气化炉生产能力。

提高气化压力可提高气化反应速度、提高气化强度、减少带出物损失、增加煤气热值，进而提高气化炉生产能力，所以从第二代气化炉开始由常压向加压方向发展。

3. 气化炉结构的影响

(1) 气化剂分布和排灰装置　炉栅是流化床气化炉结构的重要部分，一些新型气化炉都对炉栅进行了改进，甚至取消了炉栅。在流化床气化炉中，气化剂通过炉栅实现均匀分布，保证流化质量，同时灰渣也通过炉栅排出，防止灰渣滞留在炉栅上烧结及堵塞气流通道。

改良型温克勒炉炉体底部呈锥形收缩，炉栅呈平面形，如图6-21a所示，这种构造为气化剂分布和颗粒循环创造了良好条件。炉栅上面设有可旋转的刮灰刀，刮灰刀在传动机构的带动下沿中心旋转，不断将落到炉栅上的灰渣推入下面的灰箱中。但在刮灰刀旋转运动时，刀背处会形成一段阻力稍小的料层，使气化剂流量加大，造成局部过热而结渣。而且运动的刮灰刀还会使已软化的灰渣互相粘结成块，因此限制了炉温的提高并且破坏了气化剂的均匀分布，有待进一步改善。

俄罗斯的ГИАП气化炉的炉栅为倒锥形，如图6-21b所示。灰渣在气流搅动下逐步移向中心底部，炉栅的中心为除灰管，管内设置垂直的螺旋排灰器。气化剂从除灰管四周的炉栅吹入，防止灰渣在炉栅上沉积。

为了能顺利排渣，提高气化温度及降低排出物中含碳量，第二代流化床气化炉采用灰聚熔排渣技术。如U-gas气化炉发展为无炉栅结构，气化炉底部是一个带有中央排灰管（文丘里管）的倒锥形多孔分布板，如图6-21c所示。气化剂由炉底分两股向上流入炉内，通过中央排灰管的一股保持较高的氧气/蒸汽比，高速喷入床层底部的中心区域，形成喷射流，造成一个速度较高、温度较高的氧化区，另一股通过倒锥形多孔分布板送入炉内，气化剂的氧气/蒸汽比较低，这样就能保持在分布板上层形成速度较低、温度较低的还原区。在氧化区由于煤的燃烧温度较高，接近于灰的软化温度，颗粒料运动到那里，碳就被不断反应掉。灰粒在高温下开始软化且相互粘结在一起，当熔渣的密度和质量达到一定的程度时，不能被上升气流所支持，就会克服气流的阻力从床层中分离出来落入炉底，并顺利排出炉外。由于含碳高的灰渣未达到软化温度，并且密度又较小，因而仍留在床层内，而含碳低的灰渣已经达到软化温度，密度增大。软化的灰粒互相碰撞粘结成灰团，根据它与煤粒在气化剂中终端速度（带出速度）的差别，灰团由排灰管落下，进入充水的灰斗，极大地降低了排灰的碳含量，大幅提高了碳转化率。

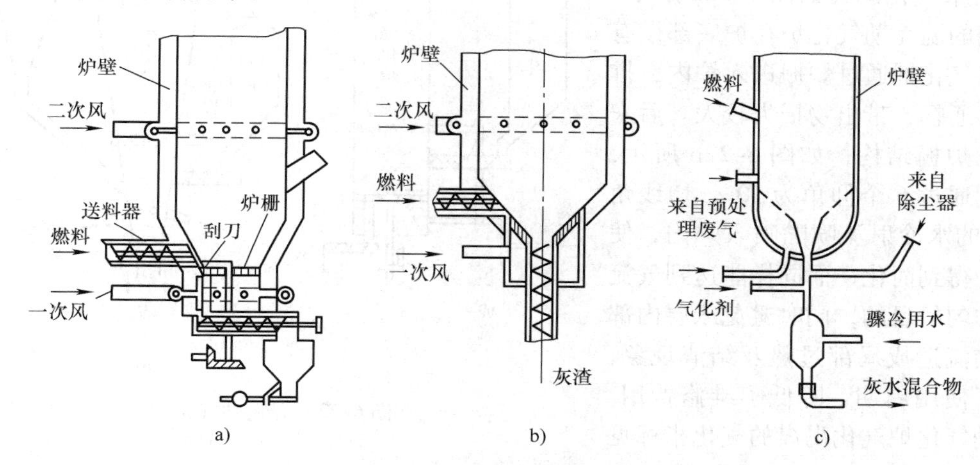

图6-21　流化床气化炉底部结构图

a）温克勒炉　b）ГИАП炉　c）U-gas炉

（2）加料方式　流化床气化炉使用的是小颗粒煤料干式进料方法，常用的加料装置是螺旋给料器。高温温克勒炉（HTW）由于是加压流化床气化，先把煤从料仓经锁斗系统，使煤处于压力状态，再由螺旋给料器送至流化床中部。如果煤中水分较高，则需先将煤送入干燥器进行脱水，使水分降至10%～12%，然后再进入锁斗系统。煤料入炉的位置对气化操作有较大影响，如果把煤直接送至炉栅上部，使微粒原料在尚未被气流带出之前就完成气化过程，会减少带出物损失。若气化粘结性较大的煤时，则应增加破粘结预处理装置。

（3）带出物的循环回流　带出物损失严重是流化床气化的一大缺点。在第二代流化床气化工艺中普遍采用旋风除尘器，把固体带出物从粗煤气中分离出来，然后送回气化炉循环利用。这样可提高碳转化率，减少带出物损失，特别是对粗颗粒燃料，绝大部分未燃尽的燃料被再循环至炉膛，因而其燃烧效率可达到97.5%～99.5%。

根据工艺要求，旋风除尘器可设多级串联。U-gas工艺曾把一级旋风除尘器置于气化炉内，分离下的颗粒直接落入炉膛。旋风除尘器分离后的细微颗粒循环送回炉内的方法一般分为机械式（叶轮旋转式）和非机械式（气力控制式）。例如，可用流化床或移动床的循环料腿，当料腿内细粒料堆积到一定高度后，用高速惰性气体或冷煤气引射，或者用L形阀、V

形阀等使之返回炉内。

三、典型流化床气化炉

流化床煤气化的代表炉型有：温克勒气化炉和高温温克勒气化炉、U-gas气化炉、加氢气化炉。与移动床炉相比，流化床炉的优点是：直接利用碎粉煤，不用加工成块形，也不用磨成细粉，床内物料均匀，便于操作控制；炉内很少有机械运动及金属部件，维修工作量小，炉内反应温度一般不大于1000℃，只需一般耐火材料就可以长期运行。

1. 温克勒气化炉

温克勒气化炉（Winkler）是在1926年投入工业生产的世界上第一台流化床气化炉，如图6-22a所示。但早期的温克勒气化炉在炉底部设有炉栅，气化剂通过炉栅进入炉内，排渣不够通畅，带出物损失较大。后来改为无炉栅结构，如图6-22b所示，气化剂通过6个仰角为10°，切线角为25°的水冷射流喷嘴喷入炉内，使气化炉得到简化，而同样能达到气流分布均匀的目的，同时避免床层内部气体沟流造成局部过热及结渣现象，延长了使用周期，降低了维修费用。温克勒气化炉气化褐煤的气化指标见表6-5。

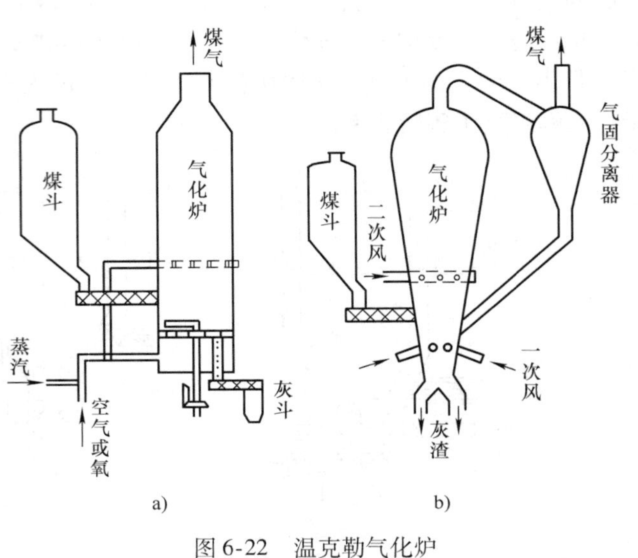

图6-22 温克勒气化炉
a）原型 b）改良型

表6-5 温克勒气化炉气化褐煤的气化指标

项目	德国褐煤	褐煤
原料性质		
水分（%）	8.0	8.0
灰分（%）	13.8	23.7
高热值/(MJ/kg)	22.1	18.71
气化条件		
蒸汽/煤/(kg/kg)	0.12	0.39
氧/煤/(kg/kg)	0.59	0.39
空气/煤/(kg/kg)	2.51	—
气化温度/℃	816~1204	816~1204
气化压力/MPa	0.10	0.10
气化炉出口温度/℃	776~1004	776~1004
煤气组成（%）		
CO	22.5	36.0

（续）

项目	德国褐煤	褐煤
煤气组成（%）		
H_2	12.6	40.0
CH_4	0.7	2.5
C_mH_n	—	—
H_2S	0.8	0.3
CO_2	7.7	19.5
N_2	55.7	1.7
高热值/(MJ/m^3)	4.7	10.1
煤气产率/(m^3/kg)	2.9	1.3
气化强度/[$10^9 J/(m^2 \cdot h)$]	20.2	20.6
碳转化率（%）	83.0	81.0
气化效率（%）	61.9	74.4

改良的温克勒炉是一种无炉栅、无刮灰刀、无鼓风室的结构型式，气化炉炉体是一个内衬耐火材料的钢制圆筒形容器。工业化装置的气化炉内径为5.5m，高为23m。炉体内仅下部三分之一为流化床，而上部空间为稀相区。粒度为0～8mm的原料煤由煤仓用螺旋给料器送至气化炉，加料口位于气化炉下部。在常压下以氧气（或空气）和蒸汽作气化剂，由床身不同高度上的几个喷口切向喷入，气化段的操作温度约为950℃。在流化床床层上部补充喷入二次气化剂，以使那些被气流夹带离开密相区的碳能完全气化。同时在气化炉的出口设置旋风分离器，分离下来的细粒煤返回气化炉。炉内的灰渣在下降途中由于不存在炉栅阻挡，所以排渣更为容易。此外，根据需要还可在气化炉上部设置辐射式废热锅炉或在炉后另设对流式废热锅炉回收热量。

改良后的温克勒气化炉的主要特点是：

1）气化强度大，生产能力高。常压下以空气、蒸汽为气化剂时，ϕ5.5m气化炉可生产煤气40000m^3/h，相当于固定床5～6台的生产能力，但煤气热值较低，仅为4.65MJ/m^3。如用氧气作气化剂时，煤气热值可达10.54MJ/m^3。

2）可以使用高灰分的褐煤，煤源适应性广，生产成本显著降低。

3）流化床中各处温度分布均匀，原料中的挥发分受热迅速分解，焦油、重质碳氢化合物等裂解较为完全，从而使煤气中所含的焦油、酚等极少，净化系统简单，污染少。

4）带出物损失过大，灰中含碳量较高，影响气化效率和碳转化率。以褐煤为原料时，气化效率为74.9%，碳转化率为90.6%。

5）工艺及设备简单，操作稳定可靠，技术成熟，操作负荷变化范围大，开、停炉方便。

在常压温克勒煤气化技术的基础上，通过提高气化温度和气化压力，成功开发了高温温克勒（HTW）气化技术。高温温克勒气化炉减少了带出物损失，提高了气化效率，改善了操作并提高了生产能力。

高温温克勒炉首先改进了炉体结构，取消了炉栅和刮刀，使灰渣下降畅通无阻，又避免了炉栅上结渣；气化剂改用三个喷嘴沿切向吹入炉内，改善了了气体分布和流化质量；对颗粒排出物进行循环回流入炉操作，碳转化率显著提高。同时还改进了操作条件，提高了操作温度，由原来的900~950℃提高到950~1100℃，因而提高了碳转化率，增加了煤气产出率，降低了煤气中CH_4含量，氧耗量减少；提高了操作压力，由常压提高到1.0MPa，因而提高了反应速度和气化炉单位炉膛面积的生产能力，煤气压力提高使后续工序合成气压缩机能耗有较大降低。

以莱茵褐煤为原料，以氧气-蒸汽为气化剂，在气化压力为0.98MPa、气化温度为1000℃条件下进行高温温克勒气化试验，试验结果与常压温克勒气化炉的工艺参数比较见表6-6。

表6-6 高温温克勒气化炉与常压温克勒气化炉的比较

项目		常压温克勒气化炉	高温温克勒气化炉
气化条件	压力/MPa	0.098	0.98
	温度/℃	950	1000
气化剂	氧气/[m^3/kg(煤)]	0.398	0.380
	水蒸气/[m^3/kg(煤)]	0.167	0.410
煤气产率($CO+H_2$)/[m^3/t(煤)]		1396	1483
气化强度($CO+H_2$)/[m^3/(m^2·h)]		2122	5004
碳转化率（%）		91	96

2. U-gas 气化炉

U-gas 法是美国煤气化工艺研究所（IGT）开发的第二代流化床煤气化工艺，属于单段流化床粉煤气化工艺，采用灰团聚方式操作。

U-gas 工艺装置包括煤的干燥和筛分系统、煤仓、煤料锁斗系统、气化炉、旋风分离器、煤气冷却洗涤净化系统和排灰锁斗系统。如果气化粘结性烟煤，还有破粘结装置。其工艺流程如图6-23所示，气化装置包括破碎、干燥、筛分、煤仓、进料锁斗系统、耐火材料衬里的气化炉、炉底部灰团聚排渣装置、旋风除尘、煤气冷却、洗涤和排灰锁斗系统等。

原料煤经过干燥后被破碎至6mm以下，通过锁斗系统后由气力输送喷入炉内流化床层中部。如气化粘结性煤，则预先将煤送至一个与气化炉压力相同的，炉温为400℃左右的流化床中加热氧化，进行破粘结处理，然后送入气化炉。炉内气化温度在950~1100℃范围内，根据煤种和灰熔化温度而定。氧气（或空气）与蒸汽作为气化剂由锥形炉底分两路鼓入。气化剂在炉内流化速度为0.6~0.9m/s，煤在炉内停留时间约为45~60min。床层内保持约为70%碳与30%灰，灰团在喉管处按照它与煤粒在气化剂中终端速度的差别，从落灰管排出到充水的灰斗。

粗煤气在炉顶排出时温度为930~1040℃，其中夹带的细粉经三级旋风分离器从煤气中分离出来。一级旋风分离出的细粉循环进入床内，二级旋风分离出的细粉进入炉内排灰区内，在此处进行气化或灰团聚，然后灰渣从炉底部排出。三级旋风分离出的细粉直接排出，不再返回气化炉。经除尘后的粗煤气进入废热锅炉回收余热，再至文丘里洗涤器洗涤冷却及脱硫后得到净煤气。

一座直径为1.2m的U-gas气化炉，以空气和水蒸气为气化剂，气化温度为943℃，气

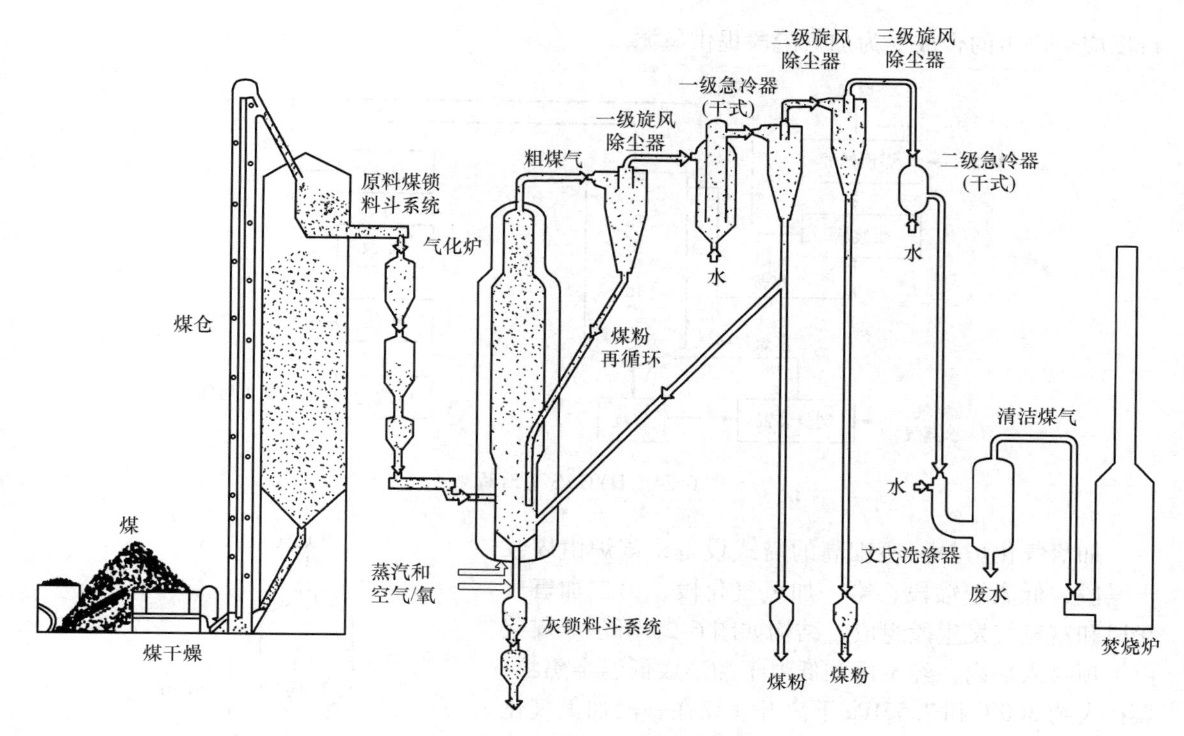

图 6-23　U-gas 工艺流程图

化压力为 2.41MPa 时，粗煤气的产量为 $16000m^3/h$，调荷能力达到 10:1，气化效率约为 79%。其煤气组成和热值见表 6-7。

表 6-7　U-gas 气化炉煤气组成及热值

操作条件	煤气组成（%）						煤气热值/（MJ/m^3）
	CO	CO_2	H_2	CH_4	H_2S+COS	N_2+Ar	
空气鼓风、烟煤	19.6	9.9	17.5	3.4	0.7	48.9	5.7
氧气鼓风、烟煤	31.4	17.9	41.5	5.6	80（mg/kg）	0.9	11.17

除了流化床气化工艺的一般特点之外，U-gas 法的主要特点是采用灰熔聚技术和高速气流送煤入炉，混合均匀，便于稳定地控制温度，固体颗粒停留时间长，可实现高转化率。此外，它采用加压气化，操作压力一般为 0.2～4.0MPa，气化温度也比第一代流化床气化炉高。因此，其生产能力大，气化强度高，带出物减少，灰渣含碳量较低，气化效率和碳转化率较高。

3. 加氢气化炉

加氢气化炉采用 HYGAS 加氢气化原理。HYGAS 气化原理是根据甲烷的碳氢质量比为 3:1，采取向半焦中的碳在高压下直接加氢的办法，增加生成气中的甲烷含量，其流程如图 6-24所示。此法是粉煤在加压下加氢一次制取富甲烷气体燃料的方法，生成气热值可达到 $16739kJ/m^3$，如再经过甲烷化，热值可以提高到 $35554kJ/m^3$。煤与氢气在 800～1800℃温度范围内和加压下反应生成 CH_4 的反应是放热反应，可利用该反应直接供热，进行煤的水蒸气气化。该过程的原理在于煤首先加氢气化生成甲烷，加氢气化后的残焦再与水蒸气进行反应，产生的合成气为加氢阶段提供氢源。

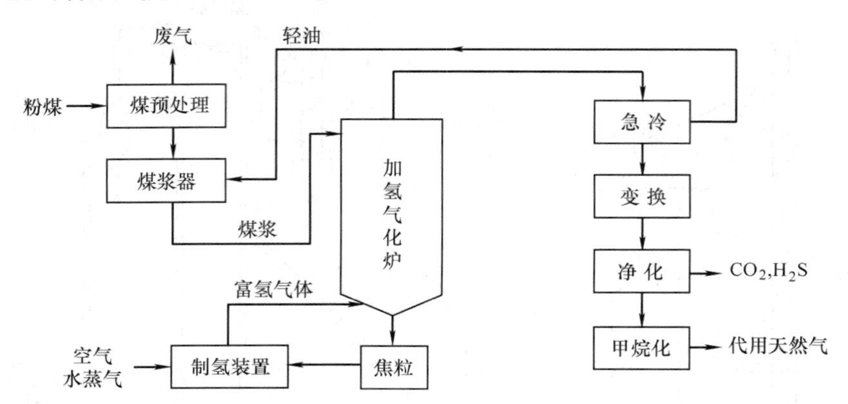

图 6-24 HYGAS 法流程

加氢气化炉是一座细高的塔式设备，该炉由煤浆干燥段、低温干馏段、第一加氢气化段、第二加氢气化段和富氢气发生段组成，结构如图 6-25 所示。煤浆由炉顶喷入炉内，经干燥和低温干馏形成低温半焦粒，煤在大约 300℃和 7.5MPa 下离开。煤在一段加氢气化炉内与二段加氢气化炉来的温度约为 930℃的热气体混合，在 3～10s 内，约 20%的进料煤进行加氢反应，一段加氢气化炉的温度为 700～800℃。进入二段气化炉的半焦在流化状态下进一步气化，由于加氢气体中含有氢气和水蒸气，因此，吸热的水蒸气加碳反应和放热的煤加氢气化反应都有发生。这些同时发生的反应能够有效地将该段温度控制在 925℃左右，任何温度超出此范围的倾向，都会因为相应的水蒸气加碳反应速率的增加而得以抵消。从二段出来的未气化完的高温焦粒作为制造富氢气的原料，进入富氢气发生段。选用原料一般为 0.07～2.4mm 粒度的烟煤和褐煤，褐煤的含水量达到 40%时，应预先干燥；烟煤具有不同程度的粘结性，应进行破粘结预处理。

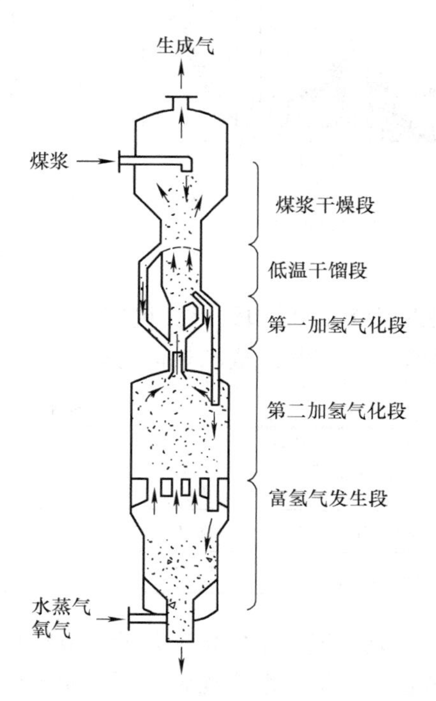

图 6-25 加氢气化炉

第六节 气流床气化煤气

一、气流床气化基本原理

当气流通过燃料床层时，随着流速的增加，床层状态将由固定床向流化床过度，当继续增大流速达到带出速度后，固体颗粒分散悬浮于气流中，被气体夹带出去，成为气流床，也称悬浮床。

所谓气流床气化，是粉煤被气化剂（蒸汽和氧气）夹带通过特殊的喷嘴进入反应器，瞬间着火，直接发生火焰反应，火焰区温度往往高达2000℃，气化区的温度也有1500～1650℃。煤粉和气化剂在火焰中并流流动，煤粉能在几秒钟内完成燃烧气化反应。炉内进行的反应与流化床气化相同，其热解、燃烧以及吸热的气化反应几乎同时发生。由于在高温下挥发分中重碳氢化合物基本上都裂解，因此生成的煤气主要成分是H_2、CO、CO_2及少量的H_2S和惰性组分N_2。煤灰在炉内高温下熔融，大部分熔渣增重后流到循环水淬冷槽，急冷成粒子排出，其余的呈细灰粒与未反应的碳微粒被夹带在高速运动的煤气中引出炉体。

在反应区内，由于煤粒悬浮在气流中随气流运动，煤粒之间被高速气流分隔，互不相干，单独进行膨胀、软化、烧尽或形成熔渣，不会在膨胀软化时造成粘结。即原料煤的粘结性、机械强度、热稳定性对气化过程不起作用，原则上各种煤都可用于气流床气化，但炉内气化温度应高于煤的灰熔点，以利于熔渣的形成。气流床气化的工艺特点见表6-8。

表6-8 气流床气化的工艺特点

典型工业炉		德士古	K-T	Shell
灰排出状态		熔渣		
原料煤特性	对小颗粒煤	不受限		不受限
	对粘结性煤	不受限		不受限
	对煤的变质程度	任何煤		任何煤
	对灰熔点要求/FT	<1350		<1350
操作特性	气化压力/MPa	4～6.5	常压	2.0～4.0
	气化温度(出口)/℃	1350～1550	1400～1700	1400～1700
	炉内最高温度/℃	≥2000	≥2000	≥2100
	耗氧量	高	较低	低
	耗蒸汽量	无	低	低
	煤在炉内的停留时间/s	5	1	10
煤气成分（%）	H_2	35	31	22～34
	CO	45	58	54～69
	CO_2	15～20	10	1～10
	CH_4	<0.1	<0.1	<0.01
	N_2		1～2	4～5
煤气含焦油、烃类、酚		无		无

气流床气化具有下述特点：

1）煤种适应性强，原料煤极细，一般小于0.1mm，需用纯氧和蒸汽作为气化剂。

2）气流速度大，反应温度高，反应物停留时间短，因而气化强度高，生产能力大，特别是采用氧气作气化剂及加压操作效果更显著，而且在高温高压下运行时气化效率和碳转化率都高。

3）采用熔渣排灰，结构简单，排渣顺利，渣中含碳量很低。

4）煤气中不含焦油、酚类，后续净化系统简单，对环境污染小。但煤气中甲烷含量很低，热值并不高。

5）为了达到1500℃左右的气化温度，氧气耗量较大，影响经济性。但随着高温下蒸汽分解率的提高，蒸汽耗量有所减少。

6）出炉煤气温度很高，显热损失大，熔渣以水淬冷，热损失也大。若设置回收废热装置，可以提高热效率。由于带出物损失大，影响碳转化率，采取循环回炉的方法可使碳转化率得到改善。

7）需配套体积庞大的磨粉、余热回收、除尘等辅助设备。

8）高温和高速气固两相流动条件，加上熔渣的侵蚀，会使炉衬的寿命下降。

气流床气化炉采用连续快速进料进行生产，根据进料状态可分为干式粉煤加料和湿式水煤浆加料。K-T气化炉采用干式粉煤加料工艺，煤料粉碎后输送至料仓，再用螺旋给料器送至炉头与氧气和过热蒸汽混合后以高速喷入炉内进行气化反应。为提高产量，该炉设置有多个炉头及喷嘴，以增加进料量及使气流分布均匀。然而每个炉头须设螺旋给料器，使结构复杂，操作不便。此外，由于干煤料在运输时能耗及磨损较大，因此，加压气流床改用湿式加料，如德士古炉，把煤粉与水调和成水煤浆，用柱塞泵压送至燃烧器，其结构较简单，气化剂中的过热蒸汽也可由水煤浆中的水在炉内生成，不必再单独添加。煤浆送入炉内后，在高温作用下水分被闪蒸作为补充气化剂。水煤浆的流动性质类似液体，适合加压操作，磨损也小。但对压送用的柱塞泵要求较高，需要考虑其耐磨性和耐蚀性。此外，水煤浆在入炉后闪蒸，使火焰温度有所降低，影响反应速度，所以煤浆中含水量需要适当控制，不宜过高。

由于气流床气化炉内温度高达1500～2000℃，燃烧气化反应速度很快，几秒钟内就可完成所有的反应，故气化强度主要受扩散程度影响。要想继续提高气化强度，必须增加气固两相间扩散速度。气流床中气流速度虽高，但气固两相属于并流操作，即同向流动，相对速度不大，只有通过加强扰动来提高扩散速度。例如，K-T炉采用等对称布置二个或四个炉头的方式，每个炉头装有两个燃烧器，多个喷嘴对喷造成火焰区扰动，以提高两相间扩散速度，使气化反应总速度加快。

二、典型气流床气化炉

气流床气化有干法进料和湿法进料两种形式。

湿法进料气流床气化的炉型有：Texaco炉、E-Gas（原Destec）炉等，灰渣采用液态排渣。水煤浆加压气化炉工艺技术成熟、流程简单，过程控制安全可靠，操作弹性大，气化过程碳转化率高。单台气化炉的投煤量选择范围大，可供选择的气化压力范围宽，气化过程污染少，环保性能好，气化所得粗煤气质量好，用途广，但氧耗、煤耗均比干法气流床气化高一些。此外，炉内耐火砖冲刷侵蚀严重，喷嘴使用周期短，对管道及设备的材料选择要求严格，一次性工程投资比较高。考虑到喷嘴的雾化性能及气化反应过程对炉砖的损害，气化炉不适宜长时间在低负荷下运行，经济负荷应在70%以上。

干法进料气流床气化的炉型有：K-T炉、Shell炉、Prenflo炉和GSP炉等，这种气化方法有原料适应性广、冷煤气效率高、碳转化率高、比耗氧低等特点。

1. 德士古气化炉

德士古（Texaco）法是一种以水煤浆为进料的加压气流床气化方法，它是由德士古公司在1946年研制成功，并于1956年开始开发煤的气化。德士古气化炉是所有第二代气化炉中发展最为迅速、开发最为成功的一个，并已实现工业化。

图6-26所示为德士古气化工艺流程简图。其工艺可分为煤浆制备和输送、气化和废热回收、煤气冷却净化等部分。根据煤气最终用途不同，粗煤气可有三种不同的冷却方法：直接淬冷法、间接冷却法（采用废热锅炉）和混合冷却法。

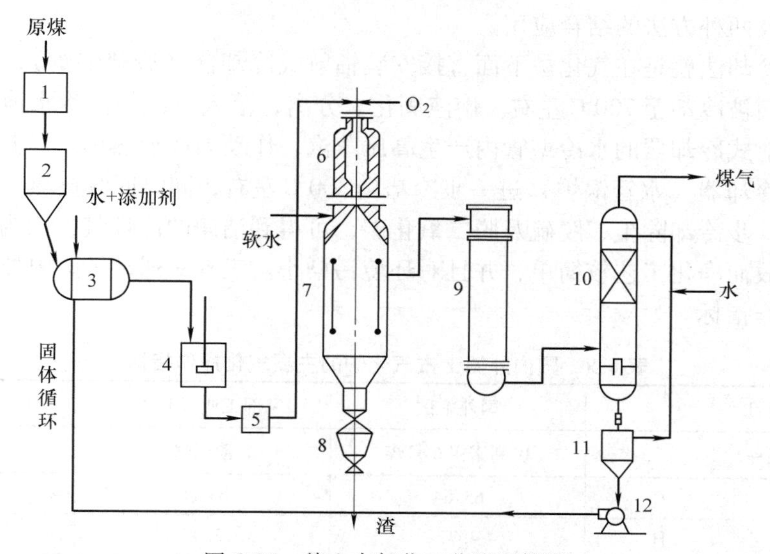

图6-26 德士古气化工艺流程简图
1—输煤装置 2—煤仓 3—球磨机 4—煤浆槽 5—煤浆泵 6—气化炉 7—辐射式废热锅炉 8—渣锁 9—对流式废热锅炉 10—气体洗涤器 11—沉淀器 12—灰渣泵

德士古气化炉适用的原料煤种很广，无烟煤、高中低挥发分烟煤、次烟煤、褐煤均可气化。采用湿法进料，入炉料是水煤浆，因而气化剂只需氧气不用蒸汽，而且原料煤不必干燥。先将原料煤经球磨机进行二级粉磨，使粒度小于90μm的占40%～86%，然后用气力输送至煤浆槽，制得的水煤浆由煤浆泵输送到气化炉进行气化，由气体洗涤器沉淀出的带出碳被灰渣泵重新送入球磨机进行循环利用。

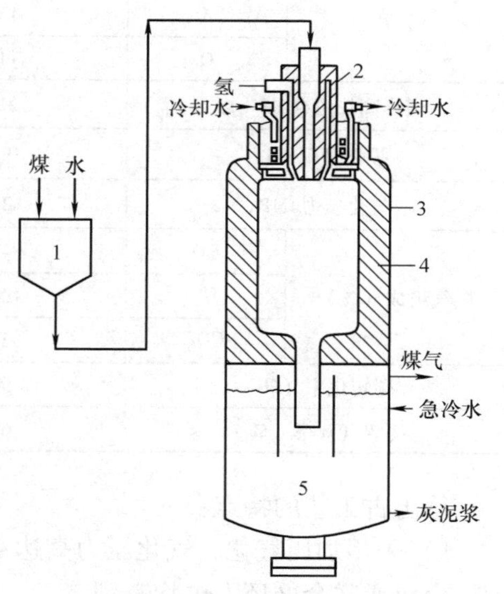

图6-27 德士古气化炉结构图
1—煤浆槽 2—燃烧器 3—气化炉体 4—耐火衬里 5—急冷室

德士古气化炉由两部分组成，上部是部分氧化室，内有耐火材料衬里，下部是熔渣淬冷水槽，如图6-27所示。

水煤浆通过炉顶的燃烧器喷嘴在高速氧气流的作用下高速喷入部分氧化室，炉内温度为1350～1500℃，气化压力为4.3～8.3MPa。氧气和雾状水煤浆在炉内受到耐火衬里的高温辐射作用，迅速经历预热、水分蒸发、煤的干馏、挥发物的裂解燃烧以及碳的气化等一系列复杂的物理、化学过程，最后生成湿煤气、熔渣和未反应的碳，一起向下流入炉子底部的急冷室水浴，熔渣经淬冷、固化后被截留在水中，落入渣罐，经排渣系统定时排放。高温煤气经急冷而产生饱和蒸汽，并随粗煤气带出。这是直接急冷型冷却方式。当生产氢气时可采用此冷却方式，因为粗煤气内蒸汽已达饱和，可直接去变换转化，不需再加蒸汽。

由于高温反应，煤的热值有25%以显热的形式存在，因此，煤气化的经济性必然与副产蒸汽相联系。根据煤气最终用途的不同，粗煤气的冷却方法除直接淬冷法外，还有废热锅炉冷却法，以及两种方法的结合应用。

废热锅炉冷却法就是在气化炉下面直接安装辐射式冷却器（废热锅炉），热粗煤气将热传给水冷壁管而被冷却至700℃左右。熔渣固化、分离，落入下面的淬冷水池，后经闭锁渣斗排出。在辐射式冷却器的水冷壁管内产生高压蒸汽，作动力或加热用。离开辐射冷却器的煤气导入对流冷却器（水管锅炉）进一步冷却到300℃左右，同时回收显热、生产蒸汽。

煤气经进一步冷却除尘、脱硫及脱二氧化碳，可得到洁净的冷煤气。因为粗煤气中不含焦油、酚类，故而净化工艺较简单，并且对环境污染小。表6-9列举了国内外德士古气化炉的主要气化操作指标。

表6-9　国内外德士古气化炉的主要气化操作指标

项目		国外中试	宇部工业（日本）	中国中试
煤种		伊利诺伊6号煤	澳洲煤	铜川煤
元素分析（%）	C	65.64	66.80	69.34
	H	4.72	5.00	3.92
	N	1.32	1.70	0.60
	S	3.41	4.20	1.54
	A	13.01	15.00	15.17
	O	11.90	7.30	9.40
煤样高热值/(MJ/kg)		26.79	28.93	28.36
投煤量/(t/h)		0.635	≈20	1.2
气化压力/MPa		2.58	3.49	2.56
煤气组成（%）	CO	42.2	41.8	36.1～43.1
	H_2	34.4	35.7	32.3～42.4
	CO_2	21.7	20.6	22.1～27.6
碳转化率（%）		99.0	98.5	95～97
冷煤气效率（%）		68.0	—	65.0～68.0

德士古工艺的特点：

1）采用加压气化，气化压力高达4.3～8.3MPa，有利于提高生产能力，而且对于下游加压合成或联合循环发电均有利。

2）煤种适应性广，由于是加压操作，反应物在炉内停留时间比正常操作时稍长，因而煤粉粒度要求稍宽。可以利用粉煤、烟煤、次烟煤、石油焦和煤加氢液化残渣等。

3）采用水煤浆供料，因其流动性能好，输送控制方便，且无干煤粉爆燃危险，但要求煤浆水分不能过高，水煤浆用泵输送较复杂。

4）根据用途不同高温煤气可采取不同的冷却方式，有利于总热效率的提高。

5）碳转化率高，一般可达到98%左右，单炉生产能力大。

2. K-T 气化炉

K-T 法是柯柏斯-托切克（Koppers-Totzek）法的简称。它是以干煤粉进料的常压气流床气化工艺，属于第一代气化技术。第一台工业规模的双炉头 K-T 炉由克虏伯-柯柏斯公司和工程师托切克于 1952 年建成并运行，该方法经过工业化验证，是成熟的工艺。

K-T 气化炉气化工艺系统由气化炉、原料供应、排渣装置、废热锅炉、煤气冷却净化系统等组成，如图 6-28 所示。

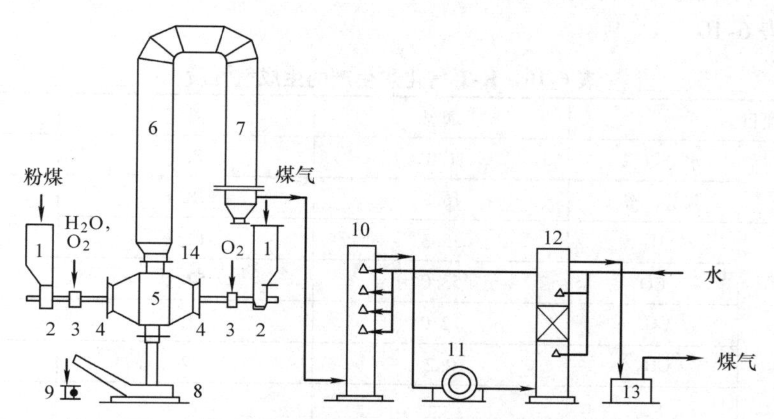

图 6-28　K-T 气化炉气化工艺流程图

1—煤斗　2—螺旋给料机　3—氧煤混合器　4—粉煤喷嘴　5—气化炉　6—辐射锅炉　7—废热锅炉　8—除渣机　9—运渣车　10—冷却洗涤塔　11—泰生洗涤机　12—最终冷却塔　13—水封槽　14—急冷器

K-T 气化炉构造为卧式橄榄形，上部设有废热锅炉，壳体由钢板制成，内衬耐火材料，结构如图 6-29 所示。炉头呈卧式椭球形，内径约为 4m，高约为 3m。四个炉头成 90°均匀布置，每个炉头上装有两个相邻的燃烧器。粉煤、氧气和蒸汽从燃烧器喷入炉内，炉子内衬耐火材料，外有水夹套，可回收炉壁散失的热量用于产生蒸汽，燃烧器用水冷却。

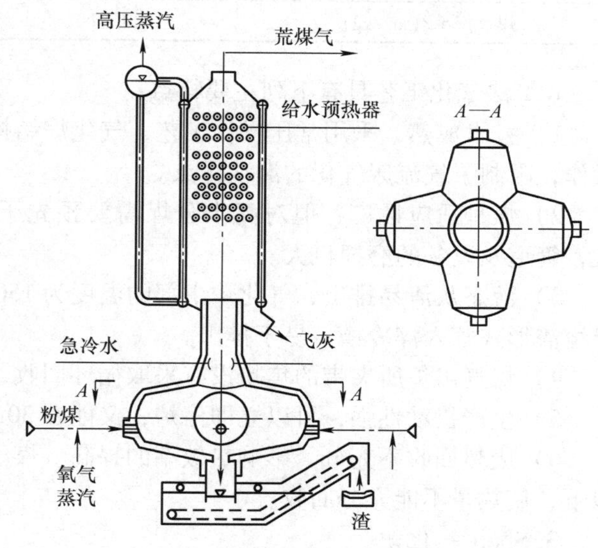

图 6-29　K-T 气化炉结构图

原料煤经干燥及粉碎后，用氮气作气力输送。将煤粉送经辅助料斗并加到气化炉煤斗，再用可变速的螺旋给料器把煤粉送至燃烧器喷嘴，与氧气蒸汽混合。煤粉与气体混合物一起喷入炉时，喷射速度必须大于火焰传播速度，以防止回火。每个炉头设置两个燃烧器，一方面可增加扩散速度；另一方面，如果其中一个发生暂时堵塞时，仍能保证继续着火，增加可靠性。

炉内火焰区温度约为 2000℃，煤粉在几秒钟内完成反应。由于气化还原反应的吸热及热损失，气化炉中部的温度降至 1500 ~ 1600℃，但仍超过灰熔化温度。约有 70% 的灰分以熔渣形式沿气化炉壁下流，进入到淬冷槽中凝固成5～6mm大小的颗粒，由运渣车运走，剩余的灰分被煤气夹带出去。粗煤气从炉体顶部引出，温度约为1400～1500℃，进入上部的辐射式废热锅炉回收热量。为了防止熔渣在废热锅炉中固化使尘粒粘附管壁，故气化炉出口处用水雾骤冷煤气中夹带的熔渣，使之固化。高温粗煤气被冷却至1100℃，然后进入对流式废热锅炉，粗煤气被继续冷却至300℃以下。废热锅炉回收煤气显热获得高压蒸汽，离开废热锅炉的煤气，再经过冷却除尘和脱硫净化，最终得到产品净煤气。当使用不同的原料时，生成气性质见表6-10。

表6-10 K-T气化炉生产的生成气性质

项目		烟煤	褐煤	燃料油
原料煤特性	水分（%）	1.0	8.0	0.05
	灰分（%）	16.2	18.4	—
煤气成分（%）	H_2	33.3	12.2	47.0
	CO	53.0	57.1	46.6
	CO_2	12.0	11.8	4.4
	CH_4	0.2	2	0.1
	O_2	—	—	—
	N_2 + Ar	1.5	2.2	1.2
	H_2S	<0.1	1.5	0.7
生成气热值（MJ/m^3）		10.36	10.22	10.99
煤气产率/(m^3/kg)		1.87	1.27	1.89

K-T法气化工艺具有下列主要特点：

1）技术成熟，采用常压操作工艺，气化炉结构简单。生产能力大，但因没有采用加压操作，限制了气流床气化的潜在优点。

2）煤种适应性广，但对高水分煤需要预先干燥，进料采用干煤粉，气力输送时能耗大，管道及设备的磨损也大。

3）液态灰渣易排出，气化炉中部的温度为1500～1600℃左右，超过灰熔化温度，灰分以熔渣形式落入淬冷槽，易于排出。

4）煤气出炉所夹带的焦粉没有采取循环回收，虽然工艺简单，但影响气化效率。

5）生产机动性强，可以立即停炉，又能在30min内达到满负荷生产。

6）废热回收不充分，影响热效率的提高。煤气在气化炉出口处用水淬冷到灰熔融温度以下，使热量不能充分回收。

3. Shell 气化炉

Shell法是在加压下操作的干法进料气流床气化法，Shell法组合了谢尔国际石油公司在高压下油气化经验和柯柏斯公司在煤气化方面的经验。该工艺的气化压力为2～4MPa，炉内反应区火焰中心温度为2000℃，出炉煤气温度为1350～1600℃。采用干煤粉多烧嘴进料，高温高压气化，废热锅炉冷却，具有调幅能力强、碳转化率高、氧耗低、冷煤气效率和热效率高、煤气品质好、气化炉内无耐火砖衬里和转动部件、维护量少等优点，是当今最洁净利用煤炭资源的国际先进技术之一。

Shell煤气化方法的典型流程如图6-30所示。经磨碎、干燥和加压后的干煤粉送到气化炉，在炉内约为4.0MPa、1600℃条件下与被蒸汽稀释的氧气混合物反应生成合成气、飞灰及灰渣。夹带部分飞灰的高温组合成气经气化炉顶部急冷段和冷却器段（废热锅炉）分别急冷至340℃左右离开气化炉合成气冷却器，再经干法除尘和湿法洗涤后送到后续工序，进一步处理加工成氨或甲醇等成品。大部分灰渣以熔渣形式排入气化炉底部充满水的渣池中并淬冷分散成小的颗粒，经除渣系统排出。

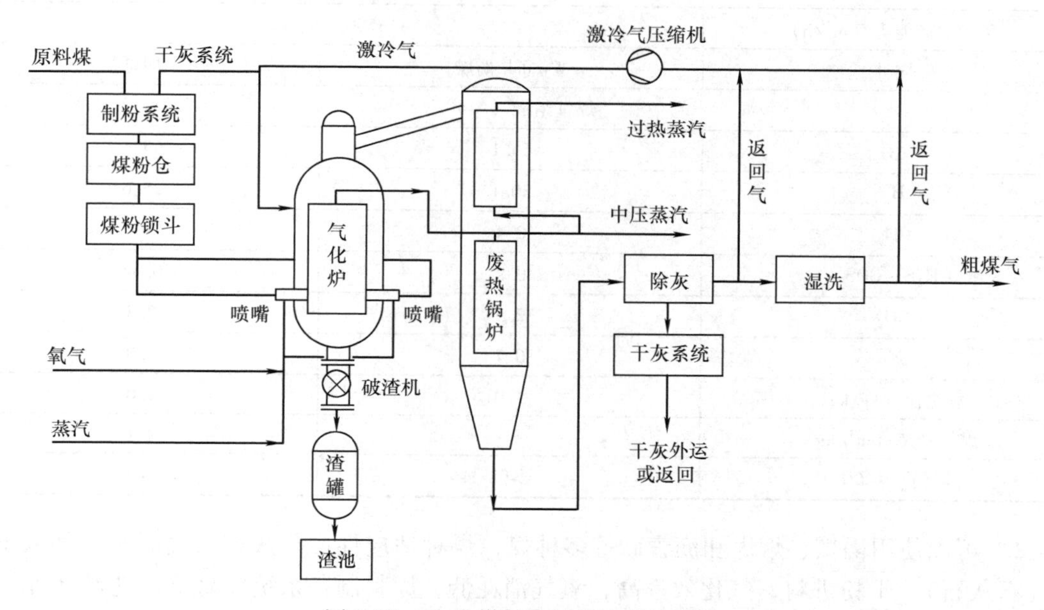

图6-30　Shell煤气化工艺流程示意图

Shell气化工艺装置（SCGP）包括气化炉、气体输送管道、合成气冷却器等主要部件，其关键设备是气化炉。气化炉本体是一台膜式水冷壁反应器，安装在一个压力容器内部。

膜式水冷壁反应器内表面安装有一种导热的陶瓷耐火衬里材料，在气化炉运行期间，会在陶瓷耐火衬里材料表面形成一定厚度的灰渣层。该灰渣层能够覆盖炉壁的内表面，并且由于陶瓷耐火衬里和水冷壁之间良好的导热性能而固化。固化的灰渣层能够保护气化炉，防止炉壁受到煤气化时形成的熔渣侵蚀，而熔渣则沿着炉壁朝下运动，通过底部的排渣口掉落到渣池中。这种膜式水冷壁上保持一种强制的冷却水循环，吸收的热量则用来生成中压蒸汽。由于高温和熔渣气化，该工艺碳转化率高达99%，而且高温气化确保了在粗合成气中不含重烃。表6-11列出了Shell煤气化工艺在德国汉堡（Shell-Koppers）中试装置的设计条件和不同煤种的试验结果。

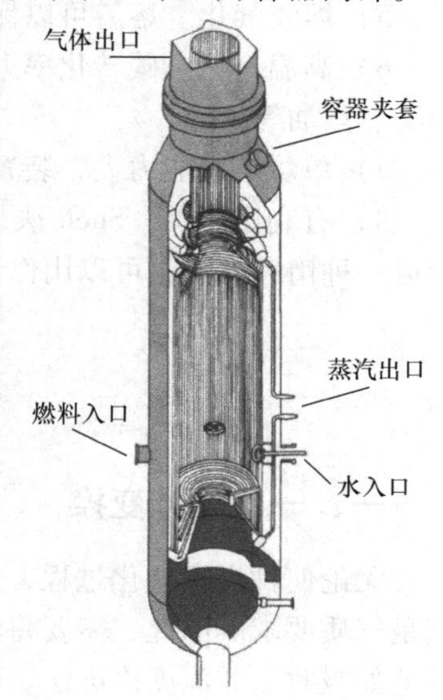

图6-31　Shell气化炉结构图

Shell法气化工艺具有下列主要特点：

1）气化炉结构较简单（见图6-31），内部为膜式水冷壁，无任何耐火砖，烧嘴寿命长，导致气化炉坚固耐用，故气化炉操作可靠。

表 6-11 Shell-Koppers 中试装置的设计条件和试验结果

项目	数据	
设计条件		
处理煤量/(t/h)	150	
操作压力/MPa	3.0	
最高气化温度/℃	1700～2000	
单炉生产能力/(m^3/h)	8500～9000	
煤种	Wyodak 褐煤	烟煤
煤气组成（%）		
CO	66.1	65.1
H_2	30.1	25.6
CH_4	0.4	—
H_2S+COS	0.2	0.47
CO_2	2.5	0.8
N_2	0.7	1.0
氧煤比/(kg/kg)	1.0	1.0
煤气产率/(m^3/kg)	—	2.1
碳转化率（%）	>98	99.0

2）可以使用褐煤、烟煤和沥青砂等多种煤，煤种适应性广。灰熔点高时只需加入助熔剂（石灰石），干粉进料，气化效率高，氧气消耗低，原料制备系统较简单，进料灵活。

3）高效率。原料煤所含能量之中，大约有 80%～83% 以合成气形式回收，另外有 14%～16% 以蒸汽形式回收。

4）对称式多烧嘴。混合效果好，转化率高。

5）熔渣气化。熔渣可以保护渣膜水冷壁，并确保产生无毒的废渣及灰。

6）高温气化。碳转化率大于 99%，有效气体成分含量高，CO_2 含量低，几乎无 CH_4 及酚类、焦油等生成。

7）单炉生产能力大，装置处理能力可达 2000t/d。

8）有利于环保，Shell 法气化工艺的硫氧化物及粉尘排放量实际上为零，煤的灰分则转变成一种惰性炉渣，可以用作道路建筑材料。

第七节 煤气精制

一、一氧化碳变换

无论何种煤炭气化过程，煤气中都含有一定量的 CO，如果直接用作城市燃气，则不能满足气质要求。因此，需要将煤气中的 CO 脱除，通常采用变换法来降低煤气中的 CO 含量。其他如吸收法、深度冷冻法、合成法等也能脱除 CO。

一氧化碳的变换是指煤气借助于催化剂的作用，在一定温度下，与水蒸气反应生成二氧化碳和氢气的过程。通过变换反应既除去了煤气中的CO，又得到了制取甲醇的有效气体H_2。同时，变换过程又有净化作用，可使煤气中的有机硫（COS、CS_2等）水解转化为无机硫（H_2S），便于脱除。一氧化碳变换反应是可逆、放热、体积不变的反应，降低反应温度和提高水汽比均有利于反应向正方向进行。

1. 变换反应

一氧化碳变换的化学反应为

$$CO + H_2O \rightarrow H_2 + CO_2 + Q$$

此外，一氧化碳与氢之间还可发生下列反应

$$CO + 3H_2 \leftrightarrow CH_4 + H_2O + Q$$

$$CO + H_2 \leftrightarrow H_2O + C$$

一氧化碳变换反应必须在催化剂存在的条件下才能进行，目前工业上常用的变换催化剂主要有铁铬系中温变换催化剂、铜锌系低温变换催化剂、钴钼系耐硫宽温变换催化剂三大类。每种催化剂都有最适合它的工艺条件，每种工艺条件也都有最适合的催化剂，通过合理选择，可抑制其他反应的发生，降低副反应发生的几率，CO残余量可低于0.5%。

2. 工艺条件

（1）压力　一氧化碳变换反应是等摩尔反应，压力的改变对变换反应的平衡几乎无影响，但加压变换有以下优点：

1）可加快反应速度和提高催化剂的生产能力，从而可提高生产强度。

2）设备体积小，投资较少。

3）湿变换气中水蒸气冷凝温度高，有利于热能的回收利用。

由于是气相反应，加压可提高反应物浓度，从而提高反应速率，提高设备生产能力。但提高压力将使析碳和生成甲烷等副反应易于进行，具体操作压力的数值则应根据具体的气化工艺决定，目前大型煤气化装置都采用加压变换。

（2）温度　一氧化碳变换为放热反应，随着一氧化碳变换反应的进行，温度不断升高，反应速率增加；继续升高温度，反应速率随温度的增值为零；再提高温度时，反应速率随温度升高而下降。对一定类型的催化剂和一定的气体组成而言，必将出现最大的反应速率值，与其对应的温度称为最佳温度或最适宜温度。反应温度按最佳温度进行可使催化剂用量最少，但要控制反应温度严格按照最佳温度曲线进行在目前是不现实和难于达到的。目前，在工业上是通过将催化剂床层分段来达到使反应温度靠近最佳温度进行，但对于低温变换过程，由于温升很小，催化剂不必分段。

（3）水汽比　水汽比即变换原料气中水蒸气与粗煤气的物质的量（或体积）之比。提高水蒸气比例，有利于提高一氧化碳变换率，降低残留量；同时，还可起到热载体的作用，减少催化剂床层的温升。

但水蒸气用量是变换过程中最主要的消耗指标，尽量减少其消耗对过程的经济性具有重要意义。同时，水蒸气比例过高，还将造成催化剂床层阻力增加，CO停留时间缩短，余热回收设备负荷加重等。中（高）温变换操作时，适宜的水汽比一般为3~5，反应后，中（高）变气中水汽比可达15以上，不必再添加水蒸气即可满足低变要求。水汽比降低虽然可节约成本，但过低的水汽比将会导致铁铬系中变催化剂中铁的氧化物过度还原，从而降低活性。因此，要降低变换过程的水汽比，必须确定合适的一氧化碳最终变换率或残余一氧化碳含量，中（高）变气中一般 CO 含量为 3% ~4%（体积分数），低变气中 CO 含量为 0.3% ~0.5%（体积分数），催化剂段数也要合适，段间冷却要良好，同时采取余热回收可降低水蒸气消耗量。

3. 工艺流程

一氧化碳变换的工艺流程主要是由原料气组成来决定的，同时还与所用催化剂、变换反应器的结构，以及气体的净化要求等有关。原料气组成中首先要考虑的是 CO 含量，CO 含量高则应采用中（高）温变换，因为中（高）变催化剂操作温度范围较宽，且价廉易得，寿命长。对 CO 含量超过 15%（体积分数）时，一般应考虑将反应器分为两段或三段，其次应考虑进入系统的原料气温度及湿含量，若原料气温度及湿含量较低，则应考虑预热与增湿，合理利用余热，然后是将 CO 变换与脱除残余 CO 的方法结合考虑。

（1）中（高）变-低变串联流程　采用此流程一般与甲烷化脱除少量碳氧化物相配合。这类流程先通过中（高）温变换将大量 CO 变换达到 3% 左右后，再用低温变换使 CO 含量降低到 0.3% ~0.5%（体积分数），即中串低流程。为了进一步降低出口气中 CO 含量，也有在低变后面再串一个甚至两个低变的流程，如中低低、中低低低等。同样是中串低，根据原料气中 CO 含量不同又有多种流程，CO 含量较高时，变换气一般选在炉外串低变；而 CO 含量较低时，可选在炉内串低变。图 6-32 所示为中变串低变的调温水加热流程，而图 6-33 所示为中变增湿的中低低流程。

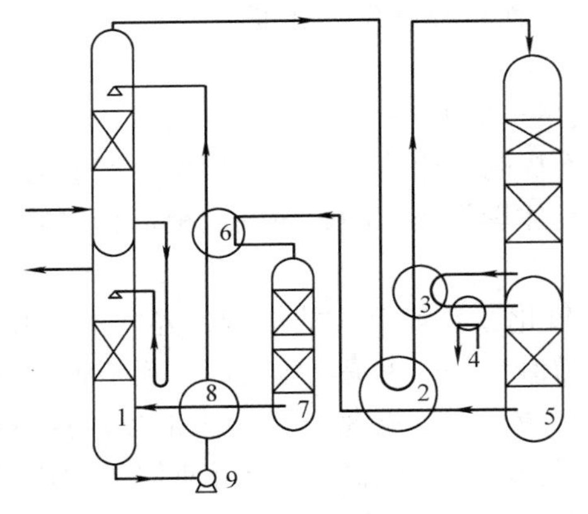

图 6-32　炉外中变串低变的调温水加热流程
1—饱和热水塔　2—主换热器　3—中间换热器
4—蒸汽过热器　5—变换炉　6—调温水加热器
7—低变炉　8—水加热器　9—热水泵

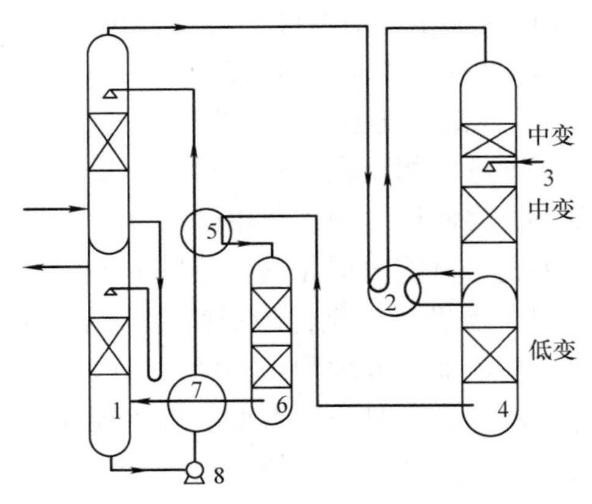

图 6-33　中变增湿的中低低流程
1—饱和热水塔　2—主换热器
3—喷水增湿器　4—变换炉　5—调温水加热器
6—低变炉　7—水加热器　8—热水泵

（2）全低变流程　全低变工艺是采用宽温区的钴钼系耐硫变换催化剂。催化剂的起始活性温度低，变换炉入口温度及床层内热点温度低于中变炉入口及热点温度 100 ~200℃，这样，就降低了床层阻力，缩小了气体体积约 20%，从而提高了变换炉的生产能力。此外，变换系统处于较低的温度范围内操作，在满足出口变换气中 CO 含量的前提下，可降低入炉蒸汽量，使全低变流程的蒸汽消耗降低。

目前全低变流程有两种，一种是新设计的，另一种是将原有中、小型装置加以改造的。图 6-34 所示为改进后的全低变流程。半水煤气先进入饱和热水塔的饱和塔部分，与下塔顶流下的热水逆流接触进行热量与质量的传递，使半水煤气提温增湿。带有水分的出塔气体进入换热器预热并使夹带的水分蒸发，然后进入变换炉顶部，经两段变换引出，在增湿器中喷水增温，然后返回第三段催化剂进行变换，从第三段出来的气体经与原料气换热后进入第四段催化剂进行最后的变换反应。从变换炉出来的变换气先经一水加热器，再进入热水塔回收热量后引出。该流程有如下优点：

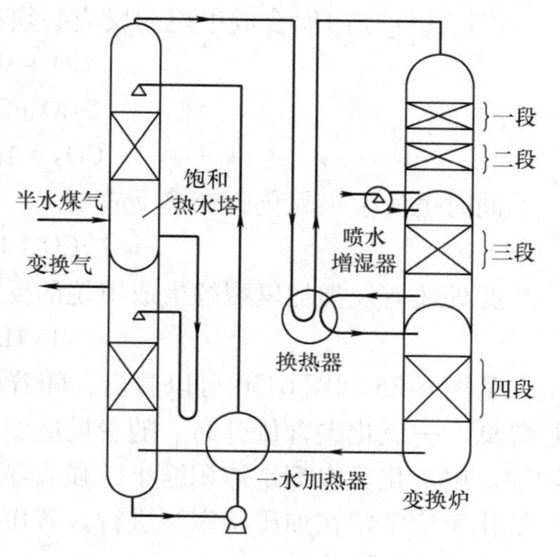

图 6-34 全低变流程

1）杜绝了铁铬中变换催化剂过度还原的问题，延长了一段变换催化剂的使用寿命。

2）床层温度下降了 100～200℃，气体体积缩小 25 %，降低了系统阻力，提高了变换炉的设备能力，减少了压缩机功率消耗。

3）提高了有机硫化物的转化能力，在相同操作条件和工况下，全低变工艺与中串低或中低低工艺相比，有机硫化物转化率提高 5%。

4）操作容易，起动快，增加了有效时间。

（3）变换工艺的新进展

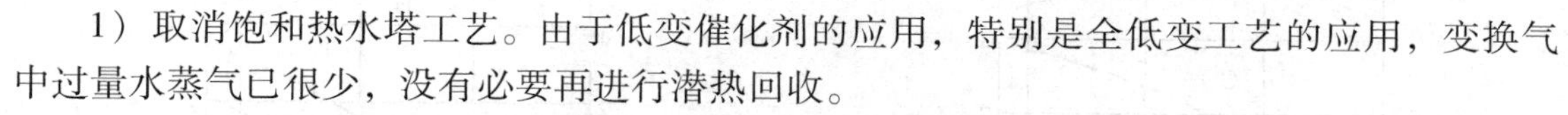

1）取消饱和热水塔工艺。由于低变催化剂的应用，特别是全低变工艺的应用，变换气中过量水蒸气已很少，没有必要再进行潜热回收。

2）变换兼有机硫化物转化工艺。以煤或重油为原料的合成气生产中，在低温变换时，大部分有机硫化物能够转化成无机硫化物，但有少部分有机硫化物（如噻吩、COS 和 CS_2 等）却难以转化。后续工序的脱硫中一般只能脱除无机硫化物，为保护后续工序中的各种催化剂，采用变换兼有机硫化物转化工艺，可实现对硫的精脱。

3）适用于醇生产的低温变换工艺。用于联醇或单醇生产的变换工艺，由于变换气中可以有较高的 CO 含量，因此其工艺可作适当简化。用于联醇时，可用变换兼有机硫化物转化工艺；而用于单醇时，由于转化率要求较低，一般采用一段中温变换流程，并兼设有机硫化物转化。

二、煤气甲烷化

我国天然气供应长期存在资源短缺、价格上涨以及能源安全等问题，由此发展煤制代用天然气（Substitute Natural Gas，SNG）技术成为有效的改善措施之一。它可以充分利用褐煤等劣质煤炭资源，通过煤气化产生合成气，再经过甲烷化，生产热值大于 8000kcal/m^3 的代用天然气。这样能避免劣质煤炭长距离运输不经济的缺点，促进煤炭的高效、清洁利用，还可以利用现有的天然气管道，有效缓解天然气的供需矛盾。

煤制代用天然气的关键技术主要有两点：煤制合成气技术和甲烷化技术。

甲烷化是指含氢气和一氧化碳较高的煤气，在催化剂的作用下，通过合成甲烷反应转化为甲烷含量较高的煤气，用于生产代用天然气。如果一氧化碳完全转化为甲烷，则可得到以甲烷为主的代用天然气，称为完全甲烷化。如果一氧化碳部分转化为甲烷，则称为部分甲烷化。通过部分甲烷化可以使一氧化碳含量较高的煤气转化为符合质量要求的城市燃气，还可间接消除煤气的毒性（一氧化碳含量降低）。

1. 变换反应

CO、CO_2 与 H_2 合成甲烷的反应必须在催化剂存在的条件下进行。主要反应为

$$CO + 3H_2 \leftrightarrow CH_4 + H_2O$$

$$2CO + 2H_2 \leftrightarrow CH_4 + CO_2$$

$$CO_2 + 4H_2 \leftrightarrow CH_4 + 2H_2O$$

同时也发生一氧化碳变换反应

$$CO + H_2O \leftrightarrow H_2 + CO_2$$

此外还有烃类加氢裂解生成甲烷的反应，例如

$$C_2H_6 + H_2 \leftrightarrow 2CH_4$$

从图 6-35 和图 6-36 可以看出，随着反应气体中二氧化碳含量的增加，平衡时甲烷的含量降低，一氧化碳含量升高。随着反应温度的升高，平衡时甲烷的含量降低，一氧化碳含量增加。甲烷化反应都是体积缩小的强放热反应，提高压力可使平衡时的甲烷含量增加，所以甲烷化反应常常在加压状态下进行。若用加压气化煤气作为原料气，那么不需另行加压就可以直接进行甲烷化。

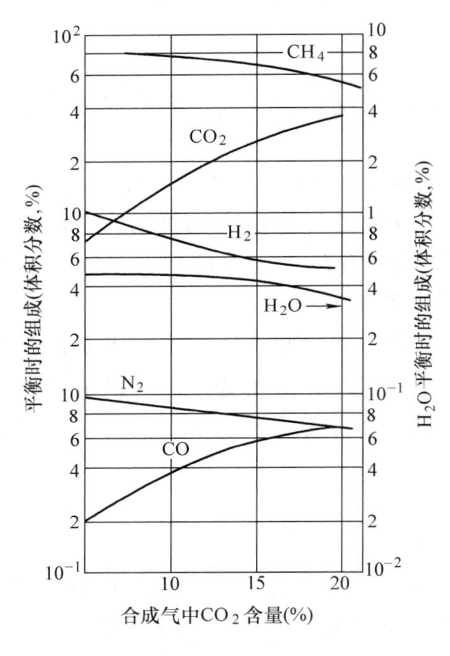

图 6-35 二氧化碳对合成气转化的影响图

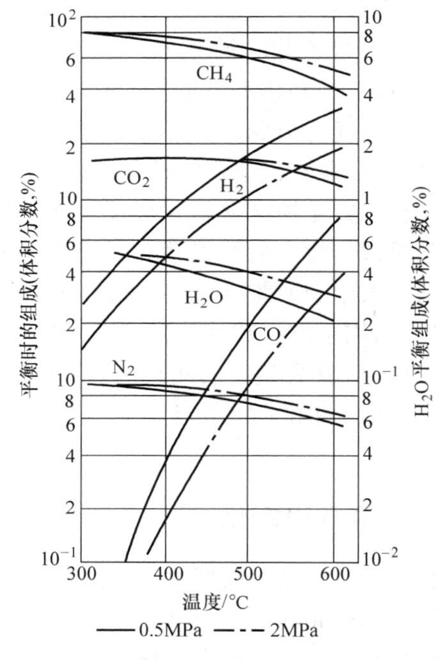

图 6-36 温度和压力对合成气转化的影响

甲烷化反应实质上是甲烷蒸气转化的逆反应，必须要在催化剂作用下才能实现工业生产。对甲烷催化剂不仅要求它有较高的比表面积和低温活性、一氧化碳转化率和甲烷选择性，寿命长且价格低廉，而且希望其耐毒性强、析碳率低、能接受 H_2/CO 比值低的原料气以及能在较宽的温度压力范围下通过较高流速的原料气。一般甲烷化催化剂是为以氧化铝及其他助剂为载体的镍金属催化剂，但镍系催化剂对于硫化物等的抗毒能力较差，一般加入其他金属（钨、钯）或氧化物（氧化钼、三氧化二铬）来改善其抗毒能力。目前，常用的甲烷化催化剂主要有两类：一类适用于加压原料气的钼系耐硫催化剂，另一类是可用于常压原

料气的镍系不耐硫催化剂。

2. 工艺条件

由于甲烷化反应是强放热反应，所以要非常重视甲烷化过程的热量移出问题，以防止催化剂因温度过高而失效。同时，还要考虑当原料气中（H_2/CO）摩尔比较低时，可能产生析碳现象。因此，在选择反应条件时，应考虑以下因素。

1）在200℃以上，活性的催化剂组分（主要是元素周期表第Ⅷ族的金属）有助于使一氧化碳加氢反应达到足够高的速度。

2）形成挥发性镍羰基化合物[$Ni(CO)_4$]的最低反应温度由一氧化碳分压确定。由于一氧化碳能形成挥发性镍羰基化合物而带来催化剂的腐蚀问题，因此，确定镍或钴催化剂的反应温度在225℃以上。

3）当压力不变而反应温度升高时，由于热力学平衡的影响，甲烷含量和气体质量下降。因此需要限制反应，或者反应宜根据温度分步进行。第一步在尽可能高的温度（350～500℃）下进行，以便最大限度利用反应热；主反应完成后，残余的转化在低温下进行，以便最大限度进行甲烷化反应。

4）低温下被抑制的一氧化碳析碳反应的速度，在450℃以上不规则地增加，并能迅速导致催化剂失活。为了避免碳在催化剂上的沉积，应在原料气中加入蒸汽，使气体的温升减小，从而抑制析碳反应的发生。另外，由于一氧化碳转化率和平衡的移动有所增加（有利于甲烷的生成），对于富含一氧化碳的气体（如煤气化合成气），直接用于甲烷化时必须引入蒸汽。

5）甲烷化过程的热效率随温度增加而增加。

6）金属粒子和催化剂载体的热稳定性约在500℃以上迅速下降，并且由于烧结和微晶的增大会引起催化剂活性降低。镍催化剂的常用反应温度在280～500℃之间，催化刑寿命在一年甚至五年以上。

7）提高压力有助于甲烷的合成，但这受煤制合成气的操作压力和净化过程（如变换、脱碳等）的限制，为了尽可能避免原料气的高能耗的中间压缩过程，应尽可能提高煤制合成气的压力。

除以上考虑因素以外，还有许多辅助条件需要考虑。如较高的原料合成气的利用率，这与转化过程及反应热有关；避免消耗能量的工艺步骤，如压缩或中间冷却等；减小催化剂体积并延长其寿命等，从而降低投资及操作费用。

3. 工艺流程

代用天然气的生产，根据排渣方式的不同可分为固态排渣气化生产和液态排渣气化生产。

（1）采用固态排渣气化法的合成工艺　目前，采用固态排渣气化法生产的合成气，其合成甲烷的方法有两种。

1）固定床法。固定床法合成甲烷工艺流程如图6-37所示。三台串联的固定催化床中，前两台催化床的入口温度为320℃，控制煤气出口温度不大于400℃。由于甲烷化反应是一个强烈的放热反应，温度过高不利于甲烷的合成。同时，温度过高在床内会产生积炭和催化剂熔结。为此，在每一催化床后都装了废热锅炉，除降温回收反应热外，也可产生一部分蒸汽。此外，为防止床层温度升高，采用一部分冷煤气（110℃左右）经压缩后进行循环。循环量与合成原料气量之比为(1.1~1.3):1。

煤气在进入第三台列管式催化床时的组分是：一氧化碳含量在2%~3%（体积分数）；氢气含量在10%左右（体积分数）。为了使甲烷合成率提高，就需要在较低的温度下进行，一般控制在120℃左右。

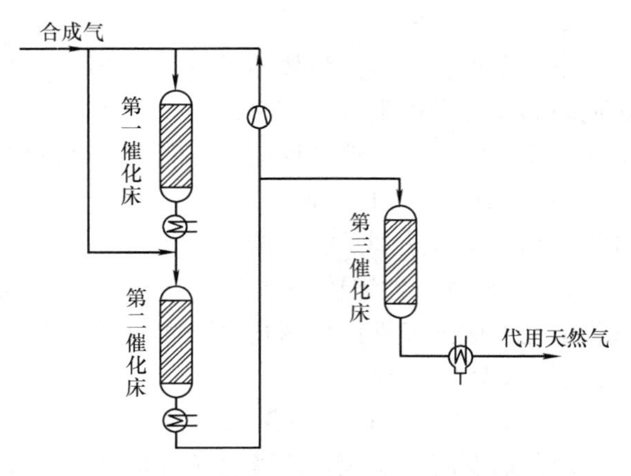

图6-37 固定床法合成甲烷工艺流程简图

2）流化床法。流化床法合成甲烷工艺流程如图6-38所示。第一个催化床采用流态化，第二个是固定床，都采用雷尼（Raney）镍系催化剂。在流化床内，为了控制反应温度，除部分采用冷煤气循环外，另有固体换热载体进行循环，以将部分反应热移至床外，降温以后再送至床内，动力可以用泵或者经压缩的煤气。

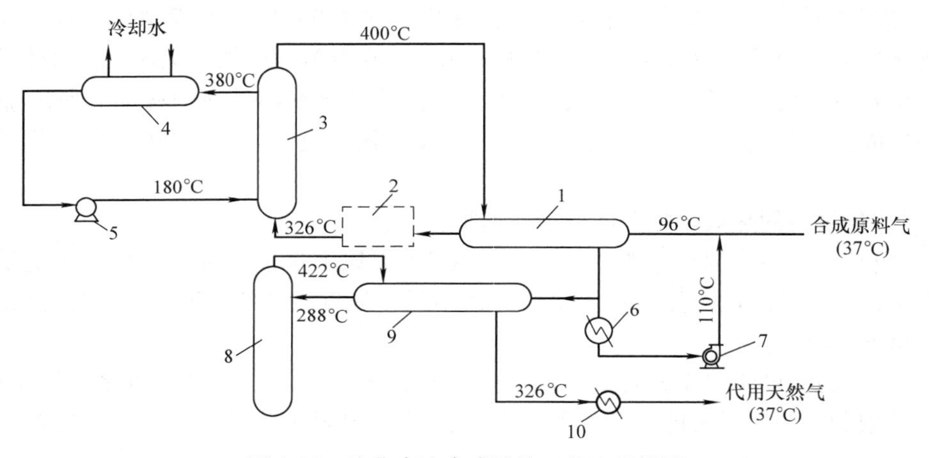

图6-38 流化床法合成甲烷工艺流程简图
1、4、9—换热器 2—启动加热器 3—流化催化床 5—泵
6—冷却器 7—压缩机 8—固定催化床 10—冷却器

合成甲烷后，还需进一步干燥，脱去水分，即为代用天然气。在甲烷总量中约有57%~65%是由催化反应产生的，其余的35%~43%是在加压气化炉内产生的。

（2）采用液态排渣气化法的合成工艺 采用液态排渣气化法制取代用天然气，主要有两种工艺。

第一种：煤气化→一氧化碳变换→脱硫化氢和二氧化碳→合成甲烷。

第二种：煤气化→冷凝→脱硫化氢→甲烷化/变换→脱二氧化碳。

第一种工艺路线，由于液态排渣气化炉生产的煤气中一氧化碳含量高，水蒸气含量少，以致要向变换过程中再添加一部分水蒸气，从而影响到这种气化方法的优越性。

第二种工艺路线，弥补了上述缺点。在净化工艺中，创造性地将一氧化碳变换与合成甲烷两道工序并在一起，这是一种新的合成甲烷工艺，称为高一氧化碳甲烷合成法（简称HCM法）。

图6-39所示为HCM合成甲烷工艺流程简图。脱硫后纯净合成原料气在350℃的温度下进入该装置，在饱和器内与热水逆向流动，从而添加了水蒸气，此后相继进入三个串联的甲烷催化合成器，反应温度由产品气再循环和通过第一级合成原料气旁通管来控制，合成甲烷反应热由余热锅炉和热水换热器进行回收。HCM法采用的H_2/CO比为1.0，并使用一种在高一氧化碳含量条件下合成甲烷所需的催化剂，在操作中通过添加一部分水蒸气，以降低一氧化碳的分压，可避免积炭现象。合成甲烷催化剂要求煤气必须脱硫至10×10^{-6}以下。

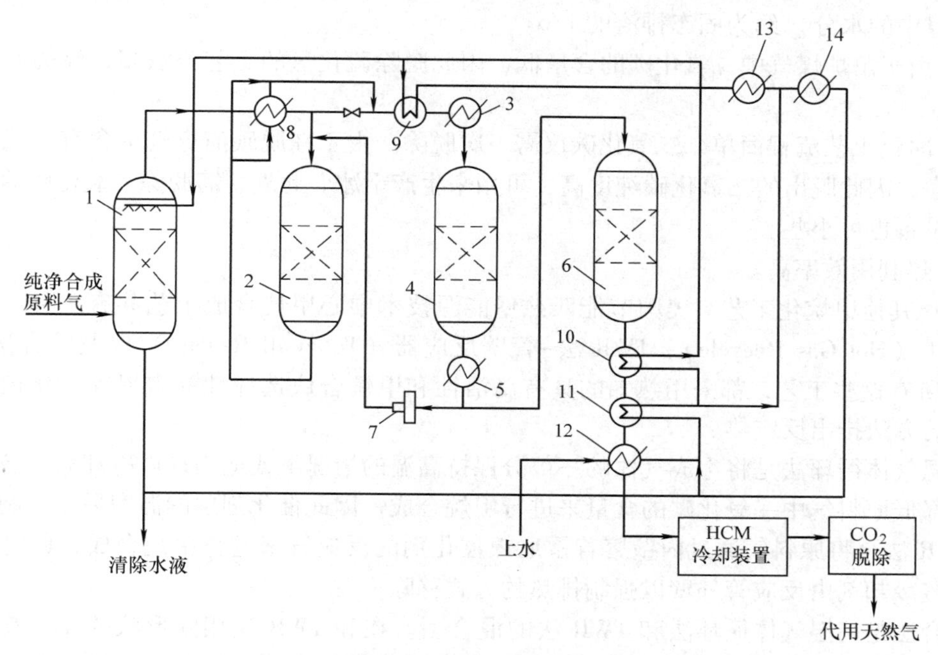

图6-39 HCM合成甲烷工艺流程简图

1—饱和器 2—一级甲烷催化合成器 3、5—余热锅炉 4—二级甲烷催化合成器 6—三级甲烷催化合成器 7—循环压缩机 8~12—换热器 13、14—加热器

液态排渣气化炉采用HCM法生产代用天然气总工艺流程如图6-40所示。气化炉生产的粗煤气先经冷凝脱去焦油，然后脱轻质油和硫化物（包括有机硫和无机硫），再经HCM工艺合成甲烷，最后脱去煤气中的二氧化碳并进行干燥处理，从而制得代用天然气产品。一般在代用天然气组分中氢气少于2%，一氧化碳含量约为0.1%（体积分数），二氧化碳含量

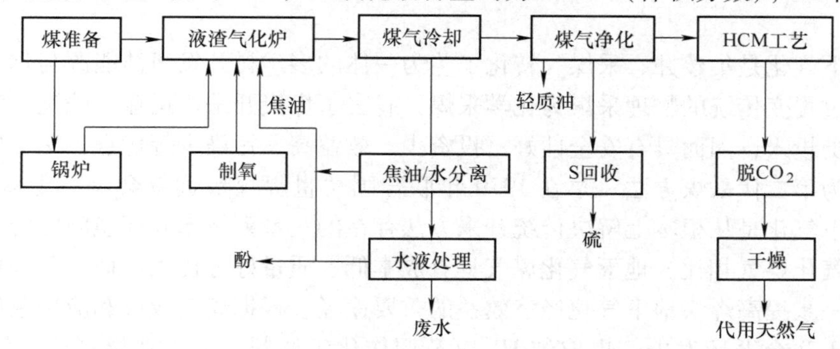

图6-40 HCM法生产代用天然气总工艺流程（液态排渣气化炉）

在1.5%左右（体积分数）。

相比而言，采用HCM法的液态排渣气化合成工艺具有如下优点：

1）保留了液态排渣炉生产过程耗用水蒸气少的特点。在粗煤气的净化过程中，由于没有一氧化碳变换工序，也减少了变换耗用的水蒸气量，合成过程防止积炭所用的少量水蒸气可来自系统本身，因此，总水蒸气的消耗较低，仅是固态排渣的1/2左右。

2）克服了固态排渣气化炉含酚废水处理量大的缺陷。在该工艺中需处理的废水量（包括气化煤中的水分）约为固态排渣的1/6。

3）由于出炉煤气中二氧化碳的含量低，因此脱除硫化氢的工艺方法多，硫的回收率比较高。

4）净化工艺流程简单，二氧化碳仅需一次脱除。由于在脱碳前煤气中含有的硫化氢已脱除干净，因此脱出的二氧化碳纯度高，可用来生产干冰。此外，需脱除二氧化碳的煤气体积小，设备也可小些。

5）热利用效率高。

（3）其他甲烷化工艺　美国节能匹兹堡能源技术中心甲烷合成工艺共有三种：高温气体循环法（Hot Gas Recycle）、TWR法-管壁反应器（Tubewall Reactor）以及混合法（Hybrid）。所有这些工艺，都采用熟知的具有高活性和甲烷合成选择性的雷尼镍催化剂，用各种不同的方法排出反应热。

高温气体循环法是将生成气体的一部分保持高温的情况下或适当加以冷却后，与原料气混合以降低原料气中一氧化碳的含量来进行甲烷合成，因此催化剂层的温度易于控制。

TWR法是将原料气通过内壁熔着雷尼镍催化剂的反应管来进行甲烷合成，此时的反应热用直接冷却剂由反应管外壁以强制排热的方式移除。

混合法是高温气体循环法和TWR法的混合型。在和TWR法相同形状的反应管内部装有X型的熔着雷尼镍催化剂的不锈钢钢板，反应温度由生成气的循环以及靠反应管外壁的导热油直接来控制。

除此之外，还有流动床法甲烷合成工艺、液相流动床法甲烷合成工艺、冷气体再循环式甲烷合成工艺、ICI甲烷合成工艺、RM甲烷合成工艺、丹麦托普索（TREMP）煤制天然气工艺、美国巨点蓝气（BlueGas）工艺等多种生产代用天然气工艺。

第八节　煤的地下气化

煤的地下气化是集建井、采煤、转化工艺为一体的多学科开发清洁能源与化工合成气的新技术。该过程变传统的物理采煤为化学采煤，省去了煤炭开采、运输、洗选、气化等工艺的设备与人员投入，因而具有安全性好、投资少、效益高、污染少等优点，深受世界各国的重视，被誉为第二代采煤方法。早在1979年联合国“世界煤炭远景会议”上就明确指出，发展煤炭地下气化是从根本上解决传统开采方法存在的一系列技术和环境问题的重要途径。

与地面气化煤气相比，地下气化煤气具有成本低、质量好等优点，而合理利用地下气化煤气，是进一步提高煤炭地下气化经济效益的重要途径。根据煤气成分和应用条件，地下气化煤气可用于联合循环发电、提取纯H_2以及用作化工原料气、工业燃料气、城市民用煤气等。

一、地下气化方法与工艺

煤的地下气化就是将处于地下的煤炭进行有控制的燃烧，通过对煤的热作用及化学作用而产生可燃气体的过程。它以氧气、空气、水蒸气为气化剂，将固体燃料转化为以 CO、H_2、CH_4 为主要成分的气体燃料。

煤的地下气化原理与一般煤气化原理基本相同，只是它的气化炉是直接设在地下煤层。地下煤层是不会移动的，但其氧化层、还原层、干燥干馏层将横向缓慢移动，使煤气化后的灰渣留在原处。因为煤层中含有水分，煤燃烧后产生的热量使其蒸发为蒸汽，参加水煤气反应。

煤的地下气化从化学工艺方面看是属于完全气化的过程。由于地下煤层不会移动，而是有组织的移动反应区——即移动火焰工作面。因此，当按化学工艺特征分类时，可以把火焰工作面、风流和煤气移动方向作为气化方法的分类标志。故可将气化方法分为四种：①正向气化法；②逆向气化法；③后退气化法；④连续气化法。

在地下对煤层进行气化时，为了使煤层破碎疏松，增大裂隙和气孔，使其具有与地面发生炉中气化煤层类似的条件，就必须在气化前对地下煤层进行加工。根据加工方法不同，分为有井式地下气化、无井式地下气化和混合式地下气化。

1. 有井式

从地表开凿通向煤层的矿山巷道，并把它们的末端用煤层巷道连接起来进行气化准备煤层的方法，称为有井式准备煤层方法，所建立的地下气化炉称为有井式地下气化炉。

有井式地下气化炉结构示意图如图 6-41 所示。先从地面开凿井筒，然后在地下开拓平巷，用井筒和平巷把地下煤气发生炉和地面连接起来，在平巷里将煤层点燃，从一个井筒开始鼓风，通过平巷由另一个井筒排出煤气。在图 6-41 所示中，a、b 是两个竖井筒，竖井底部开掘两条平巷，ac、bd 作为向煤层鼓风和析出煤气流经的道路，即气化通道。被这些竖井和平巷所包围的煤层，就是要气化的煤层，即气化盘区；从 c 处把煤点燃，鼓风流经由竖井 a 和平巷 cd，向煤层供风，燃烧生成的煤气经平巷 cd 和 db，由竖井 b 排出到地面。煤层发生燃烧气化的地点，称为燃烧（气化）工作面（或称火焰工作面）。随着煤层的气化，上层的煤自动成为碎块落入气化空洞中，火焰工作面由下向上逐渐移动，已气化的空间则被烧剩的煤渣所充填。

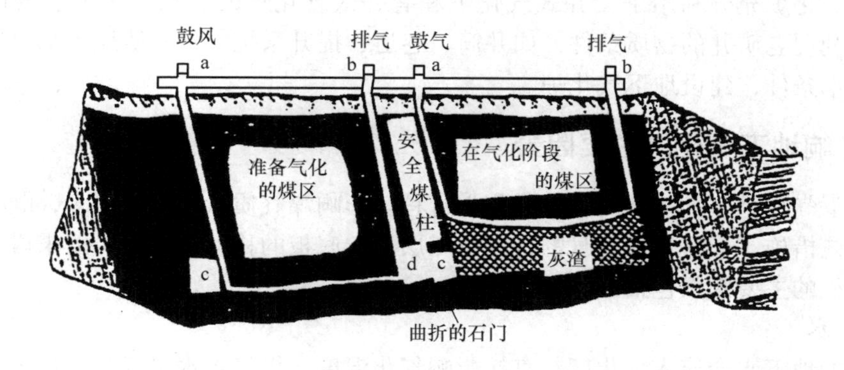

图 6-41　有井式地下气化炉结构示意图

有井式地下气化的主要缺点是需进行大量的地下作业。此外，在气化过程中，平巷空间越来越大，容易造成顶板崩塌，堵塞燃烧空间，致使气化反应不能正常进行。

2. 无井式

利用钻孔揭露煤层，并利用特种技术在煤层中建立气化通道而构成的地下煤气发生炉称为无井式地下气化炉。无井式地下气化方法只需要在地面上钻孔操作，完全取消了地下作业。无井式气化炉从进、排气点和气化通道相对位置来分，可把它们分为几种基本炉型，即V形炉、盲孔炉、U形炉等，其结构如图6-42所示。

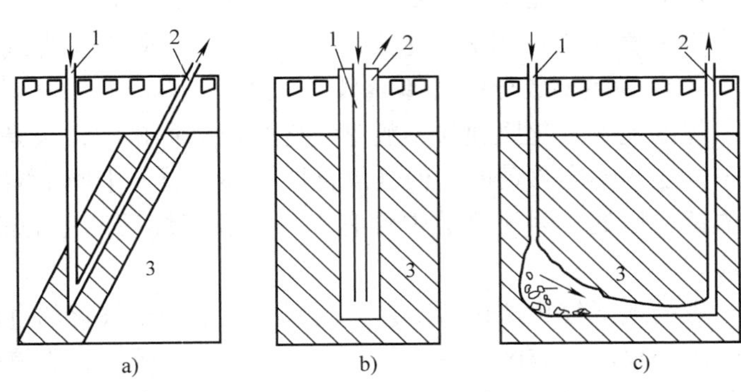

图6-42 无井式地下气化炉结构示意图
a）V形炉 b）盲孔炉 c）U形炉
1—进气孔 2—排气孔 3—煤层

V形炉是沿煤层倾斜方向定向钻进施工排气孔，进气孔一般在煤层顶板打垂直孔或底板打定向斜孔，并在煤层中与排气孔相交，气化通道则沿煤层倾斜方向位于排气孔中（排气孔在煤层中的区段无套管）。这种炉型进气点位置固定，排气点位置随着气化过程的进行而逐步上移，一般适用于厚度较小的急倾斜煤层。U形炉则是进、排气孔都沿煤层钻进，当气化通道逐渐上移时，进、排气点也随之上移，始终位于气化通道的首末端。这种炉型适用性强，气化率高，因而常被采用。盲孔炉是在煤层中打盲孔，在盲孔中放置一直径小于裸孔孔径的套管作为供风管，排气孔则是供风管（进风孔）和裸孔之间的环形空间，在孔底点火，气化工作面为裸孔壁面的一段区域。盲孔炉的气化区域随供风压力的增加而增加，由于其气化空间近似为半圆形，直径可控，因而可作为“三下”煤层气化的最佳途径。同时，它也适用于中厚煤层气化，或断层较多的煤层气化。

3. 混合式

由地面打钻孔揭露煤层或利用井筒敷设管道揭露煤层，以人工掘进的煤巷作为气化通道，利用气流通道（人工掘进的煤巷）连接气化通道和钻孔或管道，所构成的气化炉为混合式气化炉。该气化炉主要适用于矿井报废煤炭资源地下气化。

混合式气化炉充分利用了无井式气化炉和有井式气化炉的优点，建炉投资低、技术简单，可充分利用老矿井的物质条件，如井筒、巷道、提升系统等，一般煤矿都可以利用自身的物质和技术条件，建设地下气化炉。

二、影响地下气化的主要因素

煤的地下气化是非常复杂的物理和化学过程。影响煤气质量的因素很多，既有地下气化所采用的工艺措施，又有煤层自身的特性及煤层顶、底板的移动状态。一般来讲，影响煤炭地下气化过程的主要因素包括以下几个方面。

1. 地下水

煤层中的地下水会流入气化区，直接影响气化温度。煤气含水量反映出地下水从煤层周围涌入气化区域的速率，水涌入速率是由围岩的渗透率和整段地带的静水压力所决定的。通常条件下，静水压力随时间变化缓慢，基本上是稳定的。

气化炉中存在少量的水，对气化过程的进行是有利的，在高温下水被分解，使煤气中富含 CO 和 H_2，同时又能适当降低煤的燃烧温度，从而降低了煤灰的熔融温度，保证了良好的析气条件。如果水涌入量比较大，即超过一定的限度，高温气流的冷却作用及 CO/CO_2 平衡转换占优势，可燃组分相对减少，从而使煤气热值降低。此外，水涌入量增加，容易使孔道内形成水层，堵塞狭窄的气流通道，严重时甚至会造成熄火使气化中断。

2. 煤质

气化反应过程与煤的性质和组成有着密切的关系，又与煤层情况和地质条件有关，如无烟煤由于透气性差，气化活性差，脆性很高，在外力作用下最容易分解，因此一般不适于地下气化；而褐煤最适于地下气化方法，由于褐煤的机械强度差，易风化，难以保存，且水分大，热值低等特点，不宜于矿井开采，而其透气性高，热稳定性差，没有粘结性，较易开拓气化通道，故有利于地下气化。

影响气化过程稳定性的因素还有许多，如围岩受热变形、塌裂、扩展的影响和煤质煤层赋存条件的影响等。这些因素对气化盘区的选择和气化炉的建立过程影响较大，对于气化过程控制煤气成分和热值的影响不大。煤层顶底板岩石的性质和结构对地下气化有重要影响，要求临近岩层完全覆盖气化煤层。当气化过程进行到一定程度时顶板往往在热力、重力和压力的作用下破碎而垮落，造成煤气大量泄漏，影响到气化过程的有效性和经济性。

3. 煤层厚度

在地下气化过程中，燃烧区和煤气不仅因水的涌入而被冷却，而且其中一部分热量会散失到煤层和围岩（底板、顶板等）中去。当煤层厚度小于 2m 时，围岩的冷却作用剧烈变化对煤气热值影响甚大。对于较薄煤层，增加鼓风速率或富氧鼓风可以提高煤气热值。

厚煤层进行地下气化不一定经济，一般以 1.3 ~ 3.5m 厚的煤层进行地下气化比较经济合理，煤层的倾斜度对其气化难易也有影响，一般说来急倾斜煤层易于气化，但开拓条件钻孔工作较困难。试验证明，煤层倾角为 35℃时，便于进行煤的地下气化。

4. 气化炉温度场

煤炭地下气化过程实际上是一个自热平衡过程，依靠煤燃烧产生的热量使地下气化炉内建立起理想的温度场，进而发生还原反应和分解反应，产生煤气。因此，在地下气化过程中起关键作用的是炉内的温度场，尤其是对于生产高热值水煤气的两阶段地下气化更是如此。两阶段气化是一种循环供给空气和水蒸气的地下气化方法，每个循环由两个阶段组成，第一个阶段为鼓空气燃烧蓄热生产空气煤气，第二个阶段为鼓水蒸气生产地下水煤气，只有第一阶段积蓄足够的热能以后才能使第二阶段水蒸气的分解反应得以顺利进行，从而产生高热值地下水煤气。煤层热分解的程度以及热解煤气的产量，完全取决于煤层内的温度分布。

5. 鼓风速率

在地下气化的操作中，主要是鼓风速度。气化过程的稳定主要决定于单位时间内起反应的碳量，又决定于固体碳和二氧化碳的化学反应速度，以及二氧化碳向固体碳表面的扩散速度，化学反应速度与气化带的温度有关，扩散速度则与送风流的速度（鼓风量）有关。气流运动速度越大，扩散速度也越大，煤的气化强度增加。另外，鼓入风速的增加，初级产物一氧化碳的燃烧可以部分避免，而从氧化区带走，从而提高鼓风速度可以相应地提高煤气热值。

煤层中水的涌入速率很难控制，但可通过改变鼓风速率来抑制水涌入所造成的影响，在相同水涌入速率的情况下，鼓风速率越高，气化区温度越高，煤气中水含量越少。

无论在什么条件下，鼓风速率的增加都是有限的，过高时系统压力增大，煤气热值随着鼓风速率的增加而提高。但超过一定数值，煤气热值反而降低，而二氧化碳含量却增加，这说明部分气化产物被燃烧了，所以应选择适宜的流速和压力，以避免煤气的泄漏和一氧化碳被氧化。

6. 空气动力学条件和气化炉结构

现行的地下煤气发生炉的运转经验表明，在地下气化炉的不同工作阶段，均匀地向煤层反应表面鼓风，是气化炉内稳定析气的主要条件。在气化过程中，气化通道的大小、形状、位置都随着煤层和顶板的冒落而不断发生变化。因此，气化工作面的大小、形状、位置和空气动力学条件也在不断地发生变化，从而影响气化过程的稳定。顺利送风至参加反应的煤表面，从而保证一定的空气动力学条件是气化过程的稳定基础，因此必须设计结构合理的气化炉，以实现这一目的。

三、煤炭地下气化工程实例

中国矿业大学（北京校区）煤炭工业地下气化工程研究中心已成功进行了多次煤炭地下气化工程试验和生产，形成了具有中国独立知识产权的煤炭地下气化技术。采用“长通道、大断面、两阶段”地下气化新工艺可以基本实现地下气化煤气连续稳定生产。与地面气化煤气相比，地下气化煤气具有成本低、质量好等优点，而合理利用地下气化煤气，是进一步提高煤炭地下气化经济效益的重要途径。

以徐州新河二号井煤炭地下气化工程为例，气化炉结构及气化系统如图6-43所示。

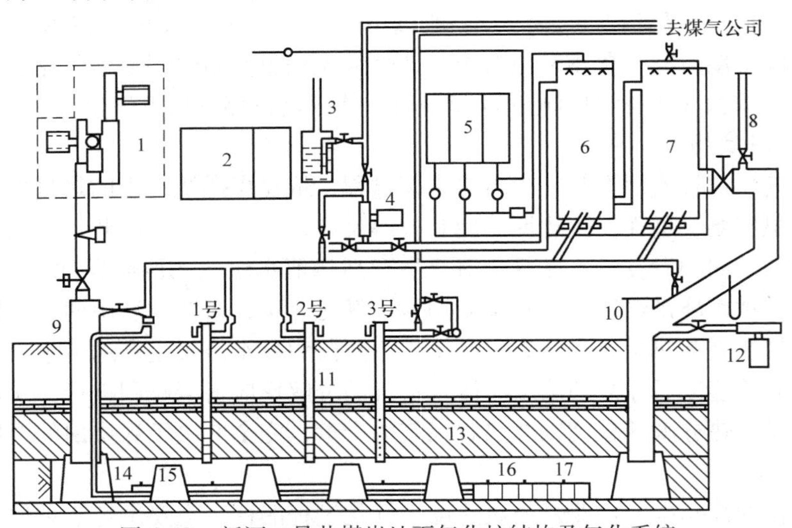

图6-43 新河二号井煤炭地下气化炉结构及气化系统

1—风机房 2—测控室 3—放散 4—引风机 5—冷却水池 6—洗涤塔 7—空喷塔 8—放散塔 9—进气孔 10—出气孔 11—辅助孔 12—风机 13—气化煤层 14—辅助通道 15—煤堆 16—气化通道 17—温度测点

徐州新河二号井位于安徽闸河煤田的东北端，处于中生代后期经强烈的燕山运动形成的一狭长形不对称的向斜盆地，长轴约为5km，短轴约为1.2km，共有上、中、下三层煤，而第三层煤即该系的主采层，煤层厚度为2.55~4.99m，平均厚度为3.8m，中间有一层夹矸，厚度约为0.30~0.80m不等，煤种为气煤，发热量在20.93MJ/m^3上下，开采的上限为-54m水平，从-54m水平向上至-10m水平的露头煤，大约有39.09×10^4t储量。该工程气化炉址选在已采空的石盒子组东七采区三层煤的地表防水煤柱内，气化通道标高为-46m水平，地面标高为+40m水平，防水煤柱露头标高为-10m。气化煤层倾角为60°~80°，煤层厚度为2.55~4.99m，平均厚度为3.8m，内含夹矸层0.3~0.8m。

气化炉由进气孔、出气孔、气化通道、测温孔、蒸汽孔等组成，气化通道长度为168m。气化系统包括气化炉、地面煤气净化系统、鼓引风系统、测试系统等。净化系统主要由空喷塔、洗涤塔、循环水池、放散塔、水封等组成，由于该工程也是半工业性试验，所以气化系统较简单。

该气化炉于1994年3月点火成功后，采用压抽结合、辅助通道供风、多点供风及脉动鼓风等工艺，基本保证了煤气质量的稳定，连续气化时间约为10个月。日产煤气量平均为3.6×10^4m^3。煤气供工业锅炉燃烧，效果良好。1994年11月以后，又进行了多次两阶段气化试验，煤气送徐州煤气公司供居民使用。

第七章

液化石油气

第一节　液化石油气来源与特性

液化石油气是由多种碳氢化合物组成的混合物，其主要成分是丙烷（C_3H_8）、丙烯（C_3H_6）、丁烷（C_4H_{10}）、丁烯（C_4H_8），行业上习惯称为 C_3、C_4。另外，液化石油气中还有少量的甲烷（CH_4）、乙烷（C_2H_6）、乙烯（C_3H_6）、戊烷（C_5H_{12}）、戊烯（C_3H_6）以及微量的硫化物、水蒸气等。

液化石油气在常温、常压下呈气态，当压力升高或温度降低时，很容易转变为液态。液化后体积约缩小 250 倍。气态液化石油气的发热值约为 92100 ~ 121400kJ/m³，液态液化石油气的发热值约为 45200 ~ 46100kJ/kg。

一、液化石油气来源

液化石油气可以从气、油田的开采中获取，称为天然石油气；也可从石油炼制过程中作为副产品提取，称为炼厂石油气。

1. 天然石油气

天然气石油气可从纯气田的天然气中获得，在一定条件下，经过分离、吸收、分馏过程将天然气中的丙烷、丁烷分离出来；也可从油田的石油伴生气中获得，在开采石油过程中，石油伴生气与石油一起喷出，利用安装在油井上的油气分离器使石油与油田气分离，然后采用吸收法将气体中的各种碳氢化合物分离，并从中提取液化石油气。

2. 炼厂石油气

在石油的炼制和加工过程中产生的液化石油气，统称为炼厂石油气。其组成和产率取决于原料油的成分和性质、工艺流程及加工方法。根据炼油生产工艺，炼厂石油气可分为蒸馏气、热裂化气、催化裂化气、催化重整和焦化气 5 种。根据炼油方法不同获取的液化石油气也不同。其中，采用蒸馏法可获取高质量的液化石油气；而采用催化重整法获取的液化石油气是目前我国作为城市燃气供应的主要来源。

3. 液化石油气质量要求

（1）硫分　液化石油气中如含有硫化氢和有机硫，会造成运输、储存和蒸发设备的腐蚀。硫化氢的燃烧产物 SO_2，也是强腐蚀性气体。

（2）水分　水和水蒸气能与液态和气态的 C_2、C_3 和 C_4 生成结晶水化物。水化物能缩小管道的流通断面，甚至堵塞管道、阀门以及保证容器安全工作的仪表和设备，如安全阀、液面计和调压器等。当温度降低而生成水化物时，很易冻成普通的冰，使容器与吹扫管、排液管及测量液化石油气液位的管道隔断。

水蒸气还会加剧 O_2、H_2S 和 SO_2 与管道、阀门及燃气用具的金属之间的化学反应，造成金属腐蚀。特别是水蒸气冷凝，并且在管道和管件内表面形成水膜时腐蚀更严重。

（3）二烯烃　从炼油厂获得的液化石油气中，可能含有二烯烃，它能聚合成橡胶状固体聚合物。在气体中，当温度在 60 ~ 75℃时即开始强烈的聚合；在液体中，温度在 40 ~ 60℃时就会强烈聚合反应。含有二烯烃的液化石油气气化时，在气化装置的加热面上可能生成固体聚合物，使气化装置在很短时间内就不能进行工作。

一般丁二烯在液化石油气中的摩尔分数不大于2%。

（4）乙烷和乙烯　由于乙烷和乙烯的饱和蒸气压是高于丙烷和丙烯的饱和蒸气压，液化石油气中乙烷和乙烯的含量一般不大于6%（质量分数）。

（5）残液　C_5 和 C_5 以上的组分沸点较高，在常温下不能气化而残存在容器内，称为残液。残液量大会增加用户更换气瓶的次数，增加运输量。因而，对其含量应加以限制，要求残液量在20℃条件下不大于2%（体积比）。

二、液化石油气的特性

1. 液化石油气的密度

（1）气态液化石油气的密度　在101325Pa 下一些气态碳氢化合物的密度见表7-1。密度随着温度和压力的不同而发生变化。在压力不变的情况下，气态物质的密度随温度的升高而减少。

表7-1　气态碳氢化合物的密度　（单位：kg/m^3）

温度/℃	甲烷	乙烷	乙烯	丙烷	丙烯	正丁烷	异丁烷	1-丁烯
0	0.7168	1.3562	1.2604	2.02	1.9149	2.5985	2.6726	2.503
15	0.677	1.269	1.184	1.861	1.766	2.452	2.442	2.369

（2）液态液化石油气的密度　液态液化石油气的密度受温度影响较大，温度上升密度变小，同时体积膨胀。液态液化石油气各组分的密度，见表7-2。液态压缩性很小，压力对密度的影响可以忽略不计。

表7-2　液态液化石油气各组分的密度　（单位：kg/m^3）

温度/℃	丙烷	正丁烷	异丁烷	丙烯	丁烯
-15	548	615	600	567	634
-5	535	605	588	552	624
0	523	600	582	545	619
5	521	596	576	538	612
10	514	591	570	531	606
15	507	583	565	524	600
25	490	573	553		
35	474	562	540		
45	451	549	527		

（3）相对密度　气态液化石油气的相对密度是指在同一温度和压力的条件下，同体积的气态液化石油气与空气的质量之比。液态液化石油气的相对密度是指液体的密度与

101325Pa、277K时水的密度之比。表7-3和表7-4分别是气态和液态液化石油气的相对密度。

表7-3 气态液化石油气各组分的相对密度 (0℃，101kPa)

名称	分子式	相对分子质量	空气平均相对分子质量	相对密度
丙烷	C_3H_8	44	29	1.517
丁烷	C_4H_{10}	58	29	2.000
丙烯	C_3H_6	42	29	1.448
丁烯	C_4H_8	56	29	1.931
戊烯	C_5H_{12}	72	29	2.483

表7-4 液态液化石油气各组分的相对密度

温度/℃	丙烯	丙烷	正丁烷	异丁烷	1-丁烯
-20	0.573	0.544	0.621	0.603	0.641
-10	0.559	0.541	0.611	0.592	0.630
0	0.545	0.528	0.601	0.581	0.619
10	0.530	0.514	0.590	0.569	0.607
20	0.513	0.500	0.578	0.557	0.595

2. 液化石油气的热值

$1m^3$ 燃气完全燃烧所放出的热量，称为热值，单位为 kJ/m^3 或 kJ/kg。液化石油气各组分的高热值和低热值见表7-5。

表7-5 液化石油气各组分的热值（0℃，101kPa）

组分	高热值		低热值	
	MJ/kg	MJ/m^3	MJ/kg	MJ/m^3
乙烷	51.9	69.7	47.5	63.8
丙烷	50.4	101.2	46.4	93.1
丙烯		93.6		87.6
丁烷	49.5	133.8	45.8	123.5
丁烯		125.7		117.6
戊烷		169.2		156.6

第二节 液化石油气运输

液化石油气运输是指将液态液化石油气从炼油厂、石化厂等输送到液化石油气接受站（如储配站、混气站等），其运输方式可分为管道运输、铁路槽车运输、公路运输及水上槽船运输4种。在选择运输方式时，应通过不同方案的技术经济比较来确定。

一、管道运输

当运输量很大时宜采用管道运输，它具有运行安全可靠、管理简单、运行费用低等优点。特别是液化石油气储配站离气源厂较近时，采用管道运输的经济效果尤为明显。

用管道输送液化石油气时，必须考虑液化石油气易于气化这一特点。在运输过程中，要求管道中任何一点的压力都必须高于管道中液化石油气所处温度下的饱和蒸气压力，否则液化石油气在管道中气化后形成气塞，将会大大地降低管道的通过能力。

液化石油气管道输送系统，一般由起点站（储罐、泵站、计量装置等）、中间泵站、终点站（储罐及储配站）和输送管道组成。如果输送距离较短，可以不设置中间泵站。如图 7-1所示。

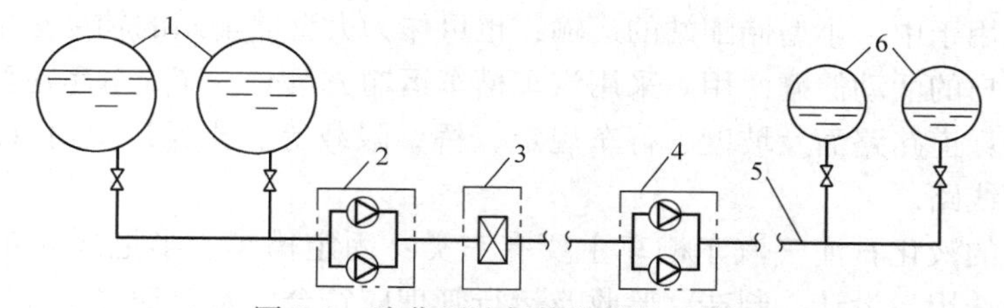

图 7-1　液化石油气管道输送系统图

1—起点站储罐　2—起点泵站　3—计量站　4—中间泵站　5—管道　6—终点站储罐

输送液态液化石油气输送管道按其工作压力（表压）的不同，可分为三个等级：

Ⅰ级：$p>4.0$MPa；

Ⅱ级：$1.6<p\leqslant 4.0$MPa；

Ⅲ级：$p\leqslant 1.6$MPa。

管道的压力级别不同，对其材质、阀件的要求也不同，与周围的建、构筑物的安全间距及施工验收要求也不同。

二、铁路槽车运输

铁路运输主要是采用专门的铁路槽车运输。该方式运输能力大，运输费用低，运输距离远。但是铁路运输调度和管理比较复杂，且受铁路接轨和铁路专用线建设条件的限制。一般适用于运输距离较远，运输量较大的情况。铁路槽车的结构如图 7-2 所示。

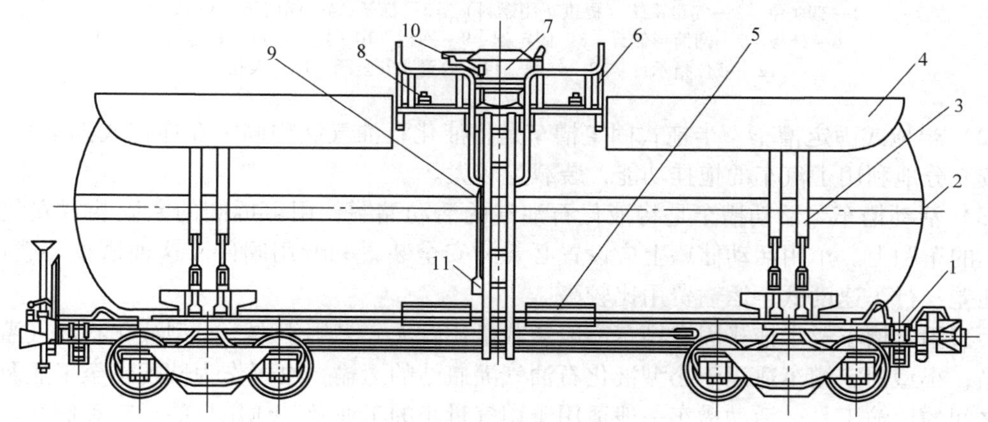

图 7-2　铁路槽车的结构

1—底架　2—圆筒形储罐　3—拉紧带　4—遮阳罩　5—中间托板　6—操作台

7—阀门箱　8—安全阀　9—外梯　10—拉阀　11—拉阀手柄

三、公路运输

公路运输包括汽车槽车运输、活动储罐的汽车运输和钢瓶的汽车运输。汽车槽车运输是主要的运输方式，其特点是机动性大，灵活性强、方便、运输设备投资较低，且制造周期短，但运输能力小，运费高。一般适用于运输距离短，运输数量小的情况。

汽车罐车通常是指采用某种固定方式把容器（罐体）与载重汽车底盘固定连接在一个整体的专用运输车辆。汽车罐车一般由车辆行驶部分（底盘）、罐体、装卸系统和安全附件四部分组成。

汽车槽车多用于中、小型储配站的运输，也可作为大型储配站的辅助运输工具，必要时槽车还可作为用户的活动储罐使用。采用汽车槽车运输方案时，应充分考虑汽车活动范围内的交通情况，如：道路路面及坡度、行车规定、桥梁限载等。要经过交通管理部门的批准，选择合理的运输线路。

目前，我国的液化石油气汽车槽车主要有三类：固定槽车、半拖式固定槽车及活动槽车。汽车槽车的选用、设计、制造、验收及运行管理应符合国家劳动安全部门的要求。

（1）固定槽车　固定槽车是将液化石油气储罐罐体及附件固定在载重汽车的底架上，整体性能好、运行平稳、车辆行驶速度比较快。固定槽车的基本结构，如图 7-3 所示。

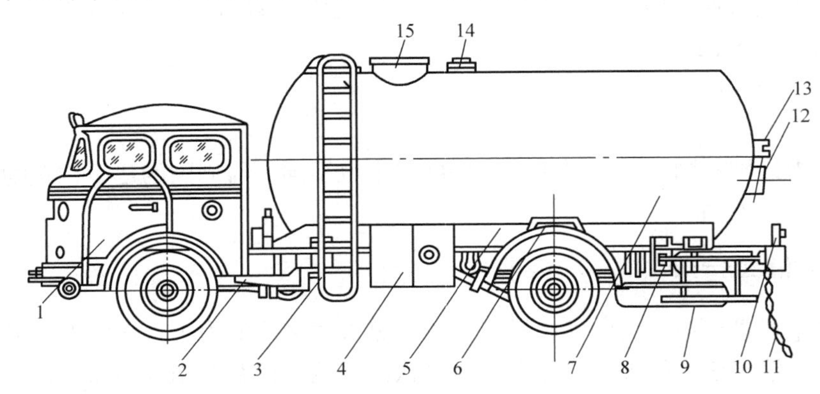

图 7-3　固定槽车的基本结构

1—驾驶室　2—气路系统（提供车用燃料）　3—梯子　4—阀门箱　5—支架　6—挡板　7—圆筒形储罐　8—固定架　9—围栏　10—尾灯　11—接地链　12—液位指示计　13—铭牌　14—内置式安全阀　15—人孔

（2）半拖式固定槽车　半拖式固定槽车是将液化石油气储罐固定在拖挂式汽车底架上，它比较充分地利用了汽车的拖挂功能，装载量较大。

（3）活动槽车　活动槽车是将液化石油气的活动储罐，用可拆卸的紧固装置安装在载重汽车的车厢上。车用活动储罐上应设置必要的安全装置和专用阀件。这种槽车装载量小、稳定性差、行车速度低、运输费用比较高。

大型固定槽车及半拖式固定槽车一般装载量比较大，多用于中、小型液化石油气灌瓶站的运输；小型固定槽车适用于小型液化石油气灌瓶站的运输，也可作为储配站至工业及商业用户之间的运输工具。活动槽车一般适用于用气量小的工业及其他用户的运输和储存。

四、水上槽船运输

采用设有储罐的船舶，从水路运输液化石油气，即水上槽船运输。它是一种运输能力大，运输费用低的运输方式，适用于具有水路运输条件的情况。

液化石油气槽船一般分为常温式槽船和低温常压式槽船两种。

（1）常温式槽船　常温式槽船上设置的液化石油气储罐是根据液化石油气在槽船罐体最高使用温度下的饱和蒸气压和运输操作时的附加压力设计的。这种槽船上的罐体由于罐体壁厚，自重大，故装载液化石油气的能力较小，主要用于沿海和内河航运。

（2）低温常压式槽船　低温常压式槽船上设置的储罐借助于制冷装置使液化石油气在低温常压下储存。在船体壳内与罐体之间填充绝热材料，罐体用耐低温钢制造。其装置能力大，多用于远洋运输。

第三节　液化石油气储存

液化石油气有多种储存方式，包括常温压力储存和低温储存。储存方式和设备的选取，可根据储存量、气源数目、储配站与气源的距离、运输设备的可靠性、用户需求高峰等因素选择。

液化石油气常温压力储存（又称全压力储存），一般适合于储存量较小的情况，多采用圆筒形或球形储气罐储存。其储存压力随液化气组分和气温条件的变化而变化，一般接近或略低于气温下的饱和蒸气压，储罐的设计压力要考虑储罐最高工作温度下液化石油气的饱和蒸气压和机泵工作时加给储罐的压力。目前，国内使用常温压力储存的方式比较普遍，该方式具有结构简单、施工方便、储罐种类多等优点。但储罐容积受限，国内最大卧罐为 $120m^3$，最大球罐为 $5000m^3$。

液化石油气低温储存是相对于常温压力储存而言的，其温度和压力受到控制并维持在某一规定状态的范围内，需采用人工制冷。按储存温度受控制情况的不同，低温储存可分为低温降压储存（又称半冷冻储存）和低温常压储存（又称全冷冻储存）两类系统。

一、储罐

1. 卧式储罐

卧式储罐分为地上罐和地下罐，如图 7-4 和图 7-5 所示。罐体是由圆筒体和两端封头构成的容器。卧式罐的附件包括各种安全装置和阀件。安全装置设直观检测的液位、压力和温度等仪表；安全阀件有安全阀、紧急切断阀、截止阀、止回阀、过滤阀和回流阀等。

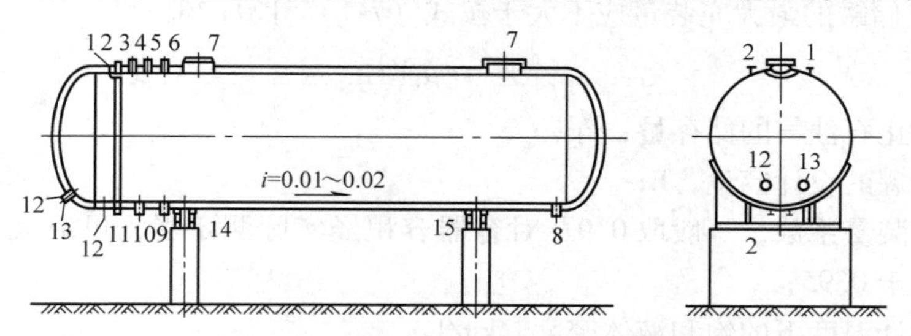

图 7-4　卧式圆筒形地上储罐构造示意图

1—就地液位计　2—远传液化计　3—就地压力表　4—远传压力表　5—液相回流管　6—安全阀　7—人孔　8—排污管　9、10—液相管　11—气相管　12—就地温度计　13—远传温度计　14—固定鞍座　15—活动鞍座

2. 球形储罐

球形罐通常是在工厂里将钢板分瓣冲压成形，再运到现场拼焊组装而成的。

二、储罐的充装量

在任一温度下，盛装液化石油气的储存设备的最大灌装容积是指当液化石油气的温度达到最高工作温度时，其液相体积膨胀，恰好充满整个储罐。如果灌装量超过最大灌装容积，当温度达到最高工作温度时，其液相容积膨胀量就超过容器中的气相空间，则对储罐产生作用力而破坏容器。所以，应严格控制充装质量，以保证设计温度下压力容器内部存在气相空间。

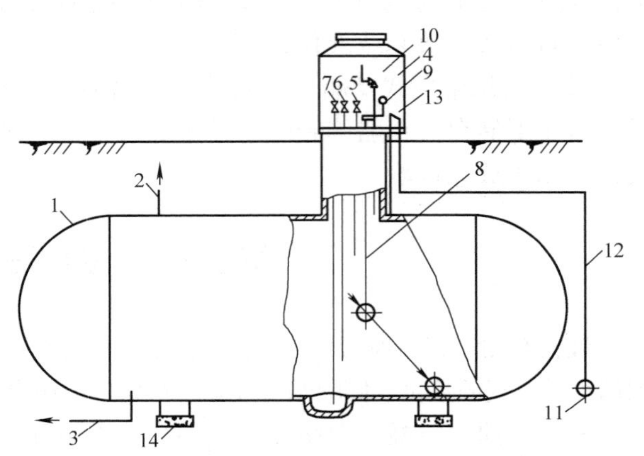

图 7-5 卧式圆筒形地下储罐构造示意图
1—就地液位计 2—远传液化计 3—就地压力表 4—远传压力表 5—液相回流管 6—安全阀 7—人孔 8—排污管 9、10—液相管 11—气相管 12—就地温度计 13—远传温度计 14—固定鞍座

例如，假设15℃时丙烷的体积为100，在30℃时膨胀到104.3，60℃时达到118.4，如果常温15℃时容器的充满率为85%，温度升到50℃时将接近100%。当温升到一定数值后，容器内的气相压力空间将全部被液相介质所占据。满液时，温度每升高1℃，压力将增加十几个大气压。可见液化气的超装十分危险，所以要严禁超装。

为确保压力容器安全运行，防止充装过量，国家颁发的《压力容器安全技术监察规程》、《液化气体汽车罐车安全监察规程》等对液化石油气体充装系数作出了明确的规定，见表7-6。

表 7-6 液化气体质量充装系数及饱和液体密度

充装介质		丙烯	丙烷	液化石油气	正丁烷	异丁烷	丁烯-异丁烯	丁二烯
充装系数		0.43	0.42	0.42	0.51	0.49	0.50	0.55
饱和液体密度/(kg/L)	15℃	0.524	0.507	—	0.583	0.565	0.612	—
	20℃	—	0.446	—	0.542	0.520	—	—

液化石油气储罐的最大充装量应不大于按式（7-1）计算的值

$$W=\phi\rho_t V \tag{7-1}$$

式中 W——液化石油气的储存量，kg；

V——储罐的设计容量，L；

ϕ——充装量系数，一般取0.9，对容器容积经实际测定者，可取大于0.9，但不得大于0.95；

ρ_t——设计温度下的饱和液体密度，kg/L。

第四节 液化石油气储配站

一、储配站任务

各种形式和规模的液化石油气储配基地以储配站的功能最为齐全。液化石油气储配站的任务，就是接收和储存由气源厂输送来的液化石油气，并将其灌装到槽车或钢瓶内，分送到供应点或用户。同时，还应具有储罐间的倒罐、储罐的升压、排污、投产置换、残液处理及钢瓶检验、维修等功能。一般而言，储配站的主要功能可归纳为：

1）接收自气源厂或其他储罐站输送来的液化石油气，并通过压缩机、烃泵将液化石油气卸入站内储罐进行储存。

2）将站内储罐中的液化石油气灌注到钢瓶、汽车槽车或其他移动式储罐中，并向外发送。

3）将空瓶内的残液或将有缺陷的实瓶中的液化石油气倒入残液罐中。

4）接收空瓶，向供应站或各类用户发送实瓶。

5）残液处理，可供本站作燃料或外供专门用户。

6）检修和修理气瓶。

7）站内设备的定期检查和日常维护。

二、储配站站址选择

选择站址应从城市的总体规划和合理布局出发，同时应从有利于生产、方便运输、保护环境着眼。站址的选择一般应考虑以下问题：

1）站址的选定和布局应符合所在地城镇总体规划的要求。液化石油气储配站从防火等级上属于甲类火灾危险场所，所以选址应远离城市居住区、村镇、学校、影剧院、体育馆等人员集中的场所。

2）站址宜选择在所在地区全年最小频率风向的上风侧，且应是地势平坦、开阔、不易积存液化石油气的地段。

3）考虑到储配站与瓶装供应点之间的频繁往来运输，同时也为便于利用城镇道路、水源、电源等公用基础设施，选址一般应设在距离瓶装供应点10km之内的城镇边缘地带。

4）选址应避开名胜古迹和文物保护区、大型公共建筑、通信和交通、电力枢纽等重要的设施。

5）应考虑站址的地质条件，避开地震带、地基沉陷和废弃矿井等地段。

三、储配站平面布置

储配站的总平面布置，除了考虑生产工艺流程顺利、合理，平面布置整齐、紧凑，合理利用地形、地貌等因素外，还应遵守GB 50016—2006《建筑设计防火规范》要求的防火间距，并考虑有发展余地。

为保证安全和便于生产管理，总平面应分区布置，即分为生产区（包括储罐区和灌装区）和辅助区。

生产区宜布置在站区全年的最小频率风向的上风侧或上侧风侧，生产区应设置高度不低于2m的不燃烧体实体围墙。储罐区储罐的布置、储罐与储罐之间及与其他建、构筑物之间的防火间距均应符合有关安全规程的要求；灌装区的灌瓶间的气瓶装卸平台前应有较宽敞的汽车回车专用场地。生活辅助区内布置生产、生活管理及生产辅助建、构筑物。辅助区可设置不燃烧体非实体围墙。

为便于消防工作和确保安全，生产区应设置环形消防车道。消防车道宽度不应小于4m。

当储罐总容积小于 $500m^3$ 时，可设置尽头式消防车道和面积不应小于 12m × 12m 的回车场。

生产区和辅助区至少应各设置一个对外出入口。当液化石油气储罐总容积超过 $1000m^3$ 时，生产区应设置两个对外出入口，其间距不应小于 50m。

年供应量为 10000t 储配站总平面布置示例，如图 7-6 所示。

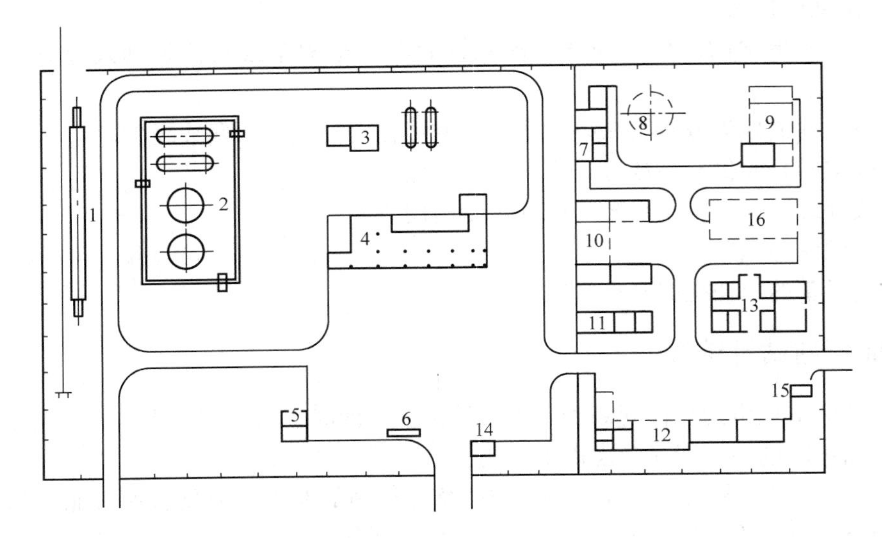

图 7-6 10000t/年液化石油气储配站总平面图

1—火车栈桥 2—罐区 3—压缩机室-仪表室 4—灌瓶间 5—汽车槽车库 6—汽车装卸台 7—变配电-水泵房 8—地下消防水池 9—锅炉房 10—空压机室-机修间 11—休息室 12—车库 13—综合楼 14—门卫 15—传达 16—钢瓶大修

该储配站占地面积为 $6600m^2$，建筑面积为 $853.26m^2$，建筑系数为 17.05%，利用系数为 59.89%；年供应量为 10000t 的储配站，占地面积为 $21320m^2$，建筑面积为 $3290.88m^2$，建筑系数为 24.49%，利用系数为 61.98%。

四、储配站工艺设计

液化石油气储配站工艺流程，一般采用烃泵、压缩机联合系统。常见的中、小型液化石油气站工艺流程，如图 7-7 所示。

（1）装卸工艺

1）来自管路输送的液化石油气在压力作用下，可直接进入储罐 2、3 储存。

2）铁路罐车在卸台 1 由压缩机 12 或烃泵 5 卸入储罐 2、3 储存，也可由烃泵、压缩机联合卸入。

3）汽车罐车在装卸台 8 可由烃泵 5 或压缩机 12 把液化石油气卸入储罐 2 储存和中间储罐 3 使用。

（2）灌装工艺

1）向汽车罐车内灌装可由烃泵、压缩机联合运行，也可单独进行。

2）向钢瓶内灌装可在机械化灌瓶 10 或手动灌瓶 9 进行操作。

（3）残液回收利用

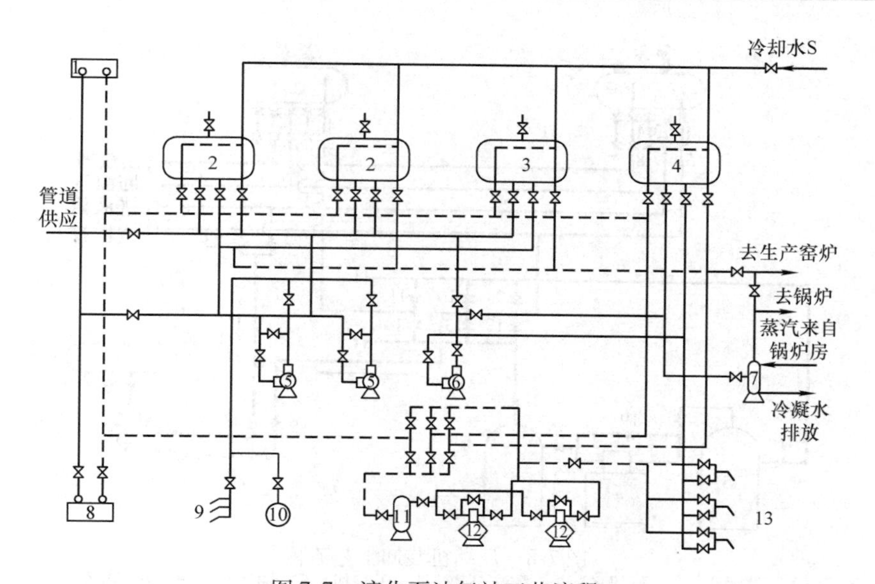

图 7-7　液化石油气站工艺流程

1—铁路罐车卸台　2—储罐　3—中间罐　4—残液罐　5—烃泵　6—残液泵　7—蒸发器
8—汽车罐车装卸台　9—手动灌瓶　10—机械化灌瓶　11—分离器　12—压缩机　13—抽残架

1）回收钢瓶内残液。利用压缩气体（来自 10）将钢瓶抽残架 13 内残液压入残液罐 4。

2）回收储罐或罐车中的残液。储罐或罐车中的残液可由残液泵 6 抽往残液罐 4。

3）残液利用。用残液泵 6 将残液罐内的液态输往蒸发器 7 加热气化后，外供做燃料使用。

4）残液处理。用残液泵 6 把残液罐内的残液输送到罐车中，处理后给有关用户。

（4）液化石油气倒罐

1）利用压缩机 12 将储罐 2 中的气态液化气输往中间罐 3，以供生产窑炉使用。

2）利用烃泵或压缩机将需要维修或充装过量的液化石油气倒入另一储罐储存。

1. *液化石油气的装卸方式*

液化石油气通常采用压缩机、升压器或烃泵进行装卸，个别场合也可以用静压差或不溶于液化石油气的压缩气体进行装卸。这里仅介绍利用压缩机和烃泵装卸的方式。

（1）压缩机装卸的方式　利用压缩机装卸方式的流程，如图 7-8 所示。卸车时，打开阀门 9 和 13，关闭阀门 10 和 12，按压缩机的操作程序开启压缩机，把储罐中的气态液化石油气抽出，经压缩后进入罐车，使罐车内气相压力升高。罐车中的液态液化石油气在压力作用下（通常为 0.2 ~0.3MPa 的压差）经液相管进入储罐。同理，若开启阀门 10 和 12，关闭阀门 9 和 13，则液态液化石油气将由储罐装到罐车中去。

液化石油气装卸完毕后，要用压缩机将被卸空的罐车（储罐）中的气态液化石油气抽回储罐（罐车），抽回时不宜使罐内压力过低，一般应保持剩余压力为 0.1 ~0.2MPa，通过这个过程可以回收液化石油气 3% ~4%。

采用压缩机装卸工艺，为防止液体进入压缩机的气缸和压缩气体将机油带入系统，需在压缩机进、出口分别装设气液分离器和油水分离器，并应注意经常排泄分离下来的液体，避免超过最高液位。

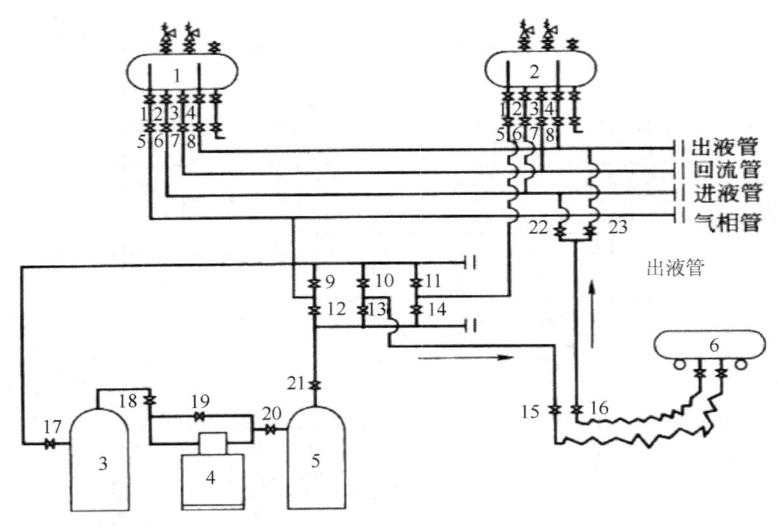

图 7-8　压缩机装卸工艺流程

1—储罐甲　2—储罐乙　3—气液分离　4—压缩机　5—油气分离器　6—罐车

压缩机在使用过程中，启动前和运行中应按注意事项进行检查操作和维护保养。停机前必须将进路阀打开；停机后不再继续开机时，需将进、排气操作阀关闭后再停电。

（2）烃泵装卸的方式　利用烃泵输送液体的性能，将需卸液的储罐或储罐中液态液化石油气通过烃泵加压输送到储罐（罐车）中。利用烃泵装卸法的工艺流程，如图 7-9 所示。卸车时，关闭阀门 12 和 8，打开阀门 11 和 13，使罐车的液相管与烃泵的入口管接通，烃泵的出口管与储罐的液相管相通。按烃泵的操作程序启动烃泵，罐车的液化石油气在泵的作用下，经液相管进入储罐，从而完成卸车作业。装车时，关闭阀门 11 和 13，打开阀门 12 和 8，使烃泵的出口管与罐车液相管接通，泵的入口管与储罐液相管相通。开启烃泵，液化石油气便由储罐进入罐车。

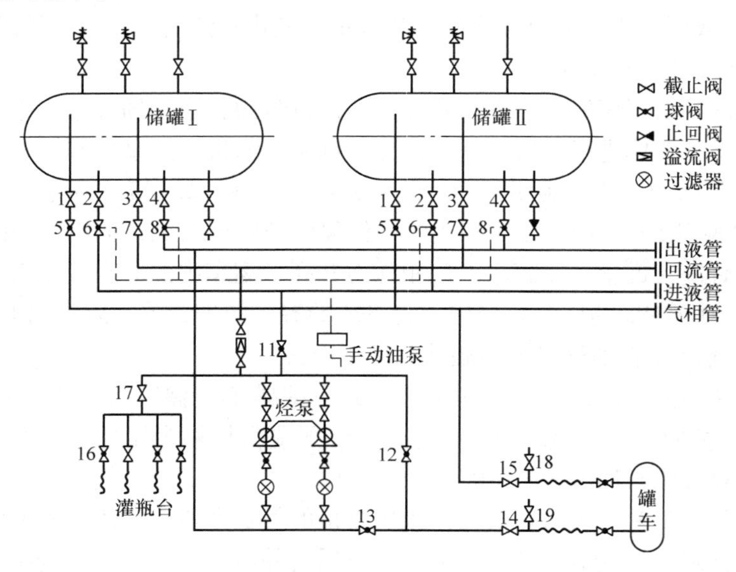

图 7-9　烃泵装卸法的工艺流程

为加快装卸，保证烃泵入口管路的静压头，在开启烃泵前，应先将罐车与储罐之间的液化石油气气相管道接通，以便在装卸过程中平衡二者之间的压力。

采用烃泵装卸时，液化石油气液相管上任何一点的压力不得低于操作温度下的饱和蒸气压力，管道上任何一点的温度不得高于相应管道内饱和压力下的饱和温度，以防止液化石油气在管内产生气体沸腾现象，造成气塞，使烃泵空转。因此，在泵的吸入管路上必须要有避免液态液化石油气发生气化的静压头，并保证依靠储罐或罐车内压力及液位差，使泵能被液化石油气全部充满。

罐车在装、卸过程中，应注意罐车的稳固情况和管路有无泄漏等异常现象。泵站气、液相软管接通工艺管道后应注意排净管内空气，并防止空气进入管路系统。装卸过程中应注意防止紧急切断阀自行关闭，造成烃泵空转。同时应严密监视容器液位和压力的变化。

遇到雷雨和暴风天气，应停止装卸。当液化气储配站存有严重泄漏或报警器发出警报以及工艺设备、管路出现异常时，必须立即停止罐车装卸作业，并查明原因及时排除。

2. 液化石油气的灌瓶工艺

液化石油气灌瓶常采用压缩机或烃泵灌瓶、压缩机和烃泵联合灌瓶等方法。

（1）压缩机灌瓶工艺　利用压缩机升压输送气体的性能，提高液化石油气储罐内压力，使液化石油气流入空瓶内。压缩机灌瓶工艺流程如图 7-10 所示。

压缩机进、出口管接通两储罐的气相管，储罐的出液管通入被灌钢瓶。若将储罐Ⅰ内的液化石油气灌往钢瓶，则将储罐Ⅱ的气相管通入压缩机入口，压缩机的出口接通储罐Ⅰ的气相管。储罐Ⅱ内的气态液化石油气经压缩机加压后进入储罐Ⅰ，使储罐Ⅰ内压力增大，液态液化石油气在此压力作用下流入钢瓶。若将储罐Ⅱ的液化石油气灌往钢瓶，则将储罐Ⅰ的气相管与压缩机的进口管相通，压缩机的出口管与储罐Ⅱ的气相管相通，关闭储罐Ⅰ的液相阀门，开启储罐Ⅱ的液相阀门。

（2）烃泵灌瓶工艺　利用泵输送液态的功能，将液化石油气从储罐内运往钢瓶。烃泵灌瓶工艺流程，如图 7-11 所示。

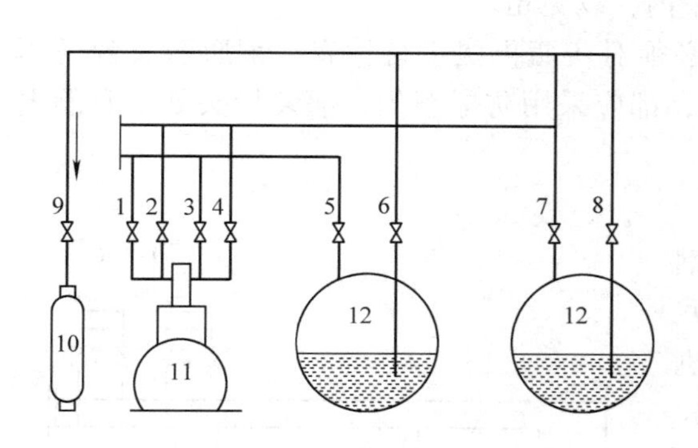

图 7-10　压缩机灌瓶工艺流程
1～9—阀门　10—灌装台　11—压缩机　12—储罐

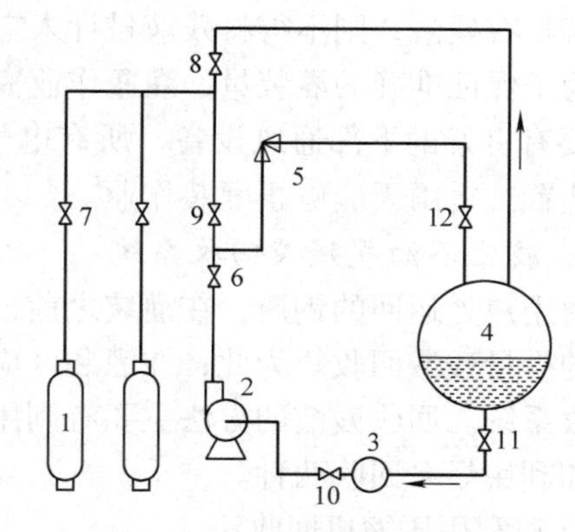

图 7-11　烃泵灌瓶工艺流程
1—灌装台　2—烃泵　3—过滤器　4—储罐
5—安全回流阀　6—截止阀　7～12—阀门

液态液化石油气经过滤器由储罐进入烃泵升压。烃泵出口管分为两路，一路至灌装台灌装钢瓶，另一路经回流管流回储罐。它是防止在灌瓶中超压或灌装结束时烃泵未停而采取的措施。灌瓶时，开启阀门9、6、10、11、12，关闭阀门8。按烃泵操作规定开启烃泵，当烃泵出口压力达到1MPa以上时，开启阀门7向钢瓶注液。当钢瓶内的液化石油气达到规定充装质量时，关闭阀门7（一般为快装接头）。停止烃泵运转，灌瓶结束。

这种工艺流程简单，操作方便，只需要液相管道，能耗较小。但必须保证烃泵入口有一定的静压力。安全阀（溢流阀）可根据系统要求需要进行定压，但最高启动压力应低于系统设计压力。

（3）压缩机与烃泵联合灌瓶工艺　利用压缩机提高出液罐的气相压力，使烃泵入口管路有足够的静压头，可以解决由于气温低、储罐内液化石油气的饱和蒸气压较低而灌瓶不畅通的问题。一般当储罐内压力低于0.75MPa时，采用此流程。烃泵与压缩机联合灌装工艺流程如图7-12所示。

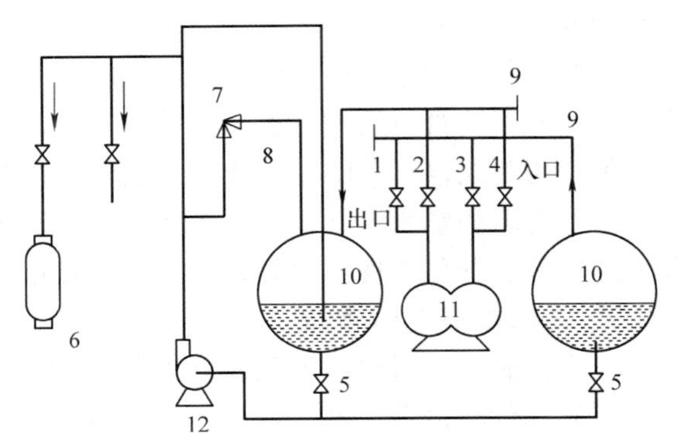

图7-12　烃泵与压缩机联合灌瓶工艺流程
1～5—阀门　6—灌装台　7—安全回流阀
8—回流管　9—气相管
10—储罐　11—压缩机　12—烃泵

当用储罐Ⅱ中的液化石油气进行灌装时，打开阀门2、3和5，关闭阀门1、4和6，用压缩机把储罐Ⅰ中的气态液化石油气经气相管压入储罐Ⅱ，则储罐Ⅱ内的压力升高。开启烃泵，储罐Ⅱ的液化石油气由液相管经阀门5进入烃泵升压，再进入灌装台进行灌瓶作业；当利用储罐Ⅰ中的液化石油气灌瓶时，打开阀门1、4、6，关闭阀门2、3、5，储罐Ⅰ中的液体石油气经阀门6进入烃泵升压，进行灌瓶作业。

（4）灌装应注意的问题　经外观检查合格的钢瓶，还应秤验其空瓶质量，以便灌装时标定灌装秤的量标。若空瓶质量超过标准质量（YSP—15型钢瓶标准质量为17kg）5%以上时，需检查确认是空瓶问题，还是瓶内残液所致。若是空瓶自重超标，需由检验部门重新确认。若是有残液，则不得将残液量计入空瓶质量内，以免超装。

为了保证准确的灌装量，灌瓶作业完毕后必须对实瓶再次进行检查。钢瓶灌装台（车间）要有良好的下部通风设备，所有电气设备，都应采用防爆型的，灌装接头处应有静电接地装置。雷雨天应停止灌装作业。

3. 液化石油气残液回收系统

由用户处运回的钢瓶，在灌装之前，应将钢瓶中的少量残液回收。为此，在灌装区应设置残液回收系统。回收残液的方法主要有利用压缩机回收和利用烃泵回收两种。

（1）利用压缩机回收法

1）压缩机加压回收法。气瓶中残液的压力，一般都低于残液储罐中的压力，用压缩机向钢瓶内注入气态液化石油气能够使空瓶中压力提高，使残液流入残液罐，这种回收法称为压缩机加压回收法（又叫正压回收法）。其工艺流程图，如图7-13

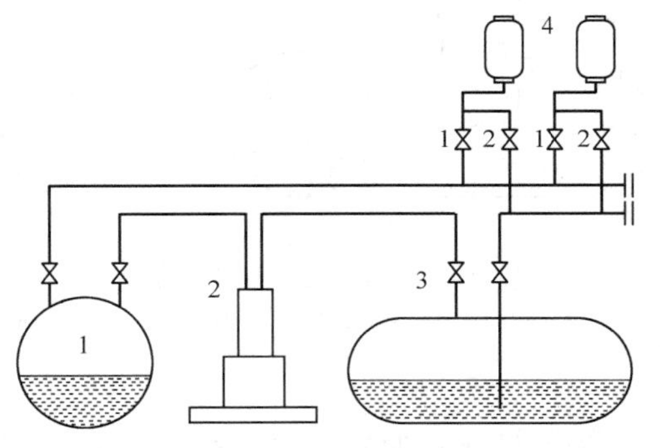

图7-13　压缩机加压回收残液工艺流程
1—储罐　2—压缩机　3—残液罐　4—钢瓶

所示。

倒残液时，开启阀门 1，按压缩机操作规程启动压缩机，气态液化气经压缩机加压后压入钢瓶，当钢瓶内压力比残液罐压力大 0. 1 ~0. 2MPa 时，关闭阀门 1，翻转钢瓶，开启阀门 2，使残液流入残液罐。与此同时，将残液罐上部空间的气体由压缩机抽回储罐。

该回收工艺回收速度快，残液排除彻底。在储罐中的压力比残液罐中的压力高 0. 2MPa 时，可不必启动压缩机。

2）抽空回收法。这种方法是利用压缩机抽出残液罐上部空间的气体，以降低残液罐中的压力，使钢瓶中的残液流入残液罐，该方法又称为负压法。如将图 7-13 中的储罐至钢瓶的气相管去掉，可得该回收法的工艺流程图。

（2）利用烃泵回收法　利用烃泵回收残液的方法投资要比用压缩机节省的多，但由于钢瓶内的残液量不能保证泵的吸入量要求，故需另外增加工艺设备。此法适合于已投产的小型储配站新增残液回收系统。

1）泵和喷射器回收法。用泵和喷射器回收残液的工艺流程如 7-14 所示。

该法是在泵的出口管上增添一个喷射器，将钢瓶残液回收管接在喷射器的入口端。当泵在把残液罐的液体进行吸出、压入的循环过程中，泵出口管路的喷射器在工作时造成一定负压，而带残液的钢瓶压力总是正压力，这样瓶中的残液不断被抽至喷射器处，与烃泵抽来的残液一起被打到残液罐，直到液化石油气钢瓶中的残液被抽净。

2）中间聚集器回收法。中间聚集器回收法工艺流程，如图 7-15 所示。

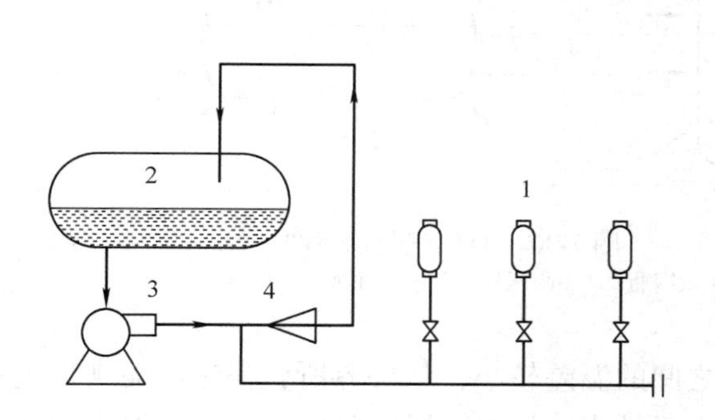

图 7-14　用泵和喷射器回收残液的工艺流程
1—钢瓶　2—残液罐　3—烃泵　4—喷射器

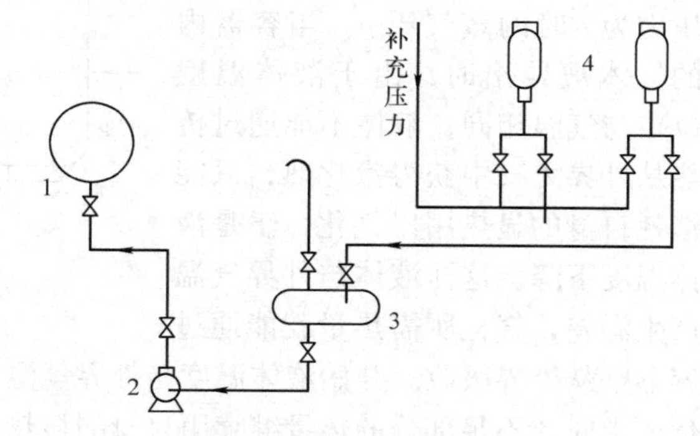

图 7-15　中间聚集器回收法工艺流程
1—残液罐　2—烃泵　3—中间聚集器　4—钢瓶

该法是借助钢瓶内的剩余压力先将残液压入聚集器，待聚集器内残液达到一定数量后，再由烃泵将残液抽至残液罐。中间聚集器在接受残液前，需排空放掉内存的气相压力，以保证钢瓶内剩余压力将残液压出。对于瓶内无剩余压力的钢瓶需外加气相压力（氮气或储罐气相压力）来补充到钢瓶中。

第五节　液化石油气供应

液化石油气一般为液态储存和运输，气态使用。液化石油气供应系统示意图，如图 7-16所示。

一、液化石油气的气化

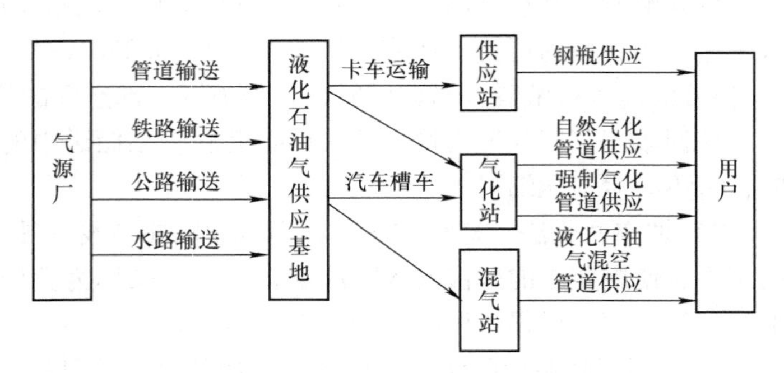

图 7-16　液化石油气供应系统示意图

容器内的液化石油气均为液、气两相并存，在一定的温度下，容器内部发生的液体气化和气体液化正好处于平衡状态。如果导出容器内部分气体，容器内压力低于一定温度下的饱和蒸气压力时，即发生气化现象。根据气化热量来源的不同，可分为自然气化和强制气化。

1. 自然气化

自然气化是指容器中的液态液化石油气依靠自身显热和吸收外界环境热量而气化的过程，如图 7-17 所示。

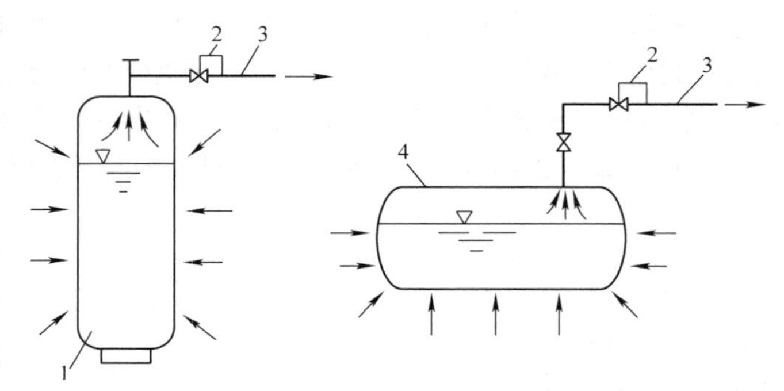

图 7-17　自然气化示意图
1—钢瓶　2—调压器　3—气相管道　4—储罐

自然气化过程中发生的主要变化及影响是比较有规则的。在尚未从容器内往外导出气体时，容器内液体温度（t）与外界气温相同，压力为 t 时的蒸气压 p。当容器内的气体被导出时，由于液体温度（t）与气温相同，液体不能通过传热从外界大气中获得汽化热，只能消耗自身的显热用以气化，于是液体温度下降。这样液体与外界气温产生温差，气化所需热量就能通过容器壁从外界吸收。开始液体温度与外界气温之间的温差较小，从外界所获得热不能满足气化要求时，不足部分的热量继续用自身的显热进行补充。经过一段时间以后，液体温度下降至气化所需热量可全部由外界传热提供时，液体温度就不再下降并稳定在一定值。

2. 强制气化

强制气化是采用强制加热法对液态液化石油气进行气化，目前主要是液相导出形式，是从储罐内将液态液化石油气导出送至气化器中进行气化。这种方式气化能力大，自气化器导出的气体组分始终与容器中的液体组分相同，与容器内的液量多少无关。可给用户提供稳定组分的气体。液相导出的强制气化方式基本上分为两种，即等压强制气化和减压强制气化。

1）等压强制气化。等压强制气化可分为自压气化和加压气化两种方式。

① 自压气化。自压气化是利用容器内液化石油气自身的压力将液化石油气送入气化器，使其在与容器相同的压力下气化，如图 7-18 所示。

② 加压气化。加压气化的原理为利用泵使液态液化石油气加压到高于容器内的蒸气压后送入气化器，使其在加压后的压力下气化，如图 7-19 所示。

容器 1 内的液态液化石油气，依靠自压 P 或由泵 4 加压后的压力 P 送入气化器 2，进入气化器的液体从热媒获得汽化热而气化，气化压力为 P 的气体，并由调压器 3 调节到管道要求的压力输送给用户使用。

当用户用气量减少或停止使用时，导出气化器气体减少或不导出气体，使气化器内气相压力上升，将进入气化器的液态液化石油气压回进口管 7 或 6，液面相应下降，液体与容器壁的传热面积减小，气化速度减小。当用户用气量逐渐增加时，导出气化器气体增加，气化器内气相压力下降，液态液化石油气又进入气化器内，液面相应上升，液体与器壁的传热面积增大，气化速度增大。由此可知，气化器液位的上下变动，反映了气化气体量的变动。

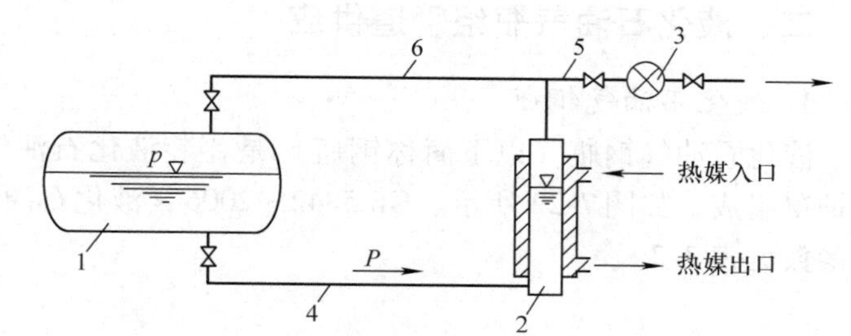

图 7-18　自压气化原理
1—容器　2—气化器　3—调压器
4—液相管　5—气相管　6—气相旁通管

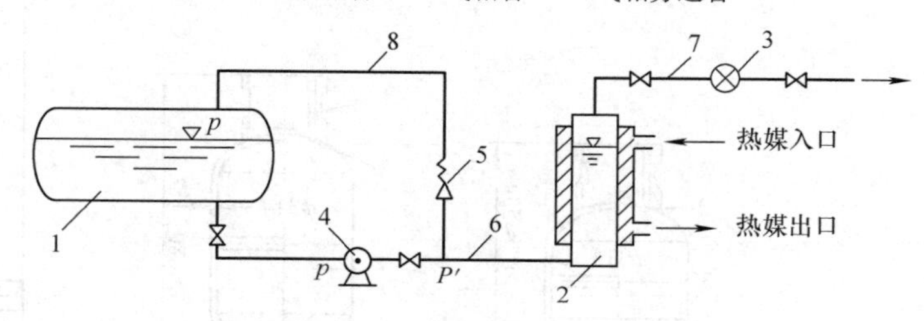

图 7-19　加压气化原理
1—容器　2—气化器　3—调压器　4—泵
5—过流阀　6—液相管　7—气相管　8—旁通回流管

2）减压强制气化。液态液化石油气依靠自身压力从容器经减压后至气化器气化，这种方式称为减压强制气化。减压强制气化分为常温气化和加热气化两种方式。

① 常温气化。常温气化是液体被减压后进入气化器，气化所需热量是依靠自身显热和外界气温传热，如图 7-20 所示。

② 加热气化。加热气化是液体被减压后进入气化器，气化所需热量是依靠热媒，如图 7-21所示。

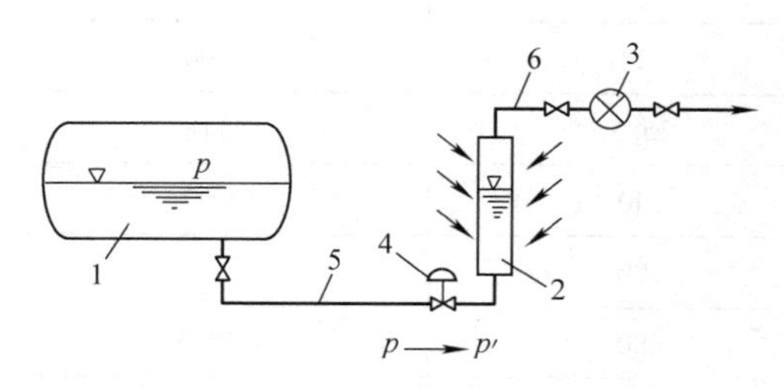

图 7-20　减压常温气化原理
1—容器　2—气化器　3—调压器
4—减压阀　5—液相管　6—气相管

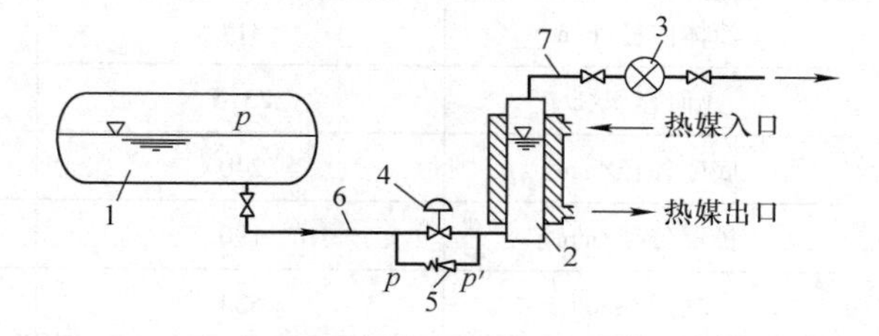

图 7-21　减压加热气化原理
1—容器　2—气化器　3—调压器　4—减压阀
5—回流阀　6—液相管　7—气相管

减压常温气化方式，气化器内的压力不会因用气量的变化发生超压力的危险，因为气化器内压力不会超过外界气温下液化石油气的蒸气压。而减压加热气化方式，气化器内可能会因用气量的变化出现异常的超压危险，因此在减压系统中设回流阀 5，当压力升高时，可使液体通过管道6回流到容器1。

二、液化石油气瓶组管道供应

1. 液化石油气钢瓶

液化石油气钢瓶（以下简称钢瓶）是盛装液化石油气的容器。它由瓶体、瓶嘴、底座及护罩组成，如图7-22所示。GB 5842—2006《液化石油气钢瓶》规定的液化石油气钢瓶规格参数见表7-7。

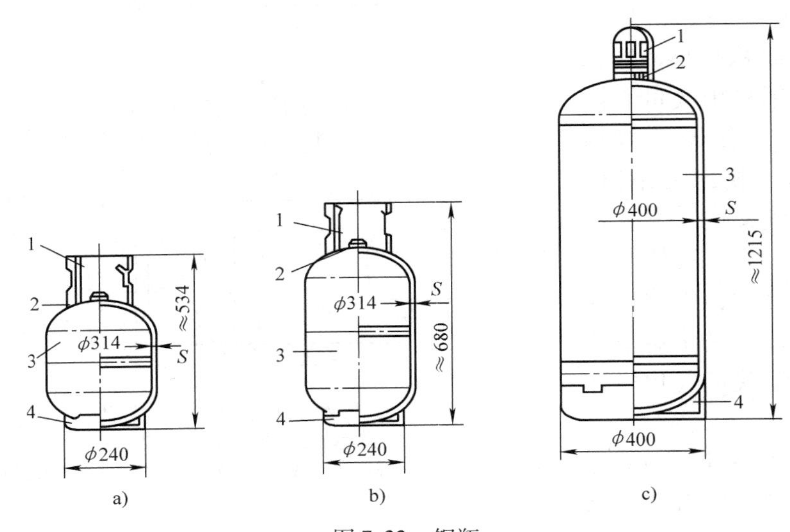

图7-22　钢瓶

a）YSP—10型钢瓶　b）YSP—15型钢瓶　c）YSP—50型钢瓶

1—护罩　2—瓶嘴　3—瓶体　4—底座

表7-7　液化石油气钢瓶规格参数

参数	型　号		
	YSP—10	YSP—15	YSP—50
筒体内径/mm	314	314	400
几何容积/L	23.5	35.5	118
底座外径/mm	240	240	400
护罩外径/mm	190	190	—
高度/mm	534	680	1215
允许充装量/kg	10	15	50

钢瓶出厂时瓶嘴上已安装上瓶阀，瓶阀是钢瓶上的进出口总开关，也是连接减压阀的必要装置，其形式如图7-23所示。减压阀的作用是稳定压力的作用，YSJ—1型液化石油气减压阀结构，如图7-24所示。

2. 液化石油气瓶组管道供应

液化石油气瓶组供应方式有两种：单瓶（或双瓶）供应、瓶组供应。

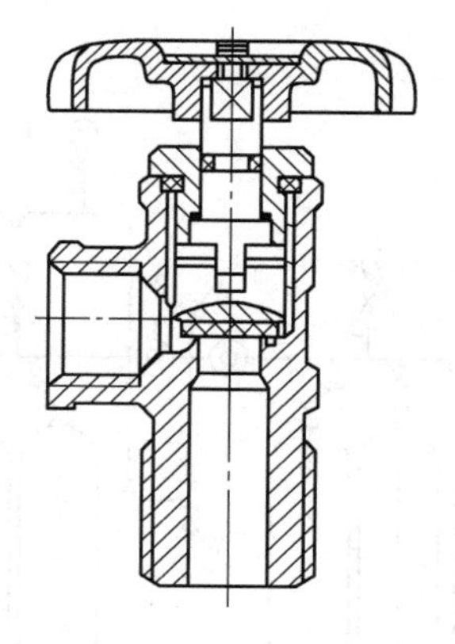

图 7-23 YSF—1 型瓶阀

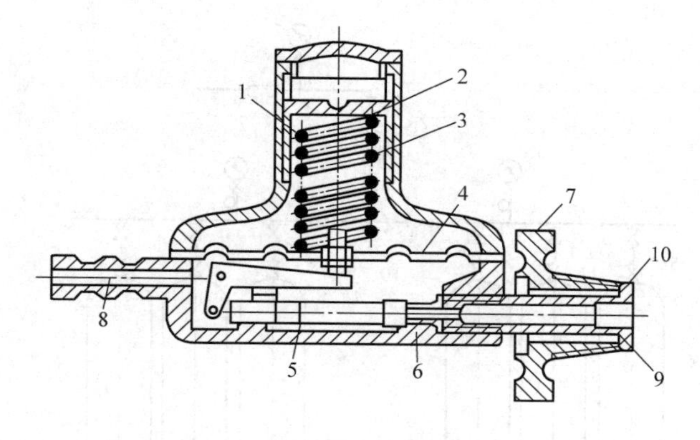

图 7-24 YSJ—1 型减压阀
1—阀体 2—活门 3—连接片 4—阀杆 5—密封垫 6—压母
7—O 形密封圈 8—手轮 9—弹簧垫圈 10—螺钉

（1）单瓶（或双瓶）供应 单瓶供应系统，如图 7-25 所示。该方式使用灵活、建设周期短，适合于距城市管网较远的分散居民用户、用气量不大的公共建筑和小型工业用户。

瓶装供应站（简称供应站或供应点）是在城镇中设于居民区专门供应居民用户使用瓶装液化石油气的站点。供应站的作用是接收由灌瓶厂（站）用汽车送来的气瓶，再将气瓶供应居民用户使用。

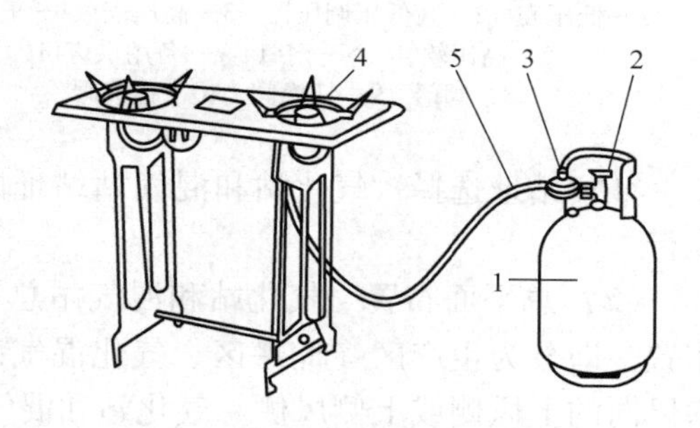

图 7-25 单瓶供应系统示意
1—钢瓶 2—角阀 3—调压器
4—燃具 5—耐油胶管

（2）瓶组管道供应 液化石油气瓶组管道供应多适用于商业用户、小型工业用户，且多数采用自然气化。该系统投资少、运行费用低。当输气距离较短、管道阻力较小时，气化站通常采用高低压调压器，管道供气压力为低压。当输气距离较长（超过 200m），可设置高中压调压器或自动切换调压器，中压供气。设置高低压调压器的瓶组供应系统，如图 7-26 所示。

瓶组供应的气化站适用于商业用户及小型工业用户。气化站通常设置两组钢瓶瓶组，由自动切换调压器控制瓶组的工作和待用。当工作的瓶组中钢瓶内液化石油气气量减少、压力降低到最低供气压力时，调压器自动切换至待用瓶组，该系统如图 7-27 所示。

三、液化石油气气化站和混气站

液化石油气气化站和混气站的主要功能是以液化石油气为原料，经气化器气化成气态后，用管道输送给用户。按其热值范围可分为高热值纯气供应和较低热值混合气供应。

由于多组分液化石油气，在强制气化后用管道输送过程中，高沸点组分容易在管道节流处或降温时结露冷凝，因此纯气供应的输送和应用范围受到限制；在考虑燃气互换性及爆炸极限的基础上，将气化后的气态液化石油气掺混入空气或其他气体，虽然热值降低了，但能保证混合气在输送过程中不发生再液化现象，这种混合气可全天候供应，并可作为过渡性气源或替代气源，显得灵活和实用。

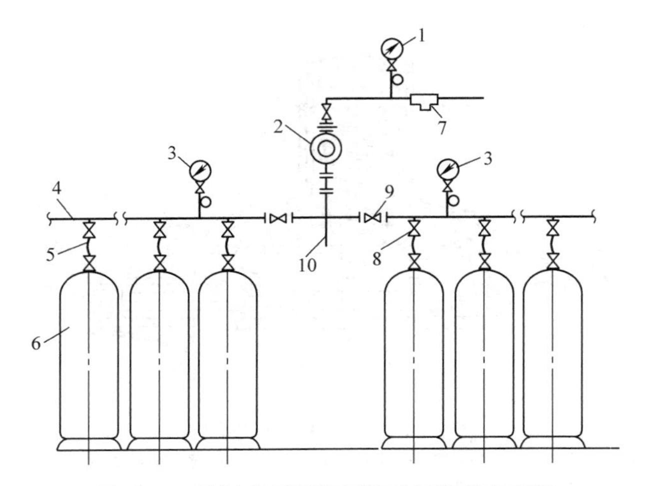

图 7-26 设置高低压调压器的瓶组供应系统
1—低压表 2—高低压调压器 3—高压表 4—集气管
5—高压软管 6—钢瓶 7—备用供应口
8—阀门 9—切换阀 10—排液阀

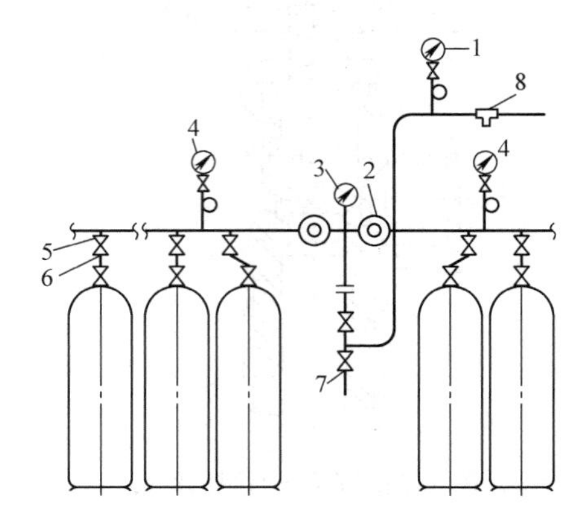

图 7-27 设置自动切换调压器的系统
1—中压表 2—自动切换调压器 3—压力计
4—高压表 5—阀门 6—高压软管
7—卸液阀 8—备用供应口

(1) 站址选择 气化站和混气站站址的选择原则可参照液化石油气储配站的相关规定执行。

(2) 总平面布置 气化站和混气站总平面如同液化石油气储配站，应按功能分区进行布置，即分为生产区（储罐区、气化混气区）和辅助区。生活区宜布置在站区全年最小频率风向的上风侧或上侧风侧。气化站和混气站总平面布置示例，如图 7-28 所示。

储罐和储罐区的布置应符合液化石油气储配站的有关规定，且液化石油气储罐不应少于 2 台。

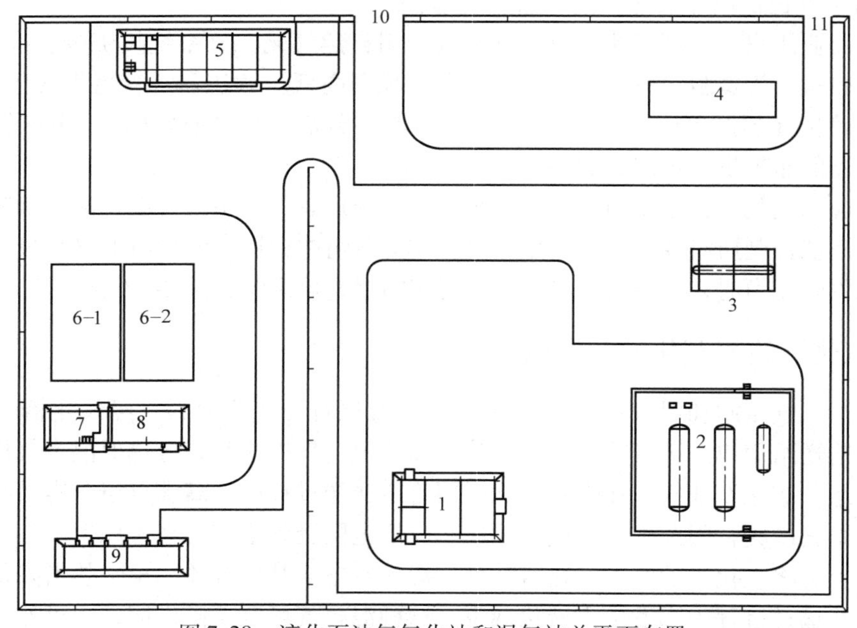

图 7-28 液化石油气气化站和混气站总平面布置
1—气化混气间 2—储罐 3—汽车槽车装卸柱 4—计量室 5—办公楼 6—消防水池
7—消防泵房 8—空气压缩机室 9—变、配电室 10—人流口 11—货流口

液化石油气储罐与站外建、构筑物的防火间距，以及与明火、散发火花地点和站内建、构筑物的防火间距应符合 GB 50028—2006《城镇燃气设计规范》的有关规定。

生产区与辅助区之间应设置高度不低于 2.0m 的不燃烧体实体围墙，辅助区可设置不燃烧体非实体围墙。液化石油气储罐总容积等于或小于 50m^3 时，其生产区和辅助区之间可不设置分区隔墙。气化间和混气间与站外建、构筑物之间的防火间距应符合 GB 50016—2006《建筑设计防火规范》中甲类厂房的规定。

气化间和混气间与明火、散发火花地点和站内建、构筑物的防火间距不应小于 GB 50028—2006《城镇燃气设计规范》的有关规定。

气化间和混气间可合建成一幢建筑物。气化、混气装置亦可设置在同一房间内。调压、计量装置可设置在气化间或混气间内。

站内消防通道和对外入口的设置应符合液化石油气储配站的有关规定。

（3）气化工艺流程　液态液化石油气经烃泵加压后送入气化器，在气化器内利用循环热媒加热使液化石油气气化，气化并经调压后向用户供应。液化石油气气化站的工艺流程示意图，如图 7-29 所示。

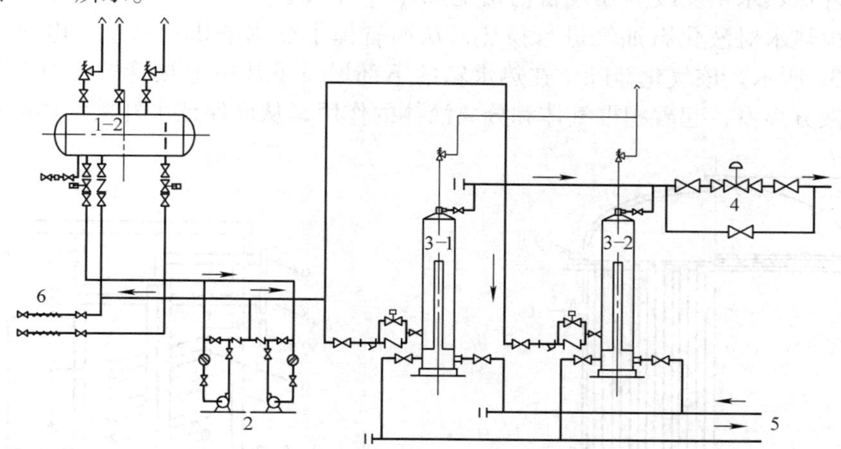

图 7-29　液化石油气气化站的工艺流程示意图

1—储罐　2—烃泵　3—气化器　4—调压装置　5—热媒送、回水管　6—汽车槽车装卸柱

液态液化石油气经烃泵加压后，由液位调节器控制流入气化器中进行气化。在热媒流量、温度稳定的情况下，气化器内液位高低取决于气化液化石油气的用量。当用量增加时，气化器内压力降低，液位上升，液相与热媒的换热面积增大，气化量提高；当用气量减小时，气化器内压力升高，液面下降，气化器内换热面积减少，气化量也随之减少。

按热媒类型不同，常用气化装置分为热水型、蒸汽型、空温型和电热型。

1）热水气化器。热水气化器是用热水来加热液化石油气，属于盘管式结构。主要由圆筒形壳体和一组盘管构成，热水在壳程，液化石油气在盘管管内。液态石油气进入气化器后，经盘管与热水进行热量交换，被加热后气化，压力提高。热水由壳体下部进入气化器，被冷却后经上部排出。其结构如图 7-30 所示。

热水气化器结构简单、制造方便、换热温度易于控制。但其气化能力较小，工艺上需要配置保证热水供应的热源和动力设备。

2）蒸汽气化器。蒸汽气化器是由蒸汽作为加热剂的气化设备。从结构上看，它由液相段、列管段和气相段三部分组成，是一种列管式设备。壳程的介质为蒸汽，管程介质为液化石油气。其结构如图 7-31所示。

液化石油气自液相管进入气化器，经列管段的管程与壳程的蒸汽进行热量交换，被加热气化后进入气相段排出。蒸汽自列管段的上部进入，冷凝水自下部排出。

由于蒸汽具有较高的热量，进入气化器的蒸汽压力要控制在0.2MPa以内，即饱和温度不超过90℃，间接地将液化石油气的气体温度控制在45℃以下，以保证使用安全。在气化器的运行中，必须使气相出口阀处于开启状态，同时在气化器的气相段要装设安全阀和压力表。蒸汽气化器的制造要执行压力容器的标准和规定，与热水气化器相比，其造价和质量要求都高。

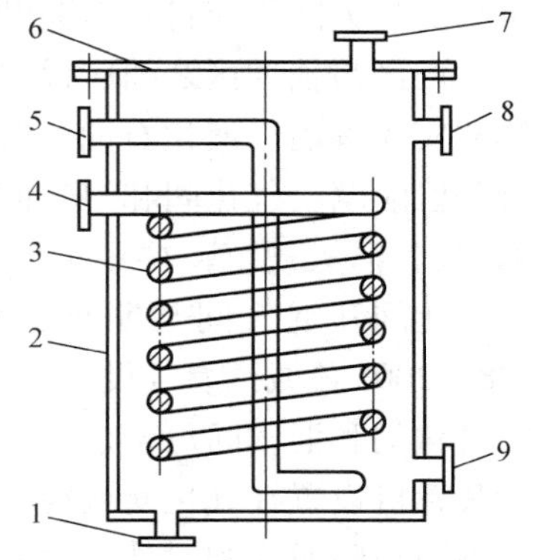

图 7-30 热水加热气化器结构
1—排污管 2—壳体 3—加热盘管 4—进液管 5—出气管 6—封头 7—放气管 8—冷水出口 9—热水出口

3）电热管气化器。电热管气化器是在热水气化器的基础上，将外加热水供应改为在设备内由电加热管对水进行加热，再由热水对液化石油气进行换热，从而省掉了热水的供给系统。电热管气化器结构，如图7-32所示。该气化器除了在热水箱的下部增设了几组电热管外，中上部还多了一个中心管气液分离室，起着积聚气体和分离液体的作用，从而保证了外输气体的稳定。

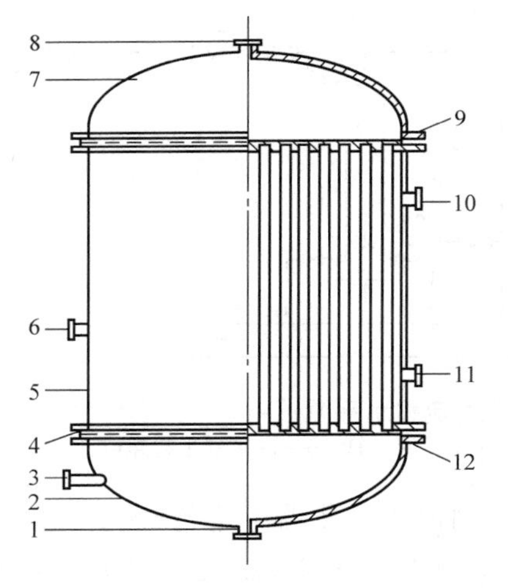

图 7-31 蒸汽加热气化器结构
1—排污管 2—液相段封头 3—液相入口 4—下管板 5—筒体 6—蒸汽出口 7—气相段封头 8—气相出口 9—上管段 10—蒸汽入口 11—排气口 12—法兰

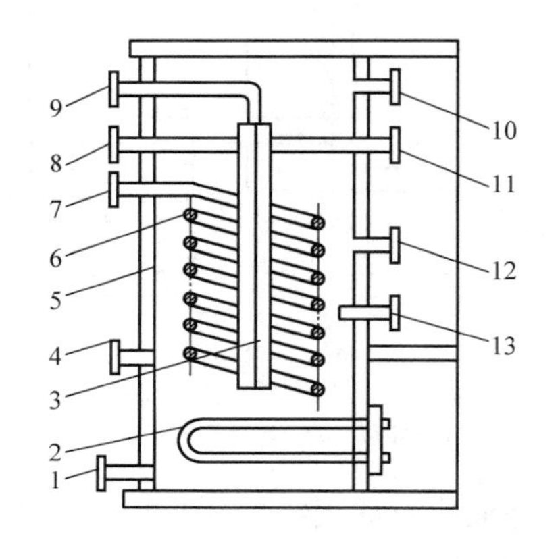

图 7-32 电热管气化器
1—排污管 2—电热管 3—中心管 4—进水管 5—水箱 6—盘管 7—进液管 8—气相出口 9—安全阀接管 10、12—液位计接管 11—压力表接管 13—温度计

电热管气化器外形尺寸一般稍大于同规格的热水气化器。按其蒸发能力分有200～500kg/h系列，所配电热管功率为15～74kW，热水温度在70～80℃，由温度表自控装置进行调控。其内装热水需软化处理，要定期更换新水。电热管和温度自控装置要采用防爆结构，电热管气化器结构紧凑，操作使用方便，气化效果稳定，目前被广泛使用。

4）空温式气化器。空温式气化器由调压箱、换热器和液位显示及保护系统三部分组成。它是利用液化气减压吸热气化的特征，通过高效吸热材料使液化石油气在常温下即可气化，是一种很好的节能设备，尤其适合在年平均气温较高的地方使用。

（4）混气工艺流程 液化石油气与空气或其他热值较低的可燃气体可按一定比例混合，使其符合城市燃气的供应标准后直接供给用户或作为城市调峰气源。

1）混合方式。混合气是通过混合装置进行的。按混合装置特点可分为三种混合方式：利用引射器混合；利用鼓风机混合；利用比例流量调节系统混合。

① 引射器混合。习惯上称为引射式混合。这种混合系统主要由引射器、空气过滤器和控制、检测装置等组成，如图7-33所示。液化石油气以一定压力从引射器1的喷嘴射出，将空气带入引射器混合，得到具有一定混合比例和一定压力的混合气。引射器分为固定式和可调式两种。

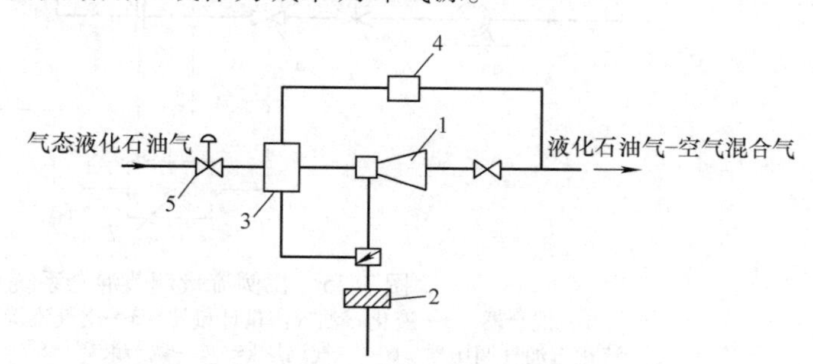

图7-33 引射式混合系统示意图
1—引射器 2—空气过滤器 3—控制装置
4—检测装置 5—调压器

固定式引射器是在固定混合比的情况下实现液化石油气和空气的混合。这种方式要适应用气量的变化，必须组成大小不同的引射器，根据输出气量的变化，打开或关闭不同的引射器，使用气量在0%～100%的范围内变化。

可调式引射器是将引射器的喷嘴设计成可调喷嘴。利用调节喷嘴的大小，保证混合比例和用气量的变化。这种喷嘴用气量调节范围在20%～100%。喷嘴的调节一般通过喷嘴针的调节来控制液化石油气的流量和混合比例。

② 鼓风机混合。该系统主要有混合器、鼓风机和调压装置等组成，如图7-34所示。

经空气压缩机5加压的空气和由调压器调节到一定压力的气体液化石油气按一定比例进入混合器1混合，再经鼓风机2加压，使混合气满足外部管网压力的要求。利用这种方式可得到压力较高的混合气，整个系统比引射式混合系统耗电量大，运行费用高。

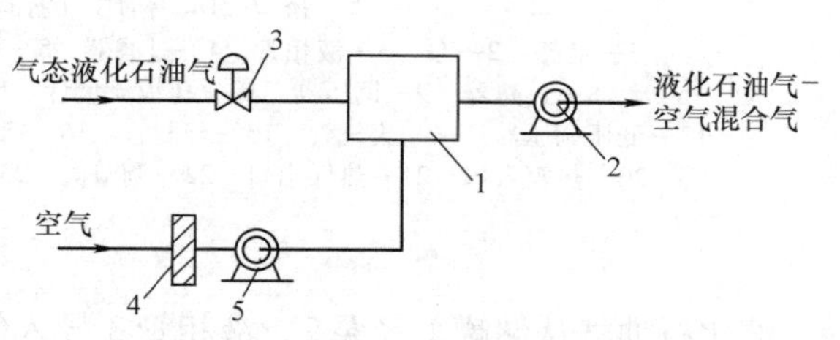

图7-34 鼓风机混合系统示意图
1—混合器 2—鼓风机 3—调压器
4—空气过滤器 5—空气压缩机

③ 比例流量调节混合。该系统主要由混合器、流量计、调压器、调节装置、比例调节阀等组成，如图7-35所示。

经过空气压缩机9加压的空气和气态液化石油气，经过调压器5、6调压和计量器2、3计量后，进入混合器1混合。混合比例由调节装置7进行自动控制，使两种气体的流量保持稳定的比例关系。这种系统的精确度是靠流量计量器2、3准确的测量流量而实现的。当选用流量孔板来计量时，压力在孔板处波动，波动信息反馈给调节装置7，由调节装置控制比例调节阀4进行调节。利用这种方式可得到较高压力的混合气，但设备复杂。

2）混气工艺流程。利用引射式混气工艺流程，如图7-36所示。

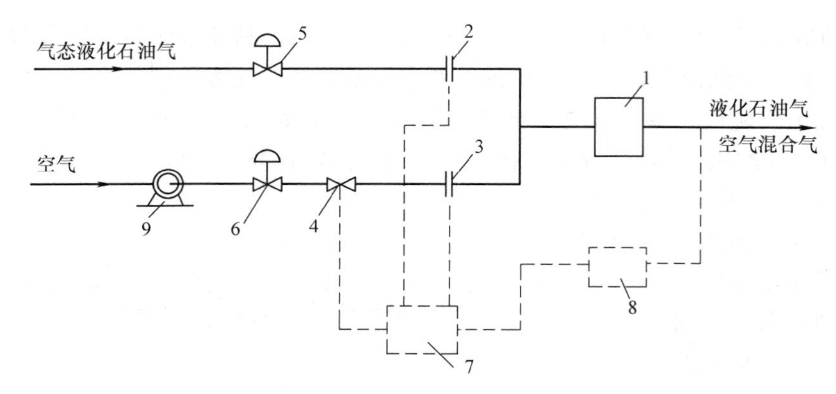

图 7-35 比例流量调节混合系统示意图

1—混合器 2—液化石油气流量计量器 3—空气流量计量器 4—比例调节阀 5—液化石油气调压器 6—空气调压器 7—调节装置 8—辅助调压装置 9—空气压缩机

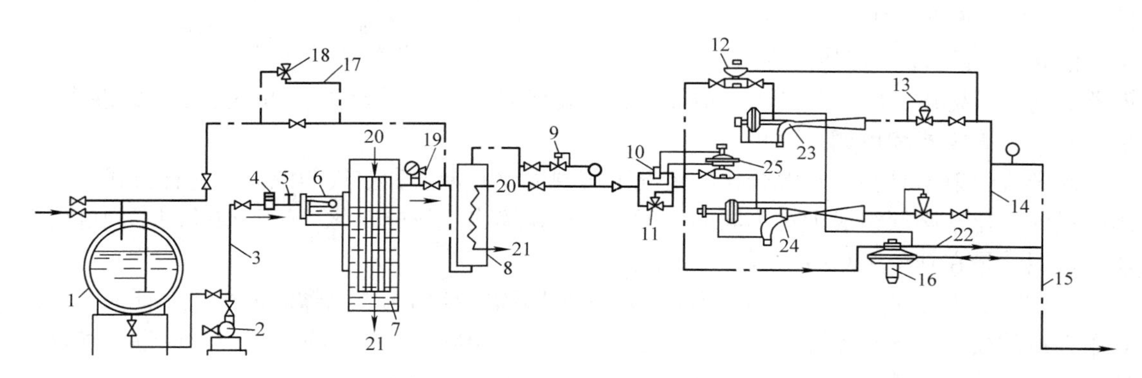

图 7-36 利用引射式混气工艺流程

1—储罐 2—泵 3—液相管 4—过滤器 5—调节阀 6—浮球液位调节器 7—气化器 8—过热器 9—调压器 10—孔板流量计 11—辅助调压器 12、25—薄膜控制阀 13—低压调压器 14—集气管 15—分配管 16—指挥器 17—气相管 18—泄流阀 19—安全阀 20—热媒入口 21—热媒出口 22—调节阀 23—小生产率引射器 24—大生产率引射器

液化石油气从储罐 1 经泵 2、液相管 3 导入气化器 7 进行强制气化。加压泵系统设置安全回流阀，使进入气化器的液体保持所需要的稳定压力。气相离开气化器后，经过热器 8、调压器 9 分送到引射器 23 或 24。在引射器中，气相液化石油气靠压力能将周围大气中的空气吸入，并进行动量交换，充分混合后制得具有一定热值的混合气。气化器气相供气压力一般为 0.20~0.35MPa，由调压器 9 来控制调节。此外，还用超压泄流阀 18 自动控制气化器，使其操作稳定。

根据负荷的变化，引射器的开启、关闭可采用自动或半自动方式进行。为适应负荷变化，应设置不同生产率的引射器。当用气量为零时，混合装置不工作，薄膜控制阀 12 关闭。当有用气量时，集气管 14 中的压力降低，经脉冲管传至引射器的针形阀，其薄膜传动机构使针形阀移动，从而增加引射器喷嘴的流通面积，提高了生产率。当生产率达到最大时，孔板流量计 10 产生的压差增大，使薄膜控制阀 25 打开，大生产率引射器开始投入运行。当流量继续增大时，大生产率引射器的针型阀开启度增大，生产率进一步提高。当用气量降低时，集气管 14 的压力升高，引射器逐个停止运转。引射器出口混合压力是由调压器 13 来调节和控制的。

混合气的质量可用自记式热量计或容克式热量计精确监测，也可以设本生灯监督火焰估测。当无自动控制系统时，可用手动调节阀来控制混合气的热值。引射器的生产率应按用户需要量的变化规律来确定。若在引射器后无调峰储气罐，宜选用低峰用气量作为最小引射器的生产率，其他引射器生产率可等比逐级加大，而总的生产率不应小于高峰需用量。

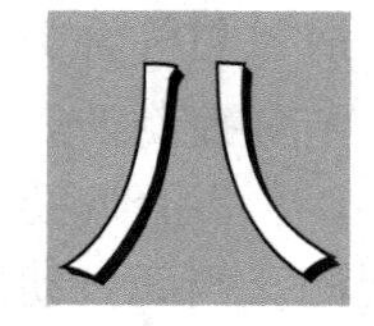

第八章 其他燃气

除了天然气和以煤制取城市燃气外，还有油制气、生物气、二甲醚和非常规天然气等，作为燃气来源或化工原料气。

以石油系为原料制得的燃气称为油制燃气。按加工工艺，油制燃气可分为四类：热裂解气、催化裂解气、部分氧化气和加氢裂解气，其中催化裂解气的组成和热值与焦炉煤气接近。我国目前有少数城市以油制气作为城市基本气源和调峰气源。

非常规天然气是指那些难以用传统石油地质理论解释，在地下的赋存状态和聚集方式与常规天然气藏具有明显差异的天然气聚集。主要包括致密气（致密砂岩气、火山岩气、碳酸盐岩气）、煤层气（瓦斯）、页岩气、天然气水合物（可燃冰）、水溶气、无机气及盆地中心气、浅层生物气。目前，致密砂岩气已进入规模开发阶段，煤层气、页岩气的开发利用正在起步，天然气水合物等资源的基础研究工作也正逐步展开。我国2009年非常规天然气资源量与产量见表8-1。

表8-1 我国非常规天然气资源量与产量统计（2009年）

名称	资源量/$10^{12}m^3$	产能/10^8m^3	备注
煤层气	36.8	25.0	鄂尔多斯、沁水盆地
页岩气	100	0.3	重庆、四川、云贵
致密砂岩气	12	150.0	鄂尔多斯、四川
天然气水合物	131.8	0	南中国海、青藏高原

致密气（Tight Gas），是指孔隙度低、渗透率较低、含气饱和度低、含水饱和度高、天然气流动速度较为缓慢的砂岩层中的天然气藏。美国联邦能源委员会将致密砂岩气定义为地层渗透率为$0.1\times10^{-3}\mu m^2$的砂岩储层。我国对致密砂岩气藏的规定为有效渗透率小于$0.1\times10^{-3}\mu m^2$（绝对渗透率小于$1\times10^{-3}\mu m^2$）、孔隙度小于10%的气藏为致密气藏。全球致密气开发最成功的国家是美国和中国。

煤层气（Coal Seam Gas），是专指以吸附状态存在于煤层中的煤层气，其内涵也包括人们常说的煤矿瓦斯。广义的煤层气是指储藏在煤层及其周围岩石中的天然气，其来源为：地层中有机物煤化过程中生成的气体（有机生成）；岩浆岩侵入时产生的气体及碳酸盐岩受热分解产生的气体（无机生成）；地壳中放射性元素衰变过程中产生的气体及地下水中释放出的氦、氡等气体（无机生成）。狭义的煤层气则是指可供能源开发利用的、在煤层及其周围岩石自生自储的以甲烷为主的天然气。

页岩气（Shale Gas），是从页岩层中开采出来的，其主体位于暗色泥页岩或高碳泥页岩中，以吸附或游离状态存在于泥岩、高碳泥岩、页岩及粉砂质岩类夹层中。页岩气主要是生物成因、热成因和生物-热成因的连续型天然气聚集，主要特征是含气面积大、隐蔽圈闭机理、盖层岩性不定和烃类运移距离较短。页岩气可以是储存在天然裂隙和粒间孔隙内的游离气，也可以是干酪根和页岩颗粒表面的吸附气或是干酪根和沥青中的溶解气。页岩气藏的储层一般呈低孔、低渗透率的物性特征，气流的阻力比常规天然气大，需要实施储层压裂改造才能实现有效开采。

水溶气藏，是溶于水中的可燃气体，一般处于未饱和状态。气源有无机的（含氦气），也有有机的（生物气、深层裂解气）。当高温高压地层水中溶解的天然气量足够大时，便形成了可供开采或综合利用的水溶气藏。中国的四川盆地、松辽盆地、渤海湾盆地、琼东南盆地、柴达木盆地、鄂尔多斯盆地和吐哈盆地等均具有勘探水溶气的良好远景。

天然气水合物（Natural Gas Hydrate），因其外观像冰一样而且遇火即可燃烧，又被称作可燃冰或固体瓦斯和气冰。它是在一定条件下由水和天然气在中高压和低温条件下混合时形成的类冰的、非化学计量的、笼形结晶化合物。天然气水合物在自然界广泛分布在大陆、岛屿的斜坡地带、活动和被动大陆边缘的隆起处、极地大陆架及海洋和一些内陆湖的深水环境。

生物气（Biogas），是以生物质能为原料，通过发酵或气化的方式而得到的燃气。它包含沼气（Marsh gas）和生物质气化气，目前主要作为农村燃气，也有部分作为城市燃气及工业燃气。

第一节 油制燃气

以石油系为原料经高温裂解制得的燃气称为油制燃气。油制气过程与煤制气是一致的，即降低原料的碳氢比，获得氢气、一氧化碳和甲烷为主的低级烃等可燃组分。油制气作为城市燃气，具有设备投资低、占地面积少、液体燃料运输方便、装置易自动控制等优点。由于其开停方便、机动灵活，便于作为调峰气源。但原料油价格较高、供应紧张，为油制燃气的发展带来一定困难。

一、油制燃气的原料

油制燃气的原料可以是原油、重油、石脑油和柴油等。

重油是由原油加工提取汽油、煤油、柴油、润滑油后留下来的油品。由于石油炼制方法不同，得到的重油性质也不同。例如，原油在常压蒸馏中提取石脑油、煤油、轻油后得到的重油称为直馏重油。直馏重油经减压蒸馏提取润滑油后得到的是减压重油。减压重油的某些馏分经热裂化后得到的是裂化渣油等。

国内制气用的重油主要是减压渣油。就油制气而言，重油价格便宜，且可获得大量宝贵的副产品，如苯、二甲苯、萘等，有利于提高经济效益。与石脑油相比，重油制气工艺流程较长，煤气中含有焦油，故净化及废水处理较复杂，气化效率较低。

石脑油是一种轻油，也称为直馏汽油。它是原油蒸馏所得200℃以下的馏分。沸点130℃以下的为轻质石脑油，130℃以上的为重质石脑油。不同性质原油的石脑油收率相差较大，低者仅为2%～3%，高者达30%～40%。石脑油容易裂解，炭黑生成量少，制得的燃气不含焦油等副产品，制气工艺及设备简单，废水处理容易，因而国外油制气，特别是中、小型制气厂，多以石脑油为原料。但是石脑油价格比重油、柴油高。

柴油是原油中馏程为200～350℃的油品，呈淡黄色或褐色。柴油可分为轻柴油、专用柴油、农用柴油和重质柴油，制气用油多为重质柴油。

二、油制燃气的方法

油制燃气按气化原理不同分为热裂解法、催化裂解法、部分氧化法和加氢气化法。按生产方式不同分为连续式和间歇式两类。

1. 热裂解法

热裂解法是在有水蒸气存在、温度为800～900℃的条件下使碳氢化合物裂解的方法。该方法所需热量是由鼓入氧化剂燃烧油料来提供，是一种制气与加热交替进行的间歇制气方法。

裂解制气的原料油是包括戊烷、环烷烃、芳烃和烯烃的复杂混合物，裂解过程发生了分子的分解和分子的结合两大类反应。分子的分解反应生成了低分子的氢气和气态烃，而分子的结合反应生成了含重质芳烃的焦油和结焦生炭。

重油热裂解的最终产物包含氢气、乙烷、乙烯、丙烯等气态烃，苯、甲苯、二甲苯等轻油，以及萘、焦油、炭等。所得燃气热值约为38～46MJ/m^3。

2. 催化裂解法

热裂解气含氢气少，热值高，如继续提高裂解温度可使重碳氢化合物进一步裂解，使氢含量增加，燃气热值降低。但过高温度会导致游离碳增加，焦油粘度提高，制气效率降低，在操作和设备上造成困难。当采用催化剂时，不仅在750～900℃温度下制气油发生裂解，而且促进了裂解过程中生成的碳氢化合物与水蒸气之间发生水煤气反应，生成含氢气和一氧化碳较高的燃气，这种油制气方法称为催化裂解法。

3. 部分氧化法

部分氧化法是将原料油、蒸汽、氧气（或空气）混合后喷入反应器，由部分原料油燃烧而供给原料油裂解及水蒸气转化反应所需要热量的油制气方法。这是一种内热式且热效率高的连续制气方法。它有常压和加压两种方式，也可使用催化剂进行催化裂解。

4. 加氢气化法

加氢气化法是在2.0～6.0MPa和700～900℃条件下，将原料油于富氢气流中裂解制取燃气的方法。从石脑油至原油都可作为这种方法的原料。由于氢气的加入，裂解产物中低级烃含量增加，制得的燃气中氢气、甲烷、乙烷含量高，热值达到25～33.5MJ/m^3。

第二节 煤层气和矿井气

在煤生成和变质过程中地下会伴生煤层气，在采煤时这些气体会从煤体和岩体涌出。煤田的煤层气与渗入煤层的井巷空气混合后的气体称为矿井气（矿井瓦斯）。煤层气中主要成分是甲烷，还伴生有二氧化碳、一氧化碳等气体。当它们涌出至井巷时会被空气所稀释。在地下井巷中的矿井气如不予合理抽取，会造成井巷操作人员窒息死亡，甚至引起爆炸。为了保证安全生产，必须及时将井下的矿井气抽除。当矿井气中甲烷含量达到35%～40%（体积分数）时，可以作为城市燃气。

矿井气是否具有利用价值，可根据涌出量或正常条件下单位采煤量的矿井气产量来确定，表8-2列出了矿井气的相对涌出量的等级。目前，抚顺、重庆、鹤壁、平顶山、焦作、开滦等地已把矿井气作为城市燃气。

表8-2 矿井气等级

序 号	矿井气等级	矿井气相对涌出量/[m^3/t(煤)]
1	一	<5
2	二	5~10
3	三	10~15
4	四	>15

煤层气是优质清洁能源。我国埋深2000m以浅煤层气为主，地质资源量约为$36.8\times10^{12}m^3$，居世界第三位。我国高度重视煤层气开发利用和煤矿瓦斯防治工作，“十一五”期间，国家启动沁水盆地和鄂尔多斯盆地东缘两个煤层气开发利用示范工程，建成端氏—博爱、端氏—沁水等煤层气长输管线，形成了煤层气勘探、开发、生产、输送、销售、利用等一体化产业格局。2010年，煤层气产量为$15\times10^8m^3$，新增煤层气探明地质储量$1980\times10^8m^3$。2011年，煤层气产量为$23\times10^8m^3$。我国强力推进煤矿瓦斯“先抽后采、抽采达标”的策略，加强瓦斯综合利用，支持煤矿瓦斯治理示范矿井和抽采利用规模化矿区建设，煤矿瓦斯抽采利用量逐年大幅度上升。2010年，煤矿瓦斯抽采量为$75\times10^8m^3$、利用量为$23\times10^8m^3$。到2015年，煤层气（煤矿瓦斯）规划产量为$300\times10^8m^3$，其中地面开发$160\times10^8m^3$，煤矿瓦斯抽采$140\times10^8m^3$，利用率预计在60%以上；瓦斯发电装机容量超过285万kW，民用超过320万户。“十二五”期间，我国新增煤层气探明地质储量$1\times10^{12}m^3$，并将建成沁水盆地、鄂尔多斯盆地东缘两大煤层气产业化基地。

美国是目前世界上煤层气开采比较成功的国家。在美国，煤层气开采有两种情况，一种是在采煤矿区开采煤层气，另一种是在未采煤地区开采煤层气，后者产气量比例大。20世纪80年代初，美国开始试验用常规油气井（地面钻井）方法开采煤层气。20世纪70年代末，橡树林矿成为第一个大规模开采煤层气的矿井，使用的技术是垂直钻井和水力压裂，为其后的煤层气开发奠定了基础。

煤层气综合利用价值很高，除民用外，可用于燃气轮机发电、供热、作动力燃料，还可做甲醇、合成氨等化工产品，也是农药、医药、染料等有机化工产品的基础原料。目前，国内对煤层气的利用基本上有两种途径：一是作为矿区周围居民使用燃料或者作为矿区发电用燃料；二是作为化工原料，如利用煤层气生产炭黑等化工产品。

目前我国抽排的煤层气主要是采煤过程中由动采区和采空区产生的混合煤层气，其中掺进了大量空气，甲烷浓度变化范围较大，集中在30%~80%之间，俗称为煤矿瓦斯。我国每年因采煤向大气中排放的煤层气折合纯甲烷达到$200\times10^8m^3$以上，目前的利用率不足10%，造成了极大的资源浪费。甲烷温室效应是二氧化碳的21~24倍，对大气臭氧层的破坏能力是二氧化碳的7倍。我国煤矿排放的甲烷占全球采煤排放甲烷总量的35%以上，这使我国面临着巨大的温室气体减排压力。

要实现煤层气安全、有效的回收与利用，首先要解决的技术瓶颈是煤层气脱氧。将中等甲烷浓度的含氧煤层气，先进行脱氧净化处理，再经变压吸附或深冷法提纯，可制得CNG

或 LNG，是目前最具市场前景的煤层气高效利用方式。

变压吸附（PSA）技术是近几十年来发展起来的一种有效的气体分离提纯方法，利用不同气体组分在吸附剂上吸附性能不同达到分离的效果。

薄膜分离法具有不发生相态变化、设备简单、占地面积小等优点。但气体各组分对薄膜的渗透能力不同，其渗透量与各组分的渗透系数、渗透膜的面积以及膜两侧气体组分的压差有关，在分离中会造成产品气的损失。而且甲烷爆炸极限随着压力增高急剧扩大，进一步凸显该技术的安全问题。

含氧煤层气低温液化是采用双级精馏技术，先将气体混合物冷凝为液体，然后再按各组分蒸发温度的不同将它们分离，先分离甲烷和氧气，再分离氮气和其他成分，可直接制得 LNG。

第三节 页 岩 气

一、页岩气概述

页岩气，是主体上以吸附和游离状态同时赋存于具有生烃能力的泥岩、页岩等地层中的天然气，具有自生自储、吸附成藏、隐蔽聚集等特点。与常规天然气相比，页岩气具有开采寿命长和生产周期长等优点，能够长期以稳定的速率产气，一般开采寿命为 30 ~ 50 年。

从 1821 年在美国阿帕拉契亚盆地第一口页岩气井开始，页岩气开发至今已有 200 年的历史。近年来，北美页岩气的成功开发和利用，使世界范围内越来越多的国家和地区对发展页岩气产业信心倍增。2010 年，美国页岩气产量达 $1378\times10^8m^3$，占其天然气年产量的 14% 以上，预计到 2035 年，美国页岩气产量将占其天然气总产量的 46%。

2005 年以来，中国加强了对页岩气资源的调查及成藏地质条件的评价与研究。2009 年 10 月，重庆市綦江县启动我国首个页岩气资源勘查项目，标志继美国和加拿大之后，中国正式开始页岩气资源的勘探开发。截至 2011 年年底，我国开展了 15 口页岩气直井压裂试气，9 口见气，初步掌握了页岩气直井压裂技术，证实了我国具有页岩气开发前景。

据专家预测，我国页岩气可开采资源为 $25\times10^{12}m^3$，超过常规天然气资源。《页岩气发展规划》（2011 ~ 2015 年）中明确“十二五”期间规划目标：基本完成全国页岩气资源潜力调查与评价，初步掌握全国页岩气资源量及其分布，优选 30 ~ 50 个页岩气远景区和 50 ~ 80 个有利目标区；探明页岩气地质储量 $6000\times10^8m^3$，可采储量 $2000\times10^8m^3$。2015 年页岩气产量 $65\times10^8m^3$；力争 2020 年产量达到 $600\sim1000\times10^8m^3$。

中国存在区域性页岩气形成的地质背景和条件，依据地质历史、沉积与构造地质基础、页岩气成藏及分布等特点，可将中国的页岩气发育区划分为大致与板块对应的 4 大区域：南方地区，为楚雄、四川、江汉、苏北等盆地一线及其以南区域；华北-东北地区，包括松辽、渤海湾、南华北、鄂尔多斯等盆地及其围缘；西北地区，为柴达木、吐哈、准噶尔、塔里木等盆地及其围缘；青藏地区，为羌塘、比如、措勤等盆地及其围缘区域。

二、页岩气成藏机理

页岩气成藏机理兼具煤层吸附气和常规圈闭气藏特征，显示复杂的多机理递变特点。页岩气成藏过程中，赋存方式和成藏类型的改变，使含气丰度和富集程度逐渐增加。完整的页岩气成藏与演化可分为三个主要过程，构成了从吸附聚集、膨胀造隙富集到活塞式推进或置换式运移的机理序列。

三、页岩气开采技术

页岩气开采技术，主要有水平井分段压裂技术、清水压裂技术、重复压裂和近期出现的同步压裂技术，先进技术能够不断提高页岩气井产量。页岩中游离相天然气的采出，能够自然达到降压目的，并导致吸附相及少量溶解相天然气游离化，进一步提高了天然气的产能，实现长期稳产目的。由于孔隙度和渗透率较低，页岩天然气的生产率和采收率低，页岩气的最终采收率依赖于有效的压裂措施。因此，压裂技术和开采工艺直接影响页岩气井的经济效益。

1. 水平井分段压裂技术

分段压裂利用封隔器或其他材料段塞，在水平井筒内一次压裂一个井段，逐段压裂，压开多条裂缝。通常分为三个阶段：第一阶段，将前置液泵入储层；第二阶段，将含有一定浓度支撑剂的压裂液泵入储层；第三阶段，使用含有更高浓度支撑剂的压裂液。该技术既可用于单一储层区域，也可用于储层中几个不相连区域。可使用桥塞、连续油管、封隔器以及整体隔离系统达到短生产时间和低成本的要求。

2. 清水压裂技术

清水压裂是指在清水中加入降阻剂、活性剂、防膨剂等或线性胶作为工作液进行的压裂作业。该技术具有成本低、伤害低以及能够深度解堵等优点。由于岩石中的天然裂缝具有一定的表面粗糙度，闭合后仍能保持一定的裂缝，故能形成对低渗储层来说已经足够的导流能力。清水压裂很少需要清理，基本上不存在残渣伤害的问题，且可提供更长的裂缝，并将压裂支撑剂运到远至裂缝网络，与 20 世纪 90 年代的凝胶压裂技术相比，可节约 50% ~60% 的成本。

3. 重复压裂技术

重复压裂技术是指同层第二次或更多次的压裂，即第一次对某层段进行压裂后，对该层段再进行压裂，甚至更多次的压裂。要使重复压裂处理获得成功，必须在压裂后，能够产生更长或者导流能力更好的支撑剂裂缝，或者使作业井能够比重复压裂前更好的连通净产层。评估重复压裂前、后的平均储层压力、渗透率厚度成绩和有效裂缝长度与倒流的能力，能确定重新压裂前生产井的产能，以及重复压裂成败的因素。

4. 同步压裂技术

该技术是两口或更多的邻近平行井同时压裂，目的是使页岩收到更大的压力作用，从而通过增加水力裂缝网的密度，产生一个复杂的裂缝三维网格，同时增加了压裂工作的表面积。当压裂液注入两井之间的空间时，每个井的排油面积增加，这是在单井压裂时不可能出现的。同步压裂费用比较高，并且需要更多的协调工作以及后勤保障，作业场所也更大。

第四节 可 燃 冰

一、可燃冰概述

可燃冰是在低温、高压条件下水与甲烷相互作用形成的白色冰状晶体物质，也称为天然气水合物、天然气干冰、固体瓦斯等。在常温常压下会分解成水和甲烷，$1m^3$ 可燃冰相当于 160～$180m^3$ 的天然气。可燃冰主要来源于生物成气、热成气和非生物成气。生物成气主要来源于微生物在缺氧环境下分解有机物产生的。热成气的方式与石油的形成相似，是深层有机质发生热解作用，其长链有机化合物断裂，分解形成天然气。非生物成气是指地球内部迄今仍保存的地球原始烃类气体或地壳内部经无机化学过程产生的烃类气体。

根据资料记载，1778 年英国化学家普得斯特里首次发现了可燃冰。直到 156 年以后，人们发现油气管道和加工设备中存在冰状固体堵塞现象。前苏联于 1965 年首次在西西伯利亚发现可燃冰矿藏之后，各国相继地发现了可燃冰的存在，并着手对它进行了深入的研究。日本于 1999 年在近海试采成功，2002 年在加拿大西北部用加热法开采可燃冰获得成功。预计日本将在 2015 年实现海洋可燃冰工业性开采，美国将于 2016 年进行工业性开采。

近几年，中国也开始重视可燃冰的基础研究，并在广州和青岛分别成立了可燃冰研究所。2011 年年初，中国地质调查局广州海洋地质调查局对南海神狐海域可燃冰的专项调查表明，目标区域内有 11 个可燃冰矿体，预测储量约为 $194\times10^8m^3$，使得中国成为继美国、日本、印度之后的第四个通过国家级研究计划在海底钻探可燃冰实物样品的国家。由于目前的开发和控制技术不成熟，开采成本较高，预计 2020 年之前有望实现我国海域可燃冰的试开采。

自然界中的可燃冰主要富集在陆地冻土带和海洋大陆架海底中。陆地冻土带，如美国的阿拉斯加、俄罗斯的西伯利亚、我国的青藏高原；海洋大陆架海底，如美国和日本的近海海域，加勒比海沿岸及我国南海和东海海底。估计全世界可燃冰的储量达 $18.7\times10^{16}m^3$（按甲烷计），是目前煤、石油和天然气储量的 2 倍，其中海底可燃冰占 99%。

二、可燃冰形成条件

形成可燃冰有三个基本条件：温度、压力和气源。首先，可燃冰在 0℃ 以上生成，但超过 20℃ 便会分解，海底温度一般保持在 2～4℃；其次，可燃冰在 0℃ 时，只需 3MPa 即可生成，气压越大，水合物就越不容易分解；最后，海底的有机物沉淀，其中丰富的碳经过生物转化，可产生充足的气源。据估计，陆地上 20.7% 和大洋底 90% 的地区，都具有生成天然气水合物的条件。

三、可燃冰开采方案

可燃冰开采的思路是如何使可燃冰分解，即打破可燃冰稳定存在的温度压力条件。目前开采可燃冰的方法主要有热解法、降压和注化学试剂法，近年来还出现二氧化碳置换法、固态开采法等。

1. 热激发技术

该方法主要是将蒸汽、热水、热盐水或其他热流体从地面泵入可燃冰地层，也可采用开采重油时使用的火驱法或利用钻柱加热器，总之只要能促使温度上升达到可燃冰分解的方法都可称为热激发法。热开采技术的主要不足是会造成大量的热损失，效率很低，特别是在永久冻土区，即使利用绝热管道，永冻层也会降低传递给储集层的有效热量。

2. 降压技术

该方法是通过降低储集层的压力而引起可燃冰稳定的相平衡曲线移动，从而达到促使可燃冰分解的目的。其一般是通过在可燃冰层之下的游离气聚集层中降低天然气压力或者形成一个天然气的“囊”（由热激发或化学试剂作用人为形成），使得与天然气接触的可燃冰变得不稳定并且分解为天然气和水。其实，开采可燃冰层之下的游离气是降低储层压力的一种有效方法。另外，通过调节天然气的提取速度可以达到控制储层压力的目的，进而达到控制可燃冰分解的效果。减压法最大特点是不需要昂贵的连续激发，可能会成为今后大规模开采可燃冰的有效方法之一。但仅采用减压法开采天然气的速度是很慢的。

3. 注化学试剂法

该方法通过注入某些化学试剂，诸如盐水、甲醇、乙醇、乙二醇、丙三醇等化学试剂，可以改变可燃冰的相平衡条件，降低可燃冰稳定温度。当将上述化学试剂从井孔泵入后，就会引起可燃冰的分解。化学试剂法较热激发法作用缓慢，但确有降低初始能源输入的优点。化学试剂法最大的缺点是费用太昂贵，由于大洋中可燃冰的压力较高，因而不宜采用此方法。

4. 二氧化碳置换法

这种方法首先由日本研究者提出，方法依据的仍然是可燃冰稳定带的压力条件。在一定的温度条件下，可燃冰保持稳定需要的压力比 CO_2 水合物更高。因此在某一特定的压力范围内，可燃冰会分解，而 CO_2 水合物则易于形成并保持稳定。如果此时向可燃冰藏内注入 CO_2 气体，CO_2 气体就可能与可燃冰分解出的水生成 CO_2 水合物。这种方法可燃冰释放出的热量可使可燃冰的分解反应得以持续地进行下去。

5. 固态开采法

固体开采法最初是直接采集海底固态可燃冰，将可燃冰拖至浅水区进行控制性分解。这种方法后来演化为混合开采法或称矿泥浆开采法。该方法的具体步骤是，首先促使可燃冰在原地分解为气液混合相，采集混有气、液、固体水合物的混合泥浆，然后将这种混合泥浆导入海面作业船或生产平台进行处理，促使可燃冰彻底分解，从而获取天然气。

第五节 沼 气

沼气是利用生物质能转换得到的气体燃料，是由各种有机物质在隔绝空气的条件下，保持一定温度、湿度和酸碱度，经过微生物发酵分解作用而产生的一种燃气。

沼气分为天然沼气和人工沼气。前者存在于自然界中腐烂有机物质积累较多的地方，如沼泽、池塘、粪坑、污水沟等处。人工沼气是用作物秸秆、树叶杂草、人畜粪便、污水污泥和工业有机废水残渣等有机物质为原料，在适当工艺条件下进行发酵分解而生成。

《中国能源中长期发展战略研究》的可再生能源篇中关于沼气的规划：在 2006 年生产沼气 100 亿 m^3、替代 790 万 t 石油的基础上，预计 2020 年达到 440 亿 m^3，2030 年达到 800 亿 m^3，2050 年达到 1000 亿 m^3。

一、沼气发酵原理及影响因素

1. 厌氧发酵的原理

厌氧发酵是一个复杂的微生物学过程，是指各种有机物质在厌氧条件下，被各类厌氧微生物分解，最终转化为甲烷、二氧化碳等。畜禽粪便废水的厌氧发酵过程如图 8-1 所示，其中有 5 大类群的细菌参与了沼气的发酵过程，它们是：①发酵型细菌；②产氢产乙酸菌；③

耗氢产乙酸菌；④食氢产甲烷菌；⑤食乙酸产甲烷菌。

在厌氧发酵过程，5类细菌构成一条食物链，从各类细菌代谢产物和活动及对料液pH值影响看，可分为产酸和产甲烷阶段。

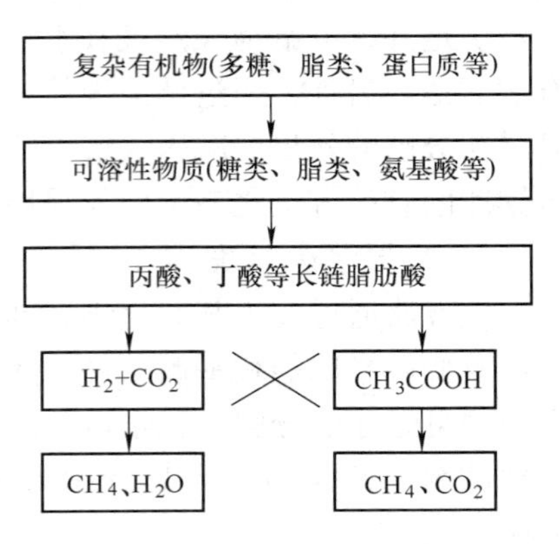

图8-1 厌氧发酵过程中5类细菌作用及碳素转化

1）厌氧发酵过程的产酸阶段。畜禽粪便的主要化学成分是多糖、脂类、蛋白质，其中多糖类物质是发酵原料的主要成分，包括淀粉、纤维素、半纤维素。这些复杂有机物大多数在水中不能溶解，必须被发酵细菌分泌的胞外酶水解为可溶性的糖、肽、氨基酸和脂肪酸后才能被微生物吸收利用。发酵型细菌将上述可溶性物质吸收后进入细胞，经发酵作用将它们转化为乙酸、丙酸、丁酸等长链脂肪酸和醇类及一定量的氢、二氧化碳。其中甲酸、乙酸和甲醇能被产甲烷菌利用，其他有机酸和醇类必须由产氢产乙酸菌分解为乙酸、氢和二氧化碳。耗氢产乙酸菌既能利用氢气和二氧化碳产生乙酸，又能代谢糖类产生乙酸。

通过上述发酵型细菌、产氢产乙酸菌、耗氢产乙酸菌作用，各种复杂有机物生成有机酸、氢气和二氧化碳等，而生成有机酸种类与厌氧发酵过程中氢的调节作用有关。氢分压低时，三类菌的活动结果主要是生成乙酸。氢分压高时，除积累乙酸外，还会有丙酸、丁酸等较长链的有机酸。因此，可通过有机酸成分及含量的测定，了解厌氧发酵过程的进行状态。

2）厌氧发酵过程的产甲烷阶段。产甲烷菌包含食氢产甲烷菌和食乙酸产甲烷菌，它们在厌氧条件下将产酸，在没有外源受氢体的情况下，将乙酸、氢气、二氧化碳转化为甲烷和二氧化碳，使有机物在厌氧条件下的分解作用顺利完成。

产甲烷菌广泛存在于水底沉积物和动物消化道等极端厌氧环境下，对氧具有高度敏感。产甲烷菌只能代谢少数几种底物生成甲烷，主要有：

甲酸 $4HCOOH \rightarrow CH_4 + 3CO_2 + 2H_2O - 145kJ$

甲醇 $4CH_3OH \rightarrow 3CH_4 + CO_2 + 2H_2O - 10^5kJ$

乙酸 $CH_3COOH \rightarrow CH_4 + CO_2 - 31kJ$

H_2/CO_2 $4H_2 + CO_2 \rightarrow CH_4 + 2H_2O - 135kJ$

除上述四种基质外，有的产甲烷菌还可代谢甲胺、二甲胺、三甲胺生成甲烷。通过放射性同位素标记的底物研究表明，70%以上的甲烷是乙酸裂解生成的，其余多数来源于氢气和二氧化碳的还原反应。因此，乙酸是沼气中最重要的产甲烷前体物质。

2. 厌氧发酵的影响因素

厌氧发酵是厌氧微生物一系列生命活动的结果，也就是微生物不断进行新陈代谢和生长繁殖的结果，因此必须保持厌氧细菌良好的生活条件。影响厌氧细菌发酵的因素有原料、厌氧消化活性污泥、发酵温度、pH值、碳氮比、有害物控制及搅拌等，其中厌氧消化最重要的影响因素是温度和pH值，还有主要的营养元素和过量有毒、抑制性化合物的浓度等。

1）温度。发酵可分为三个温度范围：50～65℃为高温发酵，20～45℃为中温发酵，20℃以下为低温发酵。随自然温度变化的发酵为常温发酵。

在同一温度类型下，温度发生波动会给发酵带来一定影响。在恒温发酵时，每小时温度波动不宜超过2～3℃。短时间内温度波动超过5℃，沼气产量将明显降低，波动大时甚至会停止产气。在进行中温发酵时，不仅要考虑产能多少，而且要考虑保持中温所消耗的热量，选择最佳产能温度，一般认为35℃左右处理效率最高。池温在15℃以上时，厌氧发酵才能较好运行。池温在10℃以下时，无论是产酸菌还是产甲烷菌都受到严重抑制。温度在15℃以上时，产甲烷菌的代谢活动才活跃起来，产气率明显提高，挥发酸含量迅速下降。在气温下降时必须考虑厌氧消化池的保温。

2）pH值。产甲烷菌的pH值范围为6.5～8.0，最适宜范围为6.8～7.2。如果pH值低于6.8或高于7.2，则甲烷化速率会降低。产酸菌的pH值范围为4.0～7.0，在超过产甲烷菌的最佳pH值范围时，酸性发酵可能超过甲烷发酵，将导致反应器内酸化。

影响pH值变化因素有：①发酵原料的pH值；②投料初期投料浓度高，产甲烷菌严重不足，引起产酸和产甲烷严重失调而酸化。如发生酸化，必须停止投料。如pH值在6.0以上时，可适当投入石灰水、碳酸钠溶液加以中和，也可靠停止投料所引起的产酸下降、产甲烷作用相对增强，使积累有机酸分解，而使pH值逐渐恢复正常。如果pH值降低到6.0以下，应在调整pH值同时，大量投入污泥，以加快pH值的恢复。

3）有毒和抑制性基质。发酵细菌的生命活动受多种物质的影响。反应器中有机浓度高时，对发酵有抑制或毒害作用。氨态氮浓度过高时，对细菌有抑制或杀伤作用。许多农药对细菌具有极强的毒害作用。很多盐类，特别是重金属离子，超过一定浓度都会强烈抑制发酵。农业剩余物不含有大量有毒物质，但施用农药或防疫时较多农药进入原料中，也可能因进料不当而投入对发酵有抑制作用的大蒜、桃叶、马钱子或被毒死的禽畜等。

4）营养物质。沼气发酵是培养微生物的过程，发酵原料或所处理的废水可看作是培养基，因此必须考虑微生物生长所必需的碳、氮、磷以及其他微量元素和维生素等营养物质。微生物生长对碳氮比有一定的要求。在沼气发酵过程中，原料的碳氮比会不断变化，因此不仅要求原料充足，而且应保持一定的碳氮比，以(13～30)∶1为宜。

5）搅拌。在反应器中，生物化学反应是依靠微生物的代谢活动二进行，这就要使微生物不断接触新的食料。搅拌是使微生物与食料接触的有效手段。

在成批投料反应器中，发酵液通常自然沉淀成四层，分别是浮渣层、上清液、活性层和沉渣层，厌氧细菌活动较为旺盛的场所仅限于活性层中，其他层中或因原料缺乏，或因不适宜细菌活动，使厌氧消化难以进行。通过搅拌，可打破分层现象，使细菌与发酵原料充分接触，还可防止沉渣沉淀、防止产生或破坏浮渣层、保持池温均一、促进气液分离等。

常用搅拌方式有发酵液回流、沼气回流和机械搅拌等，工程中多采用机械搅拌。

6）发酵料液浓度。发酵浓度一般是采用总固体浓度来表示，是指干物质占发酵料液总质量的比例。料液浓度过高或过低都对发酵产气不利。浓度低时，发酵原料少，水量多，会使细菌数量减少，降低产气率。浓度高时，含水量少，发酵液粘稠，不利于发酵细菌的活动，也不利于发酵原料、中间产物和最终产物的迁移和传递，容易造成局部酸化，使发酵受阻，产气速度下降，产气减少。

二、沼气制取设备

1. 典型家用沼气池

沼气池类型较多，按储气方式分为水压式、浮罩式和气袋式；按几何形状分为圆筒形、球形和椭球形；按埋设位置分为地下式、半埋式和地上式；按建池材料分为砖、混凝土、玻璃钢、塑料和铁。

经过多年实践，地下水压式沼气池是我国农村推广应用的主要池型，其主体由发酵间、储气间和水压间（或出料间）组成，设有进料口、进料管、活动盖、导气管、出料管等，一般为圆柱形或球形，其结构示意图如图8-2所示。典型的水压式沼气池有：曲流布料沼气池、旋流布料沼气池和强回流沼气池等。该类型沼气池的优点是：①结构合理，使用、管理方便；②建池投资较低；③沼气池建在地下，与土壤紧密接触，充分利用土壤的承载和保温作用，有利于冬季使用。其缺点是：①气压反复变化，且变化范围较大；②作物秸秆料较多或总固体浓度过高时，池内浮渣容易结壳，且不易破开。

浮罩式沼气池是将发酵间产生的沼气由浮罩储存的沼气池，其结构示意图如图8-3所示。浮罩可以分离放置在池旁或直接安置在池顶，储气部分由浮罩和水槽量部分组成。其优点是：①沼气压力稳定；②发酵液不在发酵间和水压间之间循环进出，有利于保温；③采用浮罩储存，发酵容积为总容积的95%～98%，比同容积的水压式沼气池增加10%以上；④浮渣浸在发酵液中，可使原料更好地发酵和产气。其缺点是：①建池成本高；②占地面积较大。

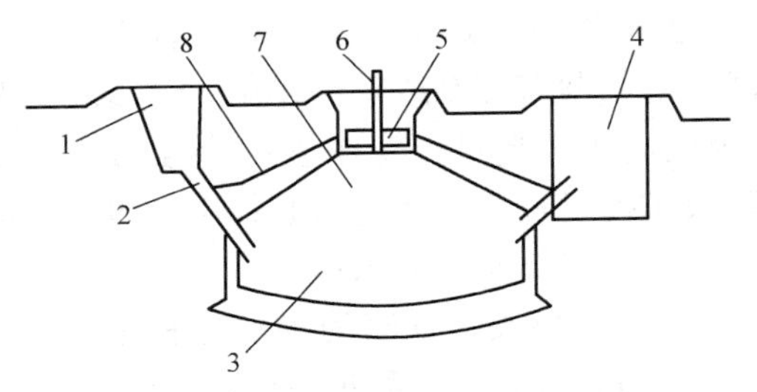

图8-2 水压式沼气池结构示意图
1—进料口 2—进料管 3—发酵间 4—出料间
5—活动盖板 6—导气管 7—储气间 8—沼气池体

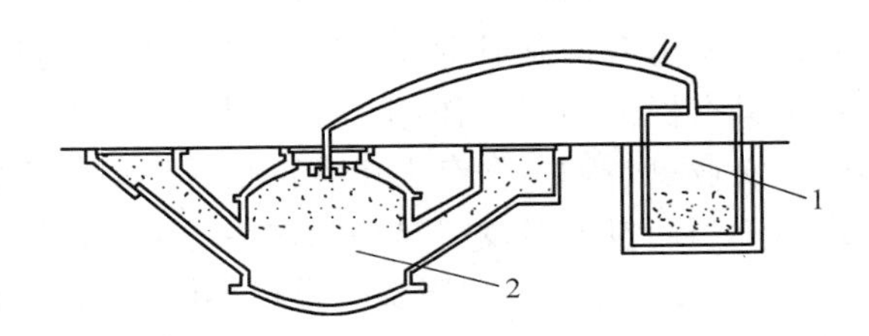

图8-3 分离浮罩式沼气池结构示意图
1—分离浮罩 2—发酵间

2. *沼气工程发酵产气装置*

沼气工程是以禽畜粪便、工业有机废水废渣、农作物秸秆等为原料的厌氧发酵为主要技术环节，集污水处理、沼气生产、资源化利用为一体的系统工程，一般由原料收集系统、预处理系统、厌氧发酵系统、出料后处理系统和沼气净化储存利用系统等组成。沼气工程一般采用中温厌氧发酵。我国NY/T667—2011《沼气工程规模分类》标准，根据沼气工程的单体装置容积、总体装置容积、日产沼气量和配套4个指标，将沼气工程的规模分为大型、中型和小型三种，见表8-3。

表8-3 沼气工程规模分类指标

工程规模	单体装置容积/m^3	总体装置容积/m^3	沼气产量/(m^3/d)	配套系统的配置
大型	≥300	≥1000	≥300	完整的原料处理系统，沼渣、沼液综合利用系统，沼气储存、输配、利用系统
中型	$300>V\geqslant50$	$1000\geqslant V\geqslant100$	≥50	原料预处理、沼渣、沼液利用、沼气储存、沼气输配和利用系统
小型	$50>V\geqslant20$	$100>V\geqslant50$	≥20	原料计量、进出料系统，沼渣液利用系统，沼气储存、输配和利用系统

注：沼气产量是指在发酵温度高于25℃时总体装置的沼气产量。

根据沼气工程的目的和周边环境条件的不同，大、中型沼气工程分为高浓度厌氧工艺（能源生态型工艺）和低浓度厌氧工艺（能源环保型工艺）两种类型。高浓度厌氧工艺的沼气工程是指禽畜场污水和鲜粪经厌氧无害化处理后不直接排入自然水体，而是作为农作物的有机肥料。低浓度厌氧工艺的沼气工程是指禽畜场的禽畜污水经处理后直接排入自然水体或以回用为最终目的。

沼气工程常用的厌氧发酵反应器按照物料流态可分为完全混合厌氧消化器（CSTR）、卧式推流厌氧消化器（HCPF）、升流式厌氧污泥床（UASB）等，它们性能比较见表8-4。沼气工程选择能源生态模式时，一般选用CSTR和HCPF工艺；当处理的废弃物为禽畜粪便时多选用HCPF工艺；沼气工程选择能源环保模式时，一般选用UASB工艺。

表8-4 厌氧反应器适用性能比较

反应器	优点	缺点	适用范围
CSTR	投资小，运行管理简单	容积负荷率较低，效率较低，出水水质差	适用于SS含量很高的污泥处理
HCPF	投资较小，运行管理简单，容积负荷率较低	停留时间相对较长，出水水质较差	适用于高浓度、高悬浮物的有机废水
UASB	污水处理效率较高，投资较小，容积负荷率较高	对进水SS要求较高，三相分离器较复杂	适合于SS含量很低的污水处理

注：容积负荷率是单位体积反应器所承受的有机物的量。

1）完全混合厌氧反应器。传统的完全混合厌氧反应器，是借助于反应器内的厌氧活性污泥来净化有机污染物，其工作原理如图8-4所示。完全混合厌氧发生器是在普通反应器中安装了搅拌装置，使发酵原料和微生物处于安全混合状态。该反应器常采用恒温连续投料或半连续投料运行，适用于高浓度及含有大量悬浮固体原料的处理。

2）卧式推流厌氧反应器。卧式推流厌氧反应器（HCPF）最早用于酒精废的厌氧消化，是一种长方形的非完全混合式反应器，其结构示意如图8-5所示。高浓度悬浮固体发酵原料从一端进入，另一端排出。原料在反应器内的流动呈活塞式推移状态。在进料端呈现较强的水解酸化作用，甲烷的产生随着向出料方向的流动而增强。由于进料端缺乏接种物，所以要进行污泥回流。在反应器内应设置挡板，有利于运行稳定。

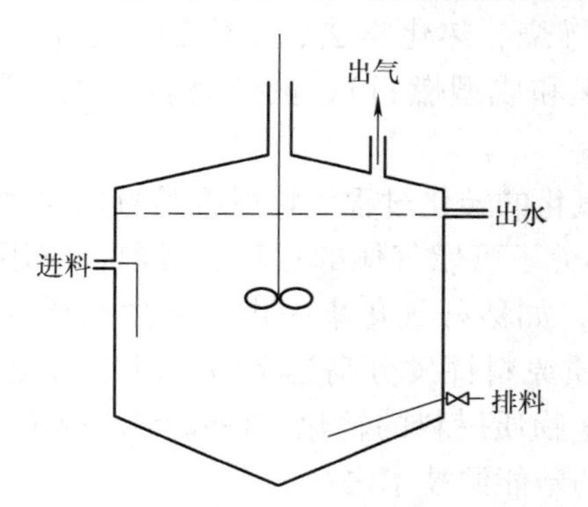

图8-4 完全混合厌氧反应器工作原理图

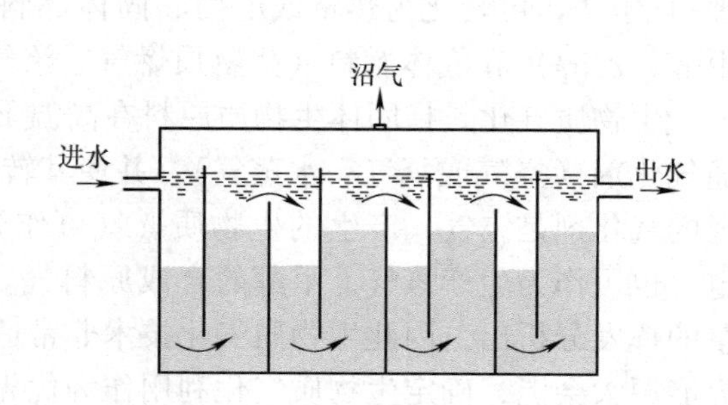

图8-5 卧式推流厌氧反应器示意图

其优点是：①不需要搅拌，池型简单，能耗低；②适用于高SS废水的处理，尤其是牛粪的厌氧消化；③运行简便，稳定性高，故障性低。缺点是：①固体物容易沉淀，影响反应器的有效容积；②需要固体和微生物回流；③反应器面积体积比较大，难以保持一致的温度；④易产生厚的结壳。

3）升流式厌氧污泥床。升流式厌氧污泥床（UASB）是目前发展最快的反应器，其特征是自下而上流动的污水流过膨胀的颗粒状的污泥床，其结构示意图如图8-6所示。反应器分三个区，即污泥床、污泥层和气固分离器，分离器将气体分流并阻止固体漂浮和冲出，使甲烷产率明显提高。国内外大量应用于废酒滤液、啤酒废水、豆制品废水等。

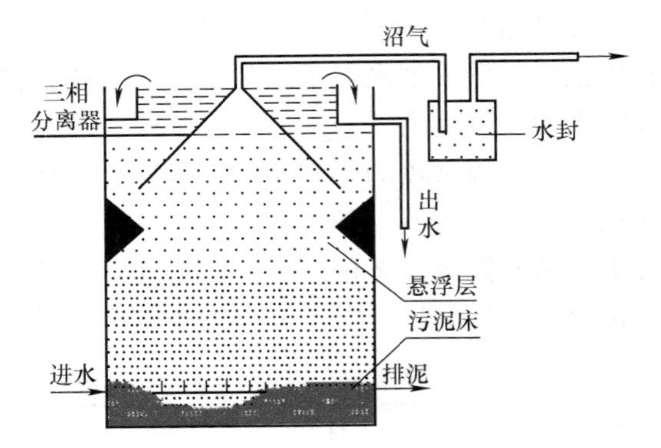

图8-6 升流式厌氧污泥床结构示意图

该工艺的主要特点是：①除气固分离器外结构简单，没有搅拌装置；②颗粒污泥的形成使微生物天然固定化，增加了工艺的稳定性；③出水SS含量低；④需要有效的布水器，使进料均布于反应器底部。

第六节 生物质气化

生物质（biomass）是指有机物中除化石燃料外的所有来源于动物、植物和微生物的物质，生物质能是指直接或间接地通过绿色植物的光合作用，把太阳能转化为化学能后固定和储藏在生物体内的能量。它主要包含农林作物、动物粪便、城市垃圾、有机废水等。

生物质能源是人类最早直接应用的能源，是最古老的能源，也可能成为未来最有希望的绿色能源。地球上每年通过光合作用储存在植物的枝、茎、叶中的太阳能，其能量达3×10^{21}J，每年生成的生物质总量达1400亿～1800亿t，所蕴含的生物质能相当于目前世界耗能总量的10倍左右。据统计，我国每年农作物秸秆产量达7亿t（可利用的生物质能约为1.63亿t，2008年），林业剩余物量为1.29亿t（2008年），集约化养殖产生的畜禽粪便有4亿t，每年城市垃圾产量也不小于1.5亿t。

生物质能转化利用的途径（图8-7）主要包括燃烧、热化学法、生化法、化学法和物理-化学法，可转化为热量或电力、固体燃料（木炭和成型燃料）、液体燃料（生物柴油、甲醇、乙醇）和气体燃料（生物质燃气、沼气）。

生物质气化是指固体生物质原料在高温下部分氧化的转化过程。该过程是直接向生物质通气化剂（空气或氧气、水蒸气），并使其转变为小分子可燃气体的过程。目前，应用最广泛的气化剂是空气，产生的生物质燃气可作为燃料，如秸秆气化集中供气和生物质气化发电，也可作为生产氢气、甲醇的合成原料气。生物质原料挥发分高达70%以上，受热后大量的挥发分析出，因此生物质气化技术非常适用于生物质燃料的转化。1992年，第15次世界能源大会上，确定生物质气化利用作为优先开发的新能源技术之一。

一、生物质气化基本原理

生物质气化过程分为干燥、热解、氧化和还原四个阶段，气化炉气化原理如图8-8所示。

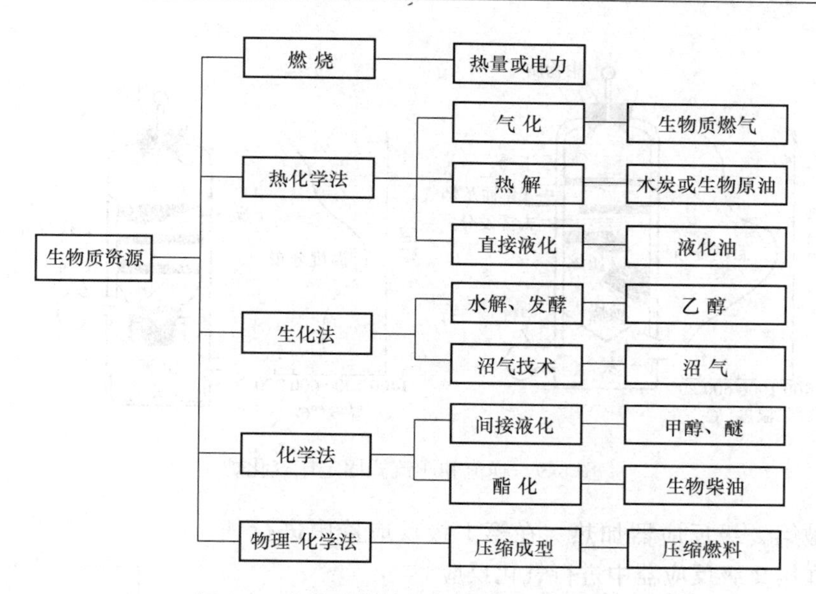

图8-7 生物质能转化利用的途径和产品

（1）干燥阶段 生物质进入气化器后，在热量作用下，首先被干燥，加热到200~300℃时原料中水分首先蒸发，产物为干原料和水蒸气。

（2）热解阶段 当温度升高到300℃以上时，开始发生热解反应，大分子碳氢化合物的碳链被打碎，析出生物质中的挥发分，只剩下残余的木炭。热解反应析出挥发分主要包括水蒸气、氢气、一氧化碳、甲烷、焦油及其他碳氢化合物。

（3）氧化过程 热解的残余物木炭与空气发生反应，并释放大量热量，提供热解和干燥、还原反应的能量。

（4）还原过程 还原过程没有氧气存在，氧化层中燃烧产物及水蒸气与木炭发生还原反应，生成氢气和一氧化碳。

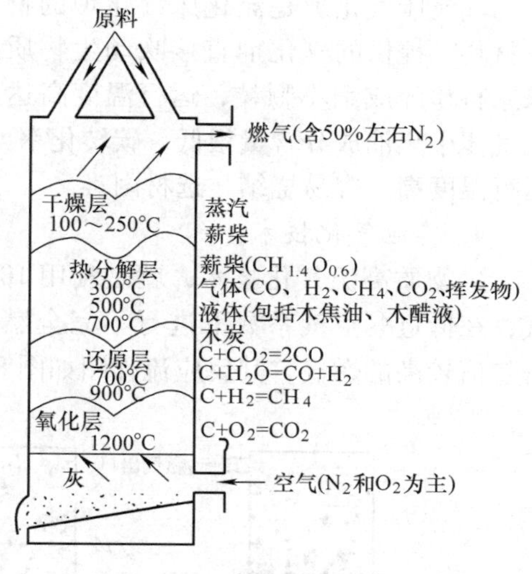

图8-8 生物质气化原理

二、生物质气化设备

1. 生物质固定床气化炉

固定床是一种传统的气化炉，运行温度约为1000℃左右。固定床气化炉分为逆流式、顺流式（图8-9）和横吸式气化炉（图8-10）。

2. 流化床生物质气化炉

流化床气化技术是先进的气化技术，按照气固流动特性不同，分为鼓泡流化床、循环流化床和双流床（图8-11）。鼓泡流化床气化炉中气流速度相对较低，几乎没有固体颗粒从气化炉中逸出。而循环流化床中流化速度相对较高，从流化床中携带出的颗粒可通过旋风分离器收集后重新回到炉内进行气化反应。双流化床与循环流化床相似，不同的是第1级反应器

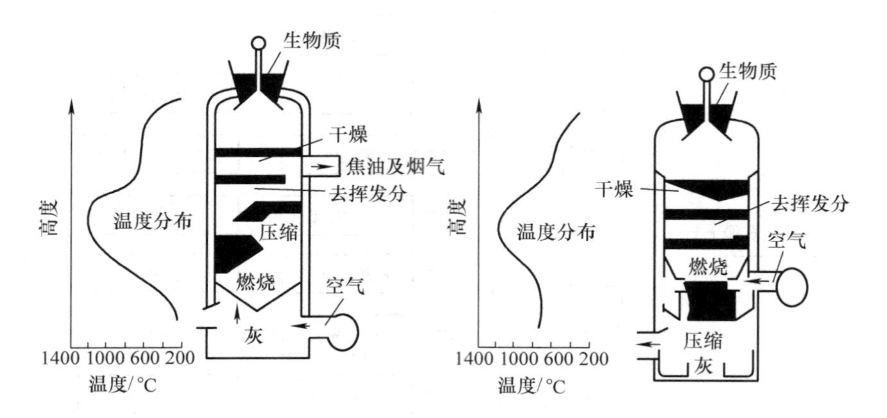

图 8-9 逆流和顺流式固定床气化炉

的流化介质被第 2 级反应器加热，在第 1 级反应器中进行裂解反应，在第 2 级反应器中进行气化反应。

3. 气流床（携带床）生物质气化炉

气流床气化炉是流化床气化炉的特例，它不适用于惰性材料，提供的气化剂直接吹动生物质原料。该气化炉要求原料粉碎成细小颗粒，运行温度高达 1100～1300℃，产生气体中焦油成分含量很低，碳转化率可达到 100%。由于运行温度高，容易烧结，选材困难。

4. 其他气化技术

生物质高温气化技术，就是利用 1000℃以上的预热空气，在低过剩空气系数下进行不完全燃烧化学反应，而获得热值较高的燃气，其反应流程图如图 8-12 所示。

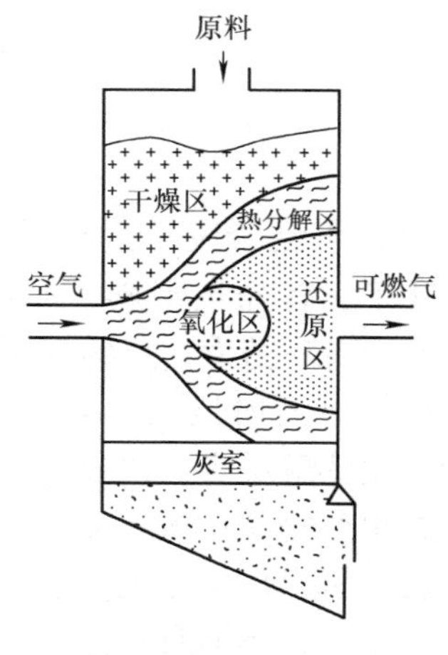

图 8-10 横吸式固定床气化炉

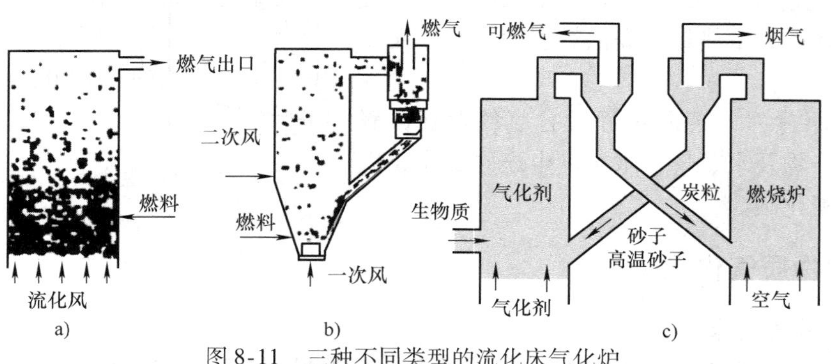

图 8-11 三种不同类型的流化床气化炉
a）鼓泡流化床 b）循环流化床 c）双流化床

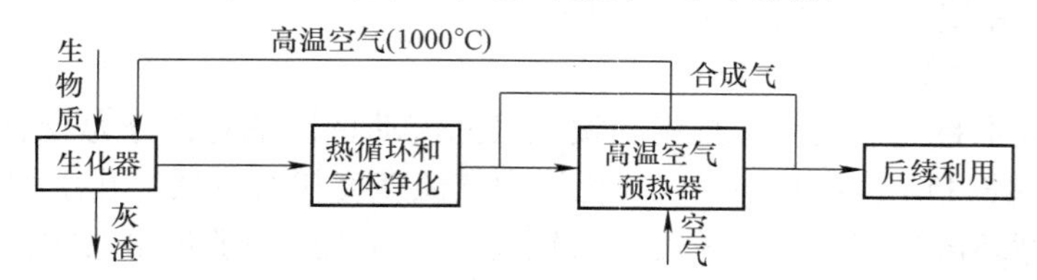

图 8-12 高温空气气化反应流程图

第七节　二　甲　醚

一、二甲醚物性

二甲醚，又称甲醚、氧化甲，是一种无毒的醚类化合物，分子式为 CH_3OCH_3，简称DME。室温下为无色、无毒，有轻微醚香味的气体或压缩液体。二甲醚在常温、常压下为气态，常温加压时液化，具有与液化气相似的性质。二甲醚物性参数比较见表8-5。

表8-5　二甲醚物性参数

项目	数据	项目	数据
摩尔质量/（g/mol）	46.07	蒸气压/MPa	0.53
沸点（101.3kPa）/℃	-24.9	燃烧热/（kJ/mol）	1455
闪点/℃	-41	比热容/（kJ/kg·k）	2.37
临界温度/℃	126.9	自然温度/℃	350
临界压力/MPa）	5.36	爆炸极限（%）	27
溶解度（水）/（g/100ml）（20℃）	328	密度/（g/ml）	0.661

注：若非注明，所有数据来自25℃、100kPa条件下。

二甲醚对中枢神经有抑制作用，麻醉作用弱，吸入后会引起麻醉、窒息感，对皮肤有刺激性。

从煤炭、天然气中制取的二甲醚，具有优良的燃烧性能，能实现高效清洁燃烧，可广泛应用于工业、农业、医疗、日常生活等领域，二甲醚未来主要用于替代汽车燃油、液化石油气、城市煤气等，也可应用于联合循环发电、切割气等，市场前景极为广阔，是目前国际、国内优先发展的产业，预计将成为能源产业的重要支柱之一。

二、二甲醚制取工艺

工业上，DME最早是从合成甲醇的副产物中分离回收。之后二甲醚的生产方法主要有两步法（甲醇脱水成二甲醚）和一步法（合成气直接合成二甲醚）。一步法是指由原料气一次合成二甲醚，二步法是由合成气合成甲醇，然后再脱水制取二甲醚。此外，还有从二氧化碳和生物质制备二甲醚的方法。

1. 一步法

一步法是通过合成气，在一定温度压力和双功能催化剂作用下，一步合成二甲醚的工艺，是1990年以后逐渐成熟的技术。又可以分为两相法和三相法。两相法通过气固相反应器，合成气在固体催化剂表面进行反应。三相法则引入惰性溶剂，使合成气在悬浮于惰性溶剂中的催化剂表面反应，一般称为浆态床法。

化学反应式如下

$$CO + 2H_2 \rightarrow CH_3OH - 90.8kJ/mol$$
$$2CH_3OH \rightarrow CH_3OCH_3 + H_2O - 23.4kJ/mol$$
$$CO + 2H_2O \rightarrow CO_2 + H_2 - 40.9kJ/mol$$

相比于两步法，这种方法放热量更大，对于反应器的设计有更高的要求。

一步法流程简单，成本低，适合大规模生产，但是反应器结构和产物后处理过程比较复杂，产品纯度比较低。

2. 二步法

两步法先由合成气制成甲醇，再在催化剂存在下，通过甲醇液相脱水或气相脱水生成二甲醚。这种方法操作简单，产品纯度高。其化学反应式如下

$$2CH_3OH \rightarrow CH_3OCH_3 + H_2O - 23.4kJ/mol$$

这种工艺最早使用浓硫酸使甲醇脱水制得二甲醚，反应在液相中进行。反应温度低，转化率和选择性好，但是存在腐蚀和环境污染问题。

1965 年，美国美孚公司和意大利 ESSO 公司开发了气相甲醇脱水技术，分别使用 ZSM-5 分子筛和负载金属的硅酸铝作为催化剂。此后又有许多研究者相继开发了使用 γ-氧化铝、沸石、二氧化硅/氧化铝、阳离子交换树脂等各种催化剂的气相脱水工艺。

两步法反应条件温和，副反应少，二甲醚选择性高，反应器简单，产品纯度高；但如果从合成气开始制备，生产流程长，成本高，而且即使直接购买甲醇合成，也容易受到甲醇价格的影响。

二步法合成二甲醚是目前国内外二甲醚生产的主要工艺，该法以精甲醇为原料，脱水反应副产物少，二甲醚纯度达 99.9%，工艺成熟，装置适应性广，后处理简单，可直接建在甲醇生产厂，也可建在其他公用设施好的非甲醇生产厂。

三、二甲醚作为汽车燃料

作为柴油替代品，二甲醚是柴油发动机最洁净的替代燃料，其与柴油、甲醇性质比较见表 8-6。

表 8-6 二甲醚、柴油和甲醇性质比较

项目	甲醇	柴油	二甲醚
分子式	CH_3OH	$C_nH_{1.8n}$	CH_3-O-CH_3
低热值/（MJ/kg）	19.5	42.5	28.8
液体粘度/[kg/(m·s)]	—	2.4	0.15
液体密度/(kg/m³)	790	840	668
十六烷值	5	38～53	55～60
沸点/℃	65	180～360	-25
理论空燃比/(kg/kg)	6.5	14.6	9.0
自燃温度/℃	450	250	235
在空气中爆炸极限（%）	7.3～36		3.4～27

研究表明，现有汽车发动机只需略加改造就能使用二甲醚燃料。二甲醚生产成本低于柴油，污染等也远低于液态丙烷等低污染替代燃料。实验表明，使用二甲醚后可使发动机功率提高 10%～15%，热效率提高 2%～3%，噪声降低 10%～15%。与柴油机相比，燃用 DME 后，发动机完全消除了碳烟排放，氮氧化物排放降低 50%～70%，未燃碳氢排放降低 30%，CO 排放降低 20%，排放指标不仅满足欧洲Ⅱ和欧Ⅲ标准，而且接近欧洲于 2005 年实施排

放标准和美国加州超低排放标准。

与柴油相比，二甲醚主要特性可归纳为：①二甲醚分子结构中无C-C键，只有C-O和C-H键，且含有34.8%的氧，燃烧后生产的碳烟微粒少，降低了NO_x排放。②二甲醚的十六烷值高于柴油，自燃温度低，滞燃期比柴油短，NO_x排放与燃烧噪声比柴油低。③二甲醚的低热值比柴油低，仅为柴油的64.7%，但二甲醚与空气的理论混合气热值比柴油高5%。④二甲醚的汽化热大，为柴油的1.64倍，采用直喷燃烧方式可大幅度低柴油机缸内最高燃烧温度，改善NO_x的排放。⑤二甲醚的常压、-24.9℃时就可气化成气体。为了保证二甲醚在燃油系统不气化，避免造成输送管道内气阻，必须加压。⑥二甲醚对金属无腐蚀性，但二甲醚与天然橡胶不能共存，会使其溶胀老化而泄漏。

四、二甲醚作为民用燃料

作为民用液化石油气替代品，二甲醚的燃烧性能、储存、运输的安全性与液化石油气相当，其与液化石油气、天然气性质比较见表8-7，与液化石油气的蒸气压比较见表8-8。

表8-7　二甲醚与液化石油气、天然气性质比较

项目	二甲醚	液化石油气	天然气
低热值/(MJ/kg)	28.8	46.3	50.0
液体粘度/[kg/(m·s)]	0.15	0.15	—
液体密度/(kg/m³)	668	501	720(在-162℃条件下)
沸点/℃	-25	-43	-162
理论空燃比/(kg/kg)	9.0	15.6	17.2
自燃温度/℃	235	470	650
爆炸极限(%)	3.4~1.7	2.1~9.4	5~15

表8-8　二甲醚与液化石油气蒸气压比较

温度/℃	-40	-20	0	20	40
二甲醚	0.05	0.14	0.253	0.511	1.145
25%丙烷+75%丁烷	0.043	0.101	0.192	0.370	0.830
50%丙烷+50%丁烷	0.069	0.157	0.288	0.530	1.155

2007年，CJ/T—2007《城镇燃气用二甲醚》出台，二甲醚进入燃气市场。主要表现为液化石油气掺混二甲醚、人工燃气掺混二甲醚作为调峰气源、二甲醚生产代用天然气，使得二甲醚的主要市场为民用燃气市场。液化石油气掺混二甲醚后，出现了液化石油气瓶阀、减压阀、输气管路及灶具密封橡胶件的溶胀作用，造成泄漏事故发生。因此，2008年国家质检总局禁止二甲醚掺混入液化石油气中。2010年，GB25035—2010《城镇燃气用二甲醚》中规定了二甲醚的质量组分和应加臭，以及储存、运输、充装城镇燃气用二甲醚的设施和附件，应能耐二甲醚的腐蚀。

根据相似相容性原理，二甲醚能溶胀于丁腈橡胶膜片中，溶胀后膜片体积与质量发生变化（见表8-9），其抗拉性能及抗老化性能下降，并产生硬化现象。经国内多家研究机构研究表明，三元乙丙橡胶、聚四氟乙烯等均有较强抗二甲醚溶解腐蚀性能，可作为调压器膜片的替代品，为二甲醚安全应用提供可能性。

表 8-9 丁腈橡胶膜片溶胀性

浸泡介质	质量变化率（%）	
	样品 1	样品 2
正戊烷	-1.8	-2.1
20%二甲醚+80%丙烷	-13.2	-13.4
50%二甲醚+50%丙烷	-17.0	-16.8
二甲醚	-17.6	-17.4

附　录

附录 A　常用气体的物理、化学和燃烧特性（0.101325MPa）

	气体	分子式	相对分子质量 μ	kmol 体积①（m^3/kmol）（0℃）	气体常数 R/[J/(kg·K)]	密度 ρ		相对密度 s（空气 = 1）	等熵指数 k（0℃）
						（15℃）（kg/m^3）	（0℃）（kg/m^3）		
1	氢	H_2	2.0160	22.4270	4125	0.0852	0.0899	0.0695	1.407
2	一氧化碳	CO	28.0104	22.3984	297	1.1855	1.2506	0.9671	1.403
3	甲　烷	CH_4	16.0430	22.3621	518	0.6801	0.7174	0.5548	1.309
4	乙　炔	C_2H_2	26.0380	—	319	1.1099	1.1709	0.9057	1.269
5	乙　烯	C_2H_4	28.0540	22.2567	296	1.1949	1.2605	0.9748	1.258
6	乙　烷	C_2H_6	30.0700	22.1872	276	1.2847	1.3553	1.048	1.198
7	丙　烯	C_3H_6	42.0810	21.9900	197	1.8140	1.9136	1.479	1.170
8	丙　烷	C_3H_8	44.0970	21.9362	188	1.9055	2.0102	1.554	1.161
9	丁　烯	C_4H_8	56.1080	21.6067	148	2.4616	2.5968	2.008	1.146
10	正丁烷	i-C_4H_{10}	58.1240	21.5036	143	2.5623	2.7030	2.090	1.144
11	异丁烷	n-C_4H_{10}	58.1240	21.5977	143	2.5511	2.6912	2.081	1.144
12	戊　烯	C_5H_{10}	70.1350	21.2177	118	3.1334	3.3055	2.556	—
13	正戊烷	C_5H_{12}	72.1510	20.8910	115	3.2739	3.4537	2.671	1.121
14	二氧化碳	CO_2	44.0098	22.2601	188	1.8742	1.9771	1.5289	1.304
15	氧	O_2	31.9988	22.3923	259	1.3547	1.4291	1.1052	1.400
16	氮	N_2	28.0134	22.4035	296	1.1853	1.2504	0.9670	1.402
17	空　气		28.966	22.4003	287	1.2258	1.2931	1.0000	1.401
18	水蒸气	H_2O	18.0154	21.629	461	0.790	0.833	1.644	1.335

① 为实际 kmol 体积，理想 kmol 体积均为 22.4136m^3。

	气体	热导率 λ/[W/(m·K)]（0℃）	运动粘度 $\gamma\times10^6$/(m^2/s)	动力粘度 $\mu\times10^6$/(kg·s/m^2)（0℃）	向空气的扩散系数 $D\times10^4$/(m^2/s)（0℃）	最低着火温度/℃	点火能/$\times10^{-8}$kJ		熄火距离/mm	
							化学计量比	最小	化学计量比	最小
1	氢	0.2163	93.00	0.852	0.611	400	1.51	1.51	0.51	0.51
2	一氧化碳	0.02300	13.30	1.690	0.175	605	—	—	—	—
3	甲　烷	0.03024	14.50	1.060	0.196	540	33.03	29.01	2.54	2.03
4	乙　炔	0.01872	8.05	0.960	—	335	3.01	—	0.76	—
5	乙　烯	0.0164	7.46	0.950	—	425	—	—	—	—
6	乙　烷	0.01861	6.41	0.877	0.108	515	42.03	24.03	2.29	1.78
7	丙　烯	—	3.99	0.780	—	460	28.22	—	2.03	—
8	丙　烷	0.01512	3.81	0.765	0.088	450	30.52	—	2.03	1.78
9	丁　烯	—	2.81	0.747	—	385	—	—	—	—
10	正丁烷	0.01349	2.53	0.697	0.075	365	—	—	—	—

（续）

	气体	热导率 λ/[W/(m·K)]（0℃）	运动粘度 $\gamma \times 10^6$/(m^2/s)	动力粘度 $\mu \times 10^6$/(kg·s/m^2)（0℃）	向空气的扩散系数 $D \times 10^4$/(m^2/s)（0℃）	最低着火温度/℃	点火能/$\times 10^{-8}$kJ		熄火距离/mm	
							化学计量比	最小	化学计量比	最小
11	异丁烷	—	—	—	—	460	—	—	—	—
12	戊烯	—	1.99	0.669	—	290	—	—	—	—
13	正戊烷	—	1.85	0.648	—	260	—	—	—	—
14	二氧化碳	0.01372	7.09	1.430	0.138	—	—	—	—	—
15	氧	0.025	13.60	1.980	0.178	—	—	—	—	—
16	氮	0.02489	13.30	1.700	—	—	—	—	—	—
17	空气	0.02489	13.40	1.750	—	—	—	—	—	—
18	水蒸气	0.01617	10.12	0.860	0.220	—	—	—	—	—

	燃烧反应式	热值/（kJ/m^3）				理论空气需要量，耗氧量/[m^3/m^3（干燃气）]	
		0℃		15℃		空气	氧
		高	低	高	低		
1	$H_2 + 0.5O_2 = H_2O$	12753	10794	12089	10232	2.38	0.5
2	$CO + 0.5O_2 = CO_2 + 2H_2O$	12644	12644	11986	11986	2.38	0.5
3	$CH_4 + 2O_2 = CO_2 + 2H_2O$	39842	35906	37768	34037	9.52	2.0
4	$C_2H_2 + 2.5O_2 = 2CO_2 + H_2O$	58502	56488	55457	53547	11.90	2.5
5	$C_2H_4 + 3O_2 = 2CO_2 + 2H_2O$	63438	59482	60136	56386	14.28	3.0
6	$C_2H_6 + 3.5O_2 = 2CO_2 + 3H_2O$	70351	64397	66689	61045	16.66	3.5
7	$C_3H_6 + 4.5O_2 = 3CO_2 + 3H_2O$	93671	87667	88819	83103	21.42	4.5
8	$C_3H_8 + 5O_2 = 3CO_2 + 4H_2O$	101270	93244	95998	88390	23.80	5.0
9	$C_4H_8 + 6O_2 = 4CO_2 + 4H_2O$	125847	117695	119296	111568	28.56	6.0
10	$C_4H_{10} + 6.5O_2 = 4CO_2 + 5H_2O$	133885	123649	126915	117212	30.94	6.5
11	$C_4H_{10} + 6.5O_2 = 4CO_2 + 5H_2O$	113048	122857	107163	116462	30.94	6.5
12	$C_5H_{10} + 7.5O_2 = 5CO_2 + 6H_2O$	159211	148837	150923	141089	35.70	7.5
13	$C_5H_{12} + 8O_2 = 5CO_2 + 6H_2O$	169377	156733	160560	148574	38.08	8.0
14							
15							
16							
17							
18							

	理论烟气量/[m^3/m^3（干燃气）]				爆炸极限（%）常压，20℃		燃烧热量温度/℃
	CO_2	H_2O	N_2	V_f^0	下	上	
1		1.0	1.88	2.88	4.0	75.9	2210
2	1.0	—	1.88	2.88	12.5	74.2	2370
3	1.0	2.0	7.52	10.52	5.0	15.0	2043
4	2.0	1.0	9.40	12.40	2.5	80.0	2620
5	2.0	2.0	11.28	15.28	2.7	34.0	2343

（续）

	理论烟气量/[m^3/m^3（干燃气）]				爆炸极限（%）常压，20℃		燃烧热量温度/℃
	CO_2	H_2O	N_2	V_f^0	下	上	
6	2.0	3.0	13.16	18.16	2.9	13.0	2115
7	3.0	3.0	16.92	22.92	2.0	11.7	2224
8	3.0	4.0	18.80	25.80	2.1	9.5	2155
9	4.0	4.0	22.56	30.56	1.6	10.0	—
10	4.0	5.0	24.44	34.44	1.5	8.5	2130
11	4.0	5.0	24.44	34.44	1.8	8.5	2118
12	5.0	5.0	28.20	38.20	1.4	8.7	—
13	5.0	6.0	30.08	41.08	1.4	8.3	—
14							
15							
16							
17							
18							

附录 B　各种常用燃气的组成和特性（0.101325MPa）

燃气种类名称			燃气成分（体积分数%）													密度/(kg/m^3)	
			H_2	CO	CH_4	C_2^+							O_2	N_2	CO_2	0℃	15℃
						C_2H_4	C_2H_6	C_3H_6	C_3H_8	C_4H_8	C_4H_{10}	C_5^+					
人工燃气	煤制气	炼焦煤气	59.2	8.6	23.4				2.0				1.2	3.6	2.0	0.4686	0.4442
		直立炉气	56.0	17.0	18.0				1.7				0.3	2.0	5.0	0.5527	0.5239
		混合煤气	48.0	20.0	13.0				1.7				0.8	12.0	4.5	0.6695	0.6346
		发生炉气	8.4	30.4	1.8				0.4				0.4	56.4	2.2	1.1627	1.1022
		水煤气	52.0	34.4	1.2								0.2	4.0	8.2	0.7005	0.6640
	油制气	催化煤气	58.1	10.5	16.6	5.0		5.7					0.7	2.5	6.6	0.5374	0.5094
		热裂化制气	31.5	2.7	28.5	23.8	2.6						0.6	2.4	2.1	0.7909	0.7497
天然气	四川干气				98.0				0.3		0.3	0.4		1.0		0.7435	0.7048
	大庆石油伴生气				81.7				6.0		4.7	4.9	0.2	1.8	0.7	1.0415	0.9873
	天津石油伴生气				80.1		7.4		3.8		2.3	2.4		0.6	3.4	0.9709	0.9204
液化石油气	北京				1.5		1.0	9.0	4.5	54.0	26.2	3.8				2.5272	2.3956
	大庆				1.3		0.2	15.8	6.6	38.5	23.2	12.6		1.0	0.8	2.5268	2.3653

燃气种类名称			相对密度	热值/(kJ/m^3)（15℃）		华白数（高热值/$\sqrt{相对密度}$）（15℃）	理论烟气量/(m^3/m^3)		理论空气需要量/(m^3/m^3)	爆炸极限（在空气中的体积分数,%）		理论燃烧温度/℃
				高热值	低热值		湿	干		上	下	
人工燃气	煤制气	炼焦煤气	0.3623	18788	16701	32059	4.88	3.76	4.21	35.8	4.5	1998
		直立炉气	0.4275	17106	15296	26871	4.44	3.47	3.80	40.9	4.9	2003
		混合煤气	0.5178	14610	13137	20853	3.85	3.06	3.18	42.6	6.1	1986
		发生炉气	0.8992	5691	5445	6165	1.98	1.84	1.16	67.5	21.5	1600
		水煤气	0.5418	10855	9843	15147	3.19	2.19	2.16	70.4	6.2	2175
	油制气	催化制气	0.4156	17510	15661	27897	4.55	3.54	3.89	42.9	4.7	2009
		热裂化制气	0.6116	35977	32969	47249	9.39	7.81	8.55	25.7	3.7	2038

（续）

燃气种类名称		相对密度	热值/(kJ/m^3)(15℃)		华白数 $\left(\frac{高热值}{\sqrt{相对密度}}\right)$ (15℃)	理论烟气量/(m^3/m^3)		理论空气需要量/(m^3/m^3)	爆炸极限(在空气中的体积分数,%)		理论燃烧温度/℃
			高热值	低热值		湿	干		上	下	
天然气	四川干气	0.5750	40403	38300	34545	51877	8.65	9.46	15.0	5.0	1970
	大庆石油伴生气	0.8054	52833	50083	45864	57318	11.33	12.52	14.2	4.2	1986
	天津石油伴生气	0.7503	48077	45574	41371	54039	10.3	11.40	14.2	4.4	1973
液化石油气	北　京	1.9545	123678	117240	109072	86132	26.58	28.28	9.7	1.7	2050
	大　庆	1.9542	122284	115918	107857	85168	25.87	28.94	9.7	1.7	2060

附录 C　气体平均定压容积比热容 c_p

[1 大气压，0℃，kJ/(m^3·k)]

	N_2	O_2	H_2O	CO_2	空气	H_2	CO	SO_2	CH_4	C_2H_2	C_2H_4	C_2H_6	NH_3	H_2S	C_3H_8	C_4H_{10}	C_6H_6
1	2	3	4	5	6	7	8	9	10	11	12	13	14	15	16	17	18
0	1.230	1.238	1.405	1.516	1.234	1.230	1.234	1.686	1.465	1.810	1.790	2.127	1.508	1.476	2.806	3.517	3.096
100	1.234	1.247	1.421	1.612	1.238	1.230	1.234	1.766	1.536	1.964	2.012	2.350	1.559	1.484	3.183	4.013	3.770
200	1.234	1.266	1.437	1.703	1.242	1.234	1.242	1.842	1.666	2.084	2.223	2.619	1.612	1.501	3.564	4.505	4.365
300	1.242	1.286	1.457	1.778	1.250	1.234	1.250	1.905	1.794	2.187	2.417	2.818	1.686	1.524	3.941	5.000	4.922
400	1.250	1.305	1.476	1.842	1.262	1.238	1.262	1.964	1.913	2.250	2.599	3.136	1.742	1.556	4.322	5.493	5.398
500	1.262	1.321	1.501	1.897	1.274	1.238	1.274	2.012	2.024	2.318	2.762	3.310	1.798	1.595	4.699	5.989	5.835
600	1.274	1.338	1.524	1.949	1.286	1.242	1.290	2.056	2.135	2.385	2.897		1.767	1.631	5.080	6.481	6.191
700	1.286	1.354	1.548	1.993	1.298	1.242	1.302	2.091	2.238	2.441	3.024		1.921	1.663	5.457	6.977	6.548
800	1.298	1.365	1.572	2.032	1.310	1.250	1.321	2.123	2.338	2.501	3.175		1.980	1.699	5.838	7.470	6.826
900	1.310	1.381	1.595	2.067	1.321	1.254	1.330	2.155	2.429	2.540	3.267		2.040	1.730	6.216	7.966	7.104
1000	1.321	1.389	1.623	2.103	1.334	1.258	1.341	2.175	2.516	2.599	3.374		2.103	1.762	6.596	8.458	7.382
1100	1.334	1.401	1.648	2.131	1.345	1.266	1.354	2.198									
1200	1.341	1.409	1.671	2.158	1.354	1.274	1.365	2.218									
1300	1.350	1.417	1.695	2.175	1.361	1.282	1.374	2.234									
1400	1.361	1.425	1.715	2.194	1.374	1.290	1.385	2.250									
1500	1.369	1.432	1.739	2.214	1.381	1.294	1.389	2.262									
1600	1.377	1.441	1.758	2.234	1.389	1.302	1.401	2.274									
1700	1.385	1.445	1.778	2.254	1.397	1.310	1.405	2.286									
1800	1.393	1.452	1.798	2.270	1.405	1.318	1.413	2.298									
1900	1.397	1.457	1.818	2.286	1.409	1.325	1.421	2.302									
2000	1.405	1.461	1.833	2.298	1.417	1.334	1.425	2.314									
2100	1.409	1.465	1.849	2.310	1.421												
2200	1.413	1.468	1.866	2.322	1.425												
2300	1.421	1.472	1.882	2.334	1.432												
2400	1.425	1.476	1.897	2.341	1.437												
2500	1.429	1.481	1.913	2.354	1.441												
2600	1.432	1.484	1.925	2.361	1.445												
2700	1.437	1.488	1.937	2.370	1.448												
2800	1.441	1.492	1.949	2.374	1.452												
2900	1.445	1.496	1.960	2.377	1.457												
3000	1.448	1.501	1.973	2.381	1.461												

附表 D　城镇燃气试验气（干气、15℃、0.101325MPa）

类别		试验气	体积分数（%）	相对密度	热值/（MJ/m^3）		华白数/（MJ/m^3）		燃烧势 CP	理论干烟气中 CO_2 体积分数（%）
					H_l	H_h	W_l	W_h		
人工煤气	3R	0	CH_4 = 8.7，H_2 = 50.9，N_2 = 40.4	0.474	8.16	9.44	11.85	13.71	77.7	4.14
人工煤气	3R	1	CH_4 = 12.7，H_2 = 46.1，N_2 = 41.2	0.501	9.53	10.94	12.74	14.66	70.5	5.38
人工煤气	3R	2	CH_4 = 6.6，H_2 = 55.1，N_2 = 38.3	0.445	8.32	9.65	11.80	13.72	85.5	3.33
人工煤气	3R	3	CH_4 = 16.1，H_2 = 31.7，N_2 = 52.2	0.616	9.20	10.46	11.10	12.62	46.5	6.74
人工煤气	4R	0	CH_4 = 8.4，H_2 = 62.9，N_2 = 28.7	0.368	9.80	11.37	15.31	17.78	107.9	3.84
人工煤气	4R	1	CH_4 = 13.1，H_2 = 57.5，N_2 = 29.4	0.396	10.40	12.55	16.52	19.03	97.7	5.31
人工煤气	4R	2	CH_4 = 5.9，H_2 = 67.3，N_2 = 26.8	0.339	9.38	10.93	15.26	17.82	118.7	2.90
人工煤气	4R	3	CH_4 = 18.1，H_2 = 41.3，N_2 = 40.6	0.522	10.96	12.48	14.37	16.38	64.7	6.64
人工煤气	5R	0	CH_4 = 19，H_2 = 54，N_2 = 27	0.404	11.99	13.70	18.85	21.57	93.9	6.54
人工煤气	5R	1	CH_4 = 25，H_2 = 48，N_2 = 27	0.433	13.42	15.26	20.37	23.17	84.3	7.57
人工煤气	5R	2	CH_4 = 18，H_2 = 55，N_2 = 27	0.399	11.74	13.46	18.58	21.29	95.6	6.34
人工煤气	5R	3	CH_4 = 29，H_2 = 32，N_2 = 39	0.560	13.12	14.79	17.55	19.81	54.4	8.38
人工煤气	6R	0	CH_4 = 22，H_2 = 58，N_2 = 20	0.356	13.42	15.36	22.48	26.69	108.3	6.95
人工煤气	6R	1	CH_4 = 29，H_2 = 52，N_2 = 19	0.381	15.19	17.25	24.59	27.95	98.4	7.97
人工煤气	6R	2	CH_4 = 22，H_2 = 59，N_2 = 19	0.347	13.51	15.48	22.94	26.23	111.4	6.93
人工煤气	6R	3	CH_4 = 34，H_2 = 35，N_2 = 31	0.513	15.14	17.08	21.14	23.85	63.1	8.80
人工煤气	7R	0	CH_4 = 27，H_2 = 60，N_2 = 13	0.317	15.31	17.46	27.19	31.00	120.9	7.59
人工煤气	7R	1	CH_4 = 34，H_2 = 54，N_2 = 12	0.342	17.08	19.38	29.20	33.12	109.7	8.34
人工煤气	7R	2	CH_4 = 25，H_2 = 63，N_2 = 12	0.299	14.94	17.07	27.34	31.23	129.0	7.28
人工煤气	7R	3	CH_4 = 40，H_2 = 37，N_2 = 23	0.470	17.39	19.59	25.36	28.57	71.5	9.23
天然气	3T	0	CH_4 = 32.5，空气 = 67.5	0.855	11.06	12.28	11.95	13.28	22.0	11.74
天然气	3T	1	CH_4 = 34.9，空气 = 65.1	0.845	11.87	13.19	12.92	14.35	22.9	11.74
天然气	3T	2	CH_4 = 16.0，H_2 = 34.2，N_2 = 49.8	0.594	8.94	10.18	11.59	13.21	50.6	6.27
天然气	3T	3	CH_4 = 30.1，空气 = 69.9	0.866	10.24	11.37	11.00	12.22	21.0	11.74
天然气	4T	0	CH_4 = 41，空气 = 59	0.818	13.95	15.49	15.43	17.13	24.9	11.74
天然气	4T	1	CH_4 = 44，空气 = 56	0.804	14.97	16.62	16.69	18.54	25.7	11.74
天然气	4T	2	CH_4 = 22，H_2 = 36，N_2 = 42	0.553	11.16	12.67	15.01	17.03	57.3	7.40
天然气	4T	3	CH_4 = 38，空气 = 62	0.831	12.93	14.36	14.19	15.75	24.0	11.74
天然气	6T	0	CH_4 = 53.4，N_2 = 46.6	0.747	18.16	20.18	21.01	23.35	18.5	10.65
天然气	6T	1	CH_4 = 56.7，N_2 = 43.3	0.733	19.29	21.42	22.53	25.01	19.9	10.77
天然气	6T	2	CH_4 = 41.3，H_2 = 20.9，N_2 = 37.8	0.609	16.18	18.13	20.73	23.23	42.7	9.36
天然气	6T	3	CH_4 = 50.2，N_2 = 49.8	0.760	17.08	18.97	19.59	21.76	17.3	10.51

（续）

类别		试验气	体积分数（%）	相对密度	热值/（MJ/m^3）		华白数/（MJ/m^3）		燃烧势 CP	理论干烟气中 CO_2 体积分数（%）
					H_l	H_h	W_l	W_h		
天然气	10T	0，2	$CH_4=86$，$N_2=14$	0.613	29.25	32.49	37.38	41.52	33.0	11.52
		1	$CH_4=80$，$C_3H_8=7$，$N_2=13$	0.678	33.37	36.92	40.53	44.84	34.3	11.92
		3	$CH_4=82$，$N_2=18$	0.629	27.89	30.98	35.17	39.06	31.0	11.44
	12T	0	$CH_4=100$	0.555	34.02	37.78	45.67	50.73	40.3	11.74
		1	$CH_4=87$，$C_3H_8=13$	0.684	41.03	45.30	49.61	54.78	41.0	11.53
		2	$CH_4=77$，$H_2=23$	0.443	28.54	31.87	42.88	47.88	69.3	11.01
		3	$CH_4=92.5$，$N_2=7.5$	0.586	31.46	34.95	41.11	45.67	36.3	11.63
液化石油气	19Y	0，1	$C_3H_8=100$	1.550	88.00	95.65	70.69	76.84	48.2	13.76
		2，3	$C_3H_6=100$	1.476	82.78	88.52	68.14	72.86	49.4	15.06
	22Y	0，1	$C_4H_{10}=100$	2.079	116.48	126.21	80.79	87.53	41.6	14.06
		2	$C_3H_6=100$	1.476	82.78	88.52	68.14	72.86	49.4	15.06
		3	$C_3H_8=100$	1.550	88.00	95.65	70.69	76.84	48.2	13.76
	20Y	0	$C_3H_8=75$，$C_4H_{10}=25$	1.682	95.12	103.29	73.34	79.64	46.3	13.85
		1	$C_4H_{10}=100$	2.079	116.48	126.21	80.79	87.53	41.6	14.06
		2	$C_3H_6=100$	1.476	82.78	88.52	68.14	72.86	49.4	15.06
		3	$C_3H_8=100$	1.550	88.00	95.65	70.69	76.84	48.2	13.76

参 考 文 献

[1] 顾安忠，鲁雪生. 液化天然气技术手册［M］. 北京：机械工业出版社，2010.
[2] 王淑娟，汪忖理. 天然气处理工艺技术［M］. 北京：石油工业出版社，2008.
[3] 王遇冬. 天然气处理原理与工艺［M］. 北京：中国石化出版社，2011.
[4] 顾安忠. 液化天然气技术［M］. 北京：机械工业出版社，2004.
[5] 高富烨. 燃气制造工艺学［M］. 北京：中国建筑工业出版社，2008.
[6] 郭揆常. 液化天然气（LNG）应用与安全［M］. 北京：中国石化出版社，2008.
[7] 严铭卿，廉乐明. 天然气输配工程［M］. 北京：中国建筑工业出版社，2005.
[8] 徐文渊，蒋长安. 天然气利用手册［M］. 北京：中国石化出版社，2002.
[9] 詹淑慧. 燃气供应［M］. 北京：中国建筑工业出版社，2004.
[10] 严铭卿，廉乐明. 天然气输配工程［M］. 北京：中国建筑工业出版社，2005.
[11] 姜正侯. 燃气工程技术手册［M］. 上海：同济大学出版社，1993.
[12] 齐岳，郭宪章. 沼气工程系统设计与施工运行［M］. 北京：人民邮电出版社，2011.
[13] 宋洪川，谢建，董锦艳. 农村沼气实用技术［M］. 2版. 北京：化学工业出版社，2011.
[14] 林斌. 生物质能源沼气工程发展的理论与实践［M］. 北京：中国农业科学技术出版社，2010.
[15] 苏德琦，苏建华，任启瑞. 天然气输送与储存工程［M］. 北京：石油工业出版社，2009.
[16]《天然气地面工程技术与管理》编委会. 天然气地面工程技术与管理［M］. 北京：石油工业出版社，2011.
[17] 梁平，王天祥. 天然气集输技术［M］. 北京：石油工业出版社，2008.
[18] 贺伟. 天然气开采［M］. 2版. 北京：中国石化出版社，2012.
[19] 廖锐全，曾庆恒，杨玲. 采气工程［M］. 北京：石油工业出版社，2012.
[20] 王哥华，艾德生. 新能源概论［M］. 2版. 北京：化学工业出版社，2012.
[21] 翟秀净，刘奎仁，韩庆. 新能源技术［M］. 北京：化学工业出版社，2012.
[22] 周伟国，马国斌. 能源工程管理［M］. 上海：同济大学出版社，2007.
[23] 陈平. 钻井与完井工程［M］. 北京：石油工业出版社，2011.
[24] 龙芝辉，张锦宏. 钻井工程［M］. 北京：中国石化出版社，2010.
[25] 孙济美. 天然气和液化石油气汽车［M］. 北京：北京理工大学出版社，2001.
[26] 张应立，周玉华. 液化石油气储运与管理［M］. 北京：中国电力出版社，2007.
[27] 贺永德. 现代煤化工技术手册［M］. 2版. 北京：化学工业出版社，2011.
[28] 郭树才，胡浩权. 煤化工工艺学［M］. 北京：化学工业出版社，2012.
[29] 卢永昌. 燃气制气工［M］. 北京：中国建筑工业出版社，1996.
[30] 寇公. 煤炭气化工程［M］. 北京：机械工业出版社，1992.
[31] 严铭卿. 燃气工程设计手册［M］. 北京：中国建筑工业出版社，2009.
[32] 郁永章，高其烈，冯兴全等. 天然气汽车加气站设备与运行［M］. 北京：中国石化出版社，2012.